大型泵站主水泵机组
安装与检修

主　编　许建中
副主编　李　扬　李　娜　周济人

中国水利水电出版社
www.waterpub.com.cn
·北京·

内 容 提 要

本书主要以大型水泵机组等设备安装施工重点、难点及相关技术为基本点，进行了详细的阐述，力求做到通俗易懂，深入浅出，便于自学。对理论问题只作必要的叙述，着力提供有关的实际案例背景，理论联系实际，阐明应用理论解决实际问题的方法。书中内容很多都是来源于实际安装与检修的经验，通过凝练，给读者提供解决实际问题的方法，有助于提高读者分析问题和解决问题的能力。本书的内容主要包括水泵安装基础知识、主水泵（立式、卧式及斜式、贯流式、潜水）机组、进出水管道和辅助设备的安装、泵站设备安装工程验收和机组检修。重点介绍安装工艺流程以及安装调试技术要求，工程验收的程序，机组及关键部件典型故障的诊断与排除。

本书可用于指导大型泵站主水泵机组安装与检修工作，帮助从事泵站工程管理的单位基层工作者掌握泵站主水泵机组安装与检修工作的相关内容。

图书在版编目（CIP）数据

大型泵站主水泵机组安装与检修 / 许建中主编. -- 北京 : 中国水利水电出版社, 2020.10
ISBN 978-7-5170-8979-7

Ⅰ. ①大… Ⅱ. ①许… Ⅲ. ①水泵－机组－安装②水泵－机组－检修 Ⅳ. ①TV675

中国版本图书馆CIP数据核字(2020)第207057号

书　　名	**大型泵站主水泵机组安装与检修** DAXING BENGZHAN ZHUSHUIBENG JIZU ANZHUANG YU JIANXIU
作　　者	主编　许建中　副主编　李扬　李娜　周济人
出版发行	中国水利水电出版社 （北京市海淀区玉渊潭南路1号D座　100038） 网址：www. waterpub. com. cn E－mail：sales@waterpub. com. cn 电话：(010) 68367658（营销中心）
经　　售	北京科水图书销售中心（零售） 电话：(010) 88383994、63202643、68545874 全国各地新华书店和相关出版物销售网点
排　　版	中国水利水电出版社微机排版中心
印　　刷	天津嘉恒印务有限公司
规　　格	184mm×260mm　16开本　21.75印张　530千字
版　　次	2020年10月第1版　2020年10月第1次印刷
印　　数	0001—3000册
定　　价	**98.00**元

编 审 委 员 会

主任委员 赵乐诗 刘仲民

副主任委员 许建中

委　　员 （按姓氏笔画为序）
汤正军 李 扬 李尚红 李 娜
李端明 周济人 阚永庚

主　　编 许建中（中国灌溉排水发展中心）

副 主 编 李 扬（江苏省江都水利工程管理处）
李 娜（中国灌溉排水发展中心）
周济人（扬州大学）

参编人员 李端明（中国灌溉排水发展中心）
梁金栋（扬州大学）
李尚红（江苏省江都水利工程管理处）
阚永庚（江苏省江都水利工程管理处）
龚诗雯（中国灌溉排水发展中心）
张 宇（江苏省江都水利工程管理处）
孙东轩（中国灌溉排水发展中心）

主　　审 汤正军（江苏省江都水利工程管理处）
徐跃增（浙江同济科技职业学院）
李全盈（陕西省渭南市东雷二期抽黄灌溉工程管理中心）

前　言

我国地域幅员辽阔、资源丰富，但水资源却极为短缺，人均拥有水资源量仅为世界人均的1/4，而且，由于受自然地理条件的影响，天然降水的时空分布很不平衡，有一半的国土处于缺水或严重缺水状态。新中国成立以来，为解决农业灌溉排水、城镇供排水和流域（区域）调（引）水等问题，兴建了大量的泵站工程，据最新的有关资料统计，全国各类泵站装机功率达到1.6亿kW，年耗电5300亿kW·h，约占全国总用电量的10%。其中，在水利行业，用于农业灌溉与排水的泵站达43.17万处，装机功率约2700万kW；用于跨流域（区域）调（引）水的泵站超过1800座，装机功率超过1300万kW；用于城镇供水与排水的泵站约8.5万座，装机功率4200万kW。水利泵站总装机功率达8200万kW，年耗电约3240亿kW·h，接近全国总用电量的6%。在我国西北高原地区、华北平原井灌区和南方丘陵地区，主要用水泵提取地表水或地下水进行农田灌溉；而另一部分地区，如南方和华北平原河网区，东北、华中圩垸低洼区，主要用水泵排除涝渍。目前全国机电灌溉排水农田面积约6.40亿亩。在农田灌溉排水中，有大流量低扬程的排涝泵站，有高扬程的梯级灌溉泵站，有跨流域（区域）调（引）水泵站，还有开采地下水的井泵站以及解决边远地区人、畜饮水的泵站。泵站的建设和发展，特别是大中型泵站，已经成为我国灌溉排水网络的骨干和支柱工程，有力地提高了各地抗御自然灾害的能力，对保证农业稳产高产，保障国家粮食安全，解决水资源不平衡问题，保障经济社会发展和人们日常生活等起到了关键性的作用。

为全面贯彻落实“节水优先、空间均衡、系统治理、两手发力”的治水思路，水利部党组提出了“水利工程补短板、水利行业强监管”的水利改革发展总基调，近年来，水利部和各级地方政府高度重视大中型灌排工程建设（改造）与运行管理工作，在新建大中型灌排工程的同时，先后实施了全国大中型灌区续建配套与节水改造、全国大中型灌排泵站更新改造等项目。“十四五”乃至今后相当长一段时期，为进一步改善农业生产条件，保障国家粮食安全，促进乡村振兴，将实施大中型灌区（含灌排泵站）续建配套与现代化改造；为解决流域（区域）水资源不平衡问题，保障经济社会发展和人们生活等用水需求，正在或即将建设一大批调引水、提水工程等，其中有大量的大中型泵站建设与改造任务。

随着新技术、新材料、新工艺、新泵型的不断涌现与应用，泵站工程管理体制与运行机制的不断创新，对大中型泵站工程建设（改造）与运行管理的要求也越来越高。大中型泵站工程的主水泵机组及电气设备安装与检修工艺和技术支持是否合理，直接影响着泵站工程建设（改造）的工期、质量以及进度，也影响泵站工程运行管理水平的提升，从而影响工程效益的发挥。因此，为支撑我国大中型泵站建设（改造）与运行管理工作，中国灌溉排水发展中心组织扬州大学、江苏省江都水利工程管理处等单位，依据《泵站设备安装及验收规范》（SL 317—2015）等国家现行标准，编写了该书旨在进一步提升我国大型泵站建设与运行管理水平，中小型泵站设备安装与检修可参考。

本书主要以大型水泵机组等设备安装施工重点、难点及相关技术为基本点，进行了详细的阐述，力求做到通俗易懂，深入浅出，便于自学。对理论问题只作必要的叙述，着力提供有关的实际案例背景，理论联系实际，阐明应用理论解决实际问题的方法。书中内容很多都是来源于实际安装与检修的经验，通过凝练，给读者提供解决实际问题的方法，有助于提高读者分析问题和解决问题的能力。

本书编写组大部分成员曾参加了《泵站更新改造实用指南》、《泵站技术管理规程》（GB/T 30948—2014）、《泵站设备安装及验收规范》（SL 317—2015）、《泵站安全鉴定规程》（SL 316—2015）、《泵站计算机监控与信息系统技术导则》（SL 583—2012）等书籍和标准的编写工作。因此，本书编写过程中严格执行了国家有关最新标准和规范，充分体现了权威性，具有较高的指导价值。

本书由许建中担任主编，李扬、李娜、周济人担任副主编，参加编写的有李端明、梁金栋、李尚红、阚永庚、龚诗雯、张宇、孙东轩等，由汤正军、徐跃增、李全盈担任主审。各章节主要编写人员：第1章由许建中、周济人、梁金栋编写，第2章由李扬、周济人、李娜编写，第3章由李扬、许建中、阚永庚编写，第4章由李端明、张宇、李尚红编写，第5章由李尚红、李端明编写，第6章由李娜、阚永庚、龚诗雯编写，第7章由梁金栋、阚永庚、龚诗雯编写，第8章由周济人、李扬、孙东轩编写，第9章由李扬、阚永庚、张宇、李娜编写。同时，在本书编写过程中，合肥恒大江海泵业股份有限公司、常州市武进泵业有限责任公司提供了大量资料，得到了江苏省镇江市谏壁抽水站管理处林建时高工、山西省运城市尊村引黄灌溉服务中心赵永安高工、张红兵高工等专家的大力支持，在此一并表示诚挚谢意。

随着现代科学技术突飞猛进的发展，极大地促进了学科之间的互相渗透、融合，同时也促进了泵站工程技术的不断创新，加之编者知识水平有限，书中疏漏、不妥或错误之处在所难免，敬请专家、读者批评指正。

编者

2020年9月

目　　录

第1章　水泵安装基础知识

1.1　概　　述

1.1.1　水泵

1.1.1.1　水泵及其用途

泵是一种能量转换的机械，将动力机的机械能转换为所抽送流体的能量。泵在动力机械的带动下，能把流体从低处抽到高处或远处。泵的用途很广，除农业上用来灌溉、排涝外，国民经济的许多行业都有应用，如流域调水、城市供水和排水、石油化工、矿井排水、城市建设等。

用于抽水的泵称为水泵。水泵在用于农业灌溉和排涝时，主要是提高农业抗御自然灾害的能力，促进农业可持续发展，同时也为保护和改善生态环境发挥了重要作用。

1.1.1.2　水泵的类型及特点

水泵的种类很多，在农田灌排泵站中，用得最多的是叶片泵。叶片泵是利用叶片的高速旋转将动力机的机械能转换为液体的能量。按叶轮旋转时对液体产生的力的不同，又可分为离心泵、轴流泵和混流泵3种。

离心泵是指水流沿轴向流入叶轮，沿垂直于主轴的径向流出叶轮的水泵。按其结构形式可分为单级单吸离心泵、单级双吸离心泵、多级离心泵等。

轴流泵是指水流沿轴向流入叶轮，又沿轴向流出叶轮的水泵。按主轴的布置形式可分为立式泵、卧式泵和斜式泵；按叶片角度是否可以调节可分为固定式、半调节式和全调节式，大型轴流泵叶片多为全调节式。

混流泵是指水流沿轴向流入叶轮，斜向流出叶轮的水泵。结构形式可分为蜗壳式混流泵和导叶式混流泵。

1.1.2　电动机

电动机是把电能转换成机械能的一种设备。它是利用定子绕组产生旋转磁场并作用于转子形成磁电动力旋转扭矩。电动机按使用电源不同分为直流电动机和交流电动机，电力系统中的电动机大部分是交流电机，可以是同步电动机或异步电动机。电动机主要由定子与转子组成，通电导线在磁场中受力运动的方向跟电流方向和磁感线方向（磁场方向）有关。电动机工作原理是磁场对电流受力的作用，使电动机转动。

1.1.2.1　异步电动机

异步电动机又称感应电动机，是由气隙旋转磁场与转子绕组感应电流相互作用产生电磁转矩，从而实现机电能量转换为机械能量的一种交流电动机。异步电动机负载时的转速与所接电网频率不是恒定值。普通异步电动机的定子绕组接交流电网，转子绕组不需与其他电源连接。因此，它具有结构简单，制造、使用和维护方便，运行可靠，以及重量较轻、成本较低等优点。

异步电动机有较高的运行效率和较好的工作特性，从空载到满载范围内接近恒速运行，能满足大多数工农业生产机械的传动要求。异步电动机还便于派生成各种防护型式，以适应不同环境条件的需要。随着电力电子器件及交流变频调速技术的发展，由异步电动机和变频器组成的交流调速系统的调速性能及经济性可与直流调速系统相媲美，且使用维护简便，因而应用越来越广泛。

1.1.2.2　同步电动机

同步电动机是由直流供电的励磁磁场与电枢的旋转磁场相互作用而产生转矩，以同步转速旋转的交流电动机。

同步电动机是属于交流电动机，定子绕组与异步电动机相同。它的转子旋转速度与定子绕组所产生的旋转磁场的速度是一样的，所以称为同步电动机。正由于这样，同步电动机的电流在相位上是超前于电压的，即同步电动机是一个容性负载。为此，在很多时候，同步电动机是用以改进供电系统的功率因数的。

1.1.3　传动装置

传动装置是把动力装置的动力传递给水泵的中间设备，有直接传动和间接传动两种形式。直接传动通过联轴器将水泵和动力机的轴连接起来，借以传递能量，特点是结构简单、传动平稳、效率高，适用于水泵与动力机的转速、转向相同，且轴线在同一直线上。大型泵站中采用的间接传动主要是齿轮传动，这种传动方式效率较高，可达96%～98%，且结构紧凑，可靠耐久。

如图1.1所示为立式电动机传动装置图，电动机安装于电动机座上，传动轴上端用弹性联轴器与电动机的传动轴相连接，下端用刚性联轴器与泵轴相连接。电动机座内装有油箱，在油箱内装有推力滚珠轴承和向心滚珠轴承。水泵运行时，全部轴向力通过传动装置内轴承垫、推力轴承、油箱传到电动机座上，再传至电动机梁上。径向力由向心滚珠轴承承受。水泵转子的轴向位移可用传动装置内的圆螺母予以调整。

1.1.4　辅助设备

泵站辅助设备包括：油系统、气系统、水系统、通风与起重设备等。

1.1.4.1　油系统

大型泵站的油系统主要包括润滑油、压力油及油处理系统等部分。

（1）润滑油系统主要是润滑水泵和电动机的轴承，包括电动机的推力轴承、上下导轴承和水泵导轴承。

（2）压力油系统是用来为全调节水泵叶片调节机构和液压启闭机闸门启闭、顶转子、液压联轴器等传递所需能量的系统，它主要由油压装置和调节器等组成。

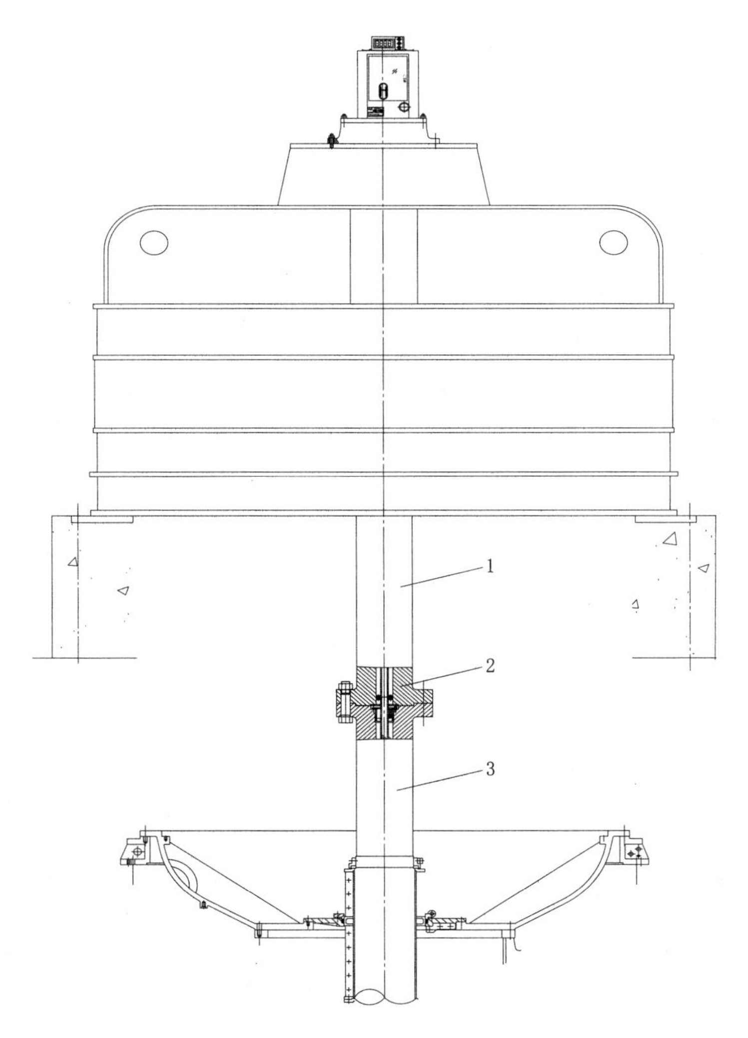

图 1.1 立式电动机传动装置图

1—电机轴；2—联轴器；3—水泵轴

1.1.4.2 气系统

泵站工程中的气系统包括压缩空气系统、抽真空系统等。

1. 压缩空气的用途

(1) 向油压装置的压力油箱补给一定数量的压缩空气，以便储备能量供给机组调节叶片角度。

(2) 机组停机时，供给制动器装置的压缩空气，缩短停机时堕转时间。

(3) 供给虹吸式出水流道上真空破坏阀动作的动力，保证停机后虹吸式出水流道断流。

(4) 供给泵站机组检修时吹扫、清洁及其他用气。

2. 压缩空气系统

根据用气对象的性质，可分为高压气系统和低压气系统。

(1) 高压气系统的压力一般为 25×10^5 Pa 和 40×10^5 Pa，主要向水泵叶片调节机构用的油压装置充气。

(2) 低压气系统的压力一般为 $(6\sim8)\times10^5$ Pa，主要用于机组制动、打开虹吸式出水流道的真空破坏阀、检修时的吹扫、清洁设备等。

3. 抽真空系统的用途

离心泵在启动前抽真空充水，虹吸式出水流道抽真空等。

1.1.4.3　水系统

泵站水系统包括供水系统和排水系统。供水系统又包括技术用水（即生产用水）、消防用水和生活用水的供给；排水系统主要是排除机组检修期间进水流道内的存水，各种使用过的废水和检修闸门的漏水，机组运行时机械密封部位的部分漏水，机组检修期间水工建筑物渗漏水，以及室内积水等。

1.1.4.4　通风与起重设备

1. 通风设备

泵站通风包括主电动机的通风和主副泵房的通风。

大型泵站主机组的电动机，目前多采用空气冷却，在电动机转子周围的两端装有特制的风扇。用空气冷却电动机的通风方式一般有敞开式、管道式和密封自循环式三种。

泵站主副泵房不挡水的各层，大都有条件开窗户，应尽量采用自然通风。

2. 起重设备

为了满足机组安装及检修的需要，泵房内应设置起重设备。泵站中常用的起重设备为梁式起重机。梁式起重机按起重滑车的形式分为单滑轮和双滑轮；按起重机主梁形式分为单梁和双梁；按操作方式分为手动和电动。

另外，起重机还有轻重和速度快慢之分。由此可以组成手动或电动单梁葫芦、手动或电动桥式吊车等。电动桥式吊车根据工作时间的长短可分为轻级、中级、重级。

选择起重机类型时，主要根据最重吊运部件确定。

1.2　安装技术要求

1.2.1　一般要求

1.2.1.1　图样资料准备

设备安装前，应具备下列工程及设备图样和技术文件：

(1) 设备安装图及技术要求。

(2) 与设备安装有关的建筑结构及管道图。

(3) 制造商提供的设备及零部件和备件清单、设备及部件装配图、设备安装使用说明书。

制造商提供的安装专用工器具、备品备件、设备图样及技术资料等应满足安装和运行的要求。制造商应按合同及规范要求提供设备图样及技术资料。

1）图样。包括：总装图、主要部件组装图、安装基础图、外形图、电气原理图、端子图、接线图，安装及检修流程图、易损件加工图、泵及泵装置性能曲线图等。

2）安装、运行、维修说明书。包括：概述，安装、运行、维修流程、项目及标准，材料明细表、备件清单、外购件清单及资料等。

3）技术资料。包括：产品合格证、材料试验报告、工厂检测报告、出厂试验报告等。

1.2.1.2 设备安装前清理、校核要求

安装前应对设备进行全面清理，对与安装有关的尺寸及配合公差进行校核，部件装配应注意配合标记。多台同型号设备同时安装时，每台设备应用标有同一序列标号的部件进行装配。安装时各金属滑动面应清除毛刺并涂润滑油。

机组的有些部件已在制造厂进行过预装，但限于制造厂的条件，还必须将设备部件运至工地现场，重新进行部件装配；有些部件在制造厂内无法组装，只有到现场才能进行装配。机组安装的清理、校核，就是将运至现场的机组部件进行清扫和测量检查，设备检查包括外观检查、解体检查和试验检查。安装单位应根据具体情况确定设备检查采用的方法。整装到货或制造厂技术文件规定不宜解体检查的设备，出厂有验收合格证且包装完整、外观检查未发现异常情况、运输和保管符合技术文件规定，则可不进行解体检查。但是，若对制造质量有怀疑或由于运输、保管不当等原因而影响设备质量，则应进行解体检查，或进行试验检查。然后进行组装并进行高程、水平与中心的调整，最后投入试运行。将机组在试运行中所出现的问题处理合格后，移交管理单位正式投入运行。因此，机组安装工作应包括机组安装和在机组试运行中对所出现问题的处理。

水泵及电动机在安装前，应进行全面清理和检查。将零件所涂的防锈漆清扫干净，通常是用柴油或汽油来溶解防锈漆。对非加工面或非精密加工面可用刮刀、钢丝刷来清扫。对精密加工面应用铜皮、铝皮等软金属片去除漆皮，然后用酒精、甲苯等清洗，最后用棉纱毛巾或白布擦干。对与安装有关的尺寸及配合公差应进行校核，部件装配应注意配合标记。按正常的安装顺序，设备与安装有关的尺寸和配合公差都要进行检查。

1.2.1.3 主机组组合面的合缝检查要求

主水泵、主电动机组合面的合缝检查应符合下列要求：

（1）用0.05mm塞尺检查合缝间隙，不应通过。

（2）当允许有局部间隙时，可用0.10mm塞尺检查，深度不应超过组合面宽度的1/3，总长不应超过周长的20%。

（3）专用精制螺栓、定位销的配合公差应符合设计要求。

（4）组合缝处的安装面高差不应超过0.10mm。

设备组合面的合缝间隙是制造加工质量好坏的一个标志。设备的组合面是为了解决加工、起重、运输的限制，方便安装、拆卸和更换零部件而设置的，它承受挤压、传递扭矩

和（或）剪力，其接触面的大小必然影响部件的刚度和抗振性能，有的部件还存在漏水问题。

根据设备大小的不同要求，因为“组合面宽度的1/3”“周长的20%”都是相对值，组合面大，允许塞入深，外口的间隙也就大。根据目前国内大、中型设备制造厂家已生产的机组加工质量来看，这一要求都能满足。

1.2.1.4　承压设备及其连接件的耐压试验要求

承压设备及其连接件的耐压试验应符合下列规定：

(1) 强度耐压试验。试验压力应为1.5倍额定工作压力，但最低压力不应小于0.4MPa，保持压力10min，无变形、裂纹及渗漏等现象。

(2) 严密性耐压试验。试验压力应为1.25倍额定工作压力，保持压力30min，无渗漏现象。

(3) 主电动机冷却器应按设计要求试验压力进行耐压试验，如设计无明确要求，则试验压力宜为0.35MPa，保持压力60min，无渗漏现象。

承压设备及连接件的耐压试验主要是针对设备制造厂没有明确试验压力值的设备，在工地进行组装，并组合成系统后的承压设备，应进行耐压试验。

耐压试验可分为强度耐压试验和严密性耐压试验两种。制造厂供给的承压设备和在安装现场制作的承压设备及其连接件，应进行强度耐压试验。

严密性耐压试验，又可分为材料严密性和装配严密性两种耐压试验。材料严密性试验是对材料质量的检验，装配严密性试验是对安装质量及密封件质量的综合考验。

强度耐压试验和严密性耐压试验的根本区别表现在试验压力和耐压时间两个指标不同。耐压试验宜采用水压试验或油压试验。除技术文件规定用气压试验外，耐压试验不应采用气压试验。如果技术文件要求进行气压试验，在进行气压试验前必须要有可靠的安全措施，并经安装单位严格检查，经总监理工程师批准后方可进行。

1.2.1.5　煤油渗漏试验要求

油槽等开敞式容器安装前应进行煤油渗漏试验，试验时至少保持4h无渗漏现象。容器做完渗漏试验后如再拆卸应重新进行渗漏试验。

煤油渗漏试验是对开敞式容器进行严密性耐压试验，以煤油的渗透力取代水压力。因此，应尽可能对容器盛满煤油做试验。如大油箱装满煤油试验难以做到，安装单位也可根据实际情况采用其他检查方法，如将大油箱四周能够检查到的焊缝全部清理干净，再在一个侧面涂以白粉浆，待晾干后在焊缝另一侧面涂以煤油，使表面得以足够的浸润，经观察检查后，确认在白粉上没有油渍为合格。但这种方法只能检查材料本身存有的贯穿性缺陷。

渗漏时间和渗漏距离长短是正确检验严密性的关键。由于各部位情况不同，可根据具体情况酌情安排检验时间。

1.2.1.6　起重运输

1. 起重运输要求

(1) 对重量大的设备或部件的起重、运输项目，应专门制定详细的操作方案和安全技术措施。

（2）对起重机械设备的各项性能，应预先检查。测试并做好记录，逐一核实。

（3）严禁以管道、设备或脚手架、脚手平台等作为起吊重物的承（支）力点；凡利用建筑结构起吊或运输重物件的，应进行验算。

2. 起重运输作业技术方案

起重运输作业技术方案的编制和安全技术措施，是保证起重运输顺利进行，促进安全的重要措施。一般起重运输作业方案的编制应包括以下程序和内容：

（1）作业任务概况。起重运输作业任务概况应反映起重运输的基本情况，一般应有起重运输作业任务名称、地址，起重运输作业的规模及内容，吊件结构型式和施工作业现场条件。

（2）作业方法与要求。作业方法与要求是起重运输作业方案的核心内容。编制前应认真调查研究、分析对比，充分了解现场情况后再编制，编制后还应组织有关人员进行讨论或论证。作业方法与要求的基本内容有起重运输作业的选配、起重运输作业顺序、劳动组合和岗位职责、起重运输作业的技术要求及措施、起重运输作业的安全措施等。安全技术措施主要包括安全操作的一般要求和特殊要求。

（3）作业的计划安排。拟定起重运输作业工程的进度计划，计算从准备工作起到实施起重作业及竣工退场全过程所用的时间。

另外还有为完成施工任务，必须准备的机械、设备、工具及辅助机具等。

1.2.1.7 设备涂层要求

设备的涂层应满足下列要求：

（1）机组各部件及成套设备，均按设计要求在制造厂内进行表面预处理和涂漆防护。

（2）需要在工地喷涂表层面漆的设备或部件（包括工地焊缝）按设计要求进行。

（3）设备或部件表面涂层局部损伤时，按原涂层的要求进行修补。

（4）设备表面的涂层均匀，无起泡、无皱纹，颜色一致。

（5）设备涂色应按有关规范要求执行。

设备部件表面涂漆不仅是为了美观，而且是对设备防护的需要，更是为了安全运行的需要。设备部件表面应按设计要求涂漆防护。除管道涂色外，设备涂色如与站房装饰不协调时，均可做适当变动。阀门手轮、手柄应涂红色，铜及不锈钢阀门不涂色，阀门应编号。管道上应用白色箭头（气管用红色）表明介质流动方向。

1.2.1.8 其他要求

设备及外协或采购的主要零部件、装置、自动化元件，设备的主要材料，设备安装的装置性材料，设备用油等，应符合设计和产品相关标准的规定，并有检验合格证或出厂合格证。

必要时应对油品进行抽样化验，化验结果应符合要求。这一要求对于从市场购买回或放置时间比较长的设备用油尤其必要。

各连接部件的销钉、螺栓、螺母，均应按制造商的要求锁定或点焊牢固。有预紧力要求的连接螺栓应测量紧固力矩，并应符合制造商的要求。部件安装定位后，应按制造商的要求安装定位销。

目前，在泵站安装组合螺栓紧固中，常用的是用扳手拧紧并用大锤打紧，也可采用加温法。加温法紧固组合螺栓是将组合螺栓与螺母一起放在油里或保温箱里加温，待达到所需温度时，恒温1～1.5h，以最快速度将螺栓放入组合螺孔内，然后用手拧紧螺母，冷却后即可。采用加温法紧固组合螺栓的所需温升按 $\Delta t_1=46\sim53.5$℃选取。

由于螺栓从油取出至螺母拧紧需一段时间，螺栓温度要降低，因此实际螺栓加温的温升要比计算值高，故实际螺栓加温的温升是 $\Delta t=\Delta t_1+\Delta t_2$，$\Delta t_2$ 可由现场试验确定。

1.2.2 施工组织

1.2.2.1 施工组织设计要求

设备安装前，安装单位应编制设备安装施工组织设计。安装人员应熟悉与安装工作有关的图样和资料。

（1）应根据设备安装合同的约定，并结合设备供货、工程设计和现场施工的实际情况，合理编制施工组织设计。

（2）设备安装施工组织设计的主要内容宜包括工程及安装工作面概况、安装内容及工期要求、安装工艺，施工部署及资源配置，工程质量控制措施、安全生产管理措施等。

（3）监理工程师应组织项目法人、设计、制造、安装等单位对设备安装施工组织设计进行审查。

（4）设备安装施工组织设计经审查批准后，由监理工程师发布开工令，安装单位方可进场进行正式安装。

1.2.2.2 施工组织设计具体内容

施工组织设计是安排施工准备和组织工程施工的全面性技术、经济文件，是指导工程施工的法规。施工组织设计是施工单位为指导工程施工而编制的设计文件，它是建筑安装企业施工管理工作的重要组成部分，是保证按期、优质、低耗地完成建筑安装工程施工的重要措施，是施工企业实行科学管理的重要环节。

1. 施工组织设计的主要任务

（1）确定工程开工前必须完成的各项施工准备工作。

（2）计算工程量，并据此合理组织施工力量，确定人力、机械、材料的需用量和供应方案。

（3）从施工的全局出发，确定技术上先进、经济上合理的施工方法和技术措施。

（4）选定有效的安装施工机具和劳动组织。

（5）合理安排施工程序、施工方案，编制施工进度计划。

（6）对施工现场的总平面和空间进行合理的布置，以便统筹利用。

（7）确定各项技术经济建议指标。

2. 施工组织设计的编制原则

（1）认真贯彻国家对基本建设的各项方针、政策，严格执行基本建设程序，科学安排施工顺序，进行工序排队，在保证工程质量的基础上，加快工程建设速度，缩短工期，根据建设单位计划要求配套组织施工，以便建设项目早日交付使用。

（2）严格执行安装验收规范、施工操作规程，积极采用先进施工技术，确保工程质量和施工安全。

（3）努力贯彻建筑安装工业化的方针，加强系统管理，不断提高施工机械化程度，努力提高劳动生产率。

(4) 合理安排施工计划，用统筹方法组织平行流水作业和立体交叉作业，不断加快工程进度。

(5) 落实季节性施工措施，确保全年连续，均衡施工。

(6) 尽量利用正式工程、原有建筑和设施作为施工临时设施，尽量减少大型临时设施的规模。

(7) 积极推行项目法施工，努力提高施工生产力水平；一切从实际出发，做好人力、物力的综合平衡，组织均衡施工。

(8) 因地制宜，就地取材，尽量利用当地资源，减少物资运输量，节约能源。

(9) 精心布置现场，节约施工占地，组织文明施工。

(10) 认真进行技术经济比较，选择出最优方案，以取得最好的经济效益和社会效益。

3. 施工组织设计的编制内容

施工组织设计是根据现场施工的实际条件及对该工程所提出的条件和要求，编制而成的用来指导该工程施工的文件。一般应包括以下内容：

(1) 工程概况：包括工程地点、建筑面积、结构形式、工程特点、工程量、工作量、工期要求等。

(2) 施工技术方案：包括确定主要项目的施工顺序和施工方法，主要安装施工机械及有关技术、质量、安全、季节施工措施等。

(3) 施工进度计划：包括划分施工项目、计算工程量、计算劳动量和机械台班量，确定工程的作业时间，并考虑各工序的搭接关系，编制施工进度计划并绘制施工进度图表等。

(4) 各工种劳动力需用计划及劳动组织。

(5) 材料、加工件需用计划及施工机械需用计划。

(6) 施工准备工作计划：包括为该工程施工所作的技术准备、现场准备、机械、设备、工具、材料、加工件的准备等，并编制施工准备工作计划图表。

(7) 施工平面规划图：用来表明单位工程所需施工机械、加工场地、材料仓库和加工件堆放场地及临时运输道路、临时供水、供电、供热管线和其他临时设施的合理布置，并绘成施工平面图，以便按图进行布置和管理。

(8) 确定技术经济指标。

4. 施工组织设计的编制依据

(1) 施工图：包括本工程的全部施工图样、设计说明以及规定采用的标准图。

(2) 土建的施工进度计划，相互配合交叉施工的要求以及对该工程开竣工时间的规定和工期要求。

(3) 施工组织总设计对该工程的规定和要求。

(4) 国家的相关规程规范及上级有关指示，省、市地区的操作规程、工期定额、预算定额和劳动定额。

(5) 设备、材料申请订货资料。

(6) 类似工程的经验资料等。

5. 施工组织设计的主要组成部分的编制

（1）施工技术方案的选择和确定。施工技术方案的选择和确定通常包括施工顺序、施工组织的确定、施工方法的选择。

确定施工顺序是为了按照施工的技术规律和合理的组织关系，解决各项目之间在时间上的先后和搭接问题，以做到保证质量，安全施工，充分利用空间，争取时间，实现合理安排工期的目的。

施工组织的确定，就是施工力量的部署。一般施工组织的形式有依次施工、流水施工、交叉施工三种，具体采用哪种施工组织形式需根据工程和现场实际来选定。

施工方法的选择应结合实际，方法可行，条件允许，可以满足施工工艺和工期要求。应尽可能地采用先进技术和施工工艺，努力提高机械化施工程度；施工机械的选用，要正确处理需要同可能的关系，紧密结合企业实际，尽可能地利用现有条件，使用现有机械设备，挖掘现有机械设备的潜力。施工方法的选择，应符合国家颁发的施工验收规范和质量检验评定标准的有关规定，要认真进行施工技术方案的技术经济比较。

（2）施工进度计划的编制。施工进度计划是在确定了施工技术方案的基础上，对工程的施工顺序、各个工序的延续时间及工序之间的搭接关系、工程的开工时间、竣工时间及总工期等做出安排。编制施工进度计划的目的在于合理安排施工进度，做到协调、均衡、连续施工，为施工计划的编制提供可靠的依据，同时也是编制劳动力计划、材料供应计划、加工件计划、机械需用计划的依据。因此，施工进度计划是施工组织设计中一项非常重要的内容。

施工进度计划编制的方法很多，通常有网络图法、条状日历进度表、流水作业法、坐标曲线指示施工进度表等，一般广泛采用的是网络图法。

（3）技术、物资供应计划的编制。根据施工进度计划的要求，提出技术、物资供应计划。技术物资供应计划的内容，一般应包括劳动力需要量计划的编制、施工机具需要量计划的编制、设备进场计划和材料、零配件供应计划。

（4）施工准备工作计划的编制。施工准备工作计划主要内容包括施工现场临时用电、用水、用气、仓库、生产基地和生活福利设施的计划。

1.2.2.3 安装监理审批流程

安装单位在安装前应配齐技术力量，制定安装施工组织设计和网络计划，并报送专业监理工程师原则同意后，安装单位方能进入现场进行安装准备。

监理工程师应根据泵站具体情况组织设计、制造、施工单位进行技术交底，相互协调。安装施工组织设计经审查批准后，由总监理工程师发布开工令，施工单位方可进场进行正式安装。

1.2.3 工具材料准备

安装前应准备好相关工具。机组安装所用的装置性材料，应符合设计要求，各类消费材料应准备齐全。另外，为管好安装设备及物资，器材部门、仓库保管及安装单位之间应建立领料手续等制度，保证设备材料及时地按计划供应。

1. 常用工具

（1）手电钻。手电钻用于钻孔，分为手提式与手枪式两种。手枪式使用方便，钻孔直径不超过 6mm。

（2）手提式砂轮机。手提式砂轮机用于金属表面的磨削、去毛刺、清焊缝及去锈等加工。软轴式砂轮机，通过一根软轴把电动机轴的转动传递给工具头。使用时只需握住工具头即可对工件进行加工。由于工具头体积小、重量轻，能适用于复杂的位置加工。工具头可任意更换磨头、铣刀、纱布轮、钢丝轮等工具，以适应特殊加工的需要。

（3）螺栓电阻加热器。螺栓电阻加热器是装配螺栓预加应力的一种专用工具。

（4）千斤顶。千斤顶是一种轻便的易携带的起重工具，可以在一定高度内升起重物，用于校正构件变形和设备的安装位置。千斤顶有螺旋式和油压式两种。前者可以自锁，其重量不超过 300kN；后者传动比很大，起重量可达 5000kN，起重高度不超过 200mm。

（5）风动工具。风动工具有风钻、风镐、风扳、风动砂轮等，其额定压力为 0.7MPa。

（6）喷砂枪。喷砂枪是用于清扫一般粗糙机件表面锈污的工具。

2. 常用量具

（1）框形水平仪。如图 1.2 所示，框形水平仪是测量水平度和垂直度的精密仪器，精度可达 0.02mm/m。它在一个密封的略带弧形的玻璃管内（即主、辅水准），装有酒精或乙醚并留有一定长度的气泡。当其侧面稍有倾斜时，水准器气泡就向较高的方向移动，由气泡移动的格数，便可知平面的平直度和水平度。使用前应采取掉头测量的方法来检验水平仪自身的精度，即把它放在标准平面同一位置，调头测量两次。若气泡的方向与读数相同，说明仪器准确；否则应对仪器进行微调，调整量应等于两次读数之差的 1/2。

图 1.2　框形水平仪

在测量前，应把水平仪的测量面与被测面擦干净，以免脏物影响测量精度。使用后应及时擦干净并涂防锈油。

当部件尺寸大、被测平面较粗糙时，直接用框形水平仪测量误差会大。为提高测量精度，应采用水平梁和它配合使用的方法。水平梁用 8～12kg/m 的轻钢轨或工字钢制成，要求水平梁平直并有一定刚度，其长度根据被测平面尺寸所决定，中部有一个精加工平面，梁的一端有一个支点，另一端有两个可调支点。将水平梁放在较平整的面上，通过调节水平梁的可调支点，使水平梁调头 180°，前、后两次用框形水平仪测出气泡的移动格数和方向相同，则水平梁自身调整完毕，将两只可调支点上的螺母并紧。

测量时将水平梁放在被测部件的测点上，再把框形水平仪放在水平梁上，记下水平仪读数 N_1，然后将框形水平仪与水平梁一起旋转 180°，再次测量读数为 N_2，则部件的水平误差 H 按式（1.1）计算：

$$H=CD\frac{N_1+N_2}{2} \tag{1.1}$$

式中　H——部件水平误差，mm；

C——框形水平仪精度，mm/(格·m)，常用精度一格为0.02mm/m；

D——部件的直径或长度，m；

N_1、N_2——第一、第二次测量时仪器气泡移动格数，N_1与N_2同向取"+"，反向取"−"，根据H值大小与符号调整安装部件的水平。

(2) 橡胶管水平器。橡胶管水平器运用连通管原理，用两根长约200mm、直径15mm的玻璃管分别插在橡胶管的两端，橡胶管的长度不得小于被测物体1.5倍的距离。使用前，应先排除管内空气，然后将两玻璃管靠近，检查它们的水平面是否在同一水平面上。使用前，应先排除管内空气，然后将两玻璃管靠近，检查它们的水平面是否在同一水平面上。测量时，将玻璃管的一端液面和一个被测点对齐，玻璃管的另一端靠在另一个被测点处，观察液面和被测点高差就可以测出两被测点的水平度，精度一般为1mm。橡胶管水平器适于测量水平要求较低的项目。水平尺与水准仪也可以测平面水平。

(3) 指示式测量具。指示式测量具如百分表、千分表及量缸表等，用来测定机组摆度、振动值及内孔直径等。

百分表刻线原理：测量杆移动1mm，表盘上长针旋转一周；将表盘圆周100等分，每格为1/100mm，表盘上短针指示长针旋转圈数，即每小格为1mm。

千分表刻线原理：测量杆移0.1mm，长针旋转一周，表盘圆周100等分，则每格为1/1000mm，表盘上短针用来指示长针旋转圈数。

百分表和千分表与磁性表座联合使用。使用时，测量杆的中心应垂直于测量平面且通过轴心，测量杆接触到测点时，应使测量杆压入表内2～3mm行程，然后转动表盘，使长针对准"0"位调零。

(4) 塞尺。塞尺用于检查转动部分和固定部分的间隙与组合缝接触的紧固程度。检测的最薄片厚度0.02mm。

(5) 游标读数量具。游标读数量具包括游标卡尺、高度游标卡尺、深度游标卡尺及游标量角尺等，用来测量零件的内外径、长度、宽度、厚度和角度等。

通常游标卡尺根据游标上的刻度可读出的最小读数不同，分为0.1mm、0.05mm及0.02mm三类。一般常用的是读数为0.1mm的卡尺，主尺每小格的可读为1mm，副尺上的游标刻度在9mm长度内分为10等份，即每格宽度为9×1/10=0.9mm。当主尺与游标两刻度的零线（起始线）对准重合时，则游标上最后一条刻度与主尺9mm的线重合。

卡尺测量出尺寸后，第一步看主尺上在副尺零线以左的第一个刻度线的整数是多少；第二步看副尺零线以右方向游标刻度第几格与主尺刻度线重合，然后将两数相加得到所测尺寸。

(6) 螺旋读数量具。螺旋读数量具包括外径千分尺、内径千分尺等，用来测量部件的内外径、宽度、高度等尺寸。内径千分尺带有一套不同长度的接杆，测量大尺寸时，将几节连接起来使用。

要保持量具的精度和工作可靠性，必须要掌握正确的使用方法，做好量具的维护、保养工具。精密量具应定期检验，合格才准使用。

(7) 精密水准仪。为了确定部件的安装高程，总是先确定所求点与已知点（基准点）的高程差，而后推算出所求点（安装件上）的高程。这项工作可用水准仪和标尺来完成。

水准仪是一种能精确地给出水平视线的仪器。如图1.3所示水准仪的构造主要由望远镜、水准器和基座3部分组成。

图1.3 水准仪

望远镜由目镜、物镜、十字丝3个主要部分组成。它的主要作用是能提供一条照准读数的视线和使人们能清晰地看到远处的目标。调节目镜对光螺旋，使能看清十字丝；调节物镜对光螺旋，能使物像清晰地反映到十字丝的平面上。十字丝的中央交点和物镜光心的连线称为视准轴（也称视线）。

水准器有两种：附合水准管和圆水准器。利用水准器可以把仪器上某些轴线安置到水平或铅垂位置。通过目镜旁的观察孔，能看到由附合棱镜组把水准管中的气泡折射成两个半圆边气泡的影像。调节微倾螺旋使两个半圆气泡复合，此时称为气泡居中，从而使视准轴水平。圆水准器的顶面内壁是一个球面，球面中心有一圆圈，圆圈的中点称为圆水准器的零点，通过零点的球面法线称为圆水准器的轴线。当气泡居中时，其轴线就处于铅垂位置。

基座主要由轴座、脚螺旋、连接板组成。通过它可以把仪器和三脚架连接起来。调节脚螺旋能使圆水准器中的气泡居中。

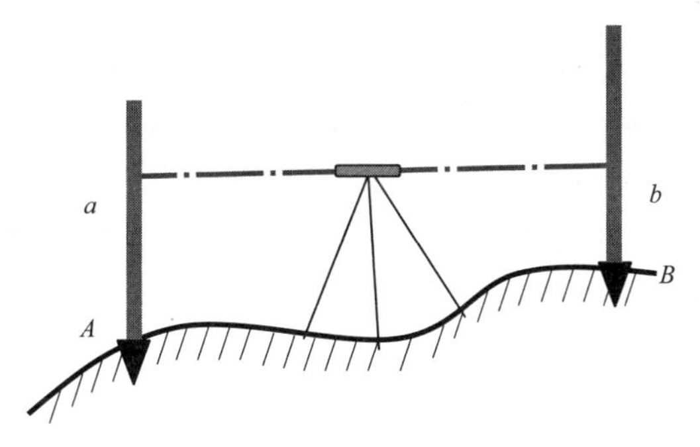

图1.4 水准仪测量示意图

因为水准仪是根据视准轴与水准轴线相互平行的原理制成的，所以在使用前，均应进行检验和校正。

用水准仪测量部件高程的方法是把三脚架安置在已知点和所求点之间的适当位置上，如图1.4所示，然后将经过检验和校正好的水准仪固定在三脚架上。

测量的基本程序如下：

(1) 调节脚螺旋，使圆水准器中的气泡居中。

(2) 松开制动螺旋，用望远镜照准已知高程基准点上所立的标尺。

(3) 调节微动螺旋，使十字丝照准该标尺。

(4) 调节物镜对光螺旋，消除视差。

(5) 调节微倾螺旋，使符合水准气泡居中（气泡两端复合成为一个圆弧），则水准轴线与水平线重合。又因视准轴平行于水准轴线，所以视准轴水平。

(6) 气泡居中后，用十字丝内的中丝迅速而准确地在标尺上读出读数 A。

(7) 在被测部件顶面立标尺，转动镜筒，使望远镜照准该尺，在圆水准器和符合水准的气泡都居中时读出标尺上的读数 B。部件顶部高程的计算式为

$$\nabla_1 = \nabla + A - B \tag{1.2}$$

式中 ∇_1——被测部件的实际高程，m；

∇——基准点的海拔高程，m；

A——基准点上标尺读数，m；

B——被测部件上标尺读数，m。

若被测部件的设计高程为∇_2，则实际安装偏差为

$$\pm \nabla = \nabla_2 - \nabla_1 \quad (1.3)$$

当安装偏差∇为正值时，说明部件安装得低；反之，说明部件安装得高。可根据安装的偏差∇值来上下调整安装件，使其符合设计高程。

3. 专用工具制作

在机组安装中，可根据特殊要求自行制作一些特殊工具，在机组安装中用于测量与调整，具体如下：

(1) 外圆柱面圆度的测量。为检查与处理转轮止漏环与转子的圆度，需要做测圆架帮助测圆。上端做一个螺栓中心锥，紧顶在轴中心孔内，测圆架的中部与轴抱紧，要求不费力就可转动。在测圆架的下端安放百分表，百分表的测头垂直指向被测表面，转动圆架，百分表上读数就可以反映被测圆柱面的失圆度。

(2) 测量机组轴颈。测量外径用的测量架用于测电动机转子外径。

(3) 调整高程与间隙用的楔子板。

(4) 紧固连接螺栓用的专用扳手等。

(5) 测量机组中心用的工具，包括中心架、求心器、测杆、重锤及油桶等。中心架用槽钢和角钢焊制，其长度可根据支点的跨度确定。要保证整个中心架有足够刚度。在中心架中间设有螺孔，以固定求心器。确定了中心的钢琴线（直径为0.3～0.5mm）绕在求心器卷筒上，钢琴线的一端拴在卷筒轮缘上，另一端通过求心器底座圆孔垂下。调整钢琴线的位置，使其与基准中心一致。求心器上有4个中心调整螺杆可调卷筒的位置。

为了拉直测中心的钢琴线，在琴线末端拴以重锤，重锤是用铁板焊成的有底圆筒，其中灌以水泥砂浆，锤的外缘四周焊成4个叶片，将锤放在黏性大的油中，可减少琴线摆动。重锤高度与直径比值为2～2.5，质量为10kg左右。

(6) 测螺丝伸长度工具。应保证联轴器连接螺栓有足够的紧度。连接螺栓是中孔，在此孔拧入测量杆，将千分表放入测杆上，用大锤打紧螺丝后，随时检查，直至螺栓伸长至要求值时为止。使用此工具时，前后两次工具放的位置应一致。

(7) 主轴垂直测量工具。

1.2.4 设备到货验收与保管

1.2.4.1 设备到货验收

1. 验收项目

设备到货后，监理工程师应及时组织项目法人、安装、制造商等单位人员开箱验收，并应按下列项目进行检查及记录，参与验收的代表应在设备开箱验收表上签字。

(1) 箱号、箱数以及包装情况。

(2) 设备名称、型号、规格及数量。

(3) 随机技术文件、专用工具及配件。

(4) 设备有无缺损件，表面有无损坏和锈蚀。

(5) 其他需要检查的情况。

2. 出厂检验

为控制设备出厂质量，确保安装顺利进行，在承包单位质量保证的前提下，业主、监理及安装单位应对设备生产过程及组装试验进行检验。检验可分硬件检验和软件检查。

硬件检验的内容包括主要部件预组装、主要部件控制尺寸、外表面检查等。出厂检验前对设备进行的中间检查也为出厂检验的一部分。

软件检查就是在出厂检验（含中间检查）时，检查应提交的有关设备清单、工厂试验报告、质量检验记录、探伤报告、出厂合格证书。属于协作厂生产的部件也应同时提交上述资料。

对主水泵、主电动机及其他主要设备进行出厂前的检验，还应包括水泵叶片线型、转轮体静平衡、电动机转子静平衡等，应该核对设备技术要求和尺寸与工程设计相符，对设备缺陷应在出厂前进行处理。

3. 到场检验

为保证设备运输安全及数量满足合同要求，设备到场后，供货商应及时向监理工程师报验，要求进行到场检验，同时提交报验设备清单和设备装箱单。设备开箱检查是个很重要的环节，监理工程师组织有关人员进行验收。供货商及安装单位代表必须在现场。按设备技术文件的规定清点设备的零件和部件，应无缺件、变形、损坏和锈蚀等，并有合格证。发现异常情况应及时向总监理工程师和业主报告。

1.2.4.2 设备保管

设备验收后，随机技术文件应由项目法人和安装单位分别保管；设备、专用工具及配件等应由安装单位分类登记入库，妥善保管。

设备验收后应由安装单位连同其技术资料、专用工具及配件等分类登记入库，妥善保管。

档案资料的保管期分为：永久、长期、短期 3 种。长期保管的档案资料实际保管期限不应短于建设项目的实际寿命。

设备保管仓库分露天存放场、敞棚、仓库、保温库 4 类。泵站所需的各类器材、设备应根据用途、构造、重量、体积、包装、使用情况及当地气候条件，按规定要求分别存放。设备保管主要是防潮、防火、防变形。

设备的保管技术主要包括原箱保管、设备放置、设备锈蚀的预防及保管注意事项等。对成品保护，所有零部件不得露天存放。轴的存放一般应垫二点木方，垫木点各距轴端 2/9 的轴长处。在运输、存放、安装过程中应严格防止碰伤电动机的定、转子，绕组绝缘应防止受潮。严防碰伤各加工面，尤其是推力瓦、推力头、镜板、导轴承瓦的加工面更不能有任何碰划伤痕。油漆破坏处，不外露的应在安装中及时补刷，外露的应在交工前重刮腻子后整机喷漆。

1.2.5 模型试验验收

采用新模型的主水泵，在制造前，应按规定进行模型试验和验收。

模型试验验收一般是作为泵站选型设计的一部分，设计部门通过模型试验验收选定合适的泵型。泵站模型泵验收是指水泵生产前对所选用的非标新模型水泵进行泵段模型试验或装置模型试验的验收，但并不是所有泵站都需要对其选用的水泵进行模型试验验收。

泵站模型试验验收时，应按图样检查测量模型泵的主要尺寸，其允许偏差应符合要求，并应检查安放角的准确性。

模型试验只有在模型和原型之间保持几何相似的条件下有效。由于制造、安装中的原因，泵站模型试验的任何一项参数均会出现离散（差异）。在评价模型试验的可信性及做出保证时，掌握模型试验最重要部件——模型泵，特别是控制具有复杂形状的叶片的几何尺寸偏差具有重要意义。为了确保泵站模型试验精度，模型试验验收时，应按图样检查测量模型泵的主要尺寸，并应检查安放角的准确性。

泵站模型试验决定泵型的选用和泵站的布局，是泵站建设过程中的一个重要环节，因此模型试验宜在泵站设计以前进行。模型试验验收应进行详尽的初验，然后由业主（或委托试验人）组织人员进行验收。

1.2.6　原型水泵制造验收

1.2.6.1　离心泵尺寸验收

离心泵主要实际尺寸与设计尺寸的允许偏差应符合表1.1的要求，表中测量项目的测量位置如图1.5所示。

表1.1　原型与模型离心泵尺寸允许偏差

<table>
<tr><th colspan="2">测量项目</th><th>原型泵允许偏差</th><th>模型泵允许偏差</th><th>测量要求</th><th>说明</th></tr>
<tr><td rowspan="9">叶轮</td><td>进口直径 D_1</td><td>$D_1 \geq 1.0$m，±0.1%
$D_1 < 1.0$m，±1mm</td><td>±0.15%</td><td>在两个相互垂直的截面上测量</td><td></td></tr>
<tr><td>出口直径 D_2</td><td>$D_2 \geq 1.0$m，±0.1%
$D_2 < 1.0$m，±1mm</td><td>±0.15%</td><td>在两个相互垂直的截面上测量</td><td></td></tr>
<tr><td>出口宽度 B_2</td><td>±1%</td><td>±0.3%，±0.15mm
($B_2 < 50$mm)</td><td>测量相互垂直两个截面的4个部位</td><td></td></tr>
<tr><td>前盖板轴向长度 H</td><td>$H \geq 400$mm，±1%
$H < 400$mm，±4mm</td><td>±0.5%</td><td>测量相互垂直两个截面的4个部位</td><td></td></tr>
<tr><td>叶片截面形状</td><td>$D_2 \geq 1.0$m，0.25%
$D_2 < 1.0$m，±2.5mm</td><td>±0.15%</td><td rowspan="2">对所有叶片进行测量，每片叶片测量2～4个截面。原型测量范围：进口侧10%D_2，出口侧15%D_2</td><td>与 D_2 之比</td></tr>
<tr><td>叶片厚度 T</td><td>±10%，±3mm</td><td>±10%</td><td></td></tr>
<tr><td>进口栅距 P_1</td><td>±1.5%，±4mm</td><td>±2%</td><td>对所有进口栅距进行测量</td><td>与所有进口栅距平均值之比</td></tr>
<tr><td>出口栅距 P_2</td><td>±1.5%，±7mm</td><td>±2%</td><td>对所有出口栅距进行测量</td><td>与所有出口栅距平均值之比</td></tr>
<tr><td>密封环间隙 S</td><td>±20%</td><td>0～+40%</td><td>在两个相互垂直的截面上测量</td><td>与测量间隙值的平均值之比</td></tr>
</table>

续表

测量项目		原型泵允许偏差	模型泵允许偏差	测量要求	说明
蜗壳	水泵进口直径、水泵出口直径 a_1、a_2	$a_1 \geqslant 2.0$m，±0.4% $a_1 < 2.0$m，±8mm	±1%	测量垂直和水平方向两个直径	
	蜗壳室的内径 $a_3 \sim a_6$	$a_3 \sim a_6 \geqslant 2.0$m，±0.8% $a_3 \sim a_6 < 2.0$m，±16mm	±2%	测量垂直和水平截面从蜗壳中心至边壁的半径	
	水泵出口中心线至蜗壳中心距离 a_7	$a_7 \geqslant 2.0$m，±0.8% $a_7 < 2.0$m，±16mm	±2%		
	水泵出口法兰面至蜗壳中心距离 a_8	$a_8 \geqslant 2.0$m，±0.8% $a_8 < 2.0$m，±16mm	±2%		
导叶体	内径 d_1	$d_1 \geqslant 1.0$m，±1% $d_1 < 1.0$m，±10mm	±0.5%	在两个相互垂直的截面上测量	
	进口宽度 b_3	±2%，±8mm	±1.0% ±0.5mm ($b_3 < 50$mm)	在两个相互垂直截面上的4个部位测量	
	叶片截面形状	±3%，±3mm	±0.3%	对所有叶片进行测量，每片叶片测量中心一个截面	与内径 d_1 之比
	进口栅距 P_d	±2%，±4mm	±2%	对所有叶片进行测量，每片叶片测量中心一个截面	与所有进口栅距平均值之比

检测可用样板进行也可用坐标法进行原型泵叶片型线检测，用坐标法检测，即将原型与模型泵叶片同一相应坐标点与同一个相应基面距离的相似测量；用样板检测即原型与模型泵叶片某一点与同一个叶片上其他点的相似关系测量。

为检测方便和保证测量精度，水泵叶轮叶栅栅距采用圆柱截面相邻叶片对应点直线距离，即弦长。

叶片厚度相对误差为测量截面叶片某点厚度实际测量值与设计值的差值与该截面翼型的最大设计厚度之比。

1.2.6.2 混流泵、轴流泵尺寸验收

混流泵、轴流泵原型与模型的允许偏差应符合表1.2的要求，表中测量项目的测量位置如图1.6～图1.8所示。导叶式混流泵和轴流泵叶轮过流表面（单向泵为叶片正面，双向泵为正反两面）粗糙度 Ra 不应大于 3.2μm，其他部位不应大于 6.3μm。

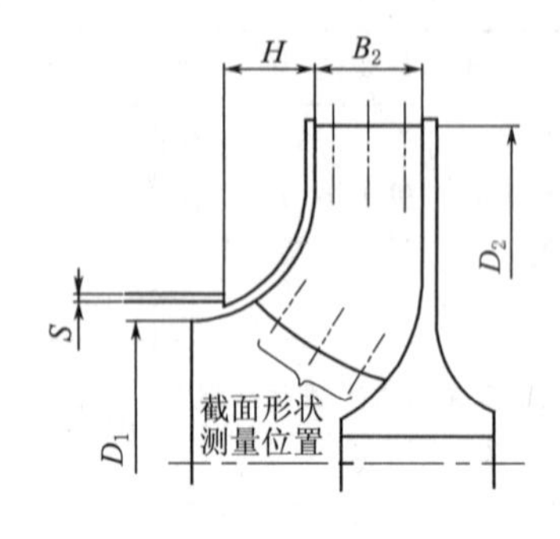

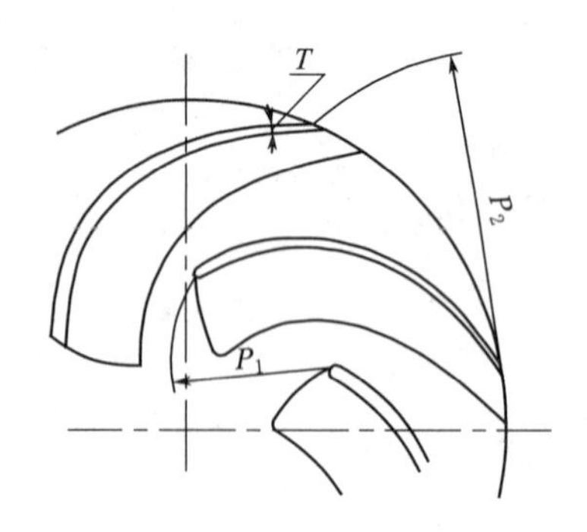

（a）泵叶轮

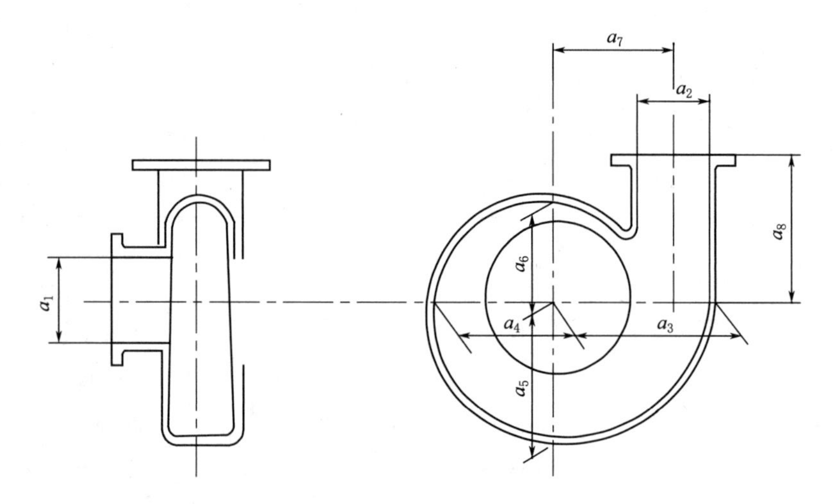

（b）泵蜗壳

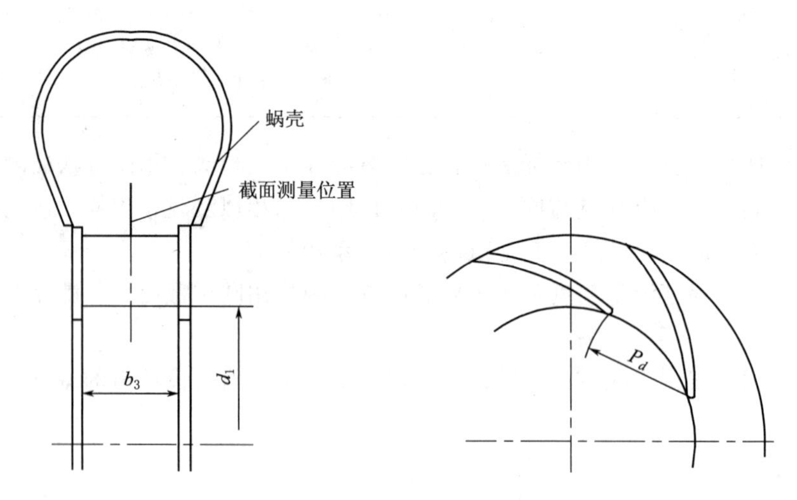

（c）泵导叶体

图1.5　原型与模型离心泵测量示意图

表 1.2　　原型与模型混流泵和轴流泵尺寸允许偏差

	测量项目	原型泵允许偏差	模型泵允许偏差	测量要求	说明
蜗壳式混流泵叶轮	进口直径 D_1	$D_1 \geqslant 1.0$，$\pm 0.1\%$ $D_1 < 1.0m$，$\pm 1mm$	$\pm 0.15\%$	在两个相互垂直的截面上测量	
	出口直径 D_2、D_3	$D_1 \geqslant 1.0m$，$\pm 0.1\%$ $D_1 < 1.0m$，$\pm 1mm$	$\pm 0.15\%$	在两个相互垂直的截面上测量	
	出口宽度 B_2	$\pm 1\%$	$\pm 0.3\%$， $\pm 0.15mm$ ($B_2 < 50mm$)	在两个相互垂直截面的 4 个部位测量	
	叶片外侧轴向长度 H	$\pm 1\%$	$\pm 0.5\%$	在两个相互垂直截面的 4 个部位测量	
	叶片截面形状	$D_2 \geqslant 1.0m$，$\pm 0.25\%$ $D_2 < 1.0m$，$\pm 2.5mm$	$\pm 0.15\%$	对所有叶片进行测量，每片叶片测量 2～4 个截面。原型测量范围：进口侧 $10\% D_2$，出口侧 $15\% D_2$	与叶轮出口直径 D_2 之比
	叶片厚度 T	$\pm 10\%$，$\pm 3mm$	$\pm 10\%$		
	进口栅距 P_1	$\pm 1.5\%$，$\pm 4mm$	$\pm 2\%$	对所有进口栅距进行测量	与所有进口栅距平均值之比
	出口栅距 P_2	$\pm 1.5\%$，$\pm 7mm$	$\pm 2\%$	对所有出口栅距进行测量	与所有出口栅距平均值之比
	密封环间隙 S_1	$\pm 20\%$	$0 \sim +40\%$	原型叶轮每近似转动 90°，测量每片叶片进口、中部、出口 3 个位置。模型叶轮在两个相互垂直的截面上测量	与设计值之比及所有测量值的平均值之比
	叶片侧边间隙 S_2（开式叶轮）	$\pm 25\%$	$0 \sim +40\%$	原型叶轮每近似转动 90°，测量每片叶片进口、中部、出口 3 个位置。模型叶轮在两个相互垂直的截面上测量	与设计值之比及所有测量值的平均值之比
导叶式混流泵与轴流泵叶轮	外径 D_2	$D_2 \geqslant 1.0m$，$\pm 0.1\%$ $D_2 < 1.0m$，$\pm 1mm$	$\pm 0.1\%$	对所有叶片进行测量	
	轮毂直径 D_6	$D_6 \geqslant 1.0m$，$\pm 0.1\%$ $D_6 < 1.0m$，$\pm 1mm$	$\pm 0.2\%$	相互垂直的两个直径	
	叶轮高度（混流泵）H	$D_2 \geqslant 1.0m$，$\pm 0.1\%$ $D_2 < 1.0m$，$\pm 1mm$	$\pm 0.1\%$	对所有叶片进行测量	

续表

	测量项目	原型泵允许偏差	模型泵允许偏差	测 量 要 求	说 明
导叶式混流泵与轴流泵叶轮	叶片安装角 θ	±0.25°	±0.25°	对所有叶片进行测量	叶片外缘翼型安装角
	叶片截面形状	$D_2\geqslant1.0$m，±0.2% $D_2<1.0$m，±2mm	±0.1%	对所有叶片进行测量，每只叶片测量2～4个截面	与外径 D_2 之比
	叶片厚度 T	±5%，±3mm	±5%	对所有叶片进行测量	
	叶片长度（轴流泵）L	$D_2\geqslant1.0$m，±1% $D_2<1.0$m，±10mm	±1%	对所有叶片进行测量，测量叶片平面截面的形状，测量2～4个截面	与设计长度之比
	叶栅栅距 P_1	$D_2\geqslant1.0$m，±1.5% $D_2<1.0$m，±7mm	±1%	对所有栅距进行测量，在叶轮外径 D_2 处测量相邻叶片外缘转动轴之间的距离（弦长）	与所有栅距平均值之比
	叶片间隙 S_2	±25%	0～+40%	叶轮每近似转动90°，测量每片叶片进口、中部、出口3个位置	与设计值之比，与所有测量值的平均值之比
导叶体	进口直径 b_1、b_2	b_1，$b_2\geqslant1.0$m，±1% b_1，$b_2<1.0$m，±10mm	±1%	在两个相互垂直的截面上测量	
	出口直径 b_3、b_4	b_3，$b_4\geqslant1.0$m，±1% b_3，$b_4<1.0$m，±10mm	±1%	在两个相互垂直的截面上测量	
	叶片进口截面形状	$b_1\geqslant1.0$m，±0.4% $b_1<1.0$m，±4mm	±0.2%	对所有叶片进行测量，每片叶片测量两个截面。叶片进口处的测量长度为进口直径（b_1）的10%	与导叶片进口直径（b_1）之比
	进口栅距 P_d	＋1.5%，±6mm	±2%	对所有叶片进行测量	与所有叶片相同截面栅距测量值的平均值之比

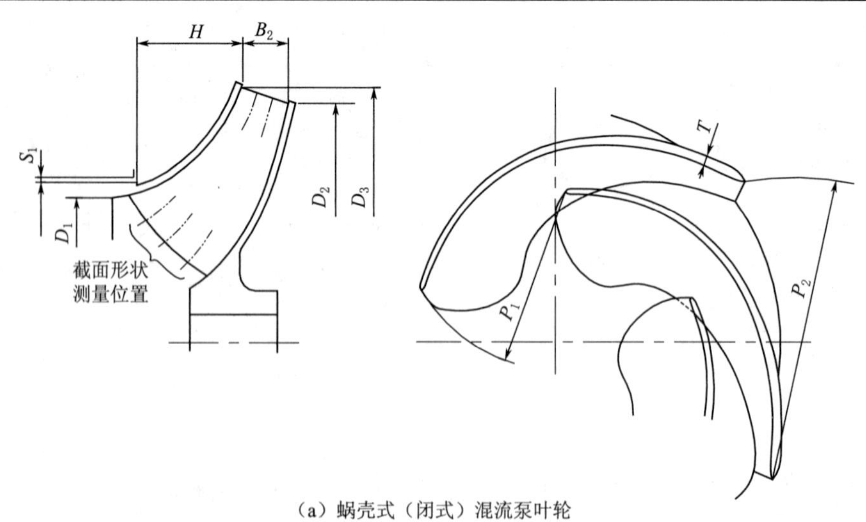

（a）蜗壳式（闭式）混流泵叶轮

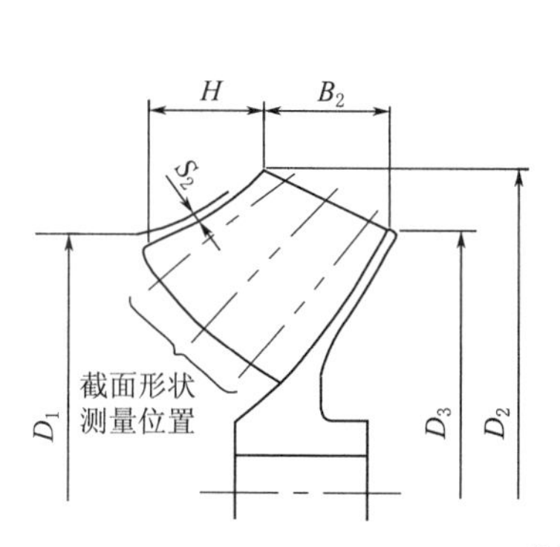

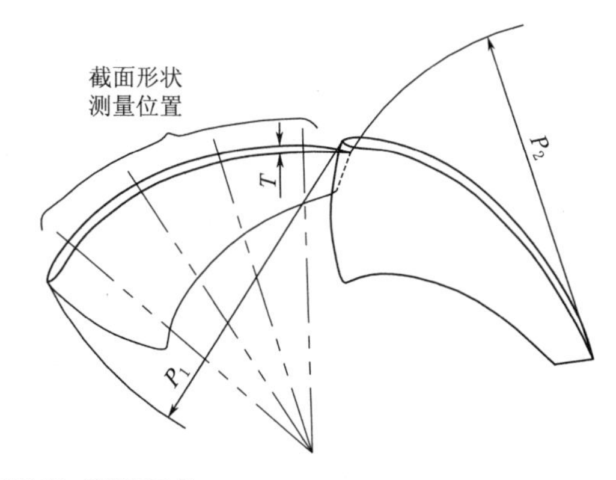

（b）蜗壳式（开式）混流泵叶轮

图 1.6　原型与模型混流泵测量示意图（一）

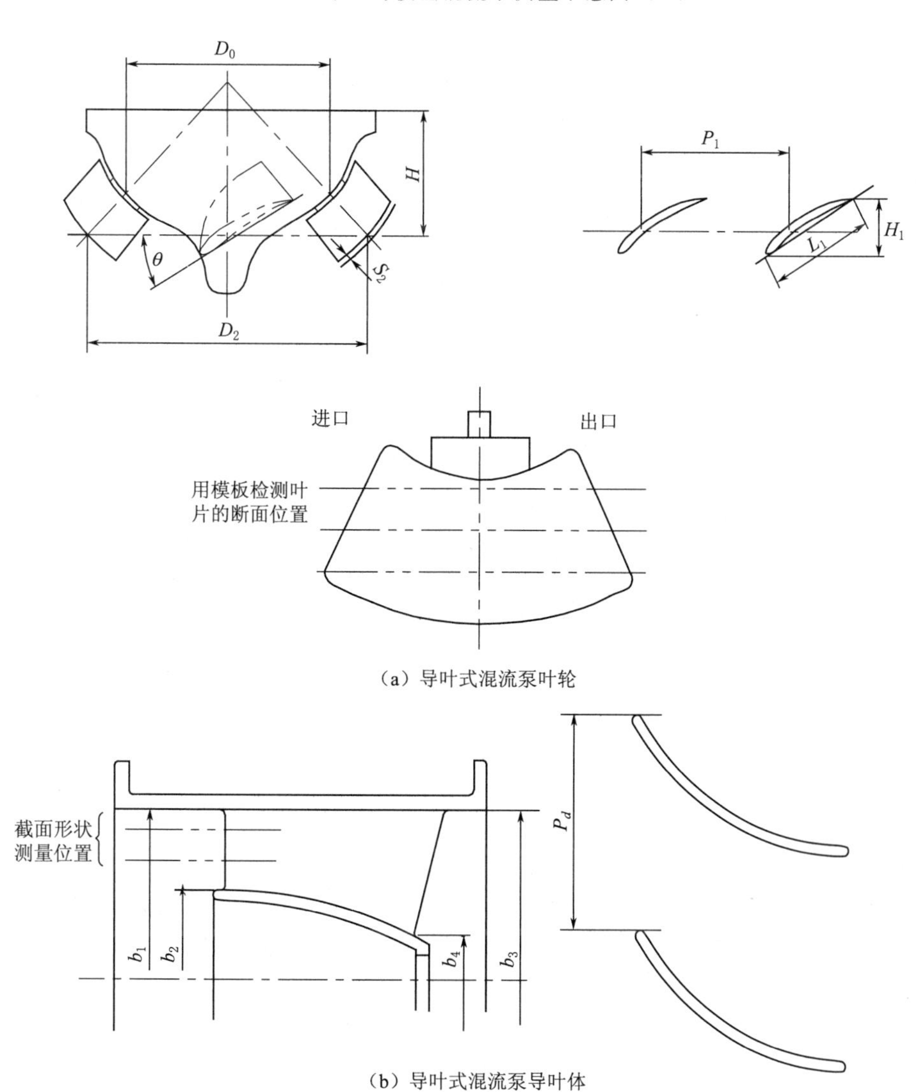

（a）导叶式混流泵叶轮

（b）导叶式混流泵导叶体

图 1.7　原型与模型混流泵测量示意图（二）

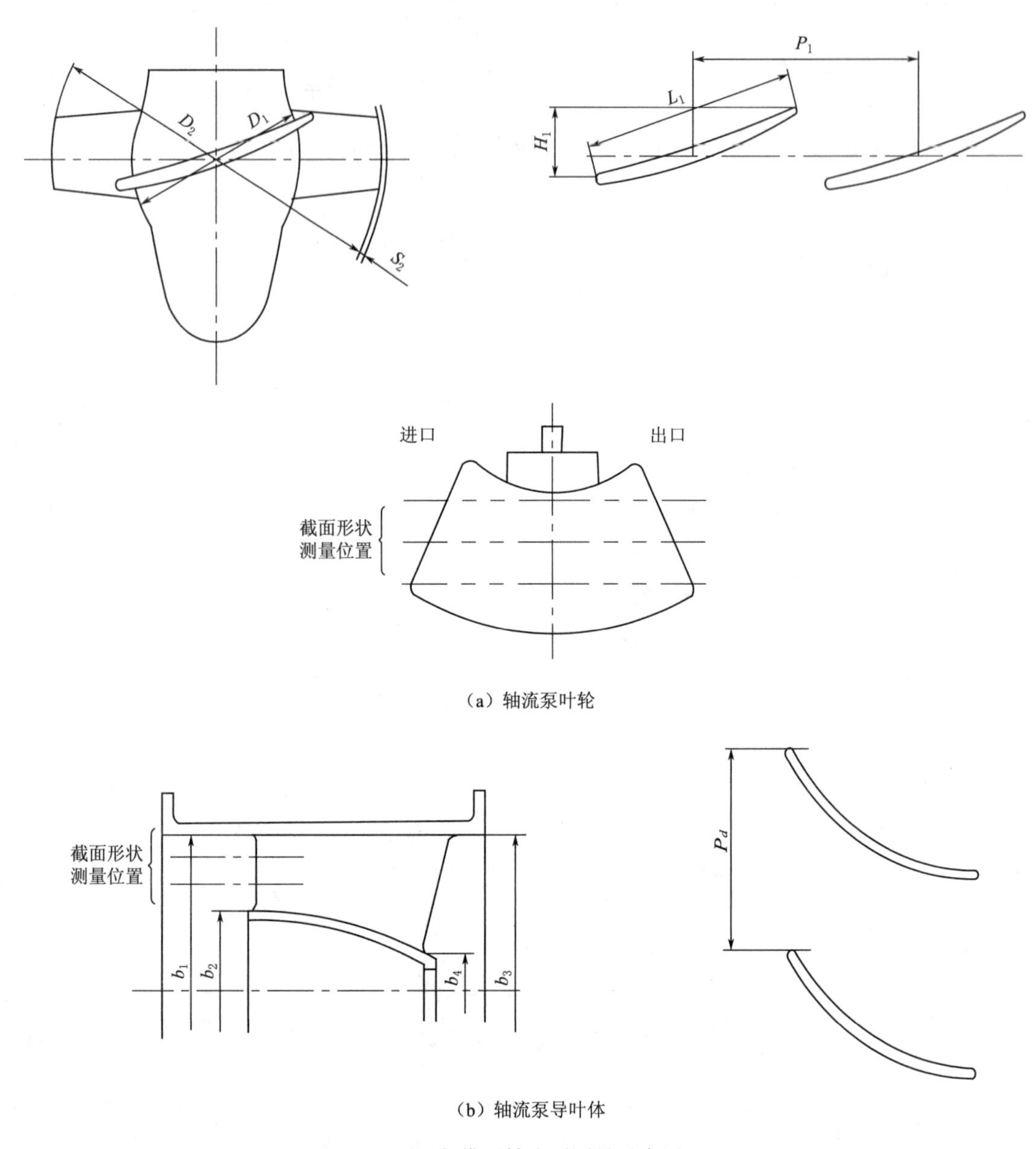

（a）轴流泵叶轮

（b）轴流泵导叶体

图 1.8　原型与模型轴流泵测量示意图（三）

1.2.6.3　耐压试验

液压调节叶片的主水泵，其叶轮应进行强度耐压试验，并符合规范要求；机械调节叶片的主水泵，如叶轮轮毂内部用油脂防锈或用自润滑轴承的，应进行严密性耐压试验。

叶片角度利用压力油调节的水泵叶轮，其油压试验可参照图 1.9 所示布置油泵组、油罐，接好管道和阀。油罐内的油的牌号应符合设计规定，此系统内总油量宜为叶轮充油量的 1.5～2.0 倍。油压试验向叶轮腔内充油时应排除腔内气体，利用油泵组向叶轮腔内打压，压力从0渐升至0.5MPa，并保持0.5MPa±0.05MPa，历时16h。在历时过程中，操作叶片开启和关闭2～3次。油压试验结束后，配置环氧树脂填平叶片密封装置的压环螺栓孔。

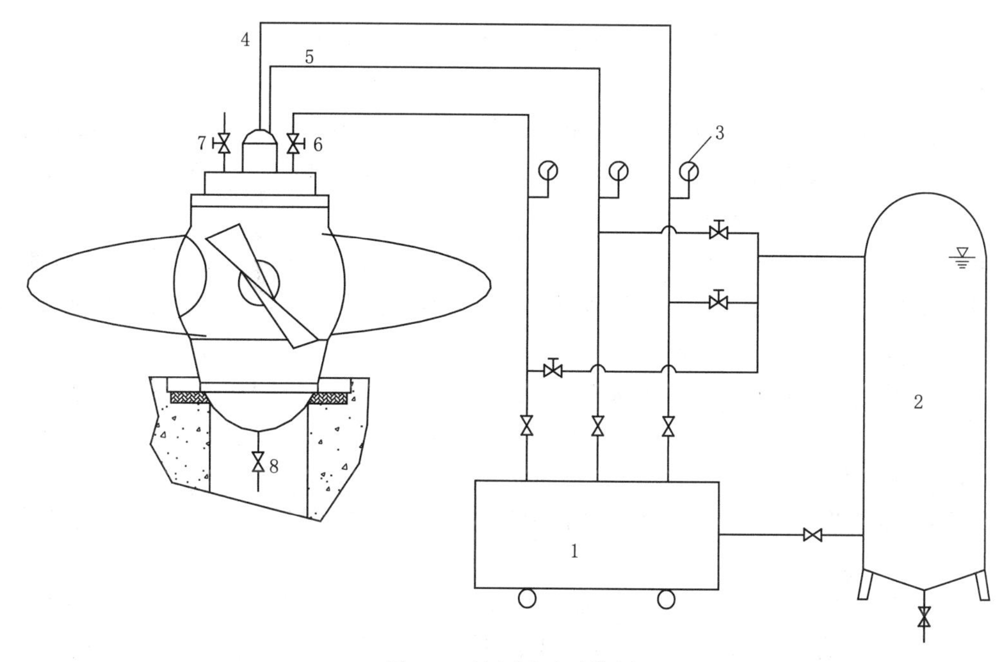

图1.9 油压试验系统图

1—油泵组；2—油罐；3—压力表；4—关闭管道；5—开启管道；6—叶轮腔通道控制阀；7—排气阀；8—排油阀

1.2.6.4 叶片角度验收

同一个轮毂上所有叶片的安放角应一致。各叶片外缘型线的倾角，最大偏差应小于0.25°。轮毂上应有清晰的叶片角度刻度。

叶轮叶片安装角度，取决于叶片、转臂、连杆、耳柄、活塞等各部件的加工误差。由于加工误差不可能完全一样，因此各叶片安装角度总会存在差别。试验证明，叶片的安装误差对其水力性能有强烈影响。如果在设计位置时，有一叶片安放角与其他叶片相差0.5°，则其水动力性能将改变25％。叶片曲率越小，安装角度误差的影响越大。叶轮叶栅稠密度越大，安装角度误差的影响也越大。因此要求同一个轮毂上所有叶片的安放角应一致。各叶片外缘型线的倾角，最大偏差应小于0.25°。否则，由于各叶片安装角度误差太大，使叶轮的水力不平衡增加，从而使机组摆度增大，振动加剧。

叶轮在出厂前，水泵制造商应按叶片型线图测量各叶片型线点的高程，以判别叶轮在安装运行位置时，各叶片型线的误差。这是分析叶轮在运行中发生振动或摆度的重要资料。实践表明，各叶片的安装偏差均能满足该要求。

为了便于机组安装过程中校核安装角度，要求轮毂上应有清晰的刻度。

1.2.6.5 叶轮与叶轮外壳到货验收

叶轮与叶轮外壳的装配应符合下列规定：

(1) 安装前对叶轮叶片外缘的圆度(球度)进行检查,应符合设计要求。

(2) 叶轮外壳组合缝间隙应符合规定要求。

(3) 叶轮外壳内圆圆度,在叶片进水边和出水边位置所测半径与平均半径之差,不应超过叶片间隙设计值的±10%。

(4) 轴流泵和导叶式混流泵叶片在最大安放角位置分别测量进水边、出水边和中部三处叶片间隙,与相应位置的平均间隙之差的绝对值不宜超过平均间隙值的20%。

叶轮外壳圆度实际上是制造厂的问题,应由制造厂在叶轮外壳交货时对叶轮外壳圆度进行测量,轴流泵应测量上、中、下3个断面。导叶式混流泵则由于其叶轮外壳是斜面的,所以应按上止口和下止口位置测量。

叶轮外壳一般做成分瓣结构,出厂前已在制造厂进行过组装,但由于结构比较复杂,容易发生变形。有的还受运输条件限制而分片制造、运输到工地。类似叶轮外壳分瓣结构的水泵环形部件,在安装前应进行组装。先将组合面防锈漆、毛刺等清扫干净,然后按设计要求进行组合,并测量组合缝间隙和圆度。叶轮外壳圆度,按叶片进水边和出水边位置所测半径与平均半径之差,不应超过叶片与叶轮外壳设计间隙值的±10%。

1.2.6.6 其他验收要求

主水泵制造商应提供水泵主要零部件材质报告及探伤报告,主要零部件经过热处理的,还应提供热处理报告。

大中型水泵叶片材质常用材料为ZG230-450和ZG200Mn铸钢及ZG1Cr18Ni9Ti或其他抗空蚀性不锈钢等。叶轮的设计和制造应保证有足够的强度,能承受任何可能产生的作用在叶轮上的最大水压力和离心力。在水泵工作年限内不应产生任何裂纹和断裂或有害变形。为此,要求水泵叶轮制造商应提供叶片材质报告及探伤报告。对铸件进行无损探伤的检测方法主要采用磁粉法、染色法和超声波探伤。探伤报告应包括检测工艺、检测数据和检测结论。对于铸件缺陷应提出处理方案。修复后要求与图样尺寸相符,必要时应重新进行热处理。如果经过热处理,还应提供热处理报告。

铸件有气孔、砂眼、冷隔、皱纹、表面疏松等缺陷,其缺陷深度不超过本体厚度的20%,且需补焊的缺陷面积不超过本体面积的1‰,定性为次要缺陷。超过次要缺陷的界限或若干次要缺陷累积在一起时,则应认为是主要缺陷。

主水泵出厂前应对整机或相邻部件进行试装,检查其间隙或配合情况,均应符合设计要求。

水泵的相邻部件指类似泵轴与叶轮、叶轮与叶轮外壳、水泵轴颈与导轴承等,相互之间有间隙要求,但又各自单独加工,需要相互配合的部件。出厂前应对相邻部件进行试装,检查其间隙或配合情况,均应符合设计要求。安装应按配对加工序号进行装配,不能随意互换。

1.2.7 土建工程的配合

1.2.7.1 监理工程师组织工作

设备安装前,监理工程师应组织设计、土建施工和设备安装等单位做好下列工作:

（1）审查有关图样及技术资料；讨论有关技术问题和安全措施。

（2）审查土建施工单位提供的设备安装工作面和与设备安装有关的基准线、基准点和水准标高点等，并应符合安装工作要求。

（3）应对与设备安装有关的土建工程进行查验。

工程建设施工监理以工程承建合同文件为依据，按工程建设进度，分专业和工程项目编制工程监理实施细则或监理工作规程，并按工程监理实施细则或监理工作规程进行监理。监理过程坚持以“安全生产为基础，工程工期为重点，施工质量作保证，投资效益为目标”的方针。在工程实施过程中，及时协调施工进度、工程质量、工程变更与合同支付的关系，促使合同控制目标由矛盾向统一转化，促使合同目标得到更优实现。

工程监理实施细则或监理工作规程作为工程承建合同的解释文件和监理过程操作文件，是根据我国工程建设监理法规文件的要求和水利工程建设监理发展的需要，在原有基础上进行探索、总结、完善、充实和提高的过程。专业监理工作规程包括土建工程建筑材料质量监理工作规程、施工进度计划监理工作规程、土建工程施工质量监理工作规程、工程质量检测监理工作规程、施工测量监理工作规程、机电设备安装工程质量监理工作规程、金属结构安装工程质量监理工作规程等。项目监理实施细则有土石方明挖工程监理实施细则、混凝土工程施工监理实施细则、水泥灌浆工程监理实施细则、土石围堰工程土工织物防渗体施工监理实施细则等方面。

监理工程师的协调职能主要包括协调工程建设各方与不同单项之间的矛盾；协调施工进度、工程质量、工程变更和合同支付之间的矛盾；协调合同各方应承担的责任与义务之间的矛盾。机电设备安装过程是与设计、设备制造、土建施工的矛盾暴露过程，需要监理工程师进行协调。机电设备安装需要主要设备基础及建筑物的验收记录；建筑物设备基础上的基准线、基准点和水准标高点；主机组基础混凝土强度和沉陷观测资料；用于施工的站内起重机承重梁的轴线、水平和高程资料等。这也是机电设备安装的基本要求。在机电设备安装工程监理实施细则或监理工作规程中应要求土建工程施工单位根据安装进度计划要求，按时提供上述相关技术资料。

机组设备安装前，监理工程师应组织设计单位、土建施工单位和安装单位共同审查有关技术资料和图样并商讨有关重大技术和安全措施，制定符合实际的安装计划和作业指导书。这也是机电设备安装工程监理实施细则或监理工作规程中应有的相关内容。

1.2.7.2 土建施工单位资料

土建施工单位应根据监理工程师批准的安装进度计划要求，按时提供下列技术资料：

（1）主要设备基础及建筑物的验收记录。

（2）与设备安装有关的基准线、基准点和水准标高点等。

（3）安装前的设备基础混凝土强度和沉降观测资料。

1.2.7.3 施工现场要求

施工现场应符合下列要求：

（1）土建施工满足设备安装条件，户内设备安装场地应能防风、防雨雪、防沙尘。

（2）泵房内的沟道和地坪已基本完成并清理干净，有设备进入通道，泵房宜有混凝土粗地面。

（3）对温度、湿度等有特殊要求的设备安装应按设计或设备安装使用说明书的规定执行。

（4）安装现场应具有符合要求的安全防护设施。放置易燃、易爆物品的场所，必须符合相应的安全规定。

（5）安装用起重机应满足主机组安装的技术要求，并已通过当地特种设备检验部门的检验。

（6）设备基础混凝土强度应达到设计值的70%以上。

主电缆穿线管、主机基础的预埋件，在浇筑混凝土时，机电设备安装单位应派专人值班，如发现预埋件位移、损坏的情况，应及时上报监理工程师，及时处理修复，土建单位不得以任何借口阻止。

第2章　立式水泵机组安装

立式机组一般指立式水泵和立式电动机采用联轴器直联方式的结构形式。大型直联传动水泵机组一般采用立式同步电动机。大型立式电动机需在泵站现场安装组合。根据推力轴承位置不同，立式电动机分为悬吊形和伞形两种。悬吊形电动机的结构特点是推力轴承位于上机架内，把整个转动部分悬挂起来。大型悬吊形电动机装有上、下导轴承，上导轴承位于上机架内，下导轴承位于下机架中。伞形电动机的结构特点是推力轴承位于下机架中。

2.1　立式机组的结构

2.1.1　电动机

电动机运转时定子和转子所产生的热量，靠转子上下的风扇，将定子上下进风道外的冷空气吸进来，再通过定子外壳上的风洞排出，将热空气排至站房内（空气自冷却式）或通过定子四周环形风道，再用风机把热空气排出室外（强迫通风式），如图 2.1 和图 2.2 所示。

立式同步电动机一般由定子、转子、上机架、下机架、推力轴承，上下导轴承、电刷及集电环、顶盖等部件组成。同步电动机的定子和转子是产生电磁作用的主要部件，其他是支持或辅助部件。

2.1.2　结构形式

立式机组一般选用混流泵和轴流泵，具有占地面积小、水泵轴承荷载小、可靠性高、电机通风散热条件好、不易受潮湿、机组安装检修方便等优点，各方面技术比较成熟，目前应用最多。立式轴流泵有出水弯管用铸铁制成的弯管式轴流泵，结构形式如图 2.3 所示；有出水管部分采用钢筋混凝土的混凝土管轴流泵，结构形式如图 2.4 所示；有泵体出水管部分全部装在钢筋混凝土井筒内的井筒式轴流泵，结构形式如图 2.5 所示；有出水管部分采用钢筋混凝土的混凝土导叶式混流泵，结构形式如图 2.6 所示。

水泵机组由固定部分和转动部分组成。固定部分一般有泵体进水管部件（包括底座、套管、压环或底座、接管、进水锥管、压环等）、叶轮外壳、导叶体、泵体出水管部件（包括中间接管、60°弯管、30°弯管、套管、压环、上座或异形管、泵盖、上盖、上座等）、轴承部件、填料密封部件和调节器部件等组成。

导叶体中间设置水泵导轴承，弯管式轴流泵在 60°弯管上还设置了上导向轴承。设置水泵导轴承的目的，是为了承受水泵轴上的径向荷载。径向荷载主要由水泵水力不平衡、电动机的磁拉力不平衡、机械动不平衡等原因引起。水泵导轴承有水润滑轴承和稀油润滑轴承两种结构形式。

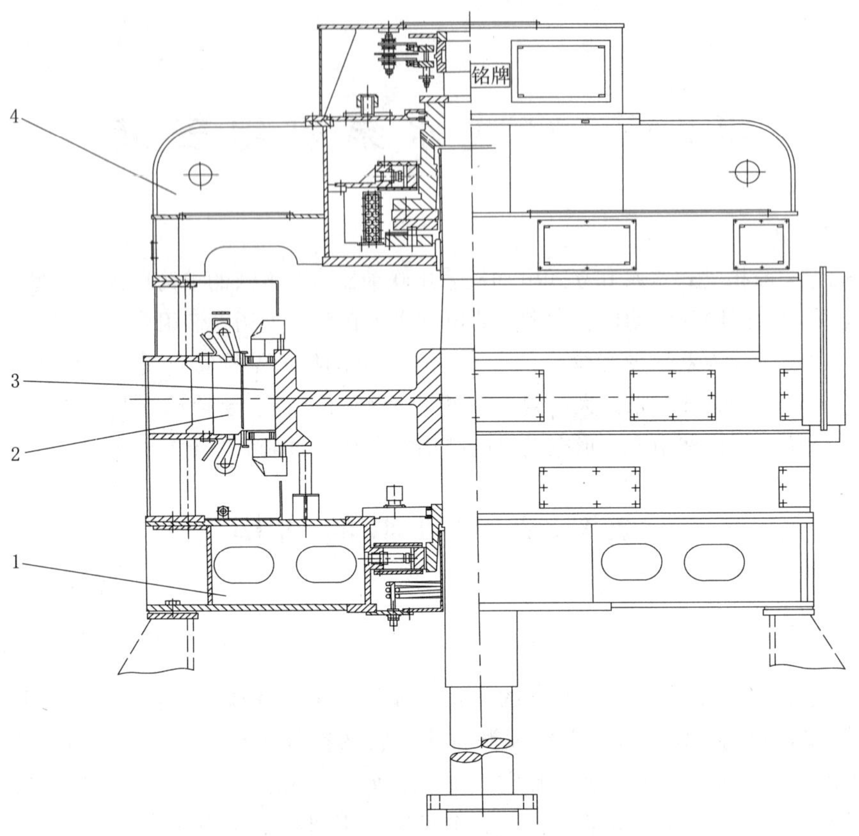

图2.1　空气自冷却式电动机

1—下机架；2—定子绕组；3—转子绕组；4—上机架

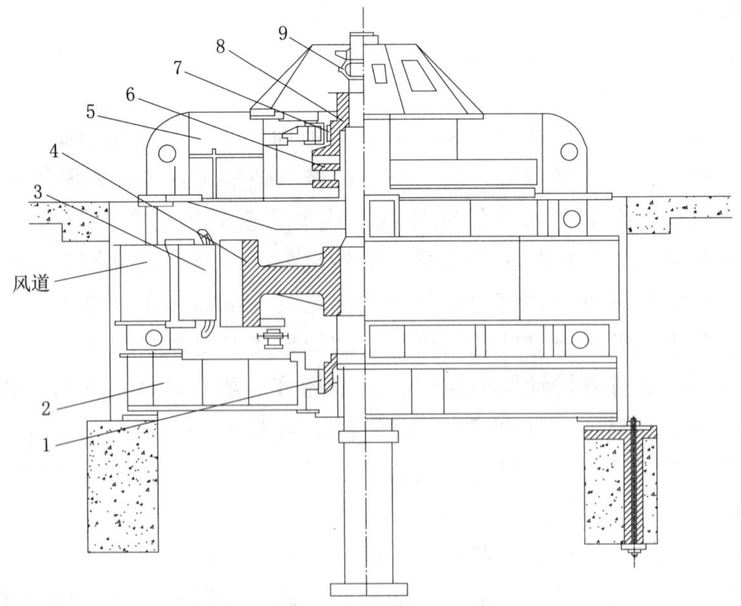

图2.2　强迫通风式电动机

1—下导轴瓦；2—下机架；3—定子；4—转子；5—上机架；6—推力瓦；7—上导轴瓦；8—推力头；9—集电环

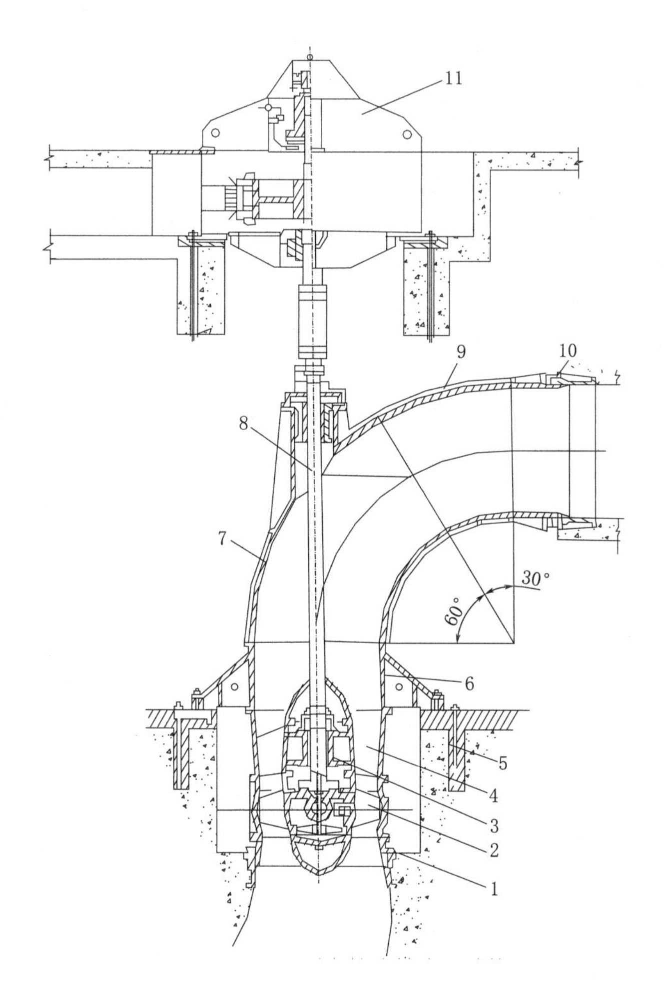

图 2.3 立式弯管式轴流泵

1—进水伸缩节；2—叶轮及叶轮外壳；3—橡胶轴承；4—导叶体；5—地脚螺栓；6—中间接管；7—60°弯管；8—泵轴；9—30°弯管；10—出水伸缩节；11—同步电动机

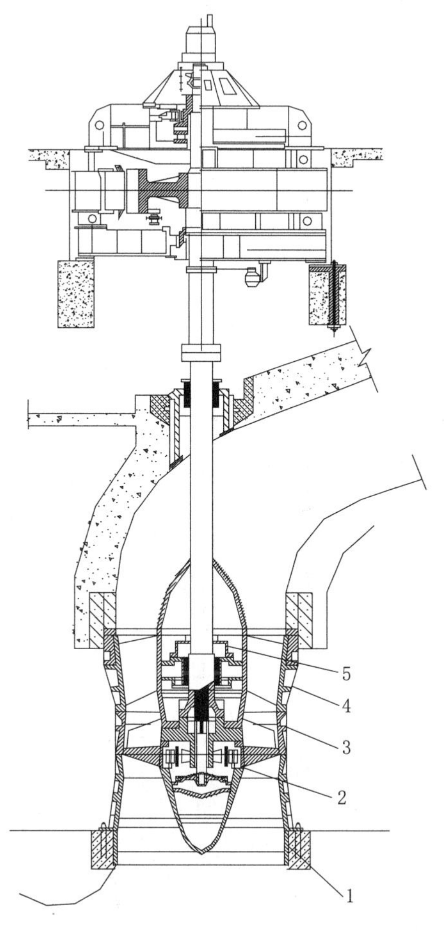

图 2.4 立式混凝土管轴流泵

1—底座；2—叶轮；3—叶轮外壳；4—导叶体；5—导轴承

水泵转动部分有叶轮部件和泵轴部件等。

大中型水泵叶片安放角度调节方式有半调节和全调节两种结构形式。根据使用要求，将叶片按一定角度安装在轮壳毂体上，用紧固螺母压紧固定，如工况发生变化需调节角度时，需停机后松开紧固螺母，转动叶片后再固定，称为半调节。半调节水泵，结构简单，安装方便，但叶片角度不能自动调节，不能适应不同的运行工况。大中型轴流泵、导叶式混流泵叶轮，根据运行工况要求做成叶片可调式。全调节水泵由于其叶片角度能自动调节，以适应不同的运行工况，运行效率较高，因此在大型泵站被广泛应用。全调节水泵按调节的方法又分为液压全调节和机械全调节。

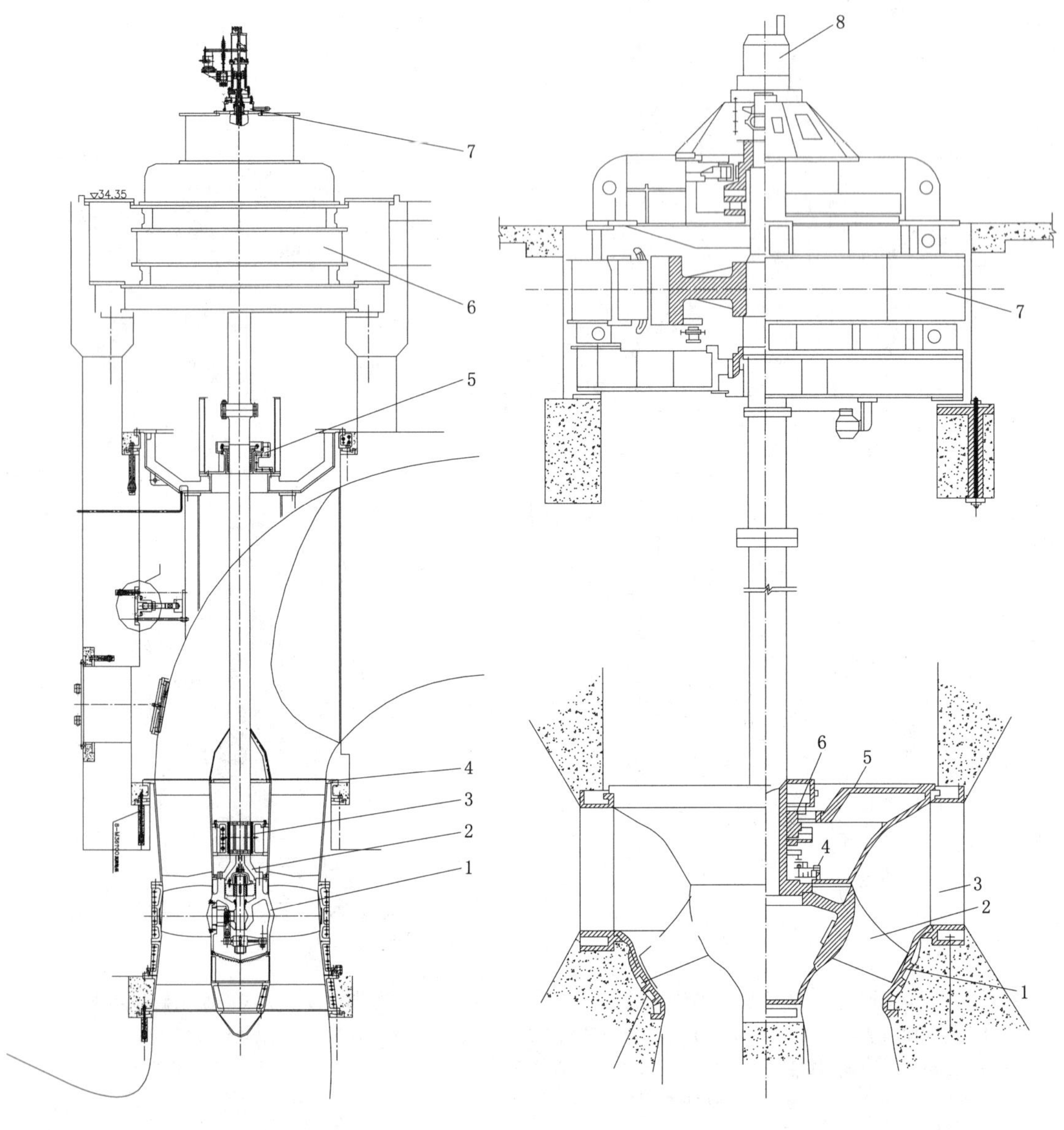

图 2.5　立式井筒式轴流泵

1—叶轮；2—泵轴；3—导轴承；4—导叶体；
5—填料密封；6—电动机；7—调节器

图 2.6　立式混凝土导叶式混流泵

1—叶轮外壳；2—叶轮；3—导叶体；4—密封；
5—泵盖；6—导轴承；7—电动机；8—调节器

泵轴用锻钢制成，半调节式水泵一般为实心轴，泵轴下端一般采用锥轴与叶轮连接，通过键传递扭矩，螺母锁紧，泵轴上端设刚性联轴器与电机轴相连。全调节式水泵为空心轴，泵轴上端设刚性联轴器与电机轴相连，下端设联轴器与轮毂顶相连，并在联轴器圆周上设圆柱销，以传递扭矩切向力。泵轴在上下导轴承和填料密封位置处设有不锈钢套或喷镀不锈钢层，以防泵轴的锈蚀和磨损。空心轴内设操作油管（操作杆）与叶轮操作杆相连。

由于泵体结构形式不同，其安装方法也各不相同。因此在安装时，对机组结构问题应予以充分注意。正确的、符合实际的机组安装内容和顺序，必须根据机组结构特点进行编制。

2.2 安装工序流程

2.2.1 安装原则

大型立式水泵机组的安装，一般按先下后上、先水泵后电机、先固定部分后转动部分的原则进行。在安装过程中，固定部分的垂直同心（轴）度、高程，转动部分的轴线摆度、垂直度、中心、间隙等六大关键要素。

2.2.2 一般安装程序

如图 2.7 所示，机组的安装全过程不外乎吊装、调整和紧固 3 个环节。而调整工作又是其中最重要的一环，所占工时最多，要求精度最高，要按一定的标准和要求进行，它上连下接，贯穿始终。而调整工作的关键则是各零部件的高程、水平、中心的调整。一台机组的安装，既要有全局观念，又要抓住其中关键环节，从而控制全盘。

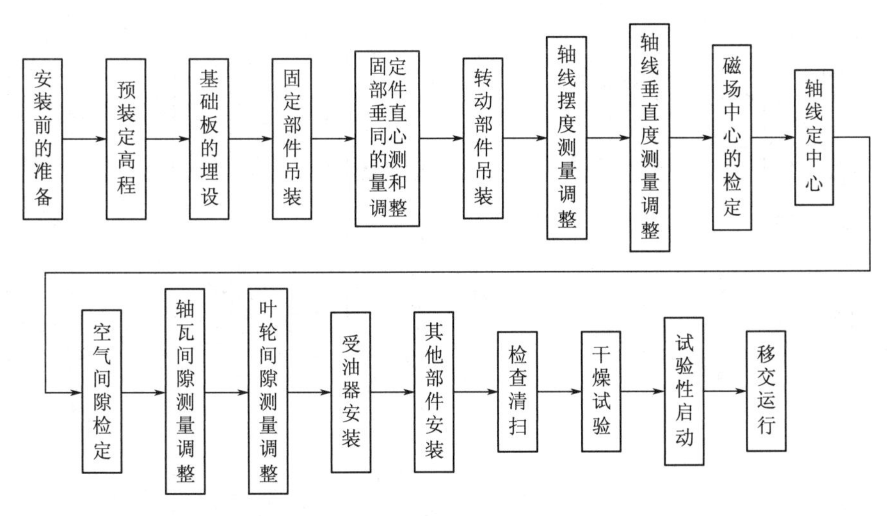

图 2.7 大型立式轴流泵机组一般安装程序框图

2.2.3 安装流程图和工时估算

井筒式结构液压全调节水泵稀油润滑金属轴承机组安装程序和工时估算如图 2.8 所示。弯管式结构机械全调节水泵橡胶轴承机组安装程序和工时估算如图 2.9 所示。工时估算是在设备技术条件一切正常，机组安装在理想状态下顺利进行，安装人员熟悉机组结构特点，并具有一定实践经验情况下的粗略估算，未包括意外情况的处理、不同工种之间的配合等工具设备的二次搬运及其他安装程序等的耗用工时，仅供参考。

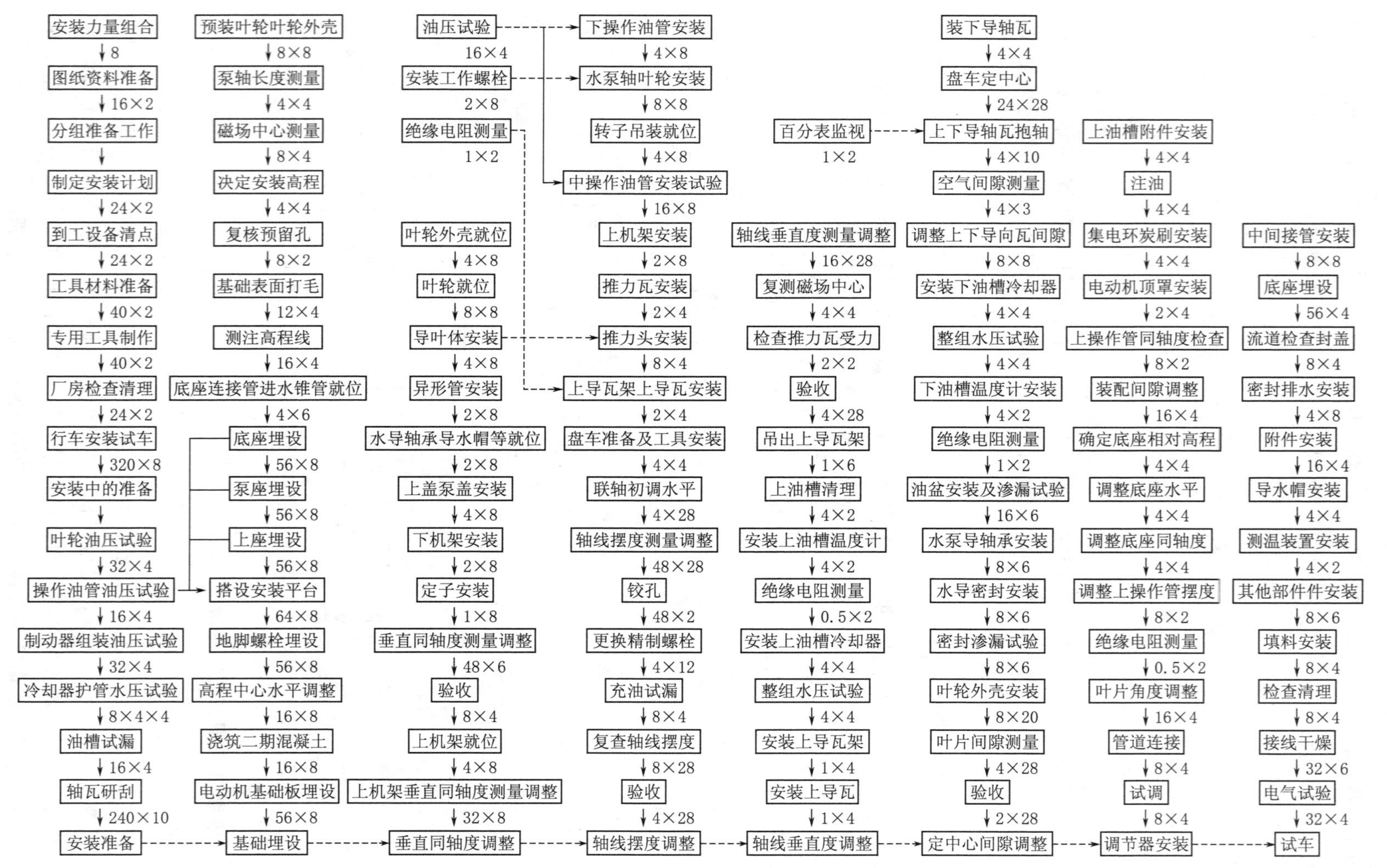

图2.8 井筒式结构液压全调节泵稀油润滑金属轴承机组安装程序和工时估算（小时×人数）

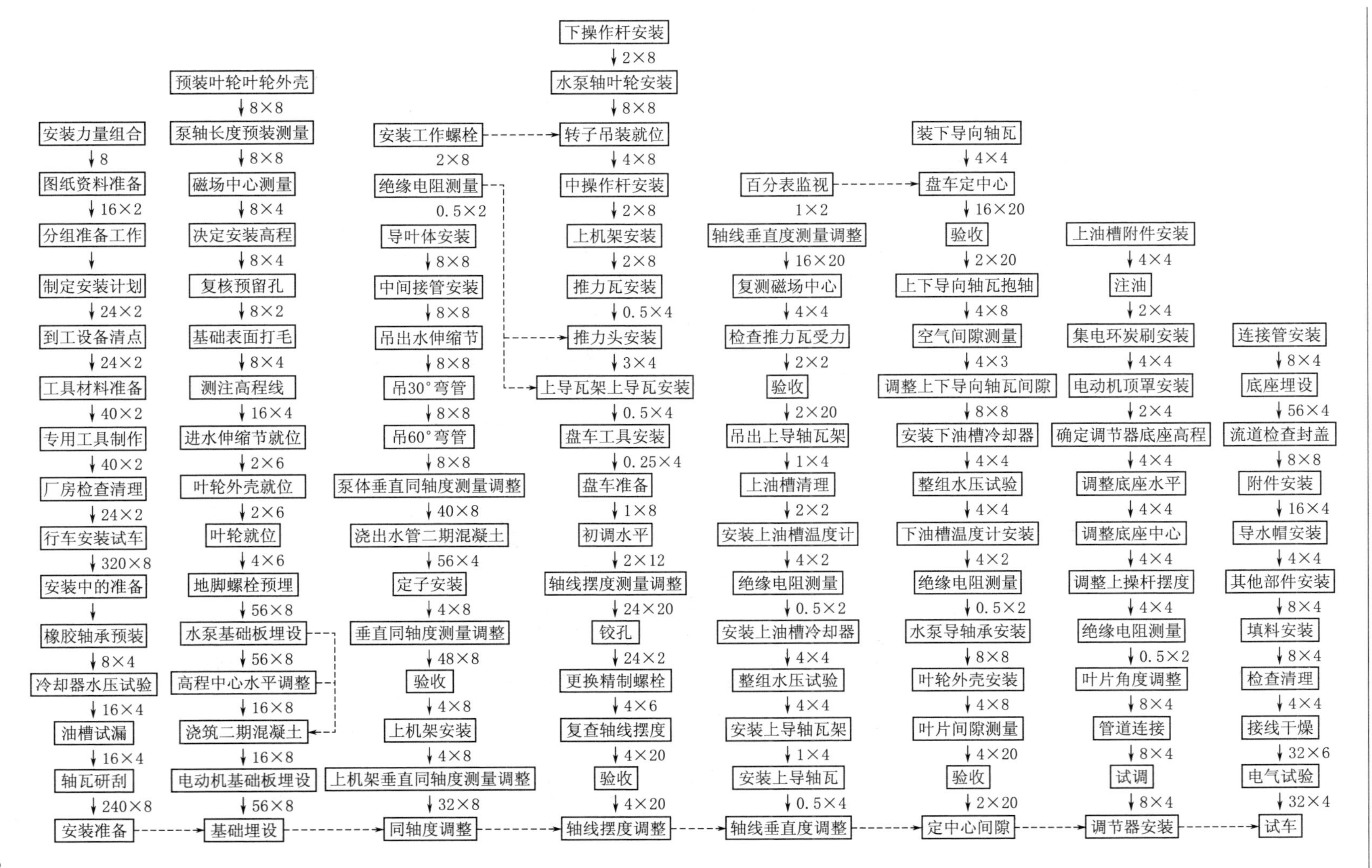

图2.9 弯管式结构机械全调节水泵橡胶轴承机组安装程序和工时估算（小时×人数）

尽管各种泵型的安装方法不尽相同，但安装的技术标准和基本顺序相同，即先水泵后电动机，先固定部件后转动部件。

2.2.4　64ZLB 型轴流泵机组安装程序

64ZLB 型轴流泵（半调节）的基本安装程序如下所述，考虑泵站建设中的实际情况，对该程序可作适当的调整，但主要环节基本相同。

1. 安装前的准备

(1) 检查、清点并保管好到场的设备。

(2) 规划、布置安装现场。

(3) 组织安装技术力量。

(4) 制定详细的安装计划（或网络图），准备工器具、材料（包括起重工具设备及专用工具制作）。

(5) 检查验收土建基础工程。

2. 确定主要部件的安装高程

(1) 定子、转子、叶轮和泵轴等设备几何尺寸测量检查。

(2) 水泵基础板、填料函安装高程的确定。

(3) 电动机基础板安装高程测定。

(4) 安装中的零散件准备，包括轴瓦研刮、冷却器水压试验、上下油槽煤油渗漏试验等。

3. 基础板的埋设

(1) 基础工程高程，x、y 纵横中心十字线和垂直线测放或检查。

(2) 基础一期混凝土打毛。

(3) 预埋水泵、电机基础板的垫板。

4. 固定部件的吊装

(1) 吊进水管伸缩节。

(2) 吊进叶轮外壳。

(3) 吊装叶轮。

(4) 吊导叶体。

(5) 吊中间连接管基础板。

(6) 预埋水泵地脚螺栓。

(7) 吊入出水管伸缩节。

(8) 吊 30°弯管。

(9) 吊 60°弯管。

(10) 调整水泵固定件（泵体）同轴度。

(11) 出水管伸缩节二期混凝土浇筑。

(12) 吊定子下机架和定子。

5. 固定部件垂直同心度的测量与调整

(1) 测量定子实际安装高程。

(2) 调整定子与水泵泵体的同轴度。

6. 转动部件的吊装

(1) 水泵轴的吊入。

(2) 泵轴与转轮连接就位。

(3) 电动机转子吊入。

(4) 吊装上机架。

(5) 推力轴承组装并压推力头。

(6) 上导轴承安装。

7. 转动部分轴线摆度的测量调整

(1) 初调轴线垂直度。

(2) 对同步电动机单独盘车，测量调整轴线摆度。

(3) 主轴连接对水泵机组整体盘车，测量调整轴线摆度。

(4) 联轴器铰孔装精制螺栓。

(5) 盘车，复查轴线摆度。轴线摆度应符合规范和设计要求。

8. 转动部分中心

(1) 盘车调轴线垂直度，并使转动部分轴线和固定部分轴线重合。

(2) 检查磁场中心。

9. 定水泵机组中心线

(1) 装上导轴瓦，或装下导轴瓦。

(2) 盘车测量调整机组中心线。

10. 各部件间隙的测量和调整

(1) 调上导轴瓦间隙。

(2) 调下导轴瓦间隙。测量同步电动机定子与转子的空气间隙。

(3) 调水导轴瓦间隙。测量叶轮间隙。

11. 其他设备安装

(1) 上、下油槽清理。

(2) 油冷却器、测温装置试验。

(3) 滑环、碳刷安装。

(4) 填料函安装。

(5) 进水伸缩圈安装。

(6) 二期混凝土浇筑。

12. 试运行

(1) 检查、清理。

(2) 同步电动机干燥试验。

(3) 试运行及交接。

2.3 安 装 准 备

2.3.1　机组基础的检查处理

主机组安装基础的标高应与安装图相符，其允许偏差应为－5～0mm。基础纵向中心线应垂直于横向中心线，与主机组设计中心线的偏差不宜大于5mm。

基础标高的允许偏差应为－5～0mm，控制机组的安装位置就是控制机组的安装高程和纵横位置误差。泵站机组位置控制关系如图2.10所示。

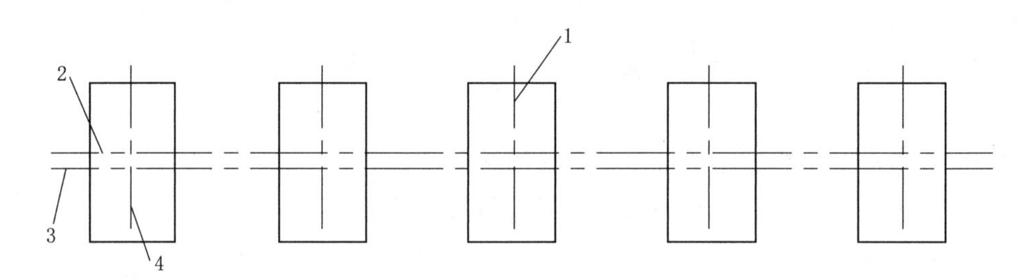

图2.10　泵站机组位置控制图

1—站房纵向中心线；2—站房横向中心线；3—机组横向中心线；4—机组纵向中心线

水泵机组的中心位置，在进水流道施工时便已确定。电机层方框电机梁的中心位置，是根据进水流道中心位置，用吊线法将中心转移到电机层上。在寻找机组中心时，可用拉线法先找出方框电机梁的中心，然后根据各孔的纵向中心线，经校正无误后，用印泥或墨汁将中心线弹在地坪上，并延长到四周墙上，以便磨去后可重新拉出。

主机组的基础与进、出水流道（管道）的相对位置和几何尺寸应符合设计要求。

预埋件的材料、型号、形状尺寸及位置尺寸应符合安装图的要求。安装前应清除预埋件表面的油污、氧化物和尘土等。

主机组预埋件有基础垫板、基础螺栓、调整螺钉、平垫铁、斜垫铁、基础板等。预埋件的材料、型号及安装位置，均应符合图样要求，预埋件与混凝土结合面应无油污、油漆、残砂和严重锈蚀。

2.3.2　叶轮油压试验

液压全调节水泵的叶轮轮毂严密性耐压试验和接力器安装、动作试验，应符合下列规定：

（1）叶轮轮毂严密性试验压力，应按制造商的规定执行。如制造商无规定时，可采用汽轮机油进行试验，压力应为0.5MPa，保持16h，油温不应低于5℃。试验过程中，应操作叶片全行程动作2～3次，各组合缝不应渗漏，每只叶片密封装置不应有渗漏现象。

（2）叶片调节接力器的安装应符合规范要求。

（3）叶片调节接力器应动作平稳。调节叶片角度时，接力器动作的最低油压，不宜超过额定工作压力的15%。

(4) 各叶片实际安放角应符合叶片设计图样的要求，误差不应大于 0.25°。

叶轮部件有轮毂、叶片、转动机构、密封装置及其他附件组成。液压全调节轴流泵叶轮结构如图 2.11 所示。

液压全调节轴流泵叶轮的叶片一般与枢轴合为一体，转动机构一般采用操作架结构，高压油腔与回油腔分开。下置式是将活塞接力器设置在轮毂上部，泵轴联轴器作为轮毂盖，与轮毂组合成活塞腔，活塞上下两侧通过操作油管输入压力油或回油。轮毂下部设置叶片转动机构，叶片转动机构由活塞杆、操作架、连杆、耳柄及转臂等组成。活塞接力器与活塞杆、活塞杆与操作架、操作架与耳柄为刚性连接，耳柄与连杆、连杆与转臂之间均采用铰接，转臂与叶片枢轴为刚性连接。当活塞接力器向上或向下运动时，活塞杆、操作架、耳柄及连杆跟着一起上、下运动。带动转臂和叶片作相应转动，叶片向正或负角度方向转动，达到调节叶片角度的目的。为减少活塞接力器高压油腔的油渗入低压油腔，一般活塞接力器采用 U 形橡皮圈止漏结构。

中置式是将活塞接力器设置在泵轴联轴器和电动机轴之间，布置形式如图 2.12 所示。活塞接力器两侧通过操作油管输入压力油，叶片转动机构结构和调节叶片角度动作过程与下置式相同。

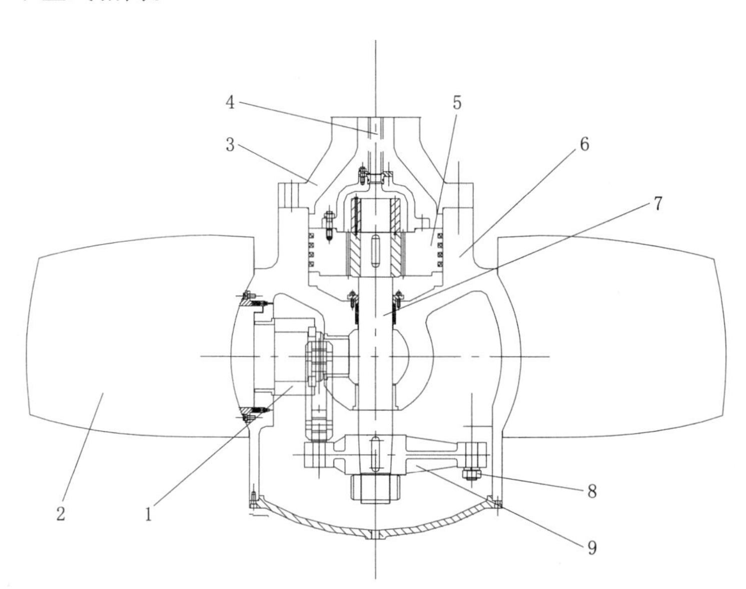

图 2.11 液压全调节轴流泵叶轮结构图

1—转臂；2—叶片；3—泵轴；4—操作油管；5—活塞；6—轮毂；7—活塞杆；8—耳柄；9—操作架

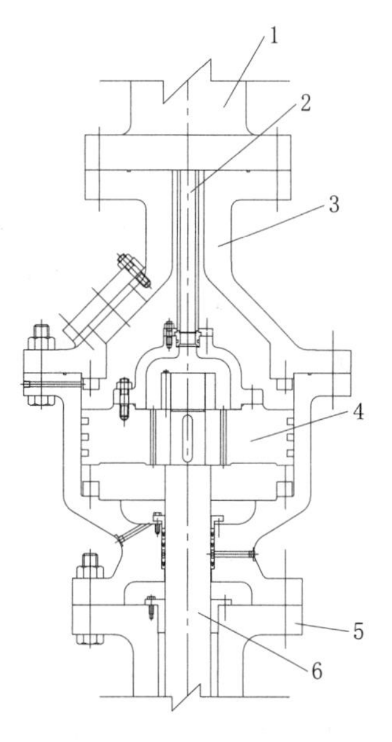

图 2.12 中置式活塞接力器图

1—电动机轴；2—操作油管；3—接力器；4—活塞；5—水泵轴；6—操作拉杆

叶轮的装配质量要求，主要有 3 个方面：一是密封良好，叶片密封装置、阀门不渗油，接力器内不窜油；二是动作正常，活动部件不别劲、无阻卡、配合合适、叶片转角一致；三是叶片径向尺寸正确，叶片外缘弧度高低一样，窜动量小。以上装配要求主要通过耐压和动作试验来检查。最大试验压力一般按叶轮叶片中心至受油器顶面的油柱高度的 3 倍来确定。一般机组的油柱高度约为 12～20m 之间。为简便起见，规定按 0.5MPa 试压；

因为叶片密封装置的漏油量与操作次数有关，所以试验有操作次数的要求。

叶轮组装后的油压试验是对叶片密封装置设计制造和组装质量的初步检验，是有必要的，试验过程中叶片密封装置应不漏油。

以接力器的最低动作油压来检查装配质量，活塞式叶轮接力器，动作试验压力超过工作压力的15%时，一般认为叶轮的装配不良，有卡阻现象或接力器密封有缺陷。对刮板式接力器的耐压试验和动作试验的技术规定可参照《水轮发电机组安装技术规范》（GB 8564—2003）中的规定执行。

上述试验是针对下置式接力器的液压全调节水泵，中置式、上置式接力器液压全调节水泵的叶轮耐压和接力器动作试验参照相关标准要求和其他相关规定执行。

机械全调节轴流泵叶轮结构如图2.13所示。叶片转动机构形式和动作原理与液压全调节轴流泵叶轮相同。叶片转动机构的耐压和动作试验可参照液压全调节水泵的叶轮耐压试验相关规定。

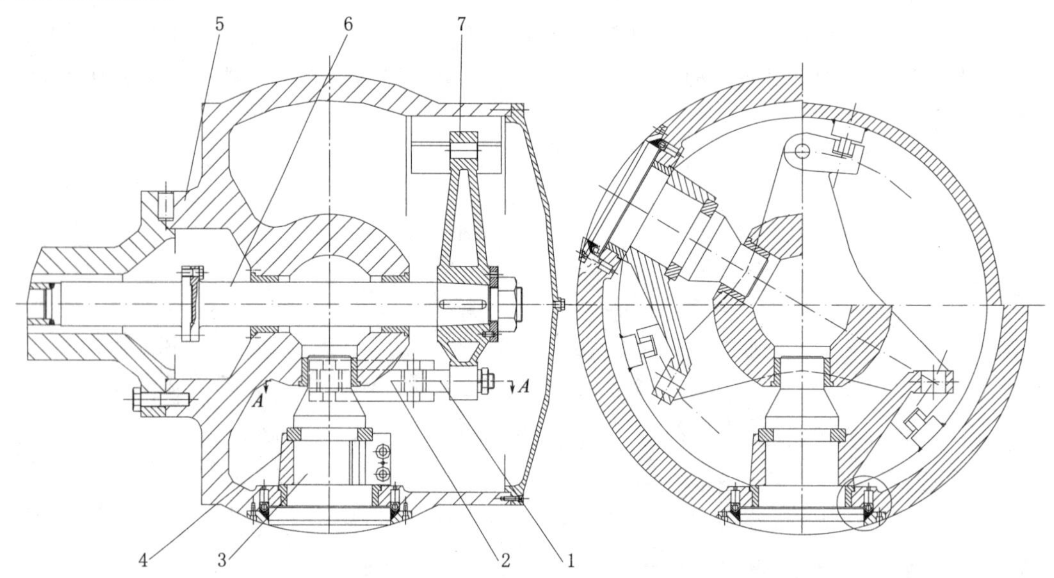

图2.13　机械全调节轴流泵叶轮结构图

1—耳柄；2—连杆；3—叶片；4—转臂；5—叶轮；6—下拉杆；7—操作架

叶片转角偏差，主要由制造厂保证，应为出厂验收内容。安装现场的叶轮接力器耐压和动作试验以及叶片安装角仅作一般检查。

2.3.3　油槽煤油渗漏试验

上下机架的油槽应做煤油渗漏试验，试验前用干面团把油槽内的灰尘、油污等粘净，将煤油倒入油槽，经4h后四周应无渗漏现象。在接缝处如因止水橡胶绳安装不妥或接头连接不好等引起渗漏，可重新修复后再做试验。如因焊缝渗漏，现场无法进行预热补焊时，应及时送回原厂或就近工厂处理，以免延误工期。

2.3.4　油冷却器耐压试验

油冷却器放在油槽内，通循环冷却水冷却润滑油，油再冷却推力瓦与导轴瓦瓦面，故不允许有点滴漏水，否则将影响机组绝缘、使轴承锈蚀、油质变黑等。为此，必须做严密性的耐压试验。

试验时先在油冷却器内灌满水，使空气排净，在进水一端接手压泵及压力表，在出水一端用封头堵塞，在手压泵箱内加满水，操作手压泵将水打入油冷却器内，使其压力达到制造厂规定的压力值。一般要求在油槽外做油冷却器试验，试压为 0.35MPa，历时 1h 无渗漏为合格。

2.3.5 安装高程

机组的安装高程在泵站设计中有明确的标注，一般有水泵的叶轮中心高程、泵座（也称中座）高程、上座高程、底座（也称下座）高程、电动机的定子基础高程。由于设备加工存在公差，长度尺寸的控制很难十分准确，部件配合组装后会产生积累误差。因此，设计的安装高程在实际安装过程中很难完全一致，而机组安装就是消除积累误差的过程。电动机定子安装高程的测量计算方法如图 2.14 所示。为了求得定子的实际安装高程，需要进行下列预装测量。

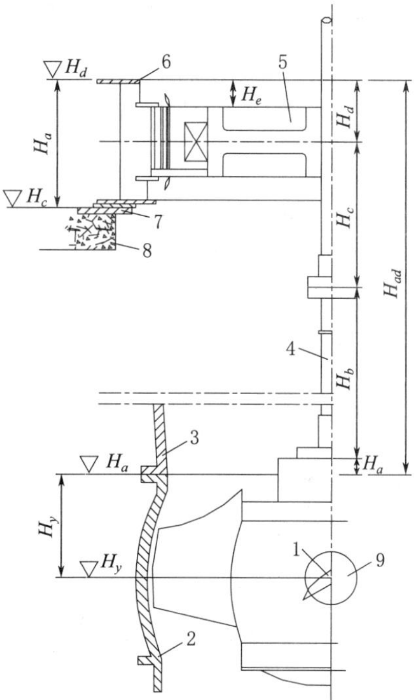

1. 叶轮上平面与叶轮外壳上平面相对高差 H_a 的测量

将叶轮搁置在 3 只螺旋千斤顶上，调整千斤顶的高度，使叶轮水平偏差小于 0.05mm/m。将叶轮外壳与叶轮组合安装，并将叶轮外壳也搁置在 3 只千斤顶上。叶轮与叶轮外壳组合安装如图 2.15 所示。

用千斤顶调节叶轮外壳的高低，测量叶片间隙上、下基本一致，使其中心与叶轮中心一致。在叶轮外壳上平面拉一根直线，测量叶轮上平面与叶轮外壳上平面的高差 H_a，并做好记录。

图 2.14 定子安装高程测量计算示意图
1—叶片；2—叶轮外壳；3—导叶体；4—水泵轴；5—转子；6—定子；7—基础板；8—电动机梁；9—叶轮中心线

测量叶轮外壳中心至上平面的实际尺寸 H_y，测量导叶体的实际高度。根据叶轮中心设计高程，即可计算泵座的安装高程。测量连接管、套管的实际尺寸，根据叶轮中心设计高程，即可计算底座的安装高程（底座的埋设安装也可安排在水泵安装基本完成后进行）。

2. 泵轴长度 H_b 的测量

测量泵轴两端联轴器平面的垂直距离，对于空心泵轴可直接测量泵轴长度 H_b，对于带锥度进行轴孔配合的泵轴，应将叶轮安装在泵轴上并紧固后，测量叶轮上平面至泵轴上联轴器平面的泵轴长度 H_b。

3. 转子磁场中心至电动机轴联轴器下平面长度 H_c 的测量

转子磁场中心至电动机轴联轴器下平面长度测量如图 2.16 所示。

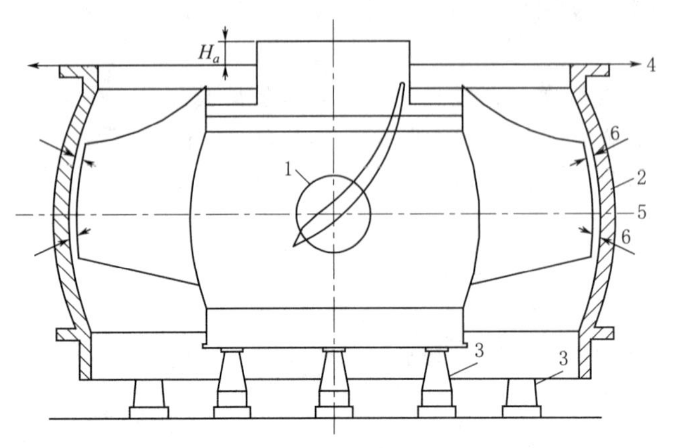

图 2.15　叶轮与叶轮外壳组合安装图

1—叶轮；2—叶轮外壳；3—螺栓千斤顶；4—钢丝；5—叶轮中心；6—叶片间隙

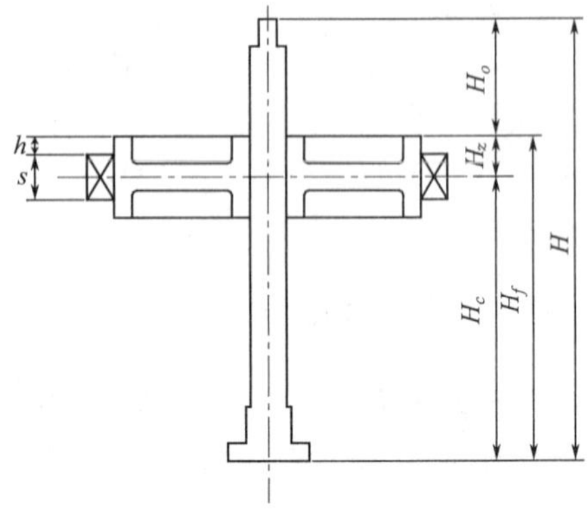

图 2.16　转子磁场中心至电动机轴联轴器下平面长度测量示意图

用专用测量工具测量每个磁极铁芯的高度 s_1、s_2、s_3、s_4、…、s_n，再测量转子磁轭上平面至磁极上端面的实际高度 h_1、h_2、h_3、h_4、…、h_n，并将测量记录在表 2.1 中。

表 2.1　　转子磁场中心测量记录　　单位：mm

磁　极　编　号	1	2	3	4	…	n
磁极铁芯高度	s_1	s_2	s_3	s_4	…	s_n
转子磁轭上平面至磁极上端面的实际高度	h_1	h_2	h_3	h_4	…	h_n
转子磁场中心至磁轭上平面的高度	H_{z1}	H_{z2}	H_{z3}	H_{z4}	…	H_{zn}

转子磁场中心至转子磁轭上平面的高度可按式（2.1）计算

$$H_z = s/2 + h \tag{2.1}$$

式中　H_z——转子磁场中心至磁轭上平面高度平均值，mm；

s——磁极铁芯平均高度，mm；

h——转子磁轭上平面至磁极上端面的实际高度平均值，mm。

测量磁轭上平面至电动机轴联轴器下平面的垂直距离 H_f 和电动机轴头至磁轭上平面的垂直距离 H_o，可采用挂垂线的方法测量，也可采用水准仪测量。测量过程中应控制转子的水平偏差小于 0.05mm/m。并测量电动机轴总长 H，以校核磁轭上平面至电动机轴联轴器下平面的垂直距离 H_f 和电动机轴头至磁轭上平面的垂直距离 H_o。

转子磁场中心至电动机轴联轴器下平面长度 H_c 可按式（2.2）计算

$$H_c = H_f - H_z = H - H_o - H_z \tag{2.2}$$

式中　H_c——转子磁场中心至电动机轴联轴器下平面长度，mm；

H_f——磁轭上平面至电动机轴联轴器下平面的垂直距离，mm；

H_z——转子磁场中心至转子磁轭上平面的高度，mm；

H——电动机轴总长，mm；

H_o——电动机轴头至磁轭上平面的垂直距离，mm。

4. 定子磁场中心至定子机座上平面距离 H_d 的测量

将定子铁芯按转子磁极数等分出相应个测点，用专用测量工具测量每个测点铁芯的高度 S_{d1}、S_{d2}、S_{d3}、S_{d4}、…、S_{dn}，再测量定子铁芯上端面至机座上平面的实际高度 h_{d1}、h_{d2}、h_{d3}、h_{d4}、…、h_{dn}，并将测量记录在表 2.2 中。

表 2.2　　定子磁场中心测量记录　　单位：mm

磁 极 编 号	1	2	3	4	…	n
定子铁芯高度	S_{d1}	S_{d2}	S_{d3}	S_{d4}	…	S_{dn}
定子铁芯上端面至机座上平面的实际高度	h_{d1}	h_{d2}	h_{d3}	h_{d4}	…	h_{dn}
定子磁场中心至机座上平面的高度	H_{d1}	H_{d2}	H_{d3}	H_{d4}	…	H_{dn}

定子磁场中心至机座上平面的高度可按式（2.3）计算

$$H_d = S_d/2 + h_d \tag{2.3}$$

式中　H_d——定子磁场中心至机座上平面高度平均值，mm；

S_d——定子铁芯平均高度，mm；

h_d——定子铁芯上端面至机座上平面的实际平均高度，mm。

5. 磁场中心相对高差 H_e 的确定

当定子磁场中心与转子磁场中心一致时定子机座上平面至转子磁轭上平面的高差可按式（2.4）计算

$$H_e = H_d - H_z \tag{2.4}$$

6. 定子安装高程的确定

经过上述的测量和计算，叶轮外壳上平面至定子机座上平面的高差 H_{ad} 可按式（2.5）计算

$$H_{ad} = H_a + H_b + H_c + H_d \tag{2.5}$$

式中　H_{ad}——叶轮室上平面至定子机座上平面的高差，mm；

H_a——叶轮与叶轮外壳相对高差，mm；

H_b——泵轴长度，mm；

H_c——转子磁场中心至电动机轴联轴器下平面长度，mm；

H_d——定子磁场中心至机座上平面高度平均值，mm。

测量定子高度 H_n，定子机座下平面（即基础板上平面）的安装高程 ∇H_c 可按式（2.6）计算

$$\nabla H_c = \nabla H_y + H_y + H_{ad} - H_n \tag{2.6}$$

式中　∇H_c——定子机座下平面（即基础板上平面）的安装高程，m；

∇H_y——叶轮中心设计高程，m；

H_y——叶轮外壳叶轮中心至叶轮外壳上平面的实际高差，mm；

H_{ad}——叶轮外壳上平面至定子机座上平面的高差，mm；

H_n——定子高度，mm。

机组的安装高程一般应以叶轮中心安装高程为基准，安装积累误差集中在电动机定子基础高程。为了适应设备积累误差带来的高程变化，因此就需对相关部件进预装测量，求

得实际组合尺寸，从而确定埋入部件的实际安装高程。

高程调整应先将埋入部件按相互垂直方向的高程调整至设计高程，并对埋入部件一起调整中心及水平。

2.4　轴瓦检查研刮

轴瓦包括两个部分：水泵导轴承和电机导轴瓦。

水泵导轴承检查分为：水泵水润滑导轴承检查、水泵油润滑合金导轴承检查。

电机导轴瓦检查分为：电动机分块合金导轴瓦和推力瓦检查，电动机合金导轴瓦研刮，电动机合金推力瓦研刮，电动机弹性金属塑料推力瓦及导轴瓦检查，电动机油润滑弹性金属塑料推力瓦及导轴瓦外观验收。

2.4.1　水泵导轴承检查

水泵导轴承检查根据水泵导轴承的不同类型分为两类：水泵水润滑导轴承检查、水泵油润滑合金导轴承检查。

2.4.1.1　水润滑导轴承检查

水泵水润滑导轴承安装前应进行检查，并应符合下列要求：

(1) 轴瓦表面应光滑，无裂纹、起泡及脱壳等缺陷。

(2) 自润滑轴承进水边及排沙槽的方向应与水流方向一致。

(3) 轴承与泵轴总径向间隙应考虑轴瓦材料浸水及温度升高后的膨胀量和润滑水膜厚度，试装轴承总间隙应符合制造商的要求。

水润滑轴承有自润滑和清水润滑两种方式。采用清水润滑的水润滑轴承还有密封装置，因此，水泵导轴承分为轴承部分和水封部分。

水润滑轴承的轴承部分可分为筒式整体轴承（图2.17）和筒式瓦轴承（图2.18）。

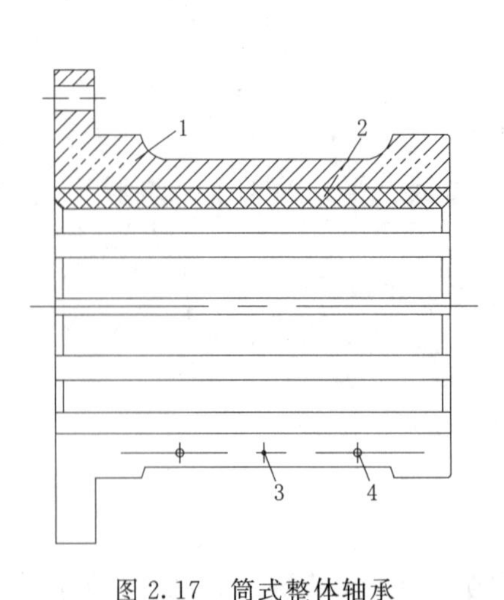

图2.17　筒式整体轴承

1—轴承体；2—橡胶瓦衬；3—销钉孔；4—连接螺栓孔

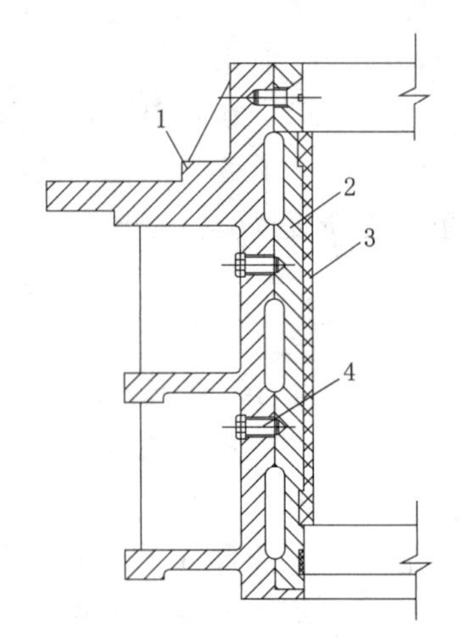

图2.18　筒式瓦轴承

1—紧固螺钉；2—轴承体；3—轴瓦；4—橡胶瓦衬

筒式整体轴承一般是将轴衬材料直接压铸（或镶嵌）在分成两半并组合成整体的轴承体上。筒式瓦轴承是将轴衬材料压铸在轴瓦上，轴承体一般分为两瓣或四瓣，轴瓦分 4～8 块，每块轴瓦由紧固轴瓦螺钉与轴承体组合成整体。按不同的轴衬材料，水润滑轴承又有橡胶轴承、聚氨酯合成橡胶轴承、P23 酚醛塑料轴承、F102 塑料轴承、赛龙轴承和弹性金属塑料轴承等。泵轴与轴承接触的轴颈一般为不锈钢护面。

水泵水润滑导轴瓦安装前检查轴瓦表面应光滑无裂纹、起泡及脱壳等缺陷。水润滑轴瓦均有膨胀量，为了避免因轴瓦泡水后膨胀发生抱轴事故，水润滑轴承在干式加工时，其加工尺寸除考虑符合设计轴承间隙外，还应考虑其膨胀量，膨胀系数应在运行常温下浸泡一定的时间，待其充分膨胀后，数值基本稳定状态下测量求得。轴承间隙在考虑材料的热胀性、水胀性及轴线摆度后，应保证单边最小间隙大于或等于 0.05mm，以供形成润滑液膜。

2.4.1.2 油润滑合金导轴承检查

（1）水泵油润滑合金导轴承安装前应进行检查，并应符合下列要求：

1）轴瓦应无裂纹、脱壳、硬点及密集气孔等缺陷，油沟及进油边尺寸应符合设计要求。

2）筒式轴承总间隙应符合设计要求，筒式瓦与泵轴试装，每端不同方位最大与最小总间隙之差及同一方位的两端总间隙之差，均不应大于实测平均总间隙的 10%。

3）轴承固定油盆和转动油盆内应保持清洁，油循环线路应符合设计要求。

稀油润滑轴承的轴承体一般为分半式并组合成圆筒形，所以也称为筒式轴承。轴衬材料一般为锡基轴承合金。稀油润滑的筒式轴承有斜槽式（图 2.19）和毕托管式（图 2.20）两种不同结构形式。

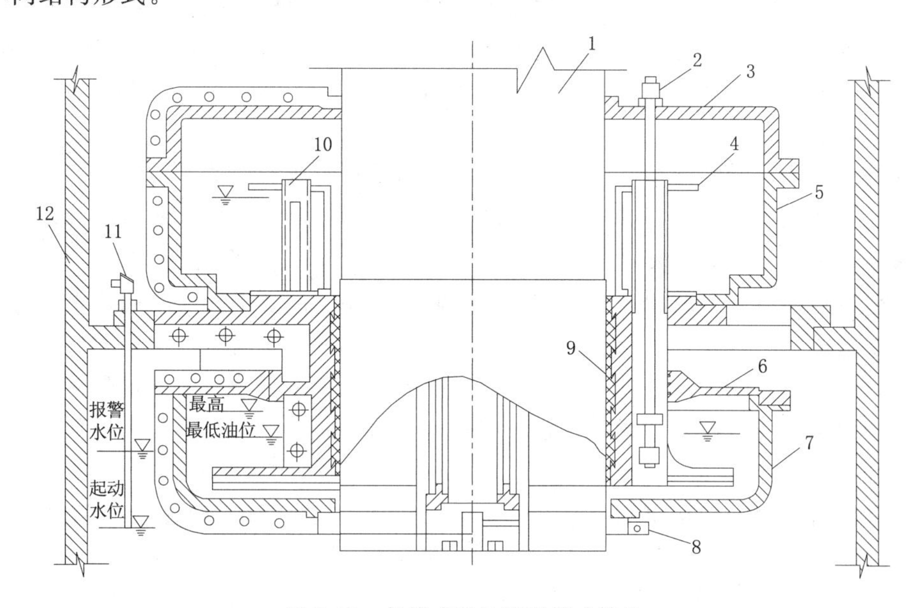

图 2.19 斜槽式稀油润滑筒式轴承

1—水泵轴；2—油位信号器；3—上油箱盖；4—支承盘；5—上油箱；6—转动油盆盖；7—转动油盆；8—卡环；9—金属轴承；10—回油管；11—水位信号器；12—导叶体

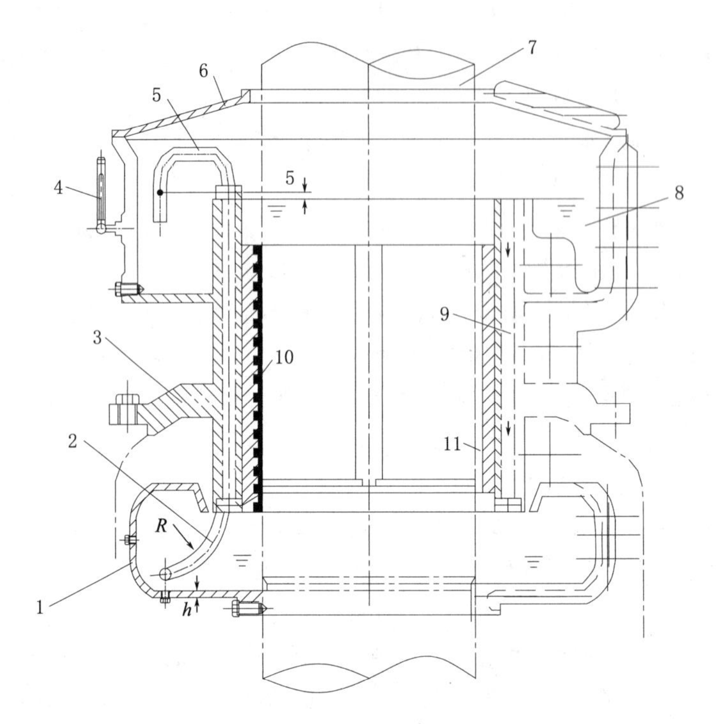

图 2.20 毕托管式稀油润滑筒式轴承

1—转动油盆；2—毕托管；3—轴承体；4—油位计；5—油管；6—轴承盖；
7—泵轴；8—固定油盆；9—回油孔；10—金属轴承衬；11—润滑油沟

斜槽式稀油润滑轴承是利用转动油盆随机组旋转时所形成的抛物线状的油压力，使油盆内的油沿着在轴承瓦面上有 60°的斜油槽上升，压力油由于有黏性，在泵轴旋转带动下，沿斜槽上升而起到润滑轴承的作用。进入轴承上油槽的油，冷却后沿回油管流回转动油盆，如此反复。

毕托管式稀油润滑轴承是利用转动油盆随机组旋转时所形成的抛物线状的油压力，润滑油在油压力作用下顺着毕托管上升至上油槽，上油槽内的油则进入润滑油沟以供轴承内润滑。多余的油沿回孔流回转动油盆，如此自动循环。毕托管的上油量与机组转速有关，且与毕托管的形状有关。因此，在安装毕托管时，要特别注意毕托管在油盆中的弯曲方向和与转动油盆的边壁距离，使其符合进油要求。其管口方向应与主轴旋转方向相反且应固定可靠，以免毕托管在运行时的位置或方向有所改变，从而影响其上油量，甚至造成毕托管断裂。毕托管安装时还应注意毕托管口与转动油盆底的距离，此值应大于顶电动机转子时的顶起高度。

水泵油润滑合金导轴瓦研刮前检查轴瓦应无脱壳、裂纹、硬点及密集气孔等缺陷，对硬点应剔除，对裂纹及密集气孔应进行补焊处理，如脱壳严重则不宜采用。

筒式轴承研刮前应首先将轴承组合并抱住泵轴轴颈，使轴承中心线与泵轴中心线平行。用塞尺检查轴承与泵轴轴颈的前后间隙 $\delta_{上}$、$\delta_{下}$、$\delta_{左}$、$\delta_{右}$。一般前后间隙中的 $\delta_{上}$ 应为 0，$\delta_{左}$ 与 $\delta_{右}$ 应相等，$\delta_{下}$ 即为轴承的总间隙。检查 $\delta_{下}$ 是否符合设计要求。筒式导轴瓦有不少不刮瓦或只刮瓦不刮点的经验。因此认为筒式瓦的润滑主要靠油膜，轴颈与瓦面并不接触，水泵在运行中，轴是摆动的，与瓦面的接触并不理想，所以只要保证轴承间隙、圆度及锥度符合要求，可以不要求接触点的多少，故本节没有提出轴瓦研刮的要求。如对筒式轴承进行研刮，以保证轴承的总间隙为主，并修刮轴承的椭圆度与锥度。

(2) 筒式轴承研刮可分如下几个步骤：

1) 轴承内径应与水泵轴颈尺寸配车，其内径应保证总间隙比设计总间隙小 0.10～0.15mm，以利修刮。为便于轴承在检修时的间隙调整，在配车时，宜在每个组合缝处加不同厚度的紫铜垫片，一般为 1～2mm。当轴承间隙因运行磨损而变大时，可抽出一定厚度的紫铜垫片，以减小轴承内径。

2) 修刮轴承内径的锥度与椭圆度，并达到设计总间隙值。在轴瓦面普遍修刮刀花，以利运行时存油。修刮轴瓦上的油沟，使之符合设计要求。

3) 上述工作宜在制造厂内进行，在安装现场只要检查轴承因组合、运输等影响，其内径的椭圆度与锥度有无变化，复查轴承总间隙是否符合要求，若符合即可进行安装。

轴承研刮时，应先将水泵轴轴颈调整水平，并搭设工作平台，然后用酒精或甲苯将轴颈清洗干净，并根据轴承工作位置，用角铁箍在轴颈上，以便轴承在轴颈上研磨时的位置符合运转时的实际位置，也为了在研刮时，可使轴承研磨的位置不变，使刮瓦点子不易变化。轴承研磨时，先用三角刮刀将轴承衬的弧度大致修整好，即粗刮。然后将轴承抱上轴颈进行研磨刮点。前后两次刀花要互相垂直。在轴承研刮中，如发现轴承面有硬点应及时剔除，以免研磨时磨损轴颈。如发现有气孔可进行补焊处理。轴承研刮应修刮油沟及进油边尺寸应符合设计要求。

2.4.2 电机导轴瓦检查研刮

2.4.2.1 电动机分块合金导轴瓦和推力瓦检查

电动机分块合金导轴瓦和推力瓦应无脱壳、裂纹、硬点及密集气孔等缺陷。分块瓦支承部分应接触紧密、连接牢固。镜板工作面应无伤痕和锈蚀，粗糙度应符合设计要求。轴瓦测温元件、高压油液压减载管道应与轴瓦试装检查，质量应符合要求。

电动机合金轴承有推力轴承和径向导轴承。推力轴承承受机组转动部分全部重量及水推力，并把这些力传递给荷重机架。常采用的推力轴承一般是刚性支柱式，由推力头、绝缘垫、镜板、推力瓦、抗重螺栓（也称支柱螺栓）及轴承瓦架等组成。刚性支柱式推力轴承结构如图 2.21 所示，托盘支柱式推力轴承结构如图 2.22 所示。

推力头一般为铸钢件，径向用平键，轴向用卡环，固定在轴上随轴旋转。推力头下面放两副分半式绝缘垫，绝缘垫一般用抗压性能好、耐冲击、耐剪切的酚醛层压布板制成。用带有绝缘套的螺栓把推力头与镜板连接，以阻止形成轴电流。

镜板是固定在推力头下面的转动部件，一般为锻钢件，其材质和加工要求很高，与轴瓦的接触面表面粗糙度不大于 0.2×10^{-6}m。镜板安装前检查镜板工作面应无伤痕和锈蚀，粗糙度应符合设计要求；镜板、推力头与绝缘垫用连接螺钉紧密组装后，检查镜板工作面不平度应符合设计要求。

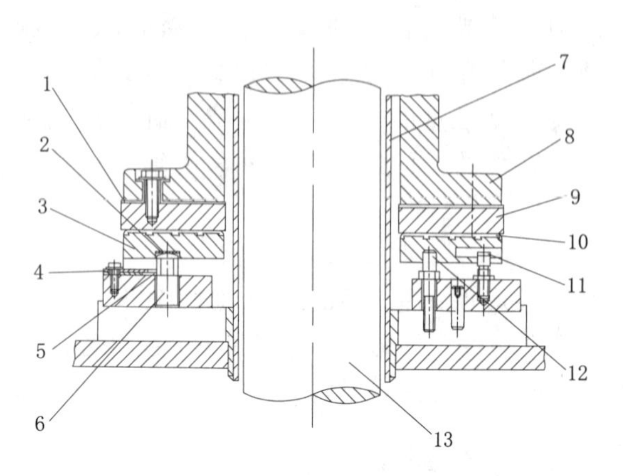

图 2.21　刚性支柱式推力轴承结构图

1—绝缘垫；2—衬垫；3—推力瓦；4—锁片螺栓；5—锁片；6—抗重螺栓；7—拦油筒；8—推力头；9—镜板；10—锡基轴承合金；11、12—限位螺栓；13—电机轴

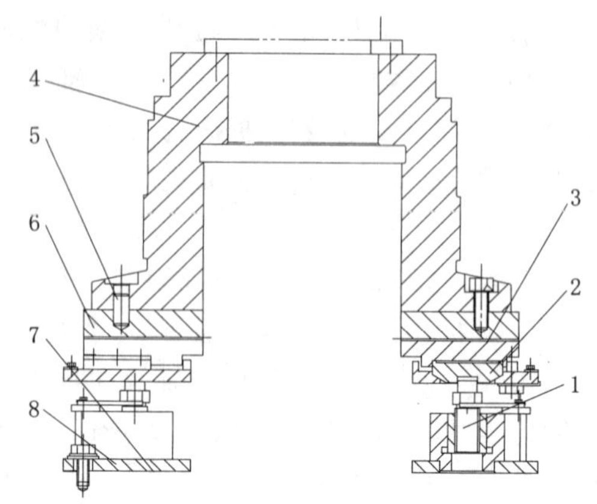

图 2.22　托盘支柱式推力轴承结构图

1—抗重螺栓；2—托盘；3—推力瓦；4—推力头；5—圆柱销；6—镜板；7—推力轴承座；8—绝缘垫

导轴瓦是静止部件，推力瓦做成扇形分块式，如图 2.23 所示。导轴瓦钢坯上浇筑一层约 5mm 厚的锡基轴承合金。导轴瓦背部开有放抗重螺丝栓的圆孔，为防止磨损，在孔与螺丝头之间放有一块紫铜垫板；或在导轴瓦的底部设置托盘，使其受力均匀，以减少机械变形。导轴瓦（或托盘）放在轴承座的抗重螺栓球面上，使其在运行中自由倾斜，以形成楔形油膜。

上、下导轴瓦是用锻钢制成的圆弧形径向轴瓦，如图 2.24 所示。钢坯上铸有约 5mm 厚的锡基轴承合金，用抗重螺丝及托板横向固定在瓦架上，控制着主轴的径向位移，瓦的背面以及上、下面均有绝缘垫板，以防止形成轴电流。

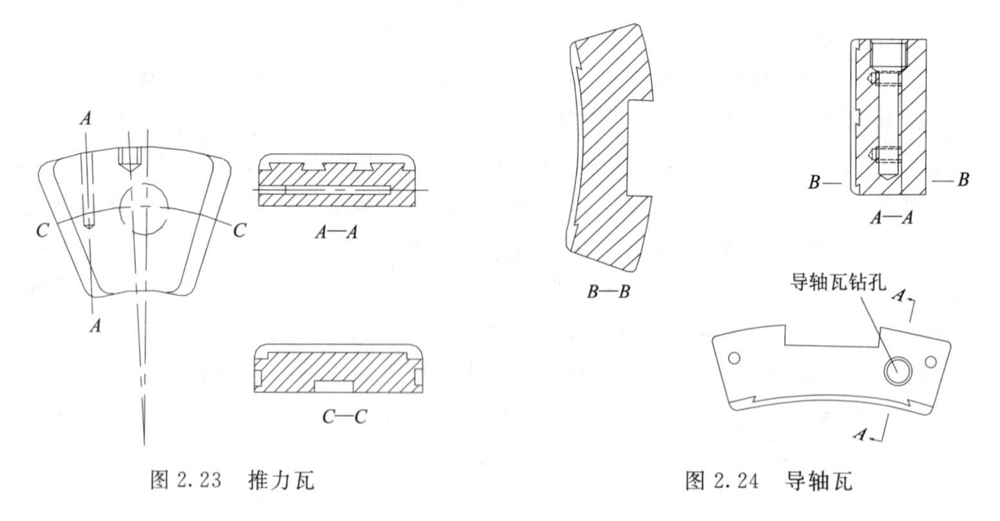

图 2.23　推力瓦　　　　图 2.24　导轴瓦

上、下导轴瓦及推力瓦中，装有铜热电阻温度计，以测量、显示、控制运行时的瓦温。

支持导轴瓦的是抗重螺栓，它能分别调节每块导轴瓦位置，使所有导轴瓦受力均匀。推力轴瓦抗重螺栓设置在推力轴承座上。悬吊形电动机在上油槽中还设有上导轴承瓦架，装有上导轴瓦抗重螺栓。下导轴承瓦架一般不再单独设置，下导轴瓦抗重螺栓直接设置在下油槽上。在安装推力轴承和上、下导轴承前检查抗重螺栓与瓦架之间的配合应符合设计要求。瓦架与机架之间应接触严密，连接牢固。抗重螺栓与瓦架之间的配合应符合设计要求。瓦架与机架之间应接触严密，连接牢固。

在检修中经常发现经过运行后的导向轴瓦间隙会变大，其原因是轴瓦背面垫块座与抗重垫块之间，以及抗重螺母与螺母支座之间接触不严，或有脏物。当运行受力后，抗重垫块和抗重螺母产生位移，使轴瓦间隙变大。因此，要求连接必须牢固、接触严密。

抗重螺栓瓦架与抗重螺栓螺母衬套之间焊接应牢固，不应有裂缝，发现裂缝应用不锈钢焊条补焊。

推力瓦抗重螺栓与推力瓦架之间的配合可用百分表进行检查，其晃动值不宜大于±0.1mm，否则应进行处理。

随着设计理念的深化，机械加工设备精度的提高，加工技术措施的完善，调整推力轴瓦受力的技术已经有了改进，平衡桥支承圆形推力瓦、弹性支承平面圆形推力瓦和弹性推力头结构形式已开始应用。当然对这些新型结构形式的应用还需通过运行实践作进一步的观测、分析和研究。

平衡桥支承式推力轴承结构如图 2.25 所示。

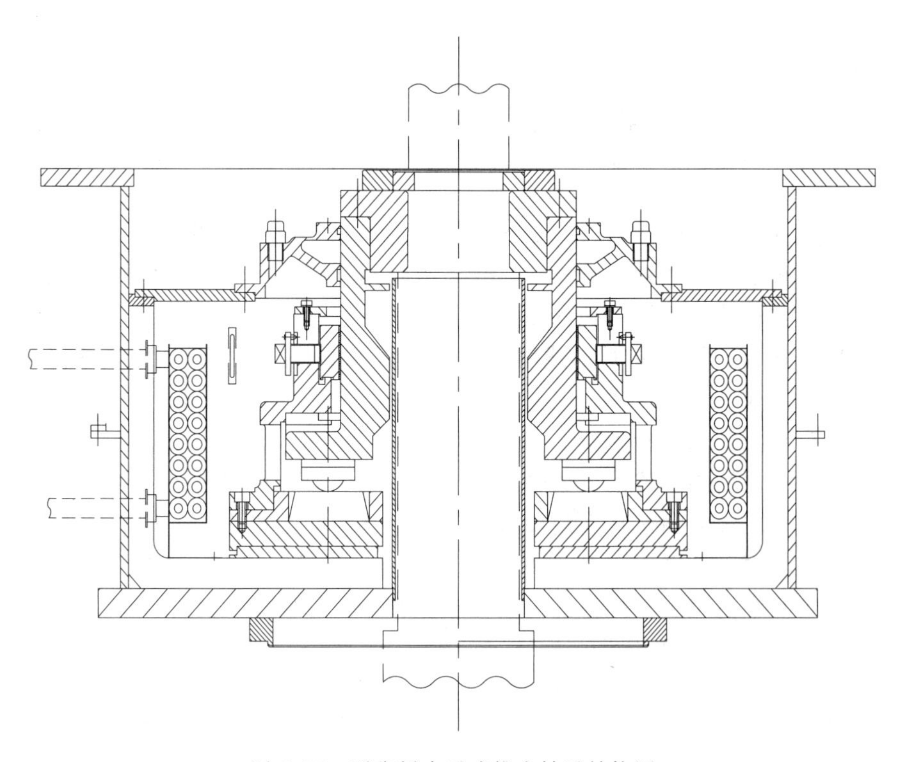

图 2.25 平衡桥支承式推力轴承结构图

平衡桥支承又称平衡块支承。平衡桥支承式推力轴承的圆形推力瓦由互相搭接的铰支梁支承，应用杠杆原理传递不均匀力，利用铰支梁作为平衡桥，使各块推力瓦负荷达到均匀。推力轴承采用平衡桥支承形式的技术特点是免除了推力瓦的受力调整，通过机械加工确保设备部件的精度要求，在现场按设计程序装配，即能满足其相应技术要求，使同一平面推力瓦均匀受力。但现场安装仍然需要对轴线垂直度（镜板水平度）、磁场中心等进行调整处理，并满足相关技术要求。

弹性支承式推力轴承结构如图 2.26 所示。

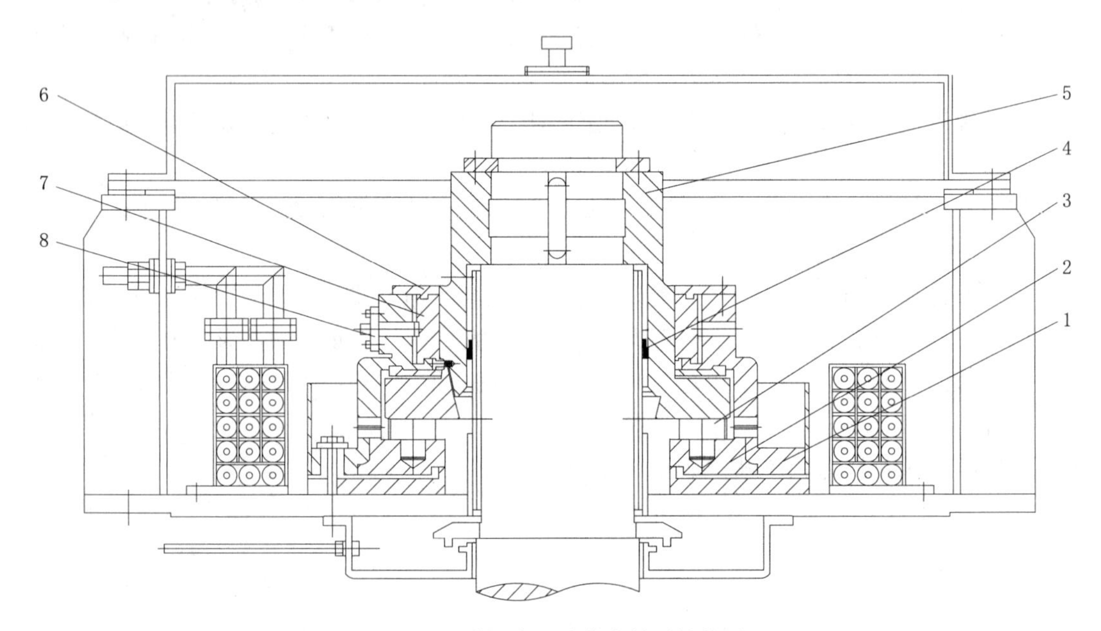

图 2.26　弹性支承式推力轴承结构图

1—上导瓦架；2—支撑圆环；3—推力瓦；4—密封件；5—推力头；6—盖板；7—导向瓦；8—调节螺栓

弹性支承式推力轴承的结构特点是平面圆形推力瓦安放在带碟形弹簧及支撑件的支撑圆环即推力轴承座上，利用弹簧的变形特性，吸收不均匀负荷和形成润滑油膜。采用弹性支承形式的推力轴承免除了推力瓦的受力调整，现场按设计程序装配，即能满足其相应技术要求。但现场安装仍然需要对轴线垂直度（镜板水平度）、磁场中心等进行调整处理，并满足相关技术要求。

弹性推力头推力轴承结构如图 2.27 所示。

弹性推力头这种结构型式的推力轴承在安装现场一般不需要解体，直接采用冷压法整体套入。推力头与主轴之间选择间隙配合，靠消隙装置的胀紧作用保证推力头与主轴的紧密配合。安装过程中，拧紧消隙装置螺钉应根据设计规定的力矩，按对角顺序分 3 次拧紧，第 4 次检查所有消隙装置螺钉的拧紧力矩应符合设计要求。

2.4.2.2　电动机合金导轴瓦研刮

电动机合金导轴瓦研刮应符合下列规定：

（1）导轴瓦研刮后，瓦面与轴颈接触应均匀，局部不接触面积，每处不应大于导轴瓦面积的 5%，其总和不应超过导轴瓦总面积的 15%。

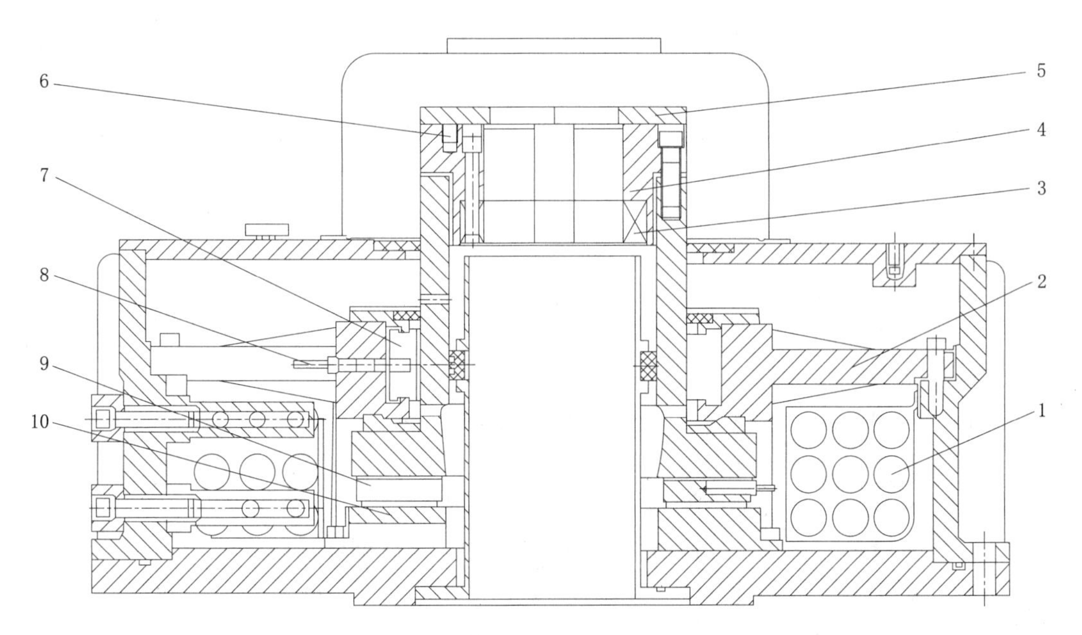

图 2.27　弹性推力头推力轴承结构图

1—冷却器；2—上导瓦架；3—胀套；4—推力头；5—卡环；6—消隙装置螺钉；7—导向瓦；8—调节螺栓；9—推力瓦；10—支撑圆环

(2) 分块导轴瓦接触面的接触点不应少于 1 个$/cm^2$。

电动机合金轴承研刮包括研磨和刮削两个工序。研刮前检查轴瓦应无脱壳、裂纹、硬点及密集气孔等缺陷；缺陷严重的应作处理。上导轴瓦研磨应将推力头放在高度适宜的木架上。下导轴瓦的研刮，尽量安排在电动机转子竖立之前进行，横放时研磨方便。导轴瓦研磨前，先将导轴颈处清洗干净，并在轴颈上设置导向挡块（如铝箍）或软质绳箍，作为研瓦时在轴颈上来回移动的导路，如图 2.28 所示。

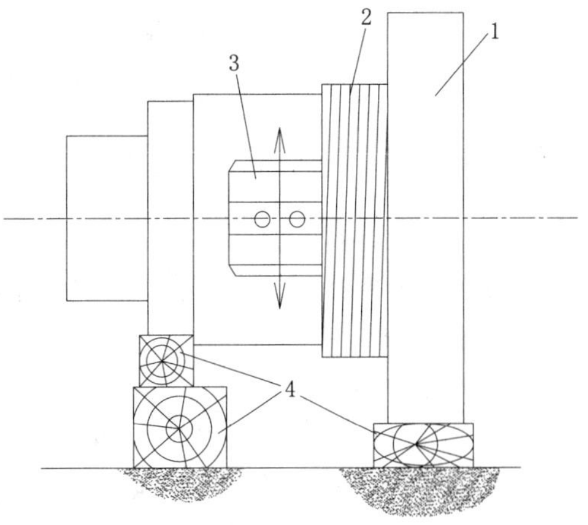

图 2.28　导轴瓦研磨示意图

1—推力头；2—软质绳箍；3—导轴瓦；4—枕木

导轴瓦研磨时，应避免轴向窜动，使其尽量符合运行位置。研瓦时应轻轻地将导轴瓦覆到轴颈上，用人工研磨导轴瓦，作周向往复运动 4～8 次，取下轴瓦，翻身放在刮瓦架上进行刮削。其刮削方法与推力轴瓦相同。

若工期较紧，下导轴瓦必须在电动机转子竖立后研刮。这时需在轴颈下搭设木架平台。平台上沿轴颈外径可布置一圈与轴相垂直的铝板，以便托瓦和限位（板面应比轴颈底面高 20～30mm）。研瓦的方法与横放时相同，但因施力条件困难，应多注意瓦面接触的均匀性。

导轴瓦研刮，要求瓦面每平方厘米至少有1个接触点，轴颈与瓦面接触应均匀，轴瓦的局部不接触面积，每处不应大于轴瓦面积的5%，其总和不应超过轴瓦总面积的15%。导轴瓦研刮合格后，也要修刮进油边。导轴瓦研刮工序结束后，应在轴颈表面涂油并用白布或塑料布缠绕保护。瓦面上均匀涂一层纯净的凡士林（或钙基脂），用白纸贴盖或装箱保护。

2.4.2.3 电动机合金推力瓦研刮

（1）电动机合金推力瓦研刮应符合下列规定：

1）推力瓦研刮后，瓦面与镜板接触应均匀，局部不接触面积每处不应大于推力瓦面积的2%，其总和不应超过推力瓦面积的5%。

2）推力瓦接触面的接触点不应少于2个/cm^2。

3）推力瓦瓦面进油边应按制造商的要求刮削，如制造商无要求时，应在10mm范围内刮成深0.5mm的斜坡并修成圆角。

4）以抗重螺栓为中心，将占每块瓦总面积约1/4的扇形面刮低0.01～0.02mm，再从90°方向，将中部1/6刮低0.01～0.02mm。

5）推力瓦面中部刮低后，按要求对瓦面进行刮花。

推力瓦研刮包括研磨和刮削两个工序。研磨一般采用瓦研磨镜板方案，首先将镜板放在高度适宜的工作平台上，使瓦面至地面的高度约600～800mm，以适应轴瓦研磨的需要，并初步调整镜板水平。为防止镜板径向窜动，应在镜板的内孔装限位板。每次研磨前，应检查镜板表面无灰尘、轴承屑等杂物，为保持镜板面清洁，可用甲苯或酒精擦洗。确认镜板表面清洁后，轻轻地将推力瓦覆到镜板上，用瓦研磨镜板数次。研磨后提起推力瓦，翻身放在准备好的研刮台上进行刮削。推力瓦研刮过程中，需经常注意保护镜板面。如因研磨或工作不慎使镜板表面模糊或出现浅痕，则应将研磨工作暂停，进行修整。修整时，可用细油石顺划痕方向将镜板磨平，再用包着细毛毡的研磨小平台进行研磨，直至镜板面恢复平整光亮，才能重新进行研瓦工作。经过多次反复研磨和刮削后，可达到刮瓦要求。

刮削首先是粗刮，粗刮可用锋利的三角刮刀将瓦面上的高点普遍刮掉。经过几次研刮，瓦面会显出平整而光滑的接触状态。接着进入精刮阶段，精刮时用弹簧刮刀刮削，刮时要按照接触情况挨次刮削，刀痕要清晰，每次研磨前后两次刮削的花纹应大致互成90°。最大最亮的接触点应全部刮掉，中等接触点分开，小接触点暂时不刮，这样会使大点分成多个小点，中点分成两个小点，小点变大点，无点处出现小点。规定要求推力瓦面每平方厘米内应至少有1个接触点，推力瓦面局部不接触面积每处不应大于推力瓦面积的2%，其总和不应超过推力瓦面积的5%。当接触点达到规定要求后，应修刮进油边，进油边应在10mm范围内刮成深0.5mm的斜坡并修成圆角。轴瓦所有非进油边，为避免产生毛刺，可刮约0.3mm的倒角。当一块或一组瓦研刮合格后，随即换未研刮的瓦继续进行上述工作，直至全部轴瓦研刮合格为止。进油边的刮削，要求做成“倒斜坡”，以利于进油并形成油膜；切忌刮成棱角。若为棱角进油边，不但失去了进油的作用，而且相应减小了轴瓦的承载有效面积。进油边又不宜刮得过宽，以免减小轴瓦的承载有效面积。

(2) 为了提高刮瓦工艺，保证刮瓦质量，应注意下列几点。

1）刮刀选择：轴瓦进行粗刮时，一般采用三角刮刀，这种刮刀刮削量大。为了双手握紧可在刀身部分缠绕数层白布带或塑料带。轴瓦精刮时，宜选用弹簧刮刀，其形式如图2.29所示。

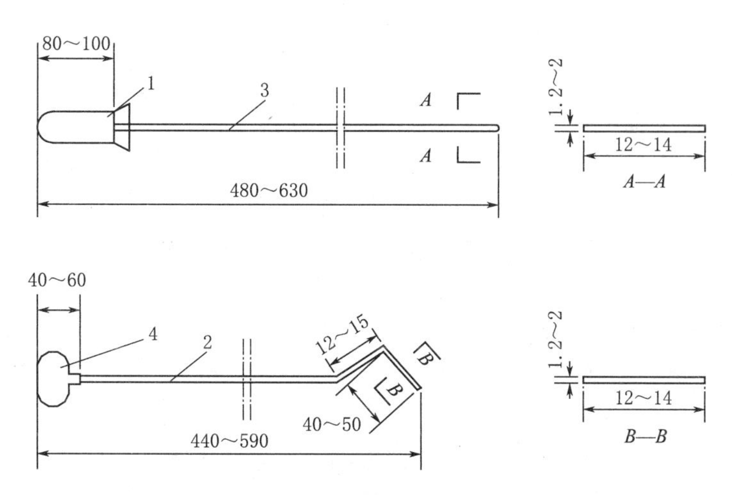

图 2.29 弹簧刮刀形式（单位：mm）

1—长柄；2—圆柄；3—平头弹簧刮刀；4—弯头弹簧刮刀

图2.29中的3是一种平头弹簧刮刀，刀身为弹簧钢，因此有一定弹性。因刮削和磨刀损耗，刀头常比刀身为薄。手柄多用硬木车制，有长柄和圆柄两种。长柄便于手握；圆柄可贴在前胸，以增加切削量，适用于大而深的刀花。图2.29中的4是一种弯头弹簧刮刀，制作材料与平头弹簧刮刀相同。这种刮刀较平头弹簧刮刀富于弹性，适用于窄而长的刀花。

2）刀花类别：用弹簧刮刀刮瓦，可以在瓦面上挑出不同形式的花纹。花纹形式可分为：三角形、旗形、燕尾形、月牙形。其花纹形式如图2.30所示。

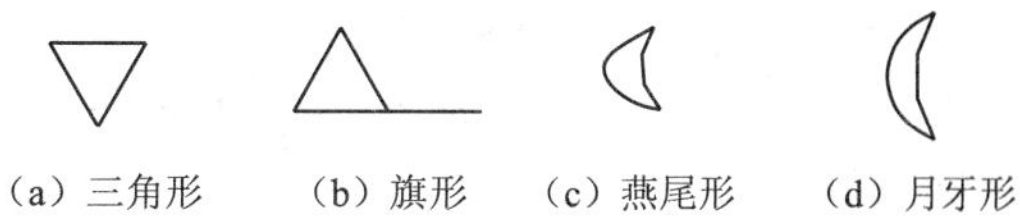

(a) 三角形　(b) 旗形　(c) 燕尾形　(d) 月牙形

图 2.30 刀花花纹形式

实践证明：三角形刀花较为实用，而且易学，看上去每个单纹并不显眼，这种花纹形大纹深，运行时瓦面易于存油。刮这种刀花时，为了使花纹中部深于边缘，磨刀时可使刀刃中部稍带凸形圆弧。旗形可归为三角形一类，由于下刀直硬，力偏，使一侧产生“旗杆”。这种刀花可造成整个瓦面的杂乱状态，故尽量不要选用这种刀花形式。燕尾形和月牙形花纹较三角形窄而长，中部的深浅由操作者控制。如能掌握得好，可在瓦面上得到美观而实用的花纹。产生这种花纹，需要较好的弹性刮刀，故操作者多选用弯头弹簧刮刀。

3）刀花质量：如要得到既美观又实用的刮瓦成效，除了选择合适的刀花形式外，还应注意下列一些问题：①在刮瓦前，如发现瓦面有硬点或脱壳现象，应及时处理。对于局部硬点必须剔除，余留坑孔边缘应修刮成坡弧。②避免刀痕重复，刀花尽量不带“旗杆”、毛刺，避免重刀和交错线。③合理的刀花面积和刀花深度，刀花大小应保持基本一致，一般来说，轴瓦面积较大的，刀花也要大些，轴瓦面积较小的，刀花也要小些。刀花应为缓弧，其边缘无毛刺或棱角。④燕尾形和月牙形刀花，前后两次刀迹可按大致呈90°控制，排列应有规则，不应东挑西剔。最理想的两次刀花之间应显露一个接触点，接触点的直径或弦长以1～2mm为宜。

4）中部刮低。轴瓦的摩擦面是巴氏合金，它的热膨胀系数约比钢（瓦坯）大一倍，这样在室温（20℃左右）刮出很平的瓦面，但由于运行时温度升高会使瓦面产生膨胀；热变形的另一因素是瓦的温度梯度，当瓦面发热后，向瓦身其他部位散热，这样瓦面的温度势必高于瓦背温度，结果使中部的热膨胀现象更加明显。此外，推力轴瓦的受力分布也不是均匀对称的，实际运行中发现，在轴瓦承压后，瓦面的中间部分常有凸起的现象。为了减少推力轴瓦运行时产生的热变形和机械变形的影响，对瓦面中部进行刮低是很必要的，以满足运行时瓦面全部均匀接触的要求。但推力轴瓦刮低应在抗重螺栓中心周围的区域内进行。要求以抗重螺栓为中心，将占每块总面积约1/4的部位刮低0.01～0.02mm，然后在这1/4的部位中的1/6的部位，另沿90°方向，再刮低约0.01～0.02mm。

根据泵站多年安装、运行实践总结，推力轴瓦的研刮标准，对接触点的要求较原规范有所放宽，证明能够达到的，且能满足运行要求。对推力瓦研刮的接触要求，瓦面中部刮低区域除外。瓦面局部不接触面积为“每处不应大于轴瓦面积的2%”。

5）补充刮瓦。由于温度和负荷的变化，轴瓦表面会发生变化，使在室温和空载（带有镜板）研刮的瓦面，不完全适合于运行情况。而盘车时有一定的载荷和温度，较运行时的条件有某些接近，因此机组盘车后进行一次补充刮瓦，会改善运行时瓦面的接触状况。

2.4.2.4　电动机弹性金属塑料推力瓦及导轴瓦检查

电动机弹性金属塑料推力瓦及导轴瓦不得修刮表面及侧面。推力瓦底面承重孔和导轴瓦背面承重块不允许重新加工，如发现瓦面及承重孔（承重块）不符合要求，应返厂处理。弹性金属塑料轴瓦的瓦面应采用干净的汽油、布或毛刷清洗，不应用坚硬的铲刀、锉刀等硬器修刮。

2.4.2.5　电动机油润滑弹性金属塑料推力瓦及导轴瓦外观验收

电动机油润滑弹性金属塑料推力瓦及导轴瓦外观验收，应符合下列规定：

（1）瓦面塑料复合层厚度宜为8～10mm，其中塑料层厚度（不计镶入金属丝内部部分）宜为1.5～3.0mm（最终尺寸）。

（2）瓦面应无金属丝裸露、分层及裂纹，同一套（同一台电动机）瓦的塑料层表面颜色和光泽应均匀一致，瓦的弹性金属丝与金属瓦基之间、弹性金属丝与塑料层之间应结合牢固，周边不允许有分层、开裂及脱壳现象。

（3）瓦面不应有深度大于0.05mm的间断加工刀痕。

（4）瓦面不应有深度大于0.10mm、长度超过瓦表面长度1/4的划痕或深度大于0.20mm、长度大于25mm的划痕，每块瓦的瓦面不得有3条以上的划痕。

（5）瓦面不应有金属夹渣、气孔或斑点，每100mm×100mm区域内不应有多于2个直径大于 2mm、硬度大于布氏硬度（HBS）30 的非金属异物夹渣。

（6）每块瓦的瓦面不应有多于 3 处碰伤或凹坑，每处碰伤或凹坑的深度不应大于 1mm、宽度不应大于 1mm、长度不应大于 3mm 或直径不应大于 3mm。

2.5 基 础 预 埋

2.5.1 安装基准的确定

2.5.1.1 埋入部件安装规定

泵座、底座等埋入部件的组合面应符合规定要求，其安装允许偏差应符合表 2.3 的规定。

表 2.3　　埋入部件安装允许偏差　　单位：mm

序号	项　目	叶　轮　直　径			说　　明
		<3000	3000～4500	>4500	
1	中心	2	3	4	测量机组十字中心线与埋件上相应标记间距离
2	高程	±3			
3	水平	0.07mm/m			
4	圆度（包含同轴度）	1.0	1.5	2.0	测量机组中心线到止口半径

根据我国大型水泵结构形式，为了适应安装的需要，各类标准都按叶轮直径大小划分为小于 3.0m、3.0～4.5m、大于 4.5m 3 类。埋入部件的安装，一般顺序是先调整高程，再调整中心，最后调整水平。经过校对使三者同时满足要求为止。

2.5.1.2 安装基准

安装基准是在安装过程中，用来确定其他有关零件相对位置的一些特定的几何元素（点、线、面）。安装基准有两种：一种是安装件上的基准，它代表安装件的安装位置，安装件上其他部分都以它为基准，称为工艺基准；另一种是用来校正安装件和定位的基准，用以确定整个安装件相对于机组其他部分的位置，而基准本身并不在安装件上，这种基准称为校核基准。

在安装工程中，把确定其他有关机件位置的机件，称为安装基准件。安装基准件上应有一个以上的校核基准，其安装精度对其他零部件的安装精度有决定性的影响，因为机件的实际总偏差是由基准件的安装偏差和机件本身的安装偏差累积起来的。

对于轴流式水泵机组来说，底座（前导叶体）是安装基准件，其标高、中心、水平就是整个机组其他部件的安装基准，对这些零部件的位置有决定性的影响。

泵站厂房土建施工中给定的基础中心是以 X、Y 轴线形式给出的，高程基准点则埋设在厂房混凝土墙上。

基准件的选择依据是：①基准件应能提前安装固定；②基准件与其他零部件的相对位置有重要联系，其基准面必须是加工面。

2.5.1.3　中心的测量与调整

中心测量实际上是对水泵埋入部件安装位置的确定。测量机组十字线与埋设部件上相应标记间的距离，不仅是被测部件中心偏差，而且包括了部件本身位置偏差。

中心位置的确定是根据土建施工单位提供的 $x—x$、$y—y$ 轴线来确定的。首先应校核土建施工单位提供的进出水流道中心线、主机层中心线及水泵层中心线位置是否符合设计图样和规范的要求，若超过标准，应与土建施工单位进行商讨并作相应处理。然后根据校核的中心线修正安装中心线，调整埋入部件的中心位置，其中心偏差应不超过规定要求。立式机组各埋设部件的中心位置均应按泵座为基准，采用同轴度的测量调整方法来校正。

2.5.1.4　水平的测量与调整

固定部件水平的测量一般应采用水平梁，控制其径向水平偏差；如果采用周向等分测量，则其包含了不平度的测量在内，其允许偏差还应控制得严格些。由于我国目前大直径水泵的埋入部件一般还是采用整体结构，相对刚度较强，局部变形较小。所以，周向等分测量标准与径向测量标准相同。

利用水平仪加水平梁的方法测量固定部件联结面的水平度，水平仪可选用精度为 0.02mm/(m・格）的框式水平仪或精度为 0.01mm/(m・格）的合象水平仪。固定部件水平测量方法如图 2.31 所示。

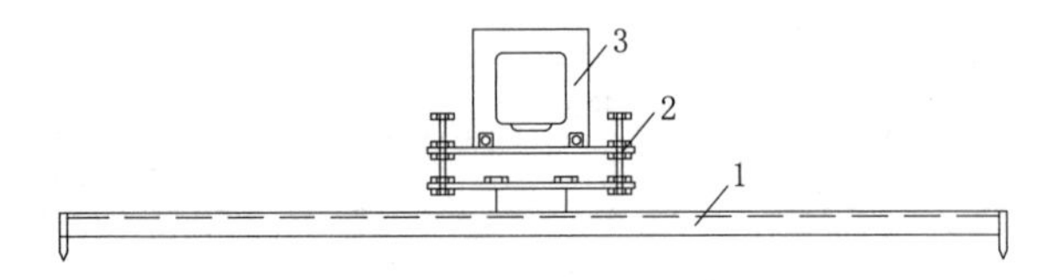

图 2.31　固定部件水平测量示意图

1—水平梁；2—调整器；3—水平仪

为消除水平仪和水平梁本身的误差，应采用水平仪和水平梁一起调转 180°的测量方法。如仅是水平仪转 180°，只能消除水平仪的误差，而不能消除水平梁的误差。

联结面的水平度可按式（2.7）计算

$$\Delta H=\frac{A+B}{2}\times CL \tag{2.7}$$

式中　ΔH——联结面水平度，mm；

A——第 1 次框式水平仪水泡偏移中心的格数，格；

B——第 2 次调转 180°后框式水平仪水泡向同方向偏移中心移动的格数，格；

C——框式水平仪的精度，mm/(m・格)；

L——水平梁两点之间距离，m。

2.5.1.5　圆度（包含同轴度）的测量与调整

圆度（又称椭圆度）、同轴度（又称同心度）是水泵安装中的重要参数。对水泵埋设部件进行同轴度的测量，一般以泵座的实际安装中心挂线测量其他部件的半径。因此，测量机组中心线到镗口半径，实际上是检查同轴度又包含了圆度的测量。对水泵埋入部件进行同轴度的测量，待泵座、底座等埋入部件安装允许偏差均符合要求后，拧紧所有基础螺栓，再复查其高程、水平及中心是否符合要求，合格后即可将基础螺栓、联结螺栓、销钉等点焊固定并进行加固，以防在浇捣混凝土时位移、变形。在混凝土浇筑后也应满足，否则应予处理。

2.5.2 地脚螺栓

2.5.2.1 地脚螺栓预留孔

地脚螺栓预留孔应符合下列规定：

(1) 预留孔几何尺寸及位置尺寸应符合安装图的要求，预留孔中心线与基准线的偏差不应大于 3mm，孔壁的垂直度偏差不应大于 $L/200$（L 为地脚螺栓长度，mm）。

(2) 预留孔内壁应凿毛，孔洞中的积水、杂物等应清理干净。

弯管式水泵基础板、定子或独立的下机架基础板，都由大型基础螺栓来紧固。它的埋设质量直接影响到设备本体的固定。基础螺栓的埋设，通常采用预留孔法，埋设前检查预留孔几何尺寸应符合设计要求，预留孔内应清理干净，无横穿的钢筋和遗留杂物；预留孔的中心线对基准线的偏差不应大于 3mm；孔壁铅垂度误差不应大于 $L/200$（L 为地脚螺栓长度，mm)，孔壁应力求粗糙。使基础螺栓在找正后基本位于预留孔的中心位置。为了使螺栓与二期混凝土结合良好，在螺栓尾部，常焊有筋板或圆板。基础螺栓预埋时，应避免倾斜并保证方位的准确，最好在定子及下机架本体吊入时穿入基础螺栓并带上螺帽，与基础板同时进行预埋。

2.5.2.2 地脚螺栓加工和安装

地脚螺栓的加工和安装应符合下列规定：

(1) 主水泵、主电动机等主要设备基础的地脚螺栓埋设宜采用预留孔二期混凝土埋入法。

(2) 采用预留孔二期混凝土埋入法的地脚螺栓中心线与基准线的偏差不应大于 2mm，允许高程偏差为 0～3mm。

(3) 地脚螺栓与预留孔四周应留有便于浇筑混凝土或灌浆的间隙；地脚螺栓应垂直于被固定件平面。

(4) 地脚螺栓宜采用弯钩型、爪肢型或锚板型。其结构与安装应符合下列要求：

1) 弯钩型地脚螺栓的埋深不应小于地脚螺栓直径的 20 倍。

2) 爪肢型地脚螺栓的各爪肢截面积总和不应小于地脚螺栓截面积的 2/3，爪肢焊接在地脚螺栓的下端并均匀分布。

3) 锚板型地脚螺栓的锚板厚度不宜小于 8mm，平面尺寸不宜小于 80mm×80mm；地脚螺栓的埋深不应小于螺栓直径的 15 倍。

(5) 地脚螺栓采用在预埋钢筋上焊接螺杆时，应符合下列要求：

1) 预埋钢筋的材质应与螺杆一致。

2) 预埋钢筋的断面面积应大于螺杆的断面面积。

3) 预埋钢筋与螺杆采用双面焊接其焊接长度不应小于 5 倍钢筋直径；采用单面焊接时，其焊接长度不应小于 10 倍钢筋直径。

(6) 预埋螺栓安装定位后，应及时采取保护措施，防止丝杆部分污损。

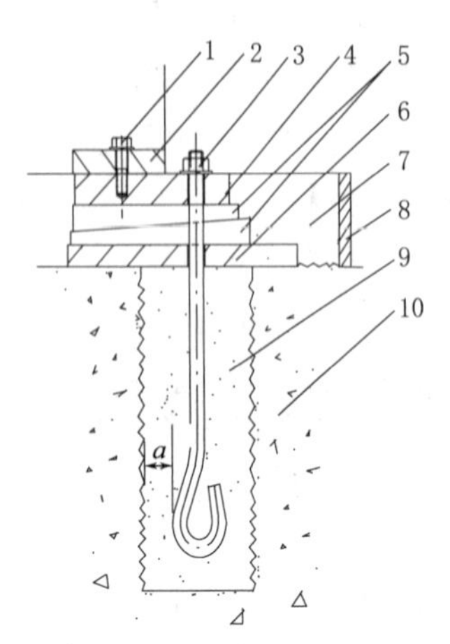

图 2.32 地脚螺栓埋置图

1—设备底螺丝；2—设备底板；3—底脚螺栓，螺帽及垫圈；4—基础板；5—斜垫铁；6—基础垫板；7—基础浇灌层；8—外模板；9—螺栓孔浇灌部分；10—基础

地脚螺栓安装如图 2.32 所示，螺栓离孔壁的距离 a 应大于 15mm；地脚螺栓底端不应接触孔底；螺母与垫圈间和垫圈与设备底座间的接触均应良好；螺栓与设备螺栓孔间的间隙应基本均匀；拧紧螺母后，螺栓应露出螺母 1.5～3 个螺距。

2.5.2.3 基础螺孔的处理

1. 泵墩基础螺孔的处理

每个泵墩上设有 3 个地脚螺孔，经检查后如发现预留孔有位置不对，深度不足、口径太小、螺孔倾斜、标高误差等弊病时，应在机组就位前处理完毕。

螺孔两侧埋有两只辅助螺栓，中间接管就位时，可用槽钢压住基础板，并临时固定在辅助螺栓上，待机组轴线摆度调整合格后，在浇灌螺孔内的二期混凝土，使泵体得到永久性固定。

2. 电机梁基础螺孔的处理

方框电机梁每边有对销螺栓孔两只，供固定电机基础板用。如检查后发现孔位不对、螺孔倾斜等弊病时，一般不用修凿处理，因为电机梁钢筋密集，修凿比较困难，处理时可在基础板上加焊一块钢板，再按实际所需的孔位重新进行钻孔。

2.5.3 二期混凝土浇筑

基础二期混凝土的施工应符合下列要求：

(1) 主机组各部基础二期混凝土施工均应一次浇筑成型，不应在初凝后补面。

(2) 二期混凝土宜采用细石混凝土，其强度应比一期混凝土高一级。体积太小时，可采用水泥砂浆，但强度不应降低。

(3) 二期混凝土采用膨胀水泥或膨胀剂、灌浆料时，其品种和质量应符合有关规定，掺量和配合比可通过试验确定。

(4) 二期混凝土浇筑前，对一期混凝土表面凿毛并清扫干净。

(5) 基础二期混凝土浇筑应捣固密实，施工过程中应对埋件的位移及变形进行监测，保证埋件尺寸准确、无松动。

(6) 基础二期混凝土浇筑完毕后，应按规定进行养护，并及时清除预埋件外露表面的砂浆和混凝土。

(7) 与埋件接触的基础二期混凝土中不应加入对预埋件产生腐蚀作用的添加剂。

(8) 设备安装应在基础二期混凝土强度达到设计值的 80%以上后进行。

采用膨胀水泥拌制的混凝土（或水泥砂浆）的目的是让浇筑层与设备底座底面接触紧密，使负荷由垫块和浇筑层共同承受，但这种水泥操作稍不合适，其强度就达不到要求。浇筑部位应对一期混凝土表面凿毛并清洗洁净，宜用膨胀水泥拌制的细碎石混凝土（或水泥砂浆）浇筑，其标号应比基础混凝土标号高一级。浇筑时应捣固密实，并不应使地脚螺栓歪斜和垫板松动。浇筑完毕后，对飞溅到设备和螺栓表面的灰浆，应立即擦拭干净。浇筑的二期混凝土应按要求进行养护。设备安装应在基础混凝土强度达到设计值的80%以上后进行。

安装中，应对主机组基础进行检查。如有明显的不均匀沉陷，影响机组找平、找正和找中心时，应分析原因，调整施工方案和计划进度，直至不均匀沉降等问题处理后，方可继续安装。

机组的安装是以垂直或水平为基准进行的，当基础不均匀沉陷比较严重时，就会造成基准变幅超过允许的范围，发生同轴度、水平、中心等明显变化，机组安装不允许在没有基准的情况下进行。安装中，如发现主机组基础有明显的不均匀沉陷影响机组找平、找正和找中心时，应分析原因，土建施工单位应及时提供沉陷观察资料（数据），并配合安装单位调整施工方案和计划进度。增加预找水平、找正相对位置和找机组各断面中心的工作，并进行调整，增加预装程序，预留三期混凝土浇筑的空隙和位置，确保机组的安装质量。

为避免厂房沉陷对机组产生影响，安装时，不宜过早将泵房内机组出水管与室外出水管进行连接。

2.5.4 基础板埋设

（1）设备基础垫板、楔子板和调整用千斤顶的安装应符合下列规定：

1）安放设备基础垫板、楔子板和调整用千斤顶处表面应平整。

2）楔子板应成对使用，其搭接长度应大于2/3。

3）楔子板材质宜为钢板，其薄边厚度不应小于10mm，斜率为1/25～1/10，楔子板面积按式（2.8）计算确定

$$A \geqslant C(Q_1+Q_2)/R \tag{2.8}$$

式中 A——楔子板面积，mm²；

Q_1——设备作用于楔子板上的重力，N；

Q_2——地脚螺栓拧紧后分布在楔子板上的压力，可取螺栓的许用值，N；

R——基础或基础混凝土的单位面积抗压强度，可取混凝土设计强度，MPa；

C——安全系数，取1.5～3.0。

4）每只地脚螺栓设2组基础垫板（包括楔子板），其中每组只能采用1对楔子板；环形基础垫板的分布，应考虑基础变形量。

5）基础垫板应平整，无毛刺及卷边；互相匹配的楔子板之间的接触面应密实；对于重要部件的楔子板，安装后用0.05mm的塞尺检查接触情况，每侧接触长度应大于70%。

6）基础板应支垫稳妥，基础螺栓紧固后，基础板不应松动。

7）基础螺栓、拉紧器、千斤顶、楔子板等部件安装后均应点焊固定，基础板应与预埋钢筋焊接。

立式机组的基础承担整个电动机重量及水泵水推力，为便于调整基础的高程及水平，并使基础有足够的承压面积，在基础板下的基础混凝土表面上，应预埋基础垫板。在基础垫板和基础板之间安放垫铁和调整千斤顶。

垫铁包括平垫铁和斜垫铁两种形式。垫铁的材料应为钢板或铸铁件；平垫铁和斜垫铁的厚度可按实际需要和材料情况决定，铸铁平垫铁的厚度不宜小于20mm，斜垫铁的薄边厚度不宜小于10mm，斜率应为1/10～1/25，斜垫铁尺寸按接触面受力30MPa来确定，使用时搭接长度要求在2/3以上。为了使接触严密，斜垫铁要两面加工，成对斜垫铁在任一配合位置搭叠时，各点厚度应相等。

确定垫铁组数时，垫铁与基础混凝土面接触，由于后者抗压强度小于前者，故用后者计算。通常是保证基础板稳定所需的垫铁组数大于按抗压强度计算的组数。

垫铁分布还应考虑基础和机座的刚度，在地脚螺栓拧紧和设备重量、负荷加载时不变形。每只地脚螺栓应不少于2组垫铁，安装中每组垫铁一般要求不超过5块，其中只允许用一对斜垫铁，因斜垫铁的斜率有一定要求，则调整量只能用垫铁厚度来调整。对环形基础垫铁分布调整应当考虑环形基础变形量。

放置平垫铁时，厚的宜放在下面，薄的宜放在中间且其厚度不宜小于2mm，调整合格后相互点焊固定，其中铸铁垫铁可以不焊。

垫铁应平整，无毛刺和卷边，相互配对的两块之间的接触面应密实。设备调平后每组均应压紧，并应用手锤逐组轻击听音检查。

（2）设备基础垫板的加工面应平整、光洁，基础板埋设的允许高程偏差为－5～0mm，中心和分布位置偏差不应大于3mm，水平偏差不应大于1mm/m。

从基础垫板的埋设开始每个安装环节的安装偏差都应该控制在允许范围内。基础垫板材料一般选用厚12mm以上的钢板，加工时只需单面刨平。确定基础垫板尺寸时，一般不考虑二期混凝土受力，要求垫板与一期混凝土有75%以上的接触面。

基础垫板应按照基础图样及垫板布置形式进行埋设，它离开混凝土边缘不应少于20mm。通常可先埋设一块垫板，用水准仪找正，其平面高程误差控制在－5～0mm以内，中心和分布位置偏差不宜大于10mm，水平误差控制在1mm/m以内。施工时用手撳动垫板四角不动并与混凝土有75%以上接触面为合格。如不能满足上述要求，需铲凿混凝土表面进行处理。待垫板标高、水平及接触情况均达到要求后，在垫板四周抹混凝土灰浆固结，也可采用粘贴埋设法。在混凝土基础上，先留100mm左右的深槽，在回填灰浆的同时，把垫板直接粘贴在顶面上。经养护后，垫板与灰浆即紧密地结合在一起。此外，也可用环氧树脂砂浆来代替灰浆作为粘贴剂，这时砂浆厚度可减少到20mm左右。用于混凝土面环氧树脂基液、填料（砂浆）配方见表2.4，在冬季环氧树脂需加温，但不宜超过40°，环氧砂浆混合时，须按表中加料，每加料一次均需搅拌均匀。采用环氧树脂胶剂的优点是强度高，工期短，操作方便。

表2.4　　用于混凝土面环氧树脂基液、填料（砂浆）配方

配　方	材料名称	材料规格	重量配比/%
用于干燥混凝土面环氧树脂基液配方	环氧树脂	6101	100
	丙酮		5～10
	二丁酯		5
	二胺		7～10
	填料		适量

续表

配　　方	材料名称	材料规格	重量配比/%
用于潮湿混凝土面环氧树脂基液配方	环氧树脂	6101	100
	酮亚胺		20
	水		5
	填料		适量
填料（砂浆）配方	砂子	粒径 0.6～1.2mm	300
	水泥	400 号以上	200

基础板的安装，可在设备本体吊装时一同进行安装。基础板在设备本体起吊时，先连接在机座上，当设备本体吊入机坑找正后，基础板也全部就位。在安装基础板时，应仔细清扫、检查各组合面，基础板的加工面应平整、光洁。基础板与设备本体紧固时，螺栓与螺栓孔四周应有间隙并垂直于被固定件平面，螺母与螺栓应配合良好，应使合缝接触良好。

基础板与设备本体连接为一体后，其安装高程、水平和中心应服从本体的要求。其调整方法有以下 3 种。

1）利用斜垫铁调整基础板。在预埋好的垫板上，放上成对斜垫铁，当变动斜垫铁的搭叠厚度时，则基础板的高程得到相应变动，它们的关系按式（2.9）计算

$$E_1=E_2+H_1+H_2 \tag{2.9}$$

式中　E_1——基础板顶面高程，m；

E_2——基础垫板平面高程，m；

H_1——基础板厚度，m；

H_2——成对斜垫铁厚度，m。

2）用千斤顶（或螺栓）调整基础板。将自制小型螺栓千斤顶，放在一期混凝土与基础板之间，使千斤顶升降，可改变基础板顶面高程。或将成对的螺栓和螺帽，焊在基础板两侧，用扳子转动螺杆以改变基础板顶面高程。

3）基础板与设备本体整体调整。为了加快安装进度，设备本体的基础板，可不必单独进行调整，而是在离开基础的部位上，放置足够数量的临时支承千斤顶，基础板应支垫稳妥，其基础螺栓紧固后，基础板不应松动，平面位置、标高和水平均应符合要求。符合要求后，在基础板与一期混凝土之间回填由膨胀水泥拌和的二期混凝土，待混凝土养护合格后，拆除临时支承千斤顶。

2.5.5　底座的埋设

底座埋设的要点是控制其高程、中心和水平。

水泵叶轮中心线高程通常被测放在机坑旁墙壁上，这时只要量出叶轮外壳球面内壁所刻中心到其下部与底座的距离 M，便可得到底座平面的安装高程，即

$$\nabla H=\nabla H'-M \tag{2.10}$$

式中　∇H——底座平面的安装高程，mm；

$\nabla H'$——叶轮中心线高程，mm。

考虑底座与外壳间有止水橡皮及测量误差的影响，通常底座的安装高程误差要求控制

在±3mm以内。

从电动机层上所测放的中心十字线向下吊垂线，使底座中心与该垂线吻合，一般中心误差应符合规定，即叶轮直径小于3000mm时，中心误差不超过2mm；叶轮直径为3000～4500mm时，中心允许偏差3mm；叶轮直径大于4500mm时，中心允许偏差4mm。底座的水平度初校可以用水准仪监视进行，精校时，要采用框式水平仪，其方法是将水平仪固定在经过精密加工的水平梁工作平面上，取水平梁某一端为读数端，读出水平仪中气泡移动的格数A_1，将水平梁调头（即转180°），仍在原读数端，读出气泡移动格数A_2，则底座的水平度误差为

$$\Delta h = CD\frac{A_1 + A_2}{2} \tag{2.11}$$

式中 Δh——底座的水平误差，mm/m；

C——框式水平仪精度，mm/m；

D——水平梁两端支点之间距离，m。

底座的水平允许偏差应符合规定，为0.07mm/m。

底座是靠厂家随水泵配置的千斤顶进行调整的，调整好后，千斤顶不取出，将底座上地脚螺栓螺母稍带紧，然后沿底座周边分布钢筋并加固底座，再浇筑基础二期混凝土。浇筑时不宜用振捣器，以免不慎将底座碰松，宜采用人工捣固的方法。10天后再复校底座的高程、中心和水平，均符合表2.3规定后才可承重。

2.5.6 导叶体的埋设

先将导叶体拉入机坑中，用行车提起，把叶轮外壳推进，然后将底座、叶轮外壳和导叶体3大件连接。连接前，各接触面之间必须嵌入止水橡皮。在导叶体与叶轮外壳间必须垫有蹄形垫铁，垫铁上、下面分别贴有一层0.15mm厚的纸垫，以使导叶体与外壳之间留有间隙，便于外壳的开启。

上述工作完成之后，要测量调整叶轮外壳与水导轴窝的垂直同心度，同时也需测量橡胶轴承结合面的水平度，最后的工作便是加固并浇筑二期混凝土。

2.5.7 填料函衬圈的埋设

填料函衬圈的埋设可与导叶体的埋设同时进行，其要点及方法同于底座的埋设，此处不再重复叙述。

电动机固定部分的埋设，通常先将电机的基础板，下机架及定子联成一体后，再调整定子和水泵固定件的同心度及定子安装高程。

根据定子的安装高程，推算基础板的下平面高程。事先在每块基础板下均匀布置6～8块垫铁供调整用，待垂直同心度调整好后，将基础板下垫铁点焊牢固，然后浇筑二期混凝土。

2.6 固定部件安装

立式水泵机组的固定部件，水泵主要有底座、锥形管、叶轮外壳、导叶体、上盖、调

节器等；电动机主要有下机架、定子、上机架等。固定部件吊装就位以后，应立即做好高程、垂直同心度、中心及水平的测量、校正和调整工作，使其标准符合《泵站设备安装及验收规范》（SL 317—2015）后予以固定。

2.6.1 同轴度测量调整

2.6.1.1 固定部件同轴度规定

机组固定部件同轴度应以水泵轴承承插口止口中心为基准，基准中心位置偏差不应大于0.05mm，水泵单止口承插口轴支撑平面水平偏差不应超过0.03mm/m。机组固定部件同轴度应符合设计要求；设计无规定时，水泵上导轴承承插口止口中心与水泵下导轴承承插口基准中心同轴度允许偏差不应超过0.08mm。

2.6.1.2 固定部件同轴度测量调整

水泵轴承承插口也习惯称为“轴窝”，同轴度的测量位置均选择在水泵轴承承插口部位，因为水泵轴承承插口的上平面是代表导叶体的水平度，其插口的垂直面代表导叶体的垂直度。

为了保证安装好的电动机定子、转子之间的空气间隙和水泵叶轮外壳与叶片之间的间隙均匀，以免机组在运行时产生磁拉力不均匀和水力不均匀，从而引起机组振动和运行摆度增加，也为了使电动机各导轴承和水泵轴承在同一条轴线上，从而避免各导轴承因受力不均匀而引起烧瓦，整个机组必须以水泵中心为基准。这是保证安装好的机组能长期安全稳定运行的基本条件。立式机组固定部件同轴度测量应以水泵轴承承插口止口为基准。埋设部件测量应以泵座为基准进行同轴度的测量调整，首先应在所测部件的上平面搭设放置求心器的平台。求心器位置按高程而定，挂一次中心线应可测量几个部件，这就提高了同轴度的测量精度，而且测量各埋设部件的高程、水平时，可不需要转换，一次测成。为防止安装人员行走妨碍求心器调整中心，人员行走平台与放置求心器平台应互不干扰，无碰撞。求心器与被测部件应绝缘，耳机和被测部件接地应良好。挂上钢丝及重锤，钢丝宜选用抗拉强度大于265kg/mm^{2}的钢琴线或碳素弹簧钢丝，钢丝直径宜为0.3～0.4mm，应无打结和弯曲现象，重锤的重量一般为5～10kg左右，应能使钢丝平直。为防止钢丝摆动，应在重锤四周焊接阻尼片，将重锤浸在盛有黏性油的油桶内。重锤与油桶内壁应留有足够的间隙，以免钢丝调整时相碰。初步测量水泵轴承承插口止口（或其他基准部件）x、y方向对称4点至钢丝距离，调整求心器架，使对称两点半径误差在5mm以内，然后接上测量线路，用耳机、千分尺精确地确定水泵轴承承插口止口（或其他基准部件）中心。同轴度测量方法如图2.33所示。

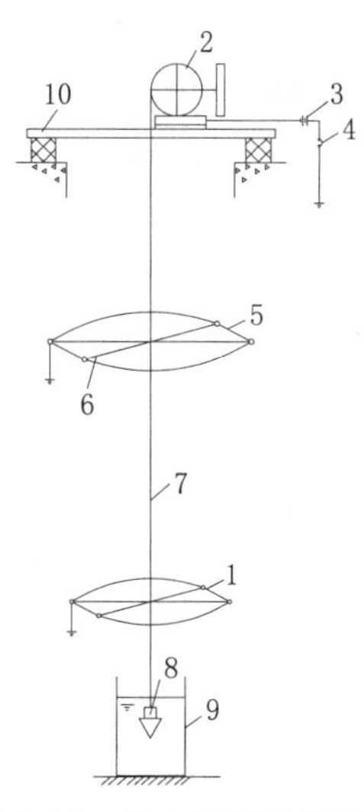

图2.33 求心器同轴度测量方法示意图

1—基准断面；2—求心器；3—电池；4—耳机；5—测量断面；6—内径千分尺；7—钢丝；8—重锤；9—油桶；10—支架

测量过程中，当千分尺测头在较大的椭圆轨迹上逐渐缩小到一点接触时，耳机内发出轻微的“咯咯”声，此时千分尺测头的读数即为所测点至钢丝的最短距离。用电气回路法测量机组同轴度，其误差可控制在0.02mm以内。

当x、y方向对称4点至钢丝最短距离误差在0.05mm以内时，此时钢琴线的位置即为水泵轴承承插口止口（或其他基准部件）的安装中心线。

如果埋入部件由于加工、焊接或混凝土浇捣等影响，使埋入部件产生椭圆，就会使x、y两方向的半径绝对值差较大，但x、y方向对称两点的半径差应符合表2.3的要求。

要求各个测量断面的中心误差在一定的范围内，就需进行同轴度的测量。导叶体一般作为同轴度测量的基准部件，导叶体的轴承孔，根据轴承的结构不同，有的为一道承插止口，有的为两道承插止口。测量调整导叶体的同轴度，可以有两种方法：一是将导叶体调整水平并符合质量要求；二是测量并调整轴承两个承插止口中心线的垂直度。有两个承插口测量断面的水泵导叶体，应采用同轴度测量方法调整导叶体的垂直度，所以不再规定水平度的要求。单个水泵轴承承插口仅有一个测量断面的水泵，则可以用控制水平偏差，使导叶体达到规定的垂直度的要求。电动机同轴度的测量与调整应符合相关标准的要求。

2.6.2　上、下机架安装

2.6.2.1　上、下机架结构

上、下机架安装的中心相对水泵轴承承插口止口中心的偏差不应超过1.0mm；刚性支撑推力轴承的电动机轴承座或油槽的水平偏差不宜大于0.10mm/m；碟形弹簧弹性支撑推力轴承的电动机机架水平应以轴承座水平控制，其水平偏差不应大于0.02mm/m。

位于转子之上的机架称为上部机架，简称上机架；位于转子之下的机架称为下部机架，简称下机架。由于机组的型式不同上、下机架可分为荷重机架和非荷重机架。悬吊形机组的荷重机架即为安装在定子上的上机架，结构如图2.34所示。下机架为非荷重机架，结构如图2.35所示。非荷重机架主要支承导轴承径向力及部分荷重。荷重机架因承受整个机组转动部分的重量及水推力，因此要求有足够的强度和刚度。机架一般为辐射式“十”字形。

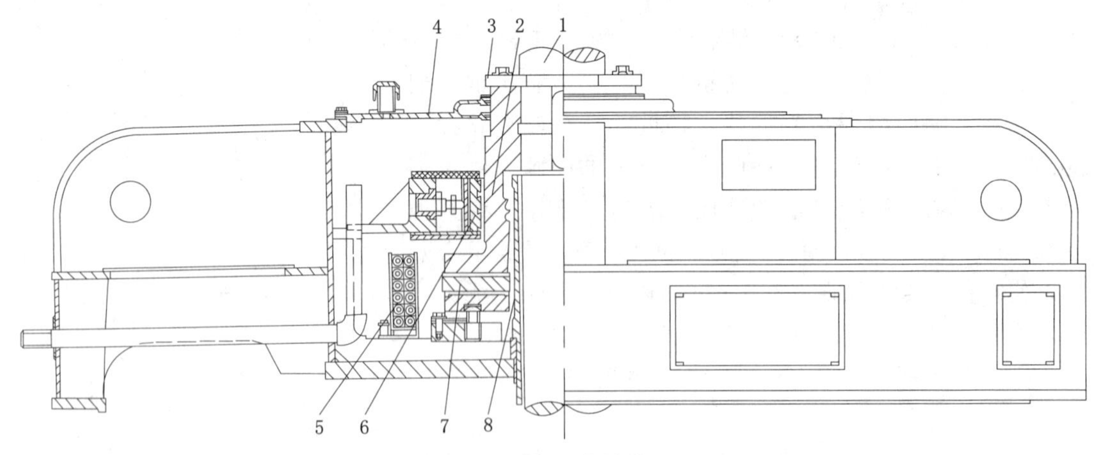

图2.34　上机架结构图

1—电动机轴；2—推力头；3—卡环；4—油槽盖；5—冷却器；6—上导轴瓦；7—推力轴瓦；8—挡油筒

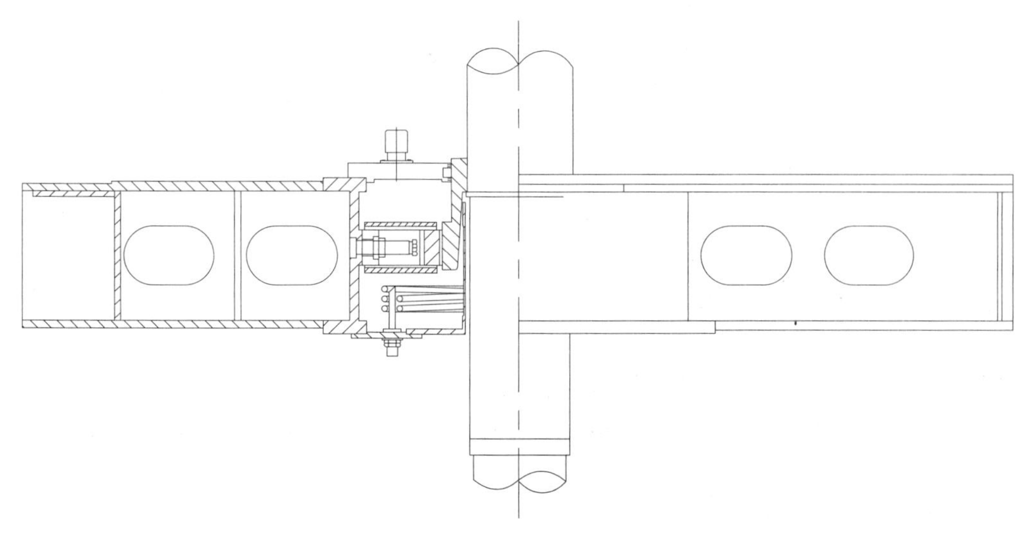

图 2.35 下机架结构

上机架中间称为上油槽（又称上油缸），下机架中间称为下油槽（又称下油缸）。油槽是一个装有汽轮机油的密封容器。悬吊形电动机上油槽中设置有推力轴承、径向导轴承和油冷却器等。汽轮机油既起润滑作用，又起热交换介质作用。当汽轮机油吸收了轴承摩擦所产生的热量后，再借助通水的冷却器把油内的热量带走。上机架上部装有电动机顶罩、内装炭刷架等。下机架中间的油槽中设置油冷却器，装有下导轴瓦等。

伞形机组的荷重机架即为安装于定子下面基础上的下机架。上机架为非荷重机架。

上、下机架安装主要是机架高程、中心、水平的调整。安装前要首先确定安装高程。将基础部分彻底清扫干净，并放上成对楔子板（或千斤顶），对楔子板顶部高程进行初步测定。再彻底将机架清扫干净，将机架吊入机坑就位，调整机架高程、中心和水平。一般调整顺序是先调高程，再调中心，最后调水平。经过校对使三者同时满足要求后，在组合面处垂直钻、铰销钉孔，销钉孔与销钉配合应接触良好。机架安装方位，由油槽的进、排水管对照图样确定，与基础预埋管道方向应一致。

2.6.2.2 机架的高程测定与调整

1. 机架安装高程的确定

上、下机架安装高程应首先确定安装高程。安装前应详细测量检查有关部件高度的实际配合尺寸（主要是各段轴的长度，包括水泵主轴），并与图样相对照，如有不符，应对图样上设计高程进行修正，以便固定部件与转动部件正确配合。对于大直径机架或负荷机架，应考虑挠度的影响，适当增加安装高程。

2. 机架高程的测定与调整方法

机架高程和中心的测量，通常在机组转动部件未吊装前进行，以水泵的导叶体的水导轴窝的中心线作为基准，可减少误差。如因施工条件限制，也可以水泵的联轴器盘面为基准。

以导叶体的水导轴窝为基准的机架高程测量用水准仪与经纬仪进行。事先把相对水导轴承体的某些高程点用水准仪与钢板尺返回在固定件（如钢筋头）上，再以这些点为准去测机架的相对高差，得到机架的实际高程，测量时尽可能地减少累计误差。承重机架应测量基准点至推力油槽轴承底座面垫板处（或油槽顶加工面）的距离；非承重机架测导轴承支柱螺栓中心（或油槽顶加工面）的距离。

高程的调整通过基础的楔子板（或调整螺栓、千斤顶）来实现。对上机架高程，一般是在定子机座组合面处加金属垫片调整；对具有基础板的下机架，也可用金属垫片来调整。金属垫片层数不宜多于两层。

2.6.2.3 机架水平的测量与调整

测量部位选用与加工过的油槽顶面呈90°的方法测量。

水平测定选用特制的水平梁和框形水平仪进行。

水平梁用铝制型钢加工制成，两端有3个支承点，中部焊有一块加工的长方形铁板，用来放置框形水平仪。

机架水平误差调整量为

$$\delta=\frac{S_1+S_2}{2}CD \tag{2.12}$$

式中 δ——机架水平误差，mm；

S_1——第一次测定时，框形水平仪气泡移动格数；

S_2——第二次调头时，框形水平仪气泡移动格数，与第一次移动相同取正值，相反取负值；

C——框形水平仪的精度，0.02mm/m；

D——水平梁两点的距离，m。

2.6.3 定子安装

2.6.3.1 定子的结构

定子由机座、铁芯和线圈等部件组成，定子结构如图2.36所示。

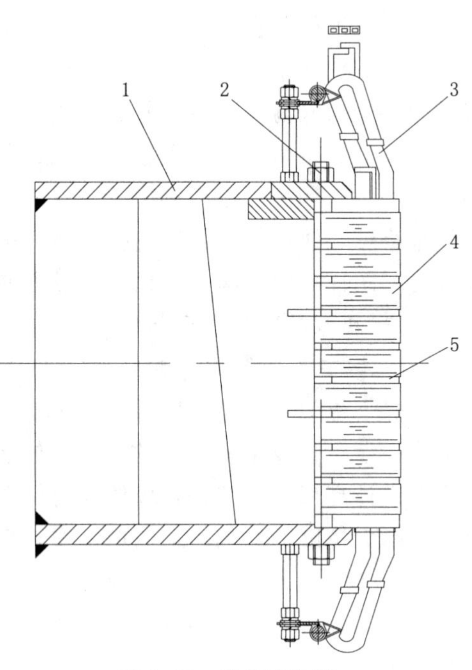

图2.36　定子结构图

1—机座；2—拉紧螺杆；3—线圈；4—铁芯；5—齿压板

定子各部件的结构和作用如下：

机座：即定子的外壳，是固定铁芯的，又是支持整个机组转动部分重量的主要部件。机座用钢板焊接而成，它具有较大的刚度，以免变形和振动。

机座的上平面支承着上机架传来的全部重量和作用力；下平面是整个电机的基础；四周筒壁是定子铁芯等部件的支承部分，筒壁上开有若干出风口或设置风道，供电机散热用。

铁芯：它由0.35～0.5mm厚的扇形矽钢片两面涂有绝缘漆经叠压而成。铁芯高度常分为若干段，每段高40～45mm，段与段之间放10mm厚的工字形衬条，作为通风散热的风沟，铁芯上下端放齿压板，用拉紧螺杆把矽钢片收紧，铁芯外圆有燕尾槽，通过托板和拉紧螺杆，将整个铁芯固定在机座上，铁芯内圈有嵌线槽，供嵌放绕组线圈用。

线圈：定子线圈用带有绝缘的扁铜线绕制而成，在外面包扎绝缘，线圈嵌入定子铁芯后，再用层压板或酚醛压合塑料制成的槽楔打紧。线圈的端部用绝缘绳绑扎在支持环上，为便于测量电机运行时的线圈温度，在某些线圈的底层及层间，埋有电阻温度计。

2.6.3.2 机架中心调整

机架中心调整，采用固定部件同轴度测量调整的电气回路法。但需通过油槽中心部位、自上而下悬挂一条中心线，这条线的顶部是由求心器来控制和调整的，求心器支承在临时三脚架或横梁上，上、下机架安装的中心偏差不应超过1mm。水平测量通常选用水平梁进行，测量部件可选用在油槽顶部。也可用水准仪测量油槽顶部4～8点相对高程，经计算得到水平值。上、下机架轴承座或油槽的水平偏差，不宜超过0.10mm/m。

具有独立基础的机架，其基础部分的埋设，应按标准的主机组基础和预埋件的要求执行。

2.6.3.3 定子安装规定

定子安装应符合下列规定：

(1) 定子按水泵轴承承插口止口中心找正时，应至少测量4个对称方位的半径值，各半径与平均半径之差，不应超过设计空气间隙值的±4%；检查定子圆度，相对面半径相加得到2个相互垂直方位的直径，两直径之差不应超过设计空气间隙值的±4%。

(2) 在机组转动部件就位、推力轴承安装调整好后，测量校核定子、转子磁场中心高差应符合要求。

(3) 应按磁场中心核对定子安装高度，在叶轮中心与叶轮外壳中心高差符合3.2.4条要求的前提下，定子铁芯平均中心线宜高于转子磁极平均中心线，其高出值应为定子铁芯有效长度的−0.15%～+0.5%。

(4) 转动部件定中心后，应分别检查定子与转子间上端、下端空气间隙，各间隙与该端平均间隙之差的绝对值不应超过该端平均间隙值的10%。

2.6.3.4 定子安装及同轴度测量

定子安装有垂直中心找正和实物找正两种方法。电气回路法找正就是按水泵实际垂直中心线找正，也就是安装中的同轴度（同心）测量。同轴度测量是安装中的关键程序，应按规定进行。同轴度的测量，宜采用电气回路法。同轴度的允许偏差按设计空气间隙值的±5%计算控制。定子椭圆度和中心偏差的调整，最好结合起来进行。调整的方法，一般是利用千斤顶强迫机座受力变形。调整时，根据定子椭圆度及中心偏差调整值和方位，迫使定子局部向中心位移，位移时应用百分表监视，它的两侧和对称方向也需放置千斤顶顶住。定子按转子找正属于实物找正。采用这种方法，转子中心和主轴垂直度应严格要求，定子与转子间的上下端空气间隙应符合要求。

定子固定部件同轴度测量，是为了将定子上、下两个断面的中心与水泵轴承承插口中心调整至在同一条垂线上。对定子进行同轴度测量时，按已选定的测点进行测量，一般只测东、西、南、北4个方位，同轴度测量过程中的测量值可记录在表2.5中。

表 2.5 定子同轴度测量记录表

方位	南	北	南北差	东	西	东西差
上部	R_1	R_2	y_a	R_3	R_4	x_a
下部	R_5	R_6	y_b	R_7	R_8	x_b
上下差			Y			X

对同轴度的测量数据进行分析，计算定子在东西方位及南北方位上、下测点的同轴度偏差值。

$$y_a = R_1 - R_2 \tag{2.13}$$

$$x_a = R_3 - R_4 \tag{2.14}$$

$$y_b = R_5 - R_6 \tag{2.15}$$

$$x_b = R_7 - R_8 \tag{2.16}$$

$$Y = y_a - y_b \tag{2.17}$$

$$X = x_a - x_b \tag{2.18}$$

式中 y_a、y_b——定子上、下部在南北方向上（y 方向）的同轴度偏差测量计算值；

x_a、x_b——定子上、下部在东西方向上（x 方向）的同轴度偏差测量计算值；

Y——定子上、下部在南北方向上（y 方向）的两倍倾斜值；

X——定子上、下部在东西方向上（x 方向）的两倍倾斜值；

定子同轴度的测量结果如图 2.37 所示。

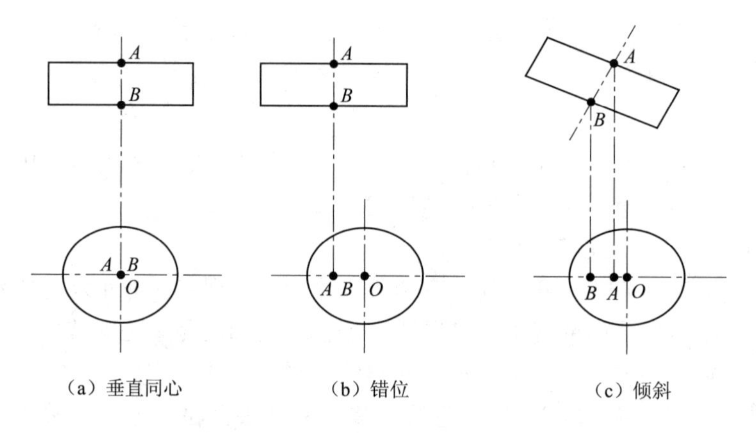

图 2.37 定子同轴度测量结果示意图

根据同轴度偏差值及其相互关系，分析部件同轴度的情况，采取相应的调整方法和措施。

(1) 垂直同心如图 2.37 (a) 所示，定子上、下部断面的中心与基准面的中心位于同一条铅垂线上，且其各部位的中心与基准面中心的最大偏差值在允许的范围内，即

$$y_a = R_1 - R_2 \approx 0, y_b = R_5 - R_6 \approx 0, \text{且 } y = y_a - y_b \approx 0 \tag{2.19}$$

$$x_a = R_3 - R_4 \approx 0, x_b = R_7 - R_8 \approx 0, \text{且 } x = x_a - x_b \approx 0 \tag{2.20}$$

(2) 错位如图2.37 (b) 所示，定子是垂直的，但与基准面的中心不在同一条铅垂线上，即

$y_a = R_1 - R_2 \neq 0$，$y_b = R_5 - R_6 \neq 0$，但 $y = y_a - y_b \approx 0$；说明定子在 y 方向与基准有错位。

$x_a = R_3 - R_4 \neq 0$，$x_b = R_7 - R_8 \neq 0$，但 $x = x_a - x_b \approx 0$；说明定子在 x 方向与基准有错位。

错位的调整就是根据中心偏差值和方位，使用千斤顶或专用错位调整器，将定子平移至机组中心。调整值应为同轴度偏差测量值的一半，为了兼顾定子的上、下部位的制造误差和安装、测量误差，调整值可按下列公式计算

$$E_y = (y_a + y_b)/4 \tag{2.21}$$

$$E_x = (x_a + x_b)/4 \tag{2.22}$$

调整错位时一般利用千斤顶顶机座，使机座平移。平移时，应在 x、y 轴线方向用百分表监视。并在其迎面和两翼也需放置适当的千斤顶顶住。具体操作时应注意千斤顶的支承墙壁是否能够承受较大的压力，否则应考虑必要的加强措施。

(3) 倾斜如图2.37 (c) 所示，定子中心线不是铅垂线，且与基准面的中心不在同一条铅垂线上，即

$y_a = R_1 - R_2 \neq 0$，$y_b = R_5 - R_6 \neq 0$，且 $y = y_a - y_b \neq 0$；说明定子在 y 方向与基准有倾斜错位。

$x_a = R_3 - R_4 \neq 0$，$x_b = R_7 - R_8 \neq 0$，且 $x = x_a - x_b \neq 0$；说明定子在 x 方向与基准有倾斜错位。

倾斜是安装中常见的现象，调整比较复杂。一般倾斜也包括错位，根据安装的实际经验，应先调整倾斜，后调整错位。

根据同轴度偏差值，计算出定子的倾斜值。定子的倾斜如图2.38所示，由图中可知，直角三角形 ABC 与直角三角形 abc 几何相似，则：

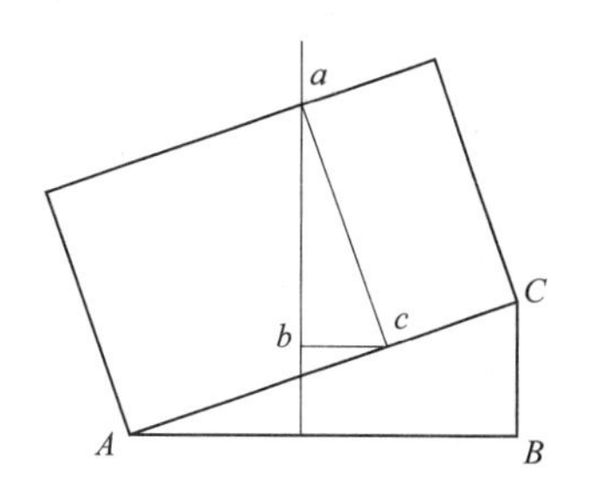

图2.38 定子水平倾斜示意图

$$BC : bc = AC : ac$$

所以
$$BC = AC \times bc/ac \tag{2.23}$$

式中 ac——定子上下两个测量断面之间的距离 L，mm；

AC——定子底面的外直径 D，mm；

bc——同轴度测量倾斜值，同轴度测量值的1/2，mm；

BC——定子倾斜值 ΔH，mm。

因为电动机基础一般为 x、y 轴线方向的十字支墩式基础，所以在 x、y 轴线方向基础的调整值可按下列公式计算

$$\Delta H_x = DX/2L \tag{2.24}$$

$$\Delta H_y = DY/2L \tag{2.25}$$

式中 ΔH_x——部件在 x 轴线上的倾斜值，mm；

ΔH_y——部件在 y 轴线上的倾斜值，mm；

X、Y——部件上、下部在 x、y 轴线上两倍的同轴度倾斜值，mm。

根据测量和计算结果，通过调整垫铁的高低调整定子的倾斜，如果基础板高程已经合

格，应采用一方位升高，相对方位降低的办法进行调整，保证部件的高程不变。调整方法如图 2.39 所示。

如果基础板已经安装埋设结束，基础板的高程已无法调整，则可通过在基础板与定子之间加垫的方法来处理定子的倾斜。十字支墩式基础加垫，为避免一点抬高后造成中部悬空，中部也应加垫 1/2 的调整量。但如果 x、y 方向均要调整，就会出现四点都加垫的现象。为了避免高程偏离合格范围，加垫量应采用叠加后，再减去一个最小值，使安装高程得到合理的控制。

为了调整方便，可采用千斤顶或专制的螺杆千斤顶，抬起部件，再调整垫铁。调整方法如图 2.40 所示。

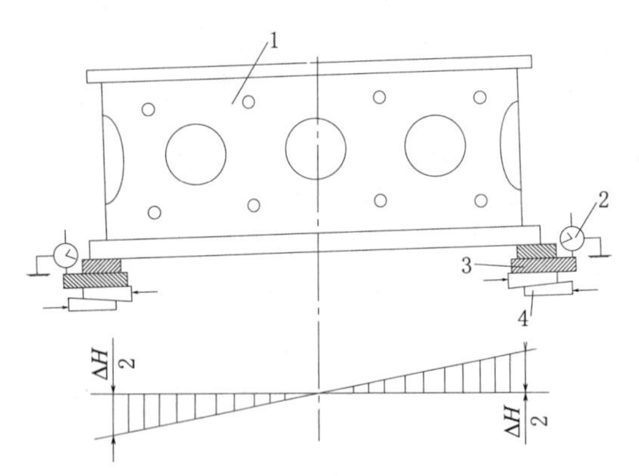

图 2.39　倾斜调整方法示意图

1—被调整部件；2—百分表；3—基础板；4—斜垫铁

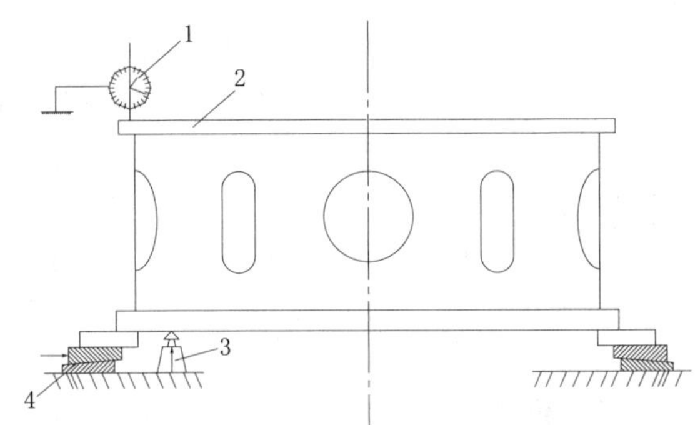

图 2.40　千斤顶调整部件倾斜示意图

1—百分表；2—被调整部件；3—千斤顶；4—斜垫铁

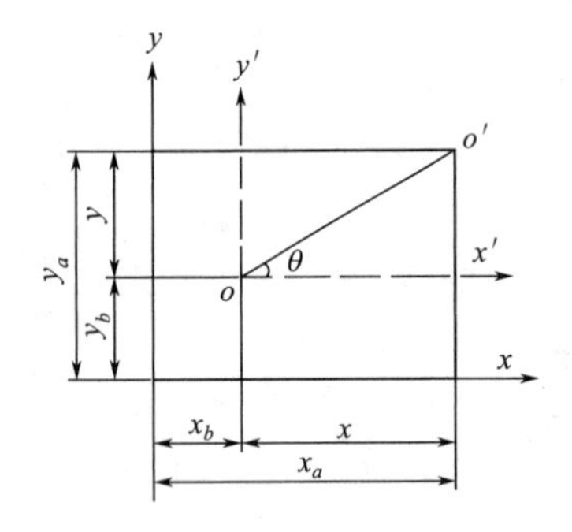

图 2.41　部件倾斜及其方位计算图

对采用平面联结的环形部件，根据 x、y 轴线方位的同轴度测量记录，分别计算偏差值，但并不能反映部件最大同心偏差值及其方位，而应该是 x、y 轴线方位倾斜值的数学合成。如图 2.41 所示。

实际上，环形部件的同轴度偏差是一个直角坐标，o 点相当于基准中心点，ox' 为部件在 x 轴线方向的同轴度偏差，也相当于该部件最大同轴度偏差在 x 轴线上的投影。oy' 为部件在 y 轴线方向的同轴度偏差，也相当于该部件最大同轴度偏差在 y 轴线上的投影。根据其函数关系，则可求得其最大同轴度偏差值及其倾斜的平面夹角。可按下列公式计算

$$Z=\sqrt{X^2+Y^2}=\sqrt{(X_a-X_b)^2+(Y_a-Y_b)^2} \tag{2.26}$$

$$\tan\theta=Y/X \tag{2.27}$$

式中　Z——部件因倾斜而产生的最大同轴度偏差值，mm；

θ——部件倾斜的平面夹角，(°)。

中心偏差值为同轴度偏差测量值的一半，故最大中心倾斜值应是 $Z/2$。

对采用平面连接有止水防渗漏要求的部件，应根据测量计算出来的最大倾斜值及其方位，修刮平面连接垫，或用青壳纸垫做成台阶式垫层。

根据定子的同轴度测量记录表2.7，可按下列公式计算定子硅钢片内径的椭圆度$D_{椭}$

$$D_{上椭}=(R_1+R_2)-(R_3+R_4) \tag{2.28}$$

$$D_{下椭}=(R_5+R_6)-(R_7+R_8) \tag{2.29}$$

式中 R_1、R_2、R_3、R_4、R_5、R_6、R_7、R_8——定子硅钢片内径上部或下部各测点测量的数值；

$D_{上椭}$、$D_{下椭}$——定子上部或下部的椭圆度。

根据定子的同轴度测量记录表2.5，可按下列公式计算定子硅钢片内径的锥度$D_{锥}$

$$D_{南北锥}=(R_1+R_2)-(R_5+R_6) \tag{2.30}$$

$$D_{东西锥}=(R_3+R_4)-(R_7+R_8) \tag{2.31}$$

式中 R_1、R_2、R_3、R_4、R_5、R_6、R_7、R_8——定子硅钢片上部或下部内径各测点测量的数值；

$D_{南北锥}$、$D_{东西锥}$——定子南北方位或东西方位的锥度。

对于内径小于4m的定子，一般做成整体结构，其刚度较好。如发生较大椭圆度或锥度，一般应向有关制造厂反映，商定解决的方法。

对于直径较大的定子，一般制成分瓣结构，同轴度测量的测点数应该增加，特别在合缝处周围均应选择测点，在每瓣的上、下部一般不少于3个测点。定子组装后的吊起，应将上机架装上，增加定子的刚度，作为吊具或支撑。在调整定子同轴度时应结合椭圆度的调整，椭圆度应不超过平均空气间隙的5%。

倾斜调整合格后，再进行错位调整，定子按水泵垂直中心找正，各半径与平均半径之差，不应超过设计空气间隙值的±5%。全部调整合格，拧紧连接螺栓和地脚螺栓。

2.7 转动部件安装

2.7.1 叶轮的安装

立式轴流泵和导叶式混流泵安装，叶轮中心与叶轮外壳中心的安装允许高差及其测量校核方法应符合表2.6的规定。

表2.6 叶轮安装高程及间隙允许偏差

项目		叶轮直径/mm			说明
		＜3000	3000～4500	＞4500	
叶轮中心与叶轮外壳中心安装允许偏差/mm		1～2	1～3	2～4	对新型机组，应通过计算运行时电动机承重机架下沉值和主轴线伸长值重新确定
叶片间隙允许偏差	立式导叶式混流泵/mm	0.6～1.1	0.6～1.7	0.6～2.3	叶轮中心与叶轮外壳中心安装允许偏差通过叶片间隙允许偏差校核
	立式轴流泵	下间隙大于上间隙5%～15%			

水泵叶轮安装高程，即是叶轮中心的安装高程，理论上应该与叶轮室中心安装高程相一致，即应与设计值相一致。但为了消除因水推力而产生的设备结构挠度（主要是安装推力轴承的电机机架）和主轴等连接件的变形量，保证机组运行时叶轮中心与叶轮室中心一致，叶片上、下间隙基本相等，规范要求轴流泵叶轮最终安装高程较设计值高出其相应值。在混流泵叶轮最终安装高程，按叶片与叶轮室的间隙确定，要求其叶片间隙按实际间隙加大0.5～1.0mm。若叶轮相对叶轮外壳偏高或偏低，则叶片上、下间隙偏小，间隙汽蚀加重，甚至碰壳。

水泵安装时，应检查下列部位的轴向顶车间距：

（1）叶轮角度最大时叶片出口边最高点与导叶片之间。

（2）油润滑导轴承密封装置静环座与固定座之间。

（3）梳齿密封装置上梳环与下梳环之间。

（4）油润滑导轴承转动油盆盖顶与固定油盆底之间。

（5）上操作油管与中操作油管连接法兰顶与受油器底之间。

2.7.2 主轴及操作油管安装

下置式接力器的液压全调节水泵，泵轴与轮毂连接、上下操作油管连接、单层操作油管的泵轴与电动机轴连接，均应进行严密性耐压试验，中置式和上置式液压全调节水泵接力器也应按设计要求进行严密性耐压试验。水泵操作油管安装前应清洗干净，无法进行严密性耐压试验的，应连接可靠，不漏油；螺纹连接的操作油管，应有锁紧措施。

轴流泵机组主轴内的操作油管是操作叶轮叶片角度的压力油管道，由不同直径的无缝钢管组成整体。操作油管有套管和单管两种不同的结构形式，一般按机组主轴分段，采用连接片连接或螺纹连接。分段操作油管应事先进行组装，各连接片之间的连接应加垫片。垫片宜用紫铜板制成，使用前应经退火处理。也可用橡胶石棉垫，但其压缩量较大，安装时，操作油管易倾斜。操作油管随水泵结构不同，安装要求也不同。由于叶轮、泵轴水平偏差，操作油管连接的水平偏差，泵轴、电动机轴吊装的水平偏差及同轴度偏差等综合因素，有时可能会影响到操作油管的连接可靠性，所以操作油管安装后，对泵轴与轮毂的连接、操作油管的连接、单层操作油管的泵轴与电机轴的连接，均应进行严密性耐压试验。无法做严密性耐压试验的应确保连接可靠不漏油。螺纹连接的操作油管，应有锁紧措施，防止因运行中的振动造成螺纹松动而发生漏油。操作油管耐压试验一般在外腔通入压力油，检查内腔及连接平面应无渗油。

操作油管上的导向轴颈与其轴套的配合尺寸，应事先进行测量且应符合要求。

操作油管安装方法有两种：一是叶轮吊入定位后，先安装下操作油管，再将泵轴吊入与叶轮连接。该方法是安装操作油管、泵轴和叶转连接互不干扰，但套入时较困难；二是先将操作油管插入主轴内，与主轴一起吊入安装。一般先将叶轮吊入就位，控制其叶轮组合面高程，基本符合设计值或略低，这样装上泵轴后，其轴头高程即能符合要求。再吊起下操作油管插入主轴内，然后将操作油管与主轴一起吊起。在安装时，先进行下操作油管与活塞杆的连接后，进行泵轴与叶轮的连接。以后再进行中操作油管与下操作油管的连接和电动机轴与泵轴的连接工作。

泵轴吊起后，其水平应调整在0.05mm/m以内。当下操作油管下端法兰面离活塞杆约200mm时，停止主钩下降，利用导链（手拉葫芦）使操作油管落至活塞杆上，装上垫片，对称均匀地拧紧紧固螺栓并锁好锁锭片。然后将泵轴落至叶轮体上，并进行连接螺栓的紧固工作。泵轴联轴器与叶轮体连接前，应先对准螺栓孔，在对称螺孔穿入两组螺栓，再穿入其他销钉、螺栓后再均匀拧紧螺栓。螺栓紧固符合要求后，再做好相应防松措施。

泵轴与叶轮体组合面上有耐油橡皮圈，在泵轴吊入前应事先放入。橡皮圈要用新的。在转轮叶片渗漏试验时用过的橡皮圈不宜再用，以免漏油。

主轴与操作油管安装好后，在主轴上端，可测量主轴内孔与操作油管外壁间的距离，以检查操作油管的垂直度，其半径误差应在±1mm以内。如偏差太大，可在安装中操作油管时调整，或重新安装。

轴流泵叶轮安装中，由于悬吊方式的影响，水平、中心的调整较困难。为便于机组联轴，在泵轴和操作油管安装后，宜对水泵轴的联轴器端面水平度重新进行调整，且应尽量调好。中操作油管和上操作油管应配合电动机及受油器的安装程序进行安装。

2.7.3 转子安装

转子是转动部件，它与泵轴用刚性联轴器连接，带动水泵叶轮旋转做功。转子由主轴、轮辐、磁轭、磁极等部件组成，如图2.42所示。

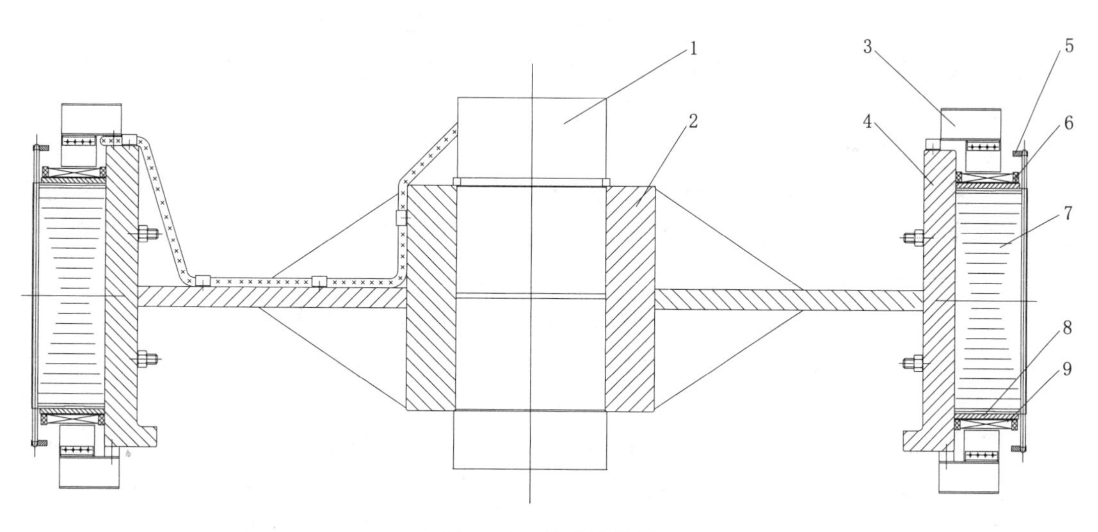

图2.42 转子结构图

1—主轴；2—轮辐；3—风叶；4—磁轭；5—阻尼环；6—阻尼条；7—铁芯；8—极靴压板；9—磁极线圈

转子各部件的结构和作用如下：

主轴：用来传递转矩并承受转子部分的轴向力，半调节水泵的配套电动机轴一般为实心轴，全调节水泵配套电动机一般为空心轴。

轮辐：它是固定磁轭并传递扭矩的部件，一般为铸钢件。

磁轭：主要作用是产生转动惯量和固定磁极，同时也是磁路的一部分。用热套的方法套在主轴上，磁轭外圆上设有T形槽或螺孔，供固定磁极用。

磁极：它是产生磁场的主要部件，由磁极铁芯、励磁线圈及阻尼条3部分组成，用T形或螺杆式接头固定在磁轭上。磁极铁芯是用1～1.5mm厚的矽钢片，经冲压成形后叠压而成，上下加极靴压板，并用双头螺栓拉紧。磁极线圈用扁铜条匝在磁极铁芯上，匝层间用粘贴石棉纸或玻璃丝布作为绝缘隔层。磁极上装有阻尼铜条和阻尼环，各磁极之间的阻尼环联成整体，成了阻尼绕组。

2.7.3.1 转子吊入前的准备工作

1. 起重设备的检查

起吊转子的桥式起重机应经过荷重试验并合格。起吊前，需对起重机进行全面检查，主要检查以下内容：

(1) 各受力部分螺栓应无松动。

(2) 各减速箱齿轮正常，箱内润滑油充足干净、机械润滑系统正常。

(3) 各制动闸间隙和制动力矩调整合适，各制动闸工作可靠。

(4) 各轴承正常。

(5) 轨道（包括基础）、阻进器、行走机构等正常，无异状。

(6) 起重机的钢丝绳完好无缺，钢丝绳的固定卡可靠。

(7) 电气操作系统和各部分绝缘是否良好，限位开关和磁力控制盘的动作是否同步。

2. 起吊转子的吊具和检查

中、小容量同步电动机转子起吊用套耳吊具，或直接用钢丝绳起吊。

转子起吊前，对起吊工具的焊缝及制造质量仔细检查，保证吊具与轴头配合良好。

2.7.3.2 转子吊入

转子吊入时注意事项及吊装过程如下：

(1) 桥式起重机上应有机电维护人员，在制动闸、减速箱、卷筒、电器箱等设备附近设专人监视，以便及时发现故障，预防事故。桥式起重机电源必须可靠，有专人监视。

(2) 在安装间进行试吊转子，当转子起吊离地面约100～150mm时，先升降一两次，注意起重机构运行情况是否良好，同时用方形水平仪在轮毂加工面上测转子是否水平（若发现转子不水平，可用配重的方法或挂链式葫芦进行调整）。然后测量转子磁轭下沉值，初步鉴定转子安装质量。

(3) 试吊正常后，将转子提升1m左右，对转子下部进行全面检查；清洗和研磨联轴器接触面，使其接触良好，检查法兰螺孔、止口及边缘有否毛刺或凸起，并进行消除；还应检查转子磁轭的压紧螺杆端部是否突出闸板面，螺母是否全部点焊等，确认一切合格后，转子提升到允许高度吊往机坑。

(4) 将转子下落到制动器上：转子吊至机坑上空后先与定子初步校正，徐徐下落，当转子将要进入定子时，再仔细找正转子。用8～12根木板条或纸板条（宽约40～80mm，比磁极稍长，厚为设计空气间隙的1/2）均匀分布在定子、转子间隙内。每根木板条由一人提着靠近磁极中部上下活动，在转子下落过程中发现木条卡住，说明该方向间隙过小，向相对方向移动转子。中心调整几次后，转子可顺利下落，待其即将落在制动器上时，注意防止联轴器止口相碰。

转子落在制动器上后，转子吊入即告结束，接着吊装上机架。

2.7.3.3 转子找正

首先将转子重量转移到推力轴承上（落下制动器，使推力头镜板落在推力瓦上）。

1. 以定子为基准进行转子找正

转子在定子就位后吊入时，转子找正应以定子为基准进行。找正时，主要是控制定子、转子空气间隙和高程。

（1）高程调整。如果转子高程不合适，可用制动器将转子再顶起，然后升（或降）推力瓦的支撑螺栓，再落下转子，高程得到一次改变，反复1～2次，可达到高程调整的目的。

安装后的转子的高程应使转子磁极中心线的平均高程略低于定子铁芯的平均高程线，其值在铁芯有效长度的0.4%以内。

（2）中心调整。先测量上下部分的空气间隙，判断中心偏差方向。然后顶动导轴瓦，使镜板滑动，转子即产生中心位移。接着再测空气间隙（用斜形塞块涂粉笔灰，将斜面对着磁极与定子铁芯之间，插不动时，拔出塞块，从斜面刻度知间隙大小）。如此反复1～2次，中心即可找正。瓦面应涂猪油，利用导轴瓦进行调整。

2. 以水泵主轴为基准进行转子找正

当转子先于定子吊入机坑，或同步电动机转子吊入后需立即与水泵主轴连接以便整体盘车时，应以水泵主轴为基准找正转子。即转子落于制动闸后，暂不卸吊具。

（1）高程和水平调整。先检查转子是否已在设计标高，方法是用标准塞块与塞尺测联轴器面四周轴向间隙。

依据间隙值的大小，判断转子的实际高程，并计算此高程（水泵联轴器面的高程加上实测间隙值）与设计值的偏差。如果偏差值超过0.5～1mm，则需提起转子，在制动闸顶面加（减）垫。然后使转子落下，重新测量，直至高程合格为止。

同步电动机转子找水平仍以水泵联轴器为准，要求电动机法兰与水泵法兰相对水平偏差在0.03mm/m以内。否则，须在部分制动闸顶面加（减）薄垫。垫厚计算式为

$$\delta=\frac{D}{d}(\delta_a-\delta'_a) \tag{2.32}$$

式中 δ——法兰最低点所对应的制动闸应加垫厚度，mm；

D——制动闸布置的直径；

d——法兰盘直径；

$\delta_a-\delta'_a$——法兰盘对称方向间隙差，mm。

通常高程和水平的调整同时进行。

（2）中心的调整。转子中心通过测量主轴两法兰的径向错位来确定。

用钢板尺侧面贴靠在水泵联轴器侧面，用塞尺测电动机法兰面和钢板之间的间隙。中心偏差为

$$\Delta\delta=\frac{\Delta\delta_1+\Delta\delta_2}{2} \tag{2.33}$$

式中 $\Delta\delta$——中心偏差值，mm；

$\Delta\delta_1$、$\Delta\delta_2$——直径方向两侧面间隙值，mm。

转子中心偏差利用导轴瓦或临时导轴瓦进行调整，瓦面应涂猪油或加有石墨粉的凡士林油。配合千斤顶调整，在十字方向设置千斤顶及其支承架，千斤顶头部与法兰之间垫以柔软的橡皮垫。

要向 $+x$ 方向移动 a 时，$+y$ 方向和 $-y$ 方向用千斤顶暂时不动，使 $+x$ 方向千斤顶头与法兰的间隙为 a，接着提起转子稍许，用 $-x$ 方向千斤顶顶电动机联轴器盘，使其移动 a，再落下转子复测中心偏差。如此反复几次直至合格。最终要求两个法兰中心偏差不超过 0.05mm。

2.7.4　推力头安装

电动机刚性支撑推力轴承安装应符合下列规定：

（1）抗重螺栓与瓦架之间的配合应符合设计要求，瓦架与机架之间应接触严密，连接牢固。

（2）推力头安装前检查轴孔与轴颈的配合尺寸应符合设计要求。

（3）镜板、推力头与绝缘垫用螺栓紧密组装后，镜板工作面不平度应符合设计要求。

（4）推力头和镜板组合件安装前，应调整推力瓦的高程和水平，在推力瓦面不涂润滑油的情况下测量其水平偏差应在 0.02mm/m 以内。

（5）卡环受力后，其局部轴向间隙不应大于 0.03mm，间隙过大时，应进行处理，且不应加垫。

按图样尺寸及编号安装各抗重螺栓、托盘和推力瓦，瓦面抹一层薄而匀的洁净熟猪油作为润滑剂。吊装镜板，并以 3 块呈三角形分布的推力瓦调整镜板高程及水平，使其符合规定要求。其他的推力瓦调整低 3～5mm，镜板高程应按推力头套装后的镜板与推力头之间隙值来确定，电动机镜板与推力头之间隙可按式（2.34）计算

$$\delta=\delta_{\Phi}-h+a-f \tag{2.34}$$

式中　δ——电动机镜板与推力头之间隙，mm；

δ_{Φ}——电动机联轴器与水泵联轴器预留的间隙，mm；

h——镜板与推力头之间应加绝缘垫厚度，mm；

a——水泵应提升的高度，mm；

f——上机架（或下机架）挠度，mm。

用水平仪在十字方向测量镜板水平，要求其水平偏差不大于 0.02～0.03mm/m。

先在同一室温下，用同一内径（外径）千分尺测量推力头孔与主轴配合尺寸，推力头孔与电动机轴多为过渡配合，配合尺寸应符合设计要求，否则应进行处理。

一般制造厂均配有压装推力头的专用工具，可采用压装推力头专用工具压装推力头。也可对推力头加热，使孔径膨胀增加间隙 0.3～0.5mm，便于套装。推力头与轴一般用平键定位并传递扭矩，安装前，吊起推力头，用水平仪进行找水平，水平应控制在 0.15～0.20mm/m 以内，吊离地面 1m 左右时，可稍停顿一下。用白布擦净推力头孔和底面，在配合面上涂抹洁净的汽轮机油。然后吊往轴上对准，并按键槽方位套上。安装压装推力头的专用工具，进行压装。当压装到相应位置时，装上卡环。放卡环前，应先测定卡环与卡环槽的配合厚度，为保证卡环两面能平行而均匀地接触，允许用研刮方法校正。安装

时，以小锤能轻轻打入为宜。卡环受力后，应测量其局部轴向间隙，要求不大于0.03mm。间隙过大时，应采取相应措施校正，如反向拉拔、给转子加重量等，但不得加垫。

卡环安装后，即可进行推力头与镜板连接。连接时，先按要求放置绝缘垫，并使定位销钉对号就位，如定位销钉无明显的配合位置，可旋转镜板使之在瓦面上滑动，力求找出合适位置，最后拧紧连接螺栓。推力头与镜板连接后即可将转子重量转移到推力轴承上。

利用锁定螺母式制动器，转移转子重量工作比较容易。用油压顶起转子，将锁定螺母旋下，再重新落下转子时，转子重量即转移到推力轴承上。如果锁定螺母式制动器行程偏小，重量转移可分次进行。先将转子顶起，在制动器上加填板，再落下转子，这时转子落在比设计高程约高填板的厚度。将3块呈三角形的推力瓦提高5～10mm，为了使3块轴瓦提高同样高度，可按支柱螺栓螺距升高的回转数来控制。然后，再将转子顶起，落下制动器，使转子重量暂时落在被提升的3块推力轴瓦上，接着抽去制动器上的填板，再次顶起转子，使转子又落在制动闸上。将提高的3块轴瓦，退回至比原来未动时略低些，再顶一次转子，撤掉油压，落下制动器，这时转子已落在原来未动时的推力瓦上。用扳子将稍低的3块瓦提高至原位，这时转子已按预定高程将转子重量转换到推力轴承上。

推力头的安装也可先与镜板按要求连接后进行压装。安装抗重螺栓、托盘，瓦面抹一层薄而匀的洁净熟猪油润滑剂，并利用抗重螺栓适度降低推力瓦高程。推力头安装好后，将转子基本落到设计高程后，用扳子将推力瓦提高到镜板平面，再顶一次转子，落下锁定板，抽去制动闸上其余胶合板（或钢纸垫），撤掉油压，这时转子重量转换到推力轴承上。

2.7.5 轴承绝缘和油槽安装

轴承绝缘和油槽安装应符合下列规定：

（1）镜板与推力头之间的绝缘电阻值用500V兆欧表检测应大于40MΩ，导轴瓦与瓦背之间的绝缘电阻值用500V兆欧表检测应大于50MΩ。

（2）机组推力轴承在充油前，其绝缘电阻值不应小于5MΩ；充油后，绝缘电阻值应大于0.5MΩ。

（3）沟槽式油槽盖板径向间隙宜为0.5～1mm，毛毡装入槽内应有不小于1mm的压缩量。

（4）油槽油面高度与设计值的偏差不宜超过±5mm。

（5）注入新油前应按规定检验合格。

大型同步电动机，不论是立式或卧式，主轴不可避免地将处于不对称的脉动磁场中运转。这种不对称磁场通常由于定子硅钢片接缝、电动机空气间隙不均匀等因素所造成，当主轴旋转时，总是被这种不对称磁场中的交变磁通所交链，因而在主轴中感应出电动势，并通过主轴、轴承、机座而接地，形成环形短路轴电流。

由于这种轴电流的存在，它在轴颈和轴瓦之间产生小电弧的侵蚀，使轴承合金逐渐黏吸到轴颈上去，破坏了轴瓦的良好工作面，引起轴承的过热，甚至熔化轴承合金。此外，由于电流的长期电解作用，也会使润滑油变质、发黑，降低了润滑性能，使轴承温度升高。为防止这种轴电流对轴瓦的侵蚀，须将轴承与基础用绝缘物隔开，以切断轴电流回路。

因此，立式机组在推力轴承推力头与镜板之间、导轴瓦与托板之间都设有绝缘垫，连接螺栓及销钉都需加绝缘套。所有绝缘物事先要经烘干，绝缘安装后，用500V摇表检查镜板与推力头之间绝缘电阻值应在40MΩ以上，导轴瓦与瓦背之间绝缘电阻值应在50MΩ以上。

根据现场调查实测，一般导轴承的绝缘电阻在400MΩ～∞，镜板与推力头绝缘电阻在40MΩ以上，推力轴承绝缘电阻在20MΩ以上。为避免推力轴承在注油后由于油中含有水分等原因而影响绝缘电阻，规定推力轴承绝缘电阻在充油前测量，其绝缘电阻值不应小于5MΩ。采用油润滑合金轴瓦的水泵导轴承，其绝缘电阻应在安装前测量，以避免因导轴承安装引起短路而无法测量。油槽油面高度与设计要求的偏差不宜超过±5mm，一般油槽油面高度应在抗重螺栓的中心位置。

2.7.6　主轴联接及盘车测量

2.7.6.1　盘车规定

用盘车的方法测量检查调整机组转动部分，应符合下列技术要求：

（1）调整镜板水平度，根据推力瓦形式，其偏差应满足规范要求。

（2）机组各部件轴线相对摆度允许值不应超过表2.7的规定。

（3）水泵下导轴承处轴颈绝对摆度允许值不应超过表2.8的规定。

（4）轴线摆度调整合格后，应复测镜板水平；推力瓦受力应均匀。

（5）主轴定中心后，泵轴下轴颈处轴线转动中心应处于水泵轴承承插口止口中心，其偏差不应大于0.04mm。

表2.7　机组各部件轴线的相对摆度允许值　单位：mm/m

轴的名称	测量部位	轴的转速 n/(r/min)				
		$n\leqslant100$	$100<n\leqslant250$	$250<n\leqslant375$	$375<n\leqslant600$	$600<n\leqslant1000$
电动机轴	下导轴承处的轴颈及联轴器	0.03	0.03	0.02	0.02	0.02
水泵轴	填料密封处	0.06	0.06	0.05	0.04	0.03
	轴承处的轴颈	0.05	0.05	0.04	0.03	0.02

注　相对摆度＝绝对摆度（mm）/测量部位至镜板距离（m）。

表2.8　水泵下导轴承处轴颈绝对摆度允许值

水泵轴的转速 n/(r/min)	$n\leqslant250$	$250<n\leqslant600$	$n>600$
绝对摆度允许值/mm	0.30	0.25	0.20

利用盘车的方法测量调整机组轴线摆度、镜板水平和主轴中心，并检查推力瓦受力，是保证机组安装质量的主要技术手段。

立式机组轴线，由电动机轴及水泵轴所组成。通过推力头与镜板，将整个机组回转部分支承在推力轴承上。

假设镜板摩擦面与轴线绝对垂直，且组成轴线的各部件又没有曲折及错位，那么这根轴线在回转时，将围绕自身轴线为旋转中心稳定旋转。

如果镜板摩擦面与整根轴线不垂直，那么回转时轴线必将偏离理论旋转中心，如图 2.43 所示。而轴线任一点测得的锥度圆，就是该点的摆度圆，摆度圆的直径 ϕ 即是通常所说的摆度。

同理，如果镜板摩擦面与电动机轴线是垂直的，而与下（上）一段轴线联接后，由于联轴器组合面与轴线的不垂直而发生了轴线曲折，那么这根轴线在回转时，从轴线曲折处开始，将出现如图 2.44 所示的锥形摆度圆，产生了摆度。

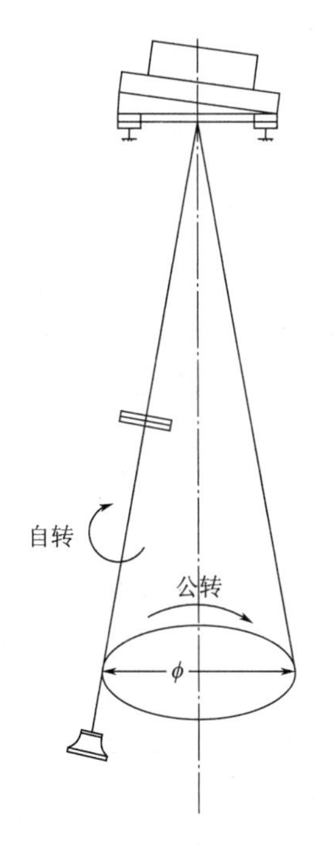

图 2.43 镜板摩擦面与轴线不垂直所产生的摆度圆

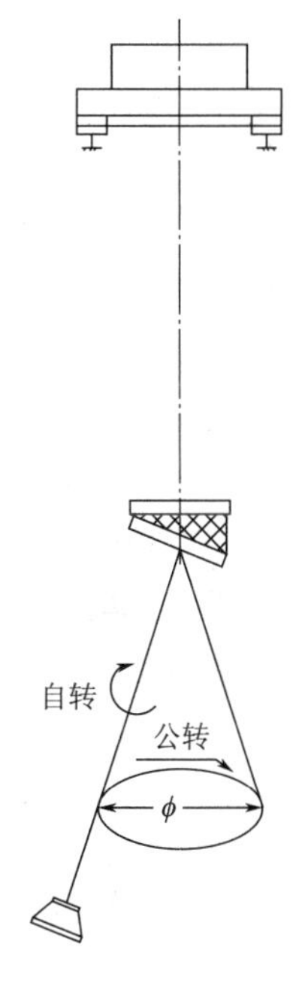

图 2.44 联轴器组合面与轴线不垂直所产生的摆度圆

由此可见，镜板摩擦面与轴线不垂直，或轴线本身的曲折，是产生摆度的主要原因。

轴线的测量和调整，就是把组装好的轴线，用盘车的方法使其慢慢旋转，并用测量仪表（百分表或位移传感器等），测出有关部位的摆度值，借以分析轴线产生摆度的原因、大小和方位。并通过刮削有关组合面的方法，纠正镜板摩擦面与轴线不垂直，以及联轴器组合面与轴线的曲折获得纠正，使其摆度减少到相关标准所规定的允许的范围内。

机组轴线的测量和调整，包括电动机轴线的测量和调整，电动机轴与水泵轴连接后总轴线的测量调整，可以分阶段逐项进行，也可一并综合进行。

电动机主轴轴线的测量，是为了检查主轴与镜板的不垂直度，测出它的大小和方位，以便通过有关组合面的处理，使各部位摆度符合规定。

2.7.6.2 测量前准备工作

测量前，要做好下列准备工作：

（1）在上导轴颈及下导轴颈或联轴器处（悬吊形机组一般测量下导轴颈，联轴器测量值仅供参考），沿圆周划八等分线，上下两部位的等分线应在同一方位上，并按逆时针方向顺次对应编号。

（2）调整推力瓦受力，并使镜板处于水平状态。推力瓦面应加洁净猪油作润滑剂（也可用其他动物油或二硫化钼）。

（3）对称安装推力头侧面 x、y 轴方位的4块导轴瓦（悬吊形为上导，伞形为下导），借以控制主轴径向位移。瓦面涂薄而匀的猪油，瓦背支柱螺栓用扳手轻轻扳紧，以盘车过程中主轴位移在0.02mm之间为适宜。其他径向导轴瓦不应与主轴接触。

（4）清除转动部件上的杂物，检查各转动部件与固定部件缝隙处应无异物卡阻及刮碰。

（5）在上导轴承和下导轴承或联轴器处，按 x、y 轴方向垂直安装两只百分表，作为上下两个部位测量摆度及互相校核用。百分表测杆应紧贴被测部件，且小针应有2mm左右的压缩值。大针调到零位。

（6）推动主轴，应能看到百分表指针摆动，证明主轴处于自由状态。

以上准备工作完毕后，各百分表派专人监护记录，在统一指挥下，用人力或机械或电气方法使转动部件按机组旋转方向慢慢旋转，并在各等分测点处准确停止，解除对转动部件的外力影响，再次用手推动主轴，以验证主轴处于自由悬垂状态，然后通知各百分表监护人记录各百分表读数。如此逐点测出旋转一圈八点的读数，并检查第八点的数值应回到起始时的零值。不回零值一般应不大于0.02mm。

2.7.6.3　镜板水平测量调整

机组轴线正式测量前，应先初步测量调整镜板水平度，即轴线的垂直度，调整镜板水平的目的是为了保证机组轴线转动中心垂直，习惯称“机组盘水平”。

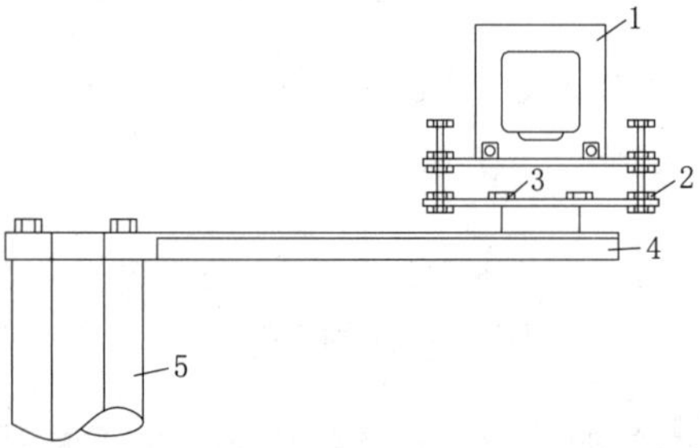

图2.45　镜板水平度测量方法示意图
1—水平仪；2—水平仪架；3—调整螺栓；4—水平梁；5—电动机轴

（1）测量镜板水平度的方法，如图2.45所示。

1）将测量镜板水平度（轴线垂直度）的专用水平梁，一端安装在电动机的轴头上，另一端安装框式（或合象）水平仪。将水平仪调整为“0”。

2）测量镜板水平度前，首先检查电动机的磁场中心是否在合格范围内，作为在调整镜板水平度过程中，确定是上升还是下降抗重螺栓的依据。检查抗重螺栓是否全部受力。

3）盘车一周，并使水平仪对准起始方位。再将水平仪调整为“0”。

4）每次盘车90°，分别读出4个方位的水平仪读数并记录。当水平仪回到起始方位时，读数应回到“0”位。如果没有回零，则应查明原因，是因轴线停的位置有偏差，还是有碰擦或是还有其他原因。如果因轴线停的位置有偏差，允许误差0.01～0.02mm/m。查明原因并作相应处理后，再用同样的方法测量4个方位的水平。调整镜板水平度，偏差应在0.02mm/m以内。

（2）在调整镜板水平度过程中，有时镜板水平数值会出现不规则状态，一般有以下原因：

1）推力瓦的限位螺钉偏高或偏低，致使推力瓦不在自由状态。应调整限位螺钉在推力瓦限位槽中间位置。

2）推力瓦的抗重螺栓在螺孔中有松动。抗重螺丝用细螺纹支承在固定瓦架上，若固定瓦架焊接不牢，受力后发生下沉，便会使推力瓦受力不均，推力头呈倾斜形状，斜的一侧推力瓦有松动现象。检查时用机组盘水平的方法，装上水平梁及框式水平仪进行盘车观测，这时可发现推力头的倾斜规律。在倾斜处的推力瓦受力后，固定瓦架便变形，其大小随着受力时间的增加而增加。也有个别机组盘车合格，在交给验收时，才发现推力瓦有松动现象。

3）推力瓦座与油槽组装搁置不平、固定不紧或其他部位有松动。

4）推力头与轴颈配合偏松，卡环厚薄不均。推力头与主轴应为过渡配合，但有时由于制造精度不够，工地装拆次数过多，将会使推力头与主轴配合不紧，主轴转动时就会在推力头中摆动。这也是摆度紊乱的原因之一，这时必须处理好推力头再盘车。

5）镜板摩擦面不平。镜板表面变形，可能是制造上的缺陷，安装前没有处理好，也可能是绝缘垫不平，尤其是经过多次刮削的绝缘垫，最容易产生这种现象，不平整的绝缘垫放在镜板与推力头之间，用螺栓收紧后，会使镜板也发生变形。

推力瓦受力不均即高低位置不平，镜板在上面转动时，测出的摆度圆便呈梅花形。这时可用一根长杆螺栓，插进推力瓦端部的测温孔内，然后抓住长杆一端用力摇动推力瓦，会发现其中有受力不紧的推力瓦存在，此瓦若随着推力头转动，摆度便轮流变换，这时便可找出镜板凹陷位置的所在地。

6）转动部件与固定部件有碰擦。

7）主轴表面及法兰面侧面不平整。测量摆度时，百分表头紧靠在主轴表面及联轴器侧面上，如所测的面本身不圆，便会造成摆度圆不圆，因摆度圆中包括轴面的圆度在内，故会影响到摆度的真正读数。

主轴表面不平，往往是由于运输或存放不慎而碰上造成的。推力头或轴承镀铬段部位一般很少见到，主要发现在联轴器侧面，故目前大电动机的联轴器侧面，均有深1mm、宽10mm的凹槽，专供测量联轴器处的摆度用，切不可用油漆涂抹。

2.7.6.4 电动机轴线测量调整

如果电动机轴线与镜板摩擦面不垂直，当镜板水平时，轴线将发生倾斜，回转180°时，方向也将相反，并与0°时相对称，轴线测量关系如图2.46所示。

由于导轴承存在着不可避免的间隙，主轴回转时，轴线将在轴承间隙范围内发生位移。因此，导轴承处的百分表读数反映了轴线的径向位移 e。而下导轴承和联轴器处的百分表读数，则是下导轴承和联轴器处的倾斜值 j 与轴线位移 e 之和。

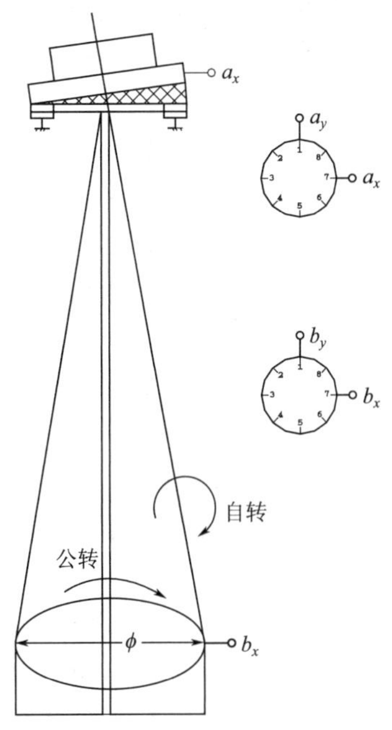

图2.46 轴线测量关系示意图

把同一测量部位对称两点百分表数值之差称为全摆度。而把同一方位测点上下两部位全摆度数值之差称为净摆度。

上导轴承处的全摆度可按式（2.35）计算

$$\Phi_a=\Phi_{a0}-\Phi_{a180}=e \tag{2.35}$$

式中 Φ_a——上导轴承处的全摆度，mm；

Φ_{a0}——上导轴承处未旋转时的摆度读数，mm；

Φ_{a180}——上导轴承处旋转180°时的摆度读数，mm；

e——主轴径向位移值，mm。

下导轴承或联轴器处的全摆度可按式（2.36）计算

$$\Phi_b=\Phi_{b0}-\Phi_{b180}=2j+e \tag{2.36}$$

式中 Φ_b——下导轴承或联轴器处的全摆度，mm；

Φ_{b0}——下导轴承或联轴器处未旋转时的摆度读数，mm；

Φ_{b180}——下导轴承或联轴器处旋转180°时的摆度读数，mm；

j——下导轴承或联轴器与上导之间的倾斜值，mm。

下导轴承或联轴器处的净摆度可按式（2.37）计算

$$\Phi_{ba}=\Phi_b-\Phi_a=2j \tag{2.37}$$

式中 Φ_{ba}——下导轴承或联轴器处的净摆度，mm。

轴线的倾斜值可按式（2.38）计算

$$j=\Phi_{ba}/2 \tag{2.38}$$

因此，只要测出上导及下导轴承或联轴器两处八点的数值，即可算出下导轴承或联轴器处最大倾斜值及其方位。

如果没有其他干扰因素，则下导轴承或联轴器处八点净摆度数值坐标应成正弦曲线，并可在正弦曲线中找到最大摆度值及其方位。净摆度坐标曲线如图2.47所示。

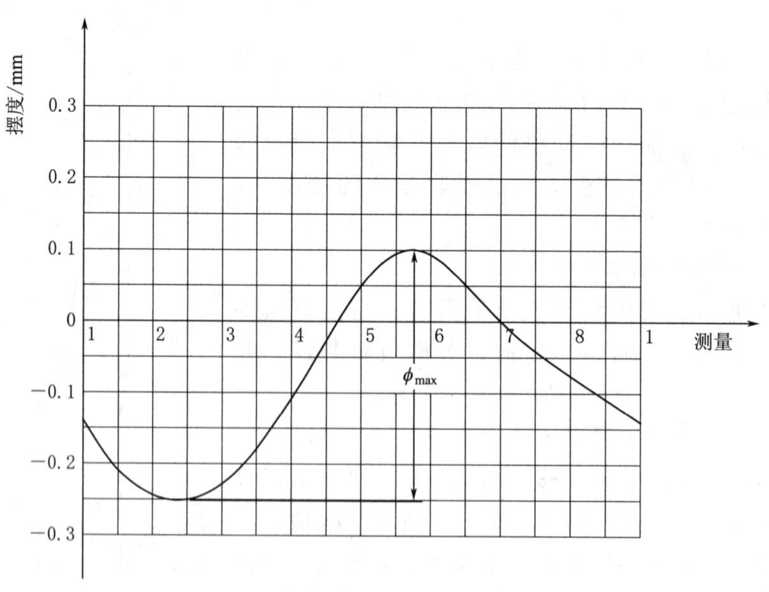

图2.47 净摆度坐标曲线图

但在实际工作中往往有许多其他干扰因素，使正弦曲线不规则，当此正弦曲线发生较大突变时，说明所测数值不可靠，应重新盘车，这也是检验重新测量数值是否准确的一个方法。如上所述，镜板摩擦面与轴线不垂直是产生摆度的主要原因。而造成这种不垂直的因素有：

（1）推力头与主轴配合较松；卡环厚薄不均。

（2）推力头底面与主轴不垂直。

（3）推力头与镜板间的绝缘垫厚薄不均。

（4）镜板加工精度不够。

（5）主轴本身弯曲等。

根据我国近年机械加工水平及安装中遇到的实际情况，不垂直的主要因素是推力头与镜板间的绝缘垫厚薄不匀，其次是推力头底面与主轴不垂直，其他因素偶然会遇到。因此目前使用比较成熟的方法是刮削绝缘垫，没有绝缘垫时刮削推力头底面。绝缘垫经多次磨削后，会凹凸不平，组装后引起镜板面不平，轴线会出现非正弦规律的不规则摆度（俗称花点），则绝缘垫应更换新的。

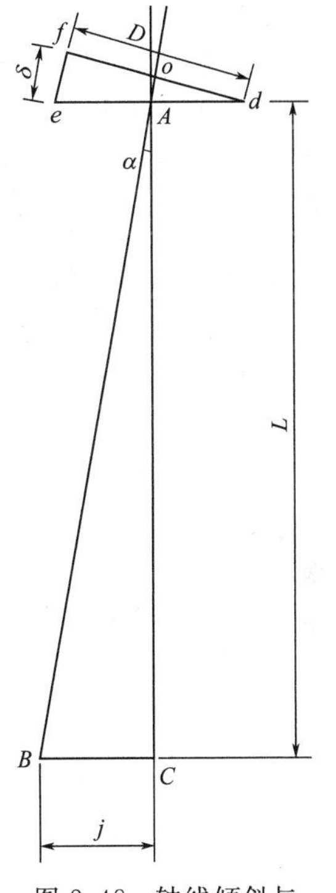

图 2.48 轴线倾斜与推力头调整的关系（一）

测出了下导轴承或联轴器处的最大倾斜值 j，已知两测点距离 L，即可作出直角三角形 ABC。

如果在轴线 AB 的延长线上，作垂线于推力头底面直径 D，使它与水平线相交于 d，且 $do=of=D/2$。再通过 f 点作 AB 的平行线交于水平线于 e，得另一直角三角形 def。如图 2.48 所示。

由于 $fe /\!/ AB \qquad df \perp AB$

$ed /\!/ BC \qquad ed \perp AC$

则 $\triangle def \backsim \triangle ABC$

所以
$$\frac{fe}{df}=\frac{BC}{AC}=\frac{\delta}{D}=\frac{j}{L} \tag{2.39}$$

式中 fe——绝缘垫最大刮削量 δ，mm；

df——推力头底面直径 D，mm；

BC——轴线倾斜值 j，mm；

AC——两测点的距离 L，mm。

由此即可求得绝缘垫或推力头底面的最大刮削量：

$$\delta=\frac{jD}{L}=\frac{\phi D}{2L} \tag{2.40}$$

式中 ϕ——联轴器（或下导）处最大净摆度，mm。

当控制轴线位移的导轴承不与推力头在一起，如在其下部，如图 2.49（a）所示；或在其上，如图 2.49（b）所示。则式（2.40）依然成立。

因为

$$\triangle A'BC' \backsim \triangle ABC \backsim \triangle A''BC'' \backsim \triangle def$$

所以

$$\frac{j'}{L'}=\frac{j}{L}=\frac{j''}{L''}=\frac{\delta}{D} \tag{2.41}$$

实际上 j/L 是轴线偏离垂线 α 夹角的正切，同一根轴线倾斜夹角 α 不变，因此其正切为一常数，即

$$\tan\alpha=\frac{j}{L}=\frac{j'}{L'}=\frac{j''}{L''}=K \tag{2.42}$$

由此可知，不论测点如何变化，只要 L 用两测点的距离代入式(2.40) 总是成立的。

同理式（2.40）也适用于伞形机组，尽管这时推力轴承及导轴承移到了轴线的下端，如图 2.49 所示，式（2.40）依然成立，只不过推力头或绝缘垫的刮削方向相反。即最大刮削点应在最大摆度点的对侧，这点应特别注意，以免混淆。

计算出最大刮削量及刮削方位后，即可进行绝缘垫的刮削。

先用制动闸将转子顶起并锁定，使转子重量转换到制动闸上。松开推力头与镜板的组合螺栓，落下镜板，在推力头及中间绝缘垫外侧作装配基准线，并按轴线测量等分线方位，作相应的八等分编号。

抽出绝缘垫，根据上述计算的数据，找到最大刮削点，并通过圆心划中心线，在中心线划等分刮削区，等分刮削区一般视直径大小，以 4～8 个区为宜。然后按比例确定每一刮削区应刮削的数值。绝缘垫分区刮削如图 2.50 所示。

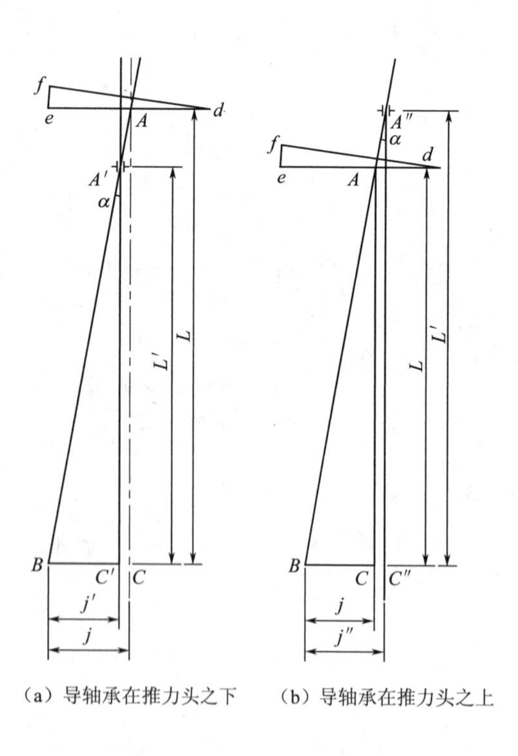

（a）导轴承在推力头之下　（b）导轴承在推力头之上

图 2.49　轴线倾斜与推力头调整的关系（二）

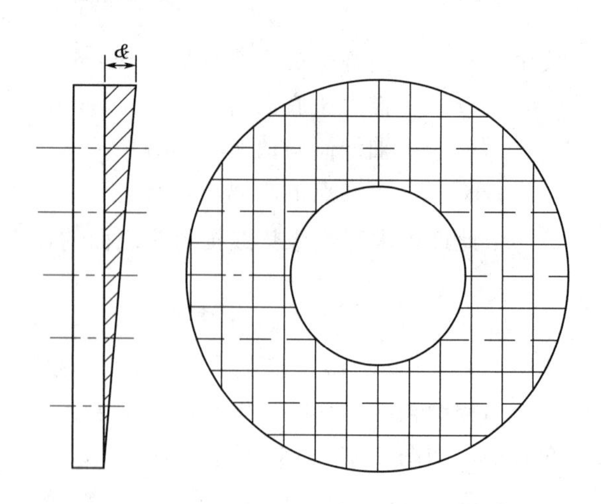

图 2.50　绝缘垫分区刮削示意图

要在大面积上，用手工定量平整刮出一个斜面，且刮削误差要求达到0.01mm，这是很不容易的，必须仔细耐心地刮削。待刮削完成后，把绝缘垫放于大平板上，用研磨平台加微量显示剂，压在绝缘垫上来回研磨显示高点，并将高点刮去，使其平整，最后用细砂布打光，除去边缘毛刺，即可装复重新盘车检验，直至合乎要求时止。

有时为了加快安装进度，尽管下导轴承和联轴器处的摆度仍不合格，但按比例推算到水泵迷宫环处的摆度不致相碰时，亦可提前与水泵主轴联接，待机组总轴线测量调整时一并处理。

对于无中间绝缘垫的机组，则可用刮削推力头底面的方法来调整。刮削时，同样需按上述方法划等分刮削区，刮削后并用研磨平台检查高点，磨平为止。如果采用加垫的方法，应按上述方法等分加垫，均匀过渡，防止突变。

2.7.6.5 主轴联接

用盘车的方式，按制造厂主轴加工装配标记，使电动机和水泵主轴联轴器螺孔对准，进行主轴联接。

主轴联接时，现在电机轴半联轴器内插入导向杆，移动水泵轴，使上下半联轴器的连接螺孔位置对齐，然后提升水泵轴，其方法有如下几种。

1. 用工作螺栓联轴

对容量不大的机组，可自制联轴器工作螺栓，长度应满足提升泵轴的需要，直径可比连接螺孔小一些，以便于拆装。将工作螺栓自下向上穿入两半联轴器内，对称均匀地上紧螺母，以便使水泵轴能平稳地上升。用白布擦净联轴器法兰面上的灰尘油迹，清除毛刺，检查定位止口配合尺寸是否相符，然后提升泵轴，并连接固紧。

2. 用手拉葫芦联轴

对容量较大的机组，可在泵轴上装一分半式抱箍，用2～4只手拉葫芦，上面挂在预埋吊环上，下面与抱箍环相联。操作手拉葫芦，使泵轴平稳地上升到连接位置。

3. 用千斤顶联轴

有前导叶的大泵，可在导叶体上设置千斤顶，顶住叶轮下盖，在电机和水泵两半联轴器内先穿上导向杆，操作千斤顶，使水泵轴平稳地上升到一定高度后，装上工作螺栓及螺母，再操作千斤顶，使两半联轴器靠近后，用扳手将工作螺母拧紧。

2.7.6.6 机组总轴线测量调整

主轴连接后，机组总轴线的测量和调整方法与上述基本相同，只是在水泵导轴颈处再相应增设一对的百分表，借以测量水导处的摆度，并计算分析水泵轴线与电动机轴线在联轴器处的曲折情况，以便通过综合处理获得良好的轴线。

泵轴连接后，下导轴承和联轴器处的摆度在理论上不应改变，水导轴颈处的摆度按测点距离成线性放大，但是由于联轴器组合面加工上的误差，使轴线产生曲折，影响着各处的摆度。

1. 几种典型轴线

几种典型轴线曲折状态如图2.51所示。

（1）镜板摩擦面及联轴器组合面都与轴线垂直，总轴线无摆度并无曲折，如图2.51（a）所示。

（2）镜板摩擦面与轴线不垂直，联轴器与轴线垂直，总轴线无曲折，水泵轴线摆度按距离线性放大，如图 2.51（b）所示。

（3）镜板摩擦面与轴线垂直，联轴器与轴线不垂直，总轴线发生曲折，联轴器处摆度为零，水导处有摆度，如图 2.51（c）所示。

（4）镜板摩擦面及联轴器组合面均与轴线不垂直，两处不垂直方位相同、相反或成某一方位角等，总轴线有曲折，联轴器及水导处摆度大小变化不等，如图 2.51（d）～（k）所示。

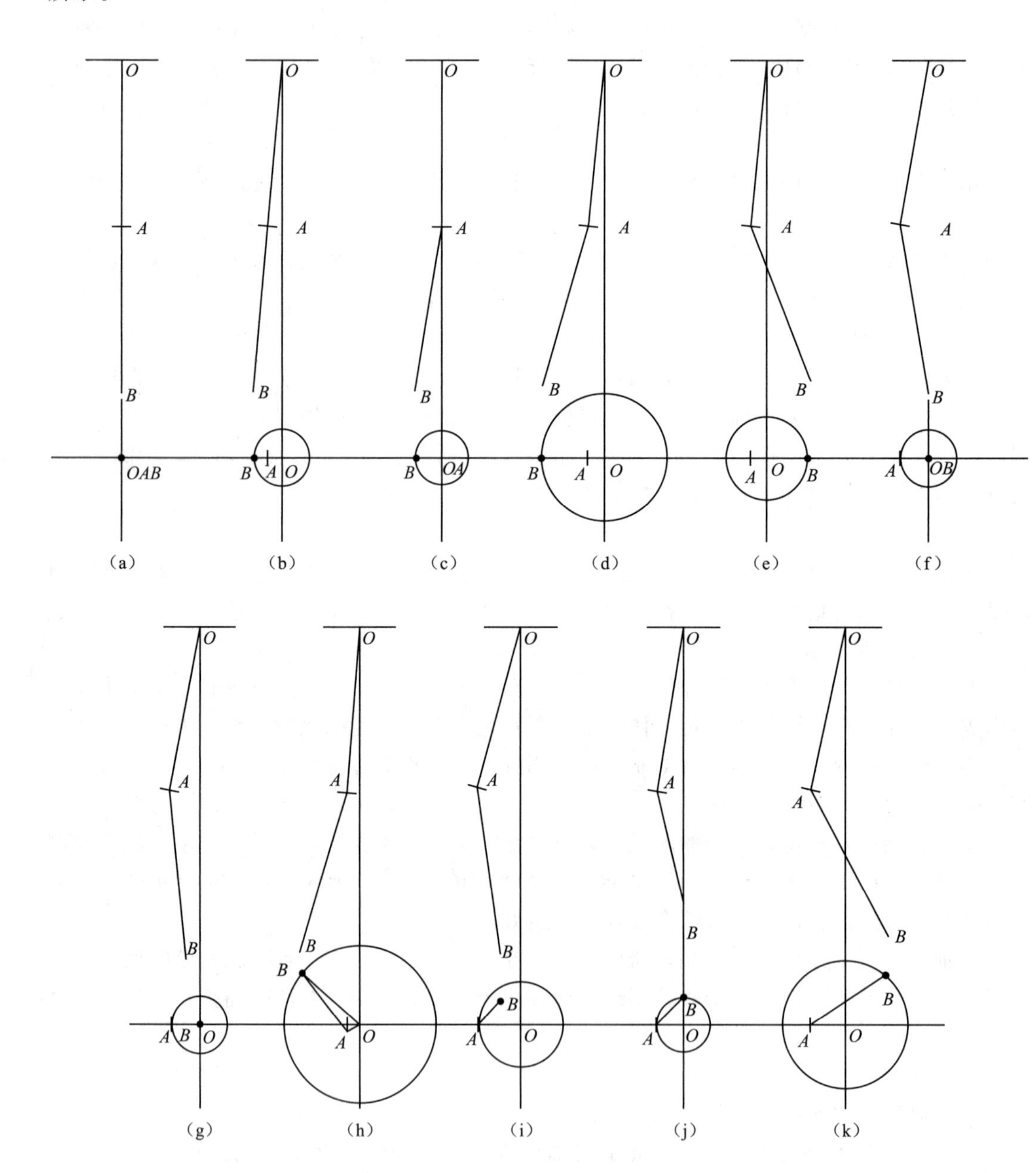

图 2.51　轴线曲折典型状态示意图

机组总轴线的测量，可将相互垂直的两只百分表的读数分别记录在表2.9中。

表2.9　　　　机组轴线摆度测量记录　　　　单位：mm

测点		1	2	3	4	5	6	7	8
百分表读数	电动机上导轴承 a								
	电动机下导轴承 b								
	水泵导轴承 c								
相对点		1～5		2～6		3～7		4～8	
全摆度	电动机上导轴承 ϕ_a								
	电动机下导轴承 ϕ_b								
	水泵导轴承 ϕ_c								
净摆度	电动机下导轴承 ϕ_{ba}								
	水泵导轴承 ϕ_{ca}								

不论总轴线曲折情况如何，只要下导轴承及水导处摆度均符合规定即可。如果轴线曲折很小，而摆度较大，可采用刮削推力头底面或中间绝缘垫来综合调整，只有轴线曲折较大，无法通过上述综合调整而使各处摆度符合要求时，才处理联轴器组合面。

水导轴颈处的倾斜值可按式（2.43）计算：

$$J_{ca}=\frac{\phi_c-\phi_a}{2}=\frac{\phi_{ca}}{2} \tag{2.43}$$

式中　J_{ca}——水导轴颈处的倾斜值，mm；

ϕ_c——水泵导轴承处的全摆度，mm；

ϕ_a——电动机上导处的全摆度，mm；

ϕ_{ca}——水泵导轴承处的净摆度，mm。

若用刮削推力头底面或中间绝缘垫来调整水导处的倾斜值时，最大刮削值可按式（2.44）计算

$$\delta=\frac{J_{ca}D}{L_1+L_2}=\frac{J_{ca}D}{L}=\frac{\phi_{ca}D}{2L} \tag{2.44}$$

式中　δ——推力头或中间绝缘垫的最大刮削值，mm；

D——推力头底面直径，m；

L_1——上导测点至联轴器测点的距离，m；

L_2——联轴器测点至水导测点的距离，m；

L——上导测点至水导测点的距离，m。

如果由于联轴器组合面与泵轴不垂直，使水泵轴线产生曲折，如图2.51所示，那么为了纠正这种曲折，需将联轴器组合面削去或垫入一个斜块；其最大值 δ_ϕ 为

$$\delta_\phi=\frac{J_cD_\phi}{L_2}=\frac{D_\phi}{L_2}(J_{ca}-J_{cba})=\frac{D_\phi}{L_2}\left(J_{ca}-\frac{J_{ba}L}{L_1}\right) \tag{2.45}$$

式中　δ_ϕ——联轴器组合面应刮削或垫入的数值，mm；

J_c——由于联轴器组合面不垂直造成水泵曲折的倾斜值，mm；

D_{ϕ}——联轴器直径，mm；

J_{cba}——按联轴器处倾斜值成比例放大至水导处的倾斜值，mm；

J_{ba}——联轴器处的倾斜值，mm。

δ_{ϕ} 为正值时，该点联轴器处应加金属楔形垫；或在它对侧刮削联轴器组合面。δ_{ϕ} 为负时，则该点联轴器处应刮削组合面；或在它对侧点加金属楔形垫。但内部设有操作油管，特别是单层操作油管的油压全调节空心泵轴，为防止联轴器端面漏油，宜采用刮削法处理摆度。

绝对摆度是指在测量部位测出的实际净摆度值。表2.9规定了水泵轴颈的相对摆度允许值，即单位长度轴线摆度允许值。但由于轴流泵的轴线一般比较长，其摆度值就比较大，尚需用绝对摆度来控制。水泵导轴承处轴颈绝对摆度允许值应符合表2.10要求。

当机组轴线摆度处理合格后，应复查镜板水平度和推力轴瓦的受力情况。

刚性支柱式推力轴承的受力调整一般采用人工锤击扳手调整抗重螺栓的方法。调整推力轴承受力时，先在每个固定支持座和锁定板（或另作样板）上做好记号，以便检查抗重螺栓旋转后上升的数值。检查锁定板时，应向同一侧靠紧。为监视调整受力时水泵的中心位移，应在水泵轴承处装两只相互垂直的百分表。在调整过程中，电动机和水泵的转动部分支承在推力轴承上，不允许有障碍物或人在转动部件上。

2. 调整步骤

（1）按机组大小选用6～12磅大锤，用同样大的力，均匀地打紧一遍抗重螺栓。

（2）检查锁定板记号移动距离，各抗重螺栓由于负重不同，所移动的距离也不同，负重大者移动距离短（抗重螺栓上升少），负重小者移动距离长（抗重螺栓上升多）。

（3）酌量在移动多的抗重螺栓上，再补打一两锤。

（4）若移动少的可不打或在附近的抗重螺栓上补打一两锤，以减轻移动少的抗重螺栓的负重。

（5）一边打，一边注意镜板的水平。若发现镜板水平不符要求或水泵轴承处百分表有变动，则应及时在镜板低的方位或水泵轴承处百分表负值方位，对抗重螺栓适当增加几锤，附近的抗重螺栓也应以较轻或较少锤数锤击，使镜板保持水平。

（6）按上述方式重复调整抗重螺栓，直至全部抗重螺栓以同样力量锤打一遍后，锁定板记号处相对轴承支架各点的移动值相差在1～2mm以内；同时镜板处于水平状态，即认为推力轴瓦受力均匀。

（7）复查推力瓦受力，采用锤击抗重螺栓的方法调整受力时，相同锤击作用力下，镜板水平度不应发生变化，如果因复查推力瓦受力而导致镜板水平度（轴线垂直度）超过允许偏差，则应继续调整镜板水平度（轴线垂直度）。人工调整受力的方法，由于抗重螺栓本身松紧不一，受力均匀性很难掌握，往往使轴瓦受力不均匀，轴瓦温差达5～8℃。

3. 测量调整方法

当推力轴瓦受力调整均匀后，应调整至泵轴下轴颈处轴线转动中心处于水导轴承承插口中心位置。测量调整方法如下：

（1）将电动机上、下导轴瓦全部安装到位，下导轴瓦应离开下导轴颈。并准备好抱上导轴瓦及下导轴瓦的专用小千斤顶。

（2）用一只百分表架牢固固定在水导轴颈处，百分表指针的方位应与上导轴瓦方位一致，并应顶在水导轴承承插口的上止口处，调整百分表，大数读数指针，指在 5mm 左右（量程为 10mm），小数指针指在“0”位上。

（3）盘车 360°，检查百分表是否回零，如果没有回零，应查明原因排除异常。

（4）依次盘车 90°，待百分表指针稳定后读出百分表读数，并做好记录。

（5）根据水导轴颈盘车测量结果，利用上导轴瓦抗重螺栓调整轴线至中心位置。调整过程中，在电动机上导轴瓦的 x、y 轴方向应用百分表监视轴线位移量。

（6）调整结束后，再重新盘车，反复几次，直到偏差在 0.04mm 以内。

4. 影响盘车的因素及常见问题的处理

（1）推力头与主轴配合较松，卡环薄厚不均。推力头和主轴的配合，一般都是基孔制过渡配合，过盈量一般以 0.03～0.05mm 为宜。装配中，压装力越来越大，推力头每进一步都伴有“咚”的声音，此现象说明推力头和主轴配合是合适的。

如果推力头和主轴间存在间隙或过盈量甚微，推力头装配时稍加压力或靠其自重便可轻易装入。盘车时各测点摆度会经常变动，只要顶一下转子，摆度就向不同方向变化，出现这种情况，需要调换推力头或在其内孔镀层。此外推力头松动常伴有卡环松动，这时盘车也很难符合标准。

（2）推力头底面和轴线不垂直。尽管绝缘垫的厚度是非常均匀的，但因推力头底面本身倾斜，盘车时仍有较大的摆度，这时可用刮削绝缘垫的方法消除这种影响。

（3）镜板的翘曲或表面波纹。镜板是高光洁度零件，在加工过程中，由于机械精度和其他震源的干扰，表面可能呈现过大的纹状波，这种波纹的存在，增加了镜板与推力瓦的摩擦力，因而增加了盘车阻力，给运行带来不利影响，但这种情况并不多见，较多见的是镜板翘曲。

镜板翘曲有两种类型：一种是由于本身的内应力引起的形变，这是制造上的缺陷；另一种是绝缘垫厚薄不均（不均匀程度超过 0.10mm），紧固推力头和镜板的连接螺栓，使镜板产生弹性变形引起翘曲，常见的镜板翘曲多属于后一种情况。

镜板翘曲时，8 块推力瓦的水平很难调平，盘车时，镜板每旋转一个角度，就变换一个支承面，测得的摆度也就失去了规律性，而且时大时小，正负相间，这时用手摇推力瓦，总会发现有不受力的瓦，并且镜板转至一个测点位置（45°），不受力的瓦也变换一次位置，盘车时需要的力也较大。

为了区别上述两种翘曲情况，可以拿掉绝缘垫，直接让推力头与镜板连接，如果摆度变化有规则，即说明是由绝缘垫厚薄不均造成的，不然就是镜板本身翘曲。

由此可见，为消除镜板翘曲对盘车的影响，严格控制绝缘垫不均匀度和较少刮削绝缘垫次数是很必要的。

（4）推力瓦面不平。盘车时很快就调整好了推力瓦水平，但由于以后测摆度盘车中，使主轴频繁启动、停止，出现不均匀的轻微的冲击和振动，有时会使抗重螺栓有些微松动（指抗重螺栓锁片在盘车时未锁的情况下），推力瓦失去水平，观测摆度时，虽然百分表的读数较大，但各点的净摆度并不很大，这是由于推力瓦的不平，造成主轴的倾斜，出现这种情况，只需要重新调整推力瓦水平即可解决。

（5）抗重螺栓松动或破坏。由于加工制造及运行中各瓦受力情况的差异，抗重螺栓可能出现松动甚至破坏，盘车时摆度值波动无规律，运行时，摆度严重超过标准，或出现异常声响。此时应拆开检查，根据产生的问题修补或更换。

2.7.7　推力轴承的受力调整

当机组轴线处理合格后，即可进行推力轴承受力调整。推力轴承的受力调整应和机组转动部分的垂直度调整结合起来进行。进行受力调整的目的是使每块推力瓦受力基本均匀，防止个别推力瓦因负荷过重而过度磨损或烧毁。

刚性支柱式推力轴承的受力调整方法如下。

1. 人工锤击法

人工锤击法调整时，先要在每个固定支座和销定板上打上记号以便检查螺栓旋转后上升的数值，检查锁定板时，应向同一侧靠紧。为了监视调整受力时水泵叶轮的位移，应在水导轴颈处装两只互成90°的百分表。在调整过程中，机组转动部分应处于完全自由状态，不许有任何外力和障碍物影响。调整步骤是：

（1）按机组容量大小选用6～12磅大锤，均匀地打紧一遍抗重螺栓。

（2）检查锁定板记号移动的距离，各抗重螺栓由于负重不同，因而移动距离也不同，负重大的移动距离短（抗重螺栓上升少），负重小的移动距离长（抗重螺栓上升多），每次的锤击次数和移动距离记录于表2.10中。

表2.10　推力瓦受力调整记录

次数	每块推力瓦锤击后移动距离连同上次移动距离/mm								每块瓦每次移动距离/mm								水导轴承处百分表指示读数（0.01mm）	镜板水平 0.01mm/m
	1	2	3	4	5	6	7	8	1	2	3	4	5	6	7	8		

（3）酌量在移动大的抗重螺栓上再补打1～2锤。

（4）若某一抗重螺栓移动少，则可以不打或在其附近的（左右）抗重螺栓上补打1～2锤，以减小移动少的抗重螺栓的负重。

（5）每打一遍均按表格要求记录一次，分析记录并找出抗重螺栓移动不同的原因，以便正确地确定下次打锤的方位和锤数。

（6）一边打一边注意镜板的水平，若发现镜板水平不符合要求或水导处百分表读数有变动，则应及时在镜板低的方位或水导轴承处百分表为负值的方向对抗重螺栓适当增加几锤，附近的抗重螺栓也应较轻或用较少的锤数锤击，使镜板保持水平。

（7）按上述方法重复调整抗重螺栓，直至全部抗重螺栓以同样的力量锤打一遍后，锁定板记号处相对轴承支架各点的移动值相差在1～2mm以内，同时镜板处于水平状态，转动部分处于垂直状态即认为推力瓦受力均匀。

（8）当推力瓦受力调整均匀后，则应进行转动部分中心位置的测量与调整。

2. 千分表调整法

人工锤击调整由于抗重螺栓本身松紧不一，用人工锤击调整很难掌握，往往使推力瓦受力不均匀，轴瓦温差达5～8℃。若用千分表调整，可使轴瓦均匀受力，温差可减少到3～5℃，由于镜板传递下来的轴向力，经推力瓦传给托盘，再由托盘传给抗重螺栓，托盘是弹性刚料，受力时应力与应变成正比，可在托盘上装千分表架，在轴瓦外侧装一测件，固定在千分表架上的千分表触头顶在测件上，千分表读数将会反映应力与应变的关系。

2.7.8 磁场中心测量与调整

同步电动机磁场中心的测量调整，要求定子铁芯平均磁场中心线等于或高于转子磁极平均中心线，其高出值不应超过定子铁芯有效长度的0.5%。磁场中心过高或过低，会减小电机输出功率，降低电机效率。转子中心高于定子中心还会因定子对转子的磁拉力有向下分量而增加推力轴承荷载。

磁场中心的测量可采用相对高差法。相对高差法就是分别测量定子平均磁场磁中心至电动机机座上平面的实际高度和转子平均磁场中心至上磁轭面的实际高度。电动机机座上平面至转子上磁轭面之间的高度差值，就是定子平均磁场中心与转子平均磁场中心一致时的相对位置。测量工具应符合高度的需要，一般采用游标卡尺及深度尺测量。

将定子铁芯按转子磁极数等分出相应几个测点，清除定子铁芯上下端部测点的油漆和定子机座上平面的油漆等杂物，分别测量出每个测点的铁芯实际长度和机座上平面至定子铁芯上端面的实际高度。根据测量数据，计算出定子磁场中心至机座上平面的实际平均高度。

在转子每个磁极的中心位置将铁芯上、下端部的油漆清除掉，并将相应的磁轭面清除干净，分别测量每个磁极铁芯实际长度，再分别测量磁轭上平面至转子磁极上端面的实际高度。如果测量磁极上端面至磁轭上平面的高度有阻尼条挡住，可加一个专用垫块协助测量。根据测量数据，计算出转子平均磁场中心至磁轭上平面的实际平均高度。

在机组轴线摆度调整后，应按磁场中心核对定子安装高程，并使定子铁芯平均中心线等于或高于转子磁极平均中心线，其高出值不应超过定子铁芯有效长度的0.5%，这就是磁场中心高差控制范围。每台电动机的磁场中心，有一个固定的控制范围。在安装和检修过程中，只要在x、y轴线方向，测量电动机机座上平面至转子上磁轭面之间4个测点的高度差值，平均值在控制范围内即可。

2.7.9 主轴定中心

主轴定中心，应按水泵下导轴颈转动中心处于水泵轴承承插口中心进行控制，允许误差0.04mm。定中心首先要测量泵轴转动中心偏离水泵轴承承插口中心的距离，测量方法有内径千分尺测量法和盘车测量法。

内径千分尺测量法就是用内径千分尺测量x、y轴线方向水导轴颈至轴承承插口之间的水平距离，为了控制其测量精度，在导叶体内应架设互成90°的两只百分表，以监视测量过程中的主轴位移。内径千分尺测量法如图2.52所示。

盘车测量法就是在水泵轴颈处装上中心测量架，在中心测量架上固定一只百分表，百分表测头对准水泵轴承承插口，盘车旋转一周，测量x、y轴线方向4个方位的数值。盘车测量法如图2.53所示。

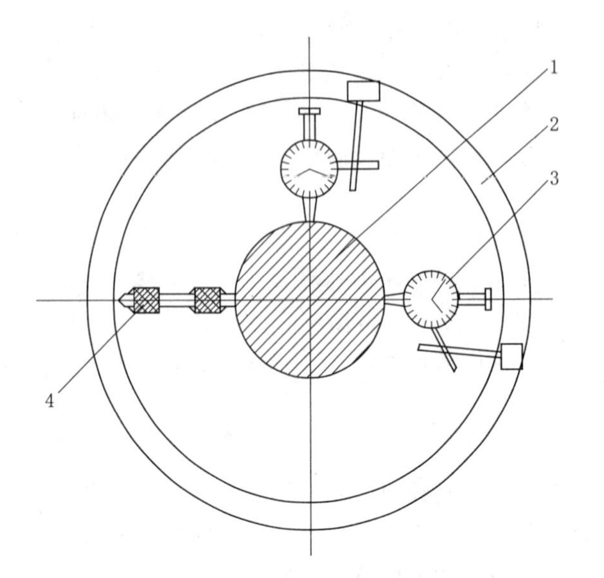

图 2.52 内径千分尺测量法

1—水泵轴；2—水泵轴承承插口；

3—百分表；4—内径千分尺

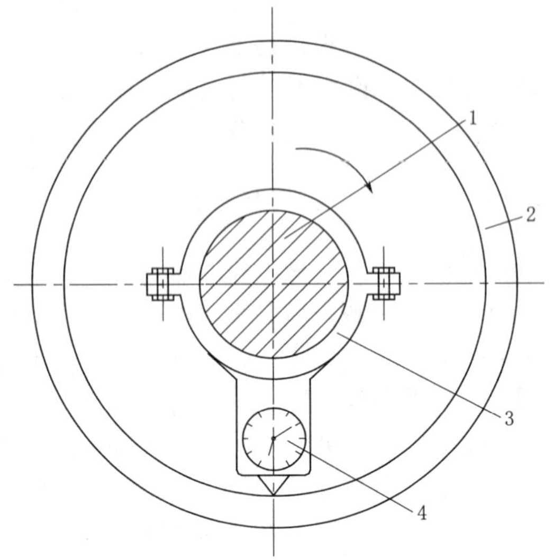

图 2.53 盘车测量法

1—水泵轴；2—水泵轴承承插口；

3—中心测量架；4—百分表

将 x、y 轴线方向 4 个方位的测量数值进行计算，即可得出主轴的平移值和平移方位。采用内径千分尺法调整主轴中心，计算中需考虑泵轴在测量方位的摆度。采用盘车测量的百分表法则不需考虑摆度，盘车测量法比较准确，但需要轴颈与轴承承插口之间有足够间距，以放置百分表。

主轴中心的调整应根据平移值和平移方位，用专用小千斤顶顶电机上导轴瓦瓦背，推移推力头，并用百分表监视平移值。百分表应分别架设在上导轴颈和水导轴颈部位，并在 x、y 轴线方向，两只百分表互成 90°。调整过程中，百分表上、下读数应一致，调整后的主轴应处于自由状态，并应再次复核测量。

2.7.10 空气间隙测量

用楔形塞尺与外径千分尺配合，或用专制的间隙塞规，测量电动机转子每个磁极与定子铁芯之间的间隙值，测量的数值记录在表 2.11 中。

表 2.11 **电动机空气间隙测量记录** 单位：mm

磁极编号	1	2	3	4	…	n
上部空气间隙						
下部空气间隙						

根据记录，求出测量数值平均值。其值必须符合规范所规定的最大、最小空气间隙偏离平均值均不能超过±10%的要求，空气间隙值可按下列公式计算

$$(\Delta Z_{\max}-\Delta Z)/\Delta Z\leqslant 10\% \tag{2.46}$$

$$(\Delta Z-\Delta Z_{\min})/\Delta Z\leqslant 10\% \tag{2.47}$$

式中 ΔZ——平均空气间隙值；

ΔZ_{max}——最大空气间隙值；

ΔZ_{min}——最小空气间隙值。

空气间隙是否符合要求，除了设备本身的优劣外，也是校核安装质量的一关，空气间隙不合格的原因如下：

(1) 安装的主要工序不合质量要求。如果定子与水泵导轴承承插口的同轴度发生差错，或同轴度调整以后，由于厂房基础不均匀沉陷，使机组的固定部件的同轴度发生变化，或定中心工序发生差错，或轴线的垂直度（镜板水平度）调整不合格，均会造成空气间隙不合格。

如果由于上述的安装主要工序而致使空气间隙不合格，应根据具体情况进行处理，一般可先移动定子使空气间隙合格，检查调整轴线的垂直度，并使轴线的中心与水导轴孔的中心重合；再调平推力瓦，以满足空气间隙的需要。

(2) 设备本身的缺陷导致空气间隙不合格。如定子本身椭圆度、转子磁极的失圆均超过规定的数值。

根据上述分析，产生空气间隙不合格的因素是多方面的，因此除了对安装质量严格把关外，还必须在安装过程之前，对定子、转子设备进行严格的检查，同时在实际安装过程中，可以根据各道工序的具体情况，尽量抵消积累误差，使空气间隙误差控制在所允许的范围内。

2.7.11 上、下导轴瓦间隙调整

电动机上、下导轴瓦间隙调整，是在轴线盘车定中心结束，抱瓦完成以后进行的。

抱瓦的目的就是为了调整导向轴瓦间隙，同时保持机组转动部分在机组的中心位置上。抱瓦前，首先将水导轴颈上盘车定中心用的百分表架拆除，再按 x、y 轴方位在水导轴承承插口架设两只百分表架，表头指向轴颈，并将表的大数调至 5mm 左右（量程为 10mm），小数指针调整到“0”位，用来监视泵轴的位移量，抱瓦后应保持轴颈在原位，两只百分表读数为“0”位。

每块瓦用两只特制的螺丝小千斤顶，顶在瓦中心的两侧，高度和抗重螺栓相同。千斤顶的螺母支在导向轴瓦架上，螺头支在导向轴瓦的背面。抱瓦方法如图 2.54 所示。

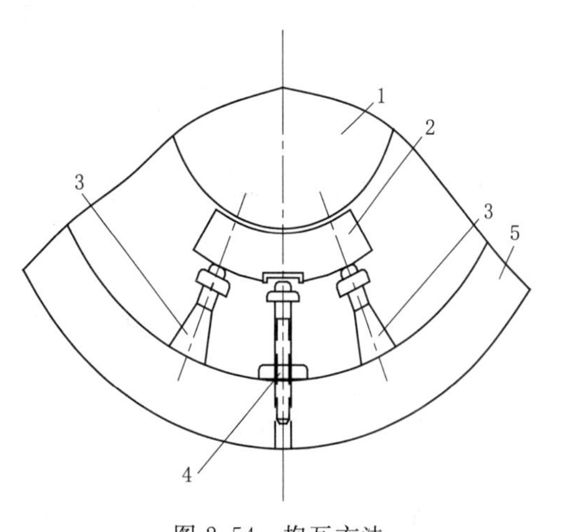

图 2.54 抱瓦方法

1—推力头；2—导轴瓦；3—专用千斤顶；4—抗重螺钉；5—瓦架

抱瓦时先抱上导轴瓦，后抱下导轴瓦，而且要两个人在对称方位同时进行，水导轴承处的两只百分表应有人专门监视泵轴径向位移，并与抱瓦人及时联系。从抱瓦开始至调瓦结束，泵轴应保持原始数值不变。

抱瓦时不要将千斤顶抱得太紧，只要将导向瓦面紧紧贴住轴颈没有间隙即可，如果千斤

顶顶得太紧、不均匀，就会造成瓦架变形，调出来的瓦间隙是假的，在运行中会使上导瓦温度偏高，甚至产生烧瓦事故。

导轴瓦间隙测量，在抱瓦状态下，以导向轴瓦背与抗重螺栓球面间隙为准。调节抗重螺栓长度，使抗重螺栓球面与导轴瓦背间隙符合设计要求，一般可根据抗重螺栓锁定螺母设置情况，间隙调整量比设计值大 0.01mm（锁定螺母在瓦架内侧）或小 0.01mm（锁定螺母在瓦架外侧），然后用锁定螺母锁紧抗重螺栓，锁紧程度应使抗重螺栓伸长或缩小 0.01mm。这时轴瓦间隙和锁定螺母锁紧程度均能符合相应技术要求。导轴瓦全部调整完毕后，再次复查导轴瓦间隙，确认符合技术要求后即可安装导轴瓦上压板。上压板与导轴瓦的间隙应保持在 0.3～0.5mm 之间。

电动机上、下导轴瓦的间隙调整根据设计间隙、盘车摆度进行。上导轴瓦可按平均设计间隙调整。而下导轴瓦则需考虑摆度的影响来调整。

上导轴瓦间隙按式（2.48）计算

$$\delta_{a0}=\delta_{a180}=\delta'_{a} \tag{2.48}$$

式中 δ_{a0}——上导轴瓦调整间隙，mm；

δ_{a180}——δ_{a0}的对侧间隙，mm；

δ'_{a}——上导轴瓦设计间隙，mm。

电动机上导轴瓦单边设计间隙宜在 0.06～0.08mm。

下导轴瓦间隙按式（2.49）、式（2.50）计算

$$\delta_{b0}=\delta'_{b}-\frac{\phi'_{ba}}{2} \tag{2.49}$$

$$\delta_{b180}=2\delta'_{b}-\delta_{b0} \tag{2.50}$$

式中 δ_{b0}——下导轴瓦调整间隙，mm；

δ'_{b}——下导轴瓦设计平均单边间隙，mm；

ϕ'_{ba}——轴线在下导轴承 $b0$ 方位的净摆度，mm；

δ_{b180}——δ_{b0}的对侧间隙，mm。

下导轴瓦间隙应根据下导轴颈处的摆度进行调整，下导轴瓦双边间隙宜在 0.16～0.20mm 之间。

在主要轴承部件安装后，最后清扫油槽内部，可进行油冷却器安装。先在油槽外清扫组合，按图样尺寸预装后再吊出。当盘车工作结束，再吊回正式安装，并按图样或规程规定进行整体水压试验。框式油冷却器，在槽外进行清扫和单个水压试验，在盘车或推力轴承调整后，再与油槽框架装配，最后进行整体水压试验。

其他部件如挡油筒、挡油环、密封罩、盖板和挡油板等安装时，要注意部件与主轴的同轴度，部件上的圆孔应与配合件的螺孔对正，螺栓全部拧紧后，再装配定位销钉。沟槽式油槽盖板径向间隙宜为 0.5～1mm，毛毡装入槽内应有不小于 1mm 的压缩量。定位时，应以转动轴颈为基准，调整盖板圆周部位的径向间隙宜为 0.5～1mm，应用塞尺片（或钢板尺）划入通过，防止盘车或运行时产生磨阻现象。轻金属部件，吊装时要防止变形，如果安装时发现较大的变形，必须进行校正。

2.7.12 水泵轴瓦安装及调整

轴承安装应在机组轴线摆度、推力瓦受力、磁场中心、轴线中心及电动机空气间隙等调整合格后进行，并应做好记录。

水泵导轴承的总间隙应符合设计规定，如无规定，可按式（2.51）计算

$$\delta = 0.15 + 0.2d/1000 \tag{2.51}$$

式中 δ——轴承双边总间隙，mm；

d——轴颈直径，mm。

轴承间隙是按机组轴线盘车摆度值来分配的。摆度最大点的轴承间隙应调整最小，轴承最小间隙值可按式（2.52）计算

$$\Delta_{min} = (\delta - j_{max})/2 \tag{2-52}$$

式中 Δ_{min}——轴承单边最小间隙，mm；

δ——轴承双边总间隙，mm；

j_{max}——水泵导轴承处的最大净摆度，mm。

对于稀油润滑的水泵导轴承，其轴承最小值应大于最小油膜厚度，一般不宜小于 0.03mm。对于水润滑的水泵导轴承，由于水的黏度小，在轴承运行中的液膜不易形成，且由于散热性差，全靠大量的压力水来强制冷却。因此，其轴承单边最小间隙不宜小于 0.05mm。

摆度最小方位的轴承间隙应调整最大，最大间隙为轴承总间隙减去最小间隙。垂直于最大、最小方向的间隙应相等，其间隙为轴承双边总间隙的一半。将盘车时的最大摆度方位处的轴承间隙调整小一些的目的，是为了依靠导轴承的作用，使机组轴线运行在真正的中心上。

水泵导轴承间隙的调整一般采用推轴承法和推轴法。具体方式如下。

采用推轴承法调整轴承间隙，应在电动机轴瓦抱住和水泵叶轮固定好后进行。以保证机组中心在调整轴间隙时不变。推轴承法调整轴承间隙如图 2.55 所示。推轴法调整轴承间隙如图 2.56 所示。

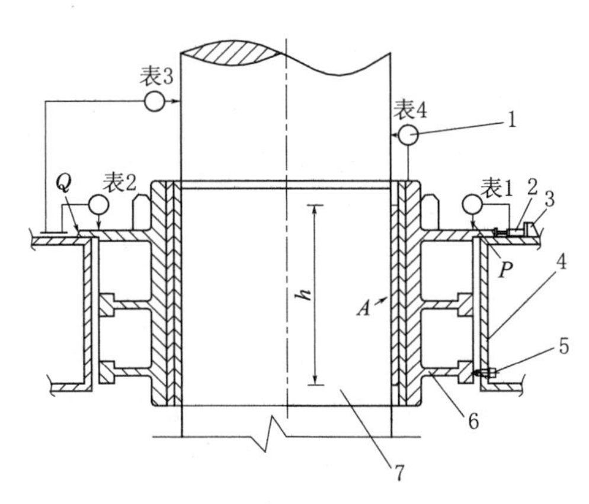

图 2.55 推轴承法调整轴承间隙

1—百分表；2—千斤顶；3—千斤顶基础；4—导叶体；5—顶丝；6—轴承；7—泵轴

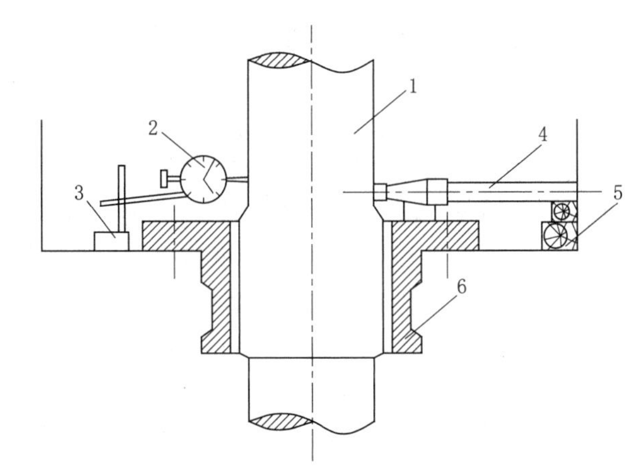

图 2.56 推轴法调整轴承间隙

1—泵轴；2—百分表；3—百分表座；4—千斤顶与接管；5—垫木；6—轴承

轴承间隙测定应先检查轴承与导叶体组合面在紧固螺栓拧紧后有无间隙，然后松开紧固螺栓，检查螺杆与螺孔有无靠死现象。用千斤顶顶轴承，当表3指针刚动或指针为+0.005mm时，停止顶千斤顶。然后用顶丝再顶轴承，当表3读数至+0.01mm时即停止。这表明轴瓦面A已全部与轴颈接触，此时记录百分表1、表2的读数。当表1、表2的读数一致或仅差0.005～0.01mm时，说明轴瓦面A与组合面P、Q是互相垂直的，则百分表4的读数即为轴承的单边间隙。调整实际间隙，其间隙与根据设计轴承总间隙、水泵导轴承的最大净摆度而计算求得的测点间隙一致。

采用推轴法调整轴承间隙，在泵轴轴颈处设置两只互成90°的百分表，表头垂直于轴颈，把百分表调整一定的压缩量，量程为10mm百分表大数指针调整至5mm左右，小针指针的读数为“0”。在百分表相对侧，用千斤顶顶泵轴，直到百分表读数不再变化，记下读数，百分表4的读数即为轴承的单边间隙。然后用上述方法分别测出各点的单边间隙。

2.7.13　水泵导轴承密封安装

水泵导轴承密封装置的安装应符合下列要求：

（1）清水润滑导轴承密封的橡皮板应平整，橡皮板与动环之间的间隙应均匀并符合设计要求，允许偏差不应超过实际平均间隙值的20%。

（2）油润滑导轴承空气围带装配前应按制造商的规定通入压缩空气在水中检查有无漏气现象，安装后应进行密封试验，符合设计要求。

（3）油润滑导轴承轴向端面密封装置动环、静环密封平面应符合要求，密封面应与泵轴垂直，静环密封件应能上下自由移动，与动环密封面接触良好。安装后应进行密封试验，符合设计要求。

（4）油润滑导轴承密封漏水的排水管道应畅通。

水泵导轴承密封按其工作性质分检修密封和工作密封，按结构形式分有填料密封、空气围带密封、平板橡胶密封、轴向端面密封等。

水泵均需设置填料密封部件。弯管式轴流泵的填料密封部件设置在上导轴承上部，混凝土管轴流泵的填料密封部件设置在钢筋混凝土弯管上部内，井筒式轴流泵的填料密封部件设置在上盖内。

填料密封部件一般由填料箱（也称填料函）、填料压盖、填料等组成。安装填料箱时，要保证填料箱与泵轴轴颈的间隙均匀，允许偏差不应超过实际平均间隙值的±20%，最小间隙不宜超过2mm。在安装填料时要分层分圈填入，不能成螺旋形。每圈接头宜斜接，且各层接头应错开90°～120°。填料密封部件的填料一般采用橡胶石棉填料。随着新技术、新材料的发展，摩擦系数小、摩擦性能好、耐腐蚀的填料已广泛应用。采取水润滑轴承形式的水泵填料密封，运行时应从填料处能有出少量的渗水为宜。随着填料的磨损和漏水量的增加，为了控制机组运行时的填料漏水量，一般采取压紧填料的做法，由于橡胶石棉填料较硬，摩擦系数大，增加了功率损耗。填料压紧后与泵轴直接接触，填料与泵轴轴颈间隙比轴承与轴颈间隙小，在机组运行时，常是填料限制水泵轴承处的摆度值，这样就使填料易受磨损，而且泵轴轴颈也常被填料磨成凹坑。一旦密封安装的间隙不均匀，漏水则将大幅增加，填料和泵轴轴颈的磨损也就会迅速加快。为了提高填料和泵轴轴颈的使用寿命，填料密封安装的轴向和径向间隙应符合设计要求，允许偏差不应超过实际平均间隙值的±20%。

水润滑导轴承的轴承密封一般采用平板橡皮密封，平板橡皮密封装置如图 2.57 所示。

平板橡皮密封有双层和单层两种结构。如仅有上封水橡皮板和上密封环，而无下封水橡皮板和下密封环，即为单层平板橡皮水封。双层平板橡皮水封，设有上下两层封水橡皮，两橡皮板之间形成一个密封室，通入压力清水。在压力清水的作用下，使下部封水橡皮贴紧下密封环，使上部封水橡皮贴紧上密封环，从而起到密封作用。这样，即使是下水封部分损坏，也相当于单层水封。

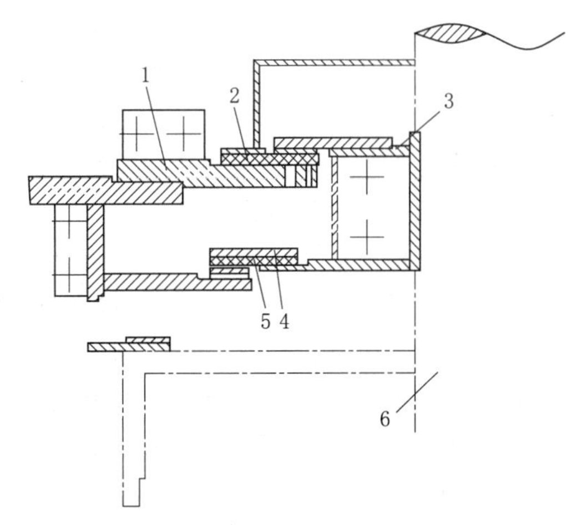

图 2.57 平板橡皮密封装置图

1—托盘；2—上封水橡皮板；3—密封转环；4—下压板；5—下封水橡皮板；6—泵轴

要保证平板橡皮密封能安全运行，首先是封水橡皮板的搭接处要平整，整圈橡皮板不应有翘起现象。在未安装前，宜将橡皮板压在两块平整的铁板中间，而不宜将橡皮板挂起放置。在安装密封环时，要保证下密封环和上密封环的水平，封水橡皮与上下密封环的间隙一般应调整为 1～2mm，上、下压板与上、下密封环的间隙应尽量小，一般宜为 2～3mm，以免橡皮板在水压作用下产生上拱磨损而烧坏。密封室内水压应大于进入水导轴承的抽水压力，一般应调整在 0.15～0.20MPa。在橡胶轴瓦安装的整个过程中，橡胶轴瓦及橡皮板应严禁与矿物油脂接触，以免橡胶发黏变质。

油润滑导轴承的水封装置位于轴承下面。密封结构有空气围带密封、端面自调整密封、平板橡皮密封和梳齿密封等。

设置空气围带是为了当需要检修水泵导轴承和轴承密封装置时，向空气围带充气，进水管内的水就进不了检修部位，就不需要对进水流道内进行排水。空气围带结构如图 2.58 所示。

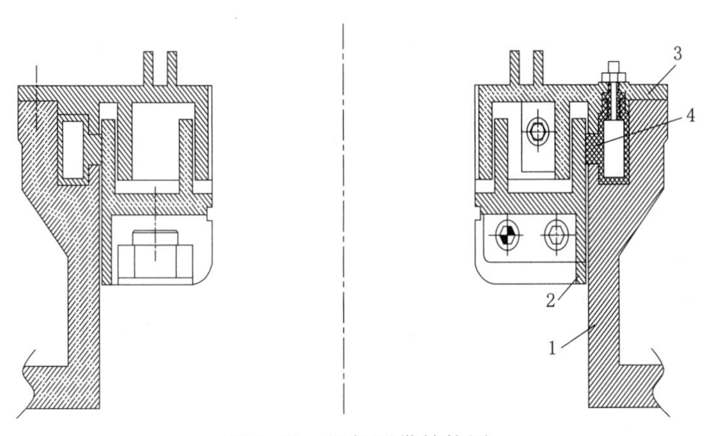

图 2.58 空气围带结构图

1—密封座；2—中间环；3—密封盘；4—空气围带

空气围带固定在密封座与密封盘之间。因此，空气围带安装包括密封座与密封盘的安装。当机组中心确定后，中间环的位置按其与泵轴的间隙来调整。当四周间隙符合规定要求后，即可钻铣中间环与密封座的定位销钉。

密封盘是按与中间环的止口来定位的。在安装密封盘前，应先将空气围带放入槽内。空气围带的进气孔应与密封盘的预留孔一致，其方向与供空气围带压缩空气管的所在位置一致。在连接空气围带进气管时，应注意不要将空气围带进气管的接头处拧坏。空气围带安装前，应将密封座、空气围带、密封盘进行预组装，应通入 0.6～1.0MPa 压缩空气进行试验，以检查接头处或围带部分有无漏气现象。如中间环是整圆的，则中间环应在密封座与轴承座连接前放入。密封盘分块组合预装时，检查与泵轴的轴向距离应符合规定，以免在机组顶转子时相碰。安装后应钻铣定位销钉孔。空气围带在正常停机后不宜使用，以免造成磨损过大而在检修时失去作用。

端面自调整密封装置一般采用弹簧式，如图 2.59 所示。弹簧式自调整密封装置，其动环的上端面镶有不锈钢或其他耐磨材料的抗磨板，静环磨损块的材料有耐磨橡胶板和尼龙等。当磨损块被磨损后，靠弹簧弹力，能上下自由移动，自动保证磨损块与密封动环端面的严密接触，从而起密封止水作用。为保证磨损块与抗磨板接触的严密性，要求在安装动环时其密封面应与泵轴垂直，水平偏差应不大于 0.05mm/m。静环抗磨板组合面应无错牙。为避免因磨损块块数多，组合面产生表面不平整，宜将磨损块由压板组成整圆。在安装静环座时应先检查导向螺钉的位置和其他止水用的橡皮圆是否合适。静环座的弹簧装好后，利用调节螺钉使各弹簧高度相同且符合规定，然后紧好防松螺母。当静环座、弹簧、磨损块等安装好后，应检查动环抗磨板与静环磨损块间的接触情况，一般允许局部有 0.05～0.10mm 的间隙。梳齿密封装置结构如图 2.60 所示。

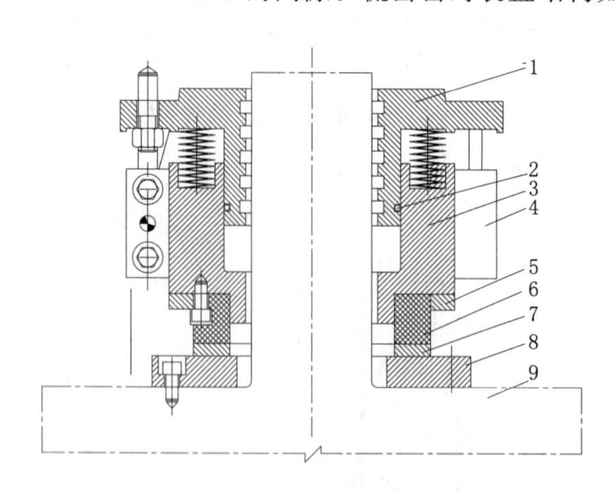

图 2.59　端面自调整密封装置

1—固定座；2—密封圈；3—静环座；4—弹簧座；5—压板；6—静环磨损块；7—抗磨板；8—动环；9—叶轮轮毂

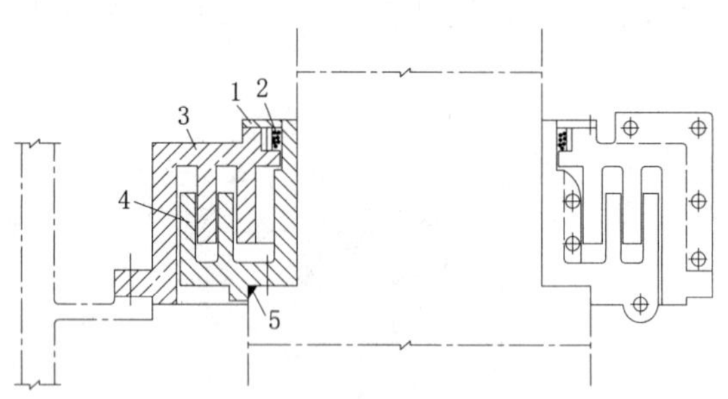

图 2.60　梳齿密封装置

1—压板；2—橡胶密封圈；3—上梳环；4—下梳环；5—密封圈

梳齿密封装置主要利用上、下梳齿的间隙，增加渗漏水流动的路径和水力损失，减小漏水量。漏进导叶体内的水，通过排水管排出，而达到密封止水效果。根据运行实践，梳齿密封装置的封水效果不太理想，还需要借助密封橡胶的配合，但密封橡胶又易磨损。梳齿密封装置安装要求上、下梳齿环的间隙均匀，如果间隙不均匀，则在间隙内的高压水流，会形成不均匀的压力脉动，从而引起机组的振动和在运行时摆度的增加。为此，在密封环安装前，应检查上、下密封环的圆度与同心度，允许偏差不应超过实际平均间隙值的±20%。

油润滑轴承平板橡皮密封装置的安装及技术要求同水润滑轴承平板橡皮密封装置。

2.8　主机组附属设备安装

2.8.1　冷却器试压

油冷却器放在油槽内，通循环冷却水冷却润滑油，油再冷却推力瓦与导轴瓦瓦面，故不允许有点滴漏水，否则将影响机组绝缘、使轴承锈蚀、油质变黑等。为此，必须做严密性的耐压试验。

试验时先在油冷却器内灌满水，使空气排净，在进水一端接手压泵及压力表，在出水一端用封头堵塞，在手压泵箱内加满水，操作手压泵将水打入油冷却器内，使其压力达到制造厂规定的压力值。一般要求在油槽外做油冷却器试验，试压力为0.35MPa，历时60min无渗漏。

通过水压试验，如发现个别管子有轻微渗漏时，可将油冷却器清洗后，在管内壁涂环氧树脂，如渗漏在管头部位，可重新胀一下管头。如铜管渗漏严重，应更换新管，更换时先剖开胀口把管取下，换上新管后再胀管。

胀管时所换的紫铜管下料长度要符合要求，并清楚管口毛刺、擦净管壁污垢；选用管径合适的胀管器进行冷胀，把紫铜管管口牢固地胀在冷却器的端板内孔上。胀管后重新进行耐压试验，不合格时再胀管，直至合格为止。

2.8.2　叶片液压调节装置受油器安装

叶片液压调节装置受油器安装应符合下列规定：

(1) 受油器体水平偏差，在受油器底座的平面上测量，不应大于0.04mm/m。

(2) 受油器底座与上操作油管（外管）同轴度偏差，不应大于0.04mm。

(3) 受油器体上各油封轴承的同轴度偏差，不应大于0.05mm。

(4) 操作油管的摆度不应大于0.04mm，轴承配合间隙应符合设计要求。

(5) 旋转油盆与受油器底座的挡油环间隙应均匀，且不应小于设计值的70%。

(6) 受油器对地绝缘，在泵轴不接地情况下测量，不宜小于0.5MΩ。

液压全调节水泵，其叶片的转动是靠油压来控制的。一般调节器位于电动机顶部，调节器的作用是将进入受油器的高压油，通过配压阀分别送入接力器活塞的上油腔或下油腔。当到达活塞下油腔时，使活塞带动操作杆上升，叶片向正角度方向转动；当进入活塞上油腔时，使活塞带动操作杆下降，叶片向负角度方向转动。另外，还将叶片的转动角度反映至刻度表上。调节器主要由受油器、配压阀、调节机构等三部分组成。液压全调节水泵调节器如图2.61所示。

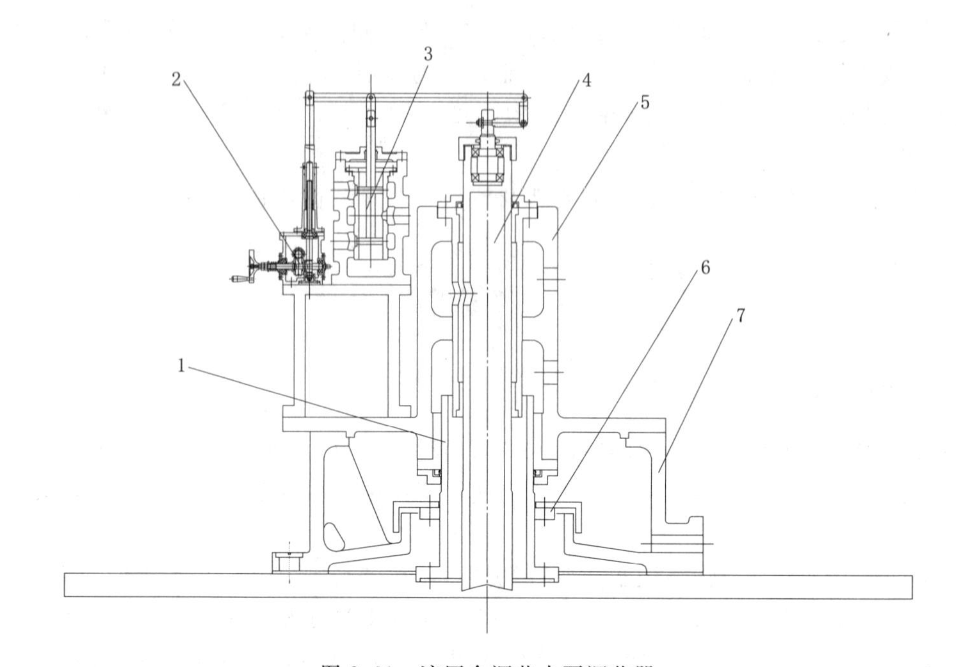

图 2.61　液压全调节水泵调节器

1—外油管；2—调节机构；3—配压阀；4—内油管；5—受油器；6—转动油盆；7—底座

受油器是接受油、输送油的部件，由受油器体、受油器底座、转动油盆、压力油管、回油管、上轴瓦、中轴瓦、下轴瓦、操作油管（内油管和外油管）等组成。受油器底座固定集油盆，直接收集回油，经回油管流入集油箱，它与转动油盆组成梳齿密封装置，使受油器的漏油增加了路径，不致流入电动机内。

配压阀由阀体、阀套、阀盖、活塞、活塞杆、密封圈和密封压盖等组成，主要作用是调配压力油进入内油管或外油管，然后分别进入活塞接力器的下油腔或上油腔。与此同时，接受上油腔或下油腔的回油，并排至回油管。

调节器机构是指连接配压阀与操作油管的传动机构。由调节杆、传动机构、杠杆、手轮及指示器等组成，通过人工、电动或自动方式使调节杆上下移动。调节杆通过回复杆的另一端与受油器的随动轴连接，中间和配压阀的活塞杆连接，从而构成调节器的刚性回复装置。

液压调节器机构的工作原理如图 2.62 所示。

液压调节器的调节过程是：压力油罐靠油泵充油、压缩空气管加压，使压力油罐内经常保持额定压力和一定油位，油泵和空气压缩机根据油位和压力大小能自动开停，当需要将叶片安装角度调大到某一角度时，转动手轮直到刻度盘叶片角度指示器上某一角度位置时停止。这时由于接力器的活塞腔尚未有压力油输入，所以 C 点作为支点不动，而配压阀的活塞在杠杆作用下，阀杆 B 点和调节杆 A 点一起以回复杆 C 点为支点向下移动。由于配压阀活塞向下移动后，压力油就由配压阀通过内油管进入接力器活塞的下腔，使接力器活塞向上移动，通过操作架和耳柄、连杆、转臂的叶片转动机构，使叶片向正角度方向移动。接力器活塞向上移动时，C 点向上移动，带动配压阀阀杆 B 点以 A 点为支点向上

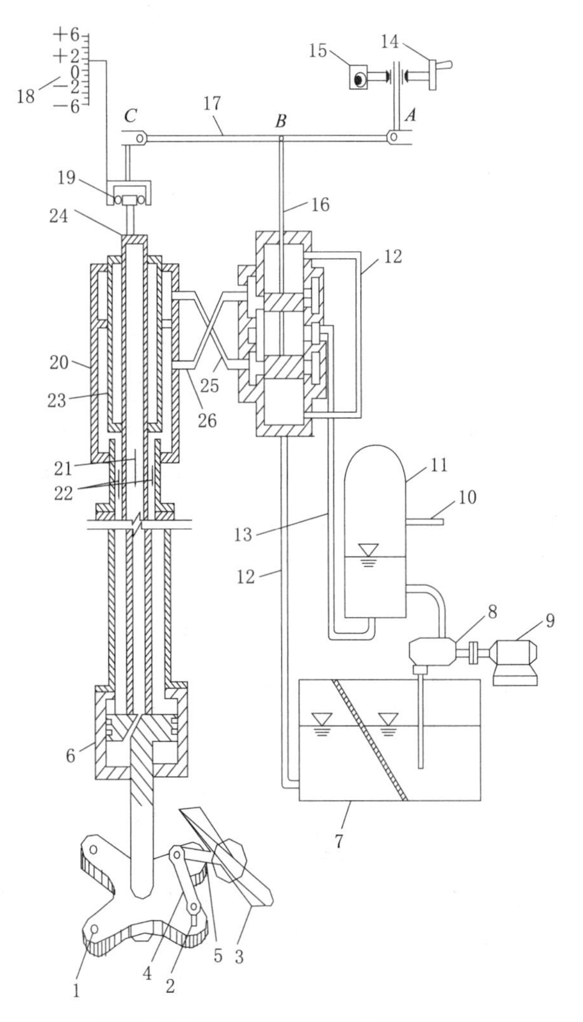

图 2.62 液压调节器机构工作原理图

1—操作架；2—耳柄；3—叶片；4—连杆；5—转臂；6—接力器活塞；7—油箱；8—油泵；9—电动机；10—压缩空气管；11—压力油罐；12—回油管；13—进油管；14—手轮；15—伺服电动机；16—配压阀活塞杆；17—回复杆；18—叶片角度刻度盘；19—随动轴换向接头；20—受油器体；21—至活塞下腔；22—至活塞上腔；23—中间隔管；24—上操作油管；25—内腔连接油管；26—外腔连接油管

移动，一直到配压阀活塞恢复到原来位置将油管口堵住，水泵的叶片就固定在调大的安装角位置上运行。

当需要叶片安装角调小时，转动手轮使调节杆 A 点向上移动，由于接力器活塞腔尚未有压力油输入，而配压阀活塞在杠杆作用下，阀杆 B 和调节杆 A 一起以回复杆 C 点为支点向上移动，压力油就由配压阀通过外油管进入接力器活塞的上腔，使接力器活塞向下移动。这时 C 点便带动阀杆 B 点以 A 点为支点向下移动，一直到配压阀的活塞恢复到原来位置时，水泵的叶片就固定在调小的安装角位置上运行。由此可见，这种调节机构可以在不停机的情况下调节叶片角度，故称为叶片液压全调节装置。

受油器操作油管处在最上端，其与受油器体的配合有上、中、下3个轴瓦。在叶轮叶片旋转时，受油器操作油管除随轴旋转外，还要上下移动。如安装不良，常会引起轴瓦烧损，特别是下轴瓦和上轴瓦。

在安装中，首先必须保证受油器操作油管中的内、外油管同轴度符合技术要求。将内、外油管组合在一起，在组合时应加橡胶石棉垫。然后一起放在车床上进行同轴度测量，可利用拧紧紧固螺钉的方法来调整。如偏差太大，可进行车削。

其次要检查上、中、下轴瓦的同轴度，受油器体上各油封轴承的同轴度偏差，不应大于0.05mm。

操作油管和各油封轴承的同轴度偏差调整完成后，应进行轴承间隙的修刮。将受油器体倒置并调好水平，再将调整好同轴度的内、外油管倒插入轴瓦内并进行研磨，用刮刀修刮上、中、下轴瓦，并测量间隙值。为保证轴瓦的安全运行，轴承配合间隙应符合设计要求。考虑到电动机上导轴承单边间隙为0.06～0.08mm，受油器轴承平均单边间隙宜取0.10mm。

受油器底座下的绝缘垫板，宜用环氧酚醛玻璃布板制成，其接头宜用搭接，下料钻孔后应编号。放好绝缘垫板后，吊入受油器底座。用水平仪在受油器底座上平面的x、y 4个方向检查底座的水平值。水平偏差不应大于0.04mm/m。如不合格，应在绝缘垫板与底座间加紫铜垫片。

用内径千分尺或用专用盘车工具测定受油器操作油管外管至受油器底座的距离，即下百分表在x、y方向的测量值，计算其同轴度偏差值，调整底座与受油器操作油管外管的同轴度偏差不应大于0.04mm。

当底座安装符合要求后，可钻铣定位销钉孔。底座的定位销钉组合螺栓均应加绝缘套，使其与电动机机架绝缘，也可在受油器全部安装完毕后，钻铣定位销钉孔。

受油器操作油管与上操作油管连接后，要进行盘车、找正，以测量其摆度值。由于上、下操作油管较长，在安装时测定每段操作油管的垂直度有一定的难度。所以，在安装上、下操作油管时，均以对称、均匀地拧紧联结连接螺栓为准。安装受油器操作油管时，其摆度值已包含安装上、下操作油管时的误差。如其摆度值过大，超过受油器轴瓦的总间隙，常会引起烧瓦。因此，必须利用盘车或利用专用工具来进行摆度的测量。受油器操作油管摆度和同轴度测量方法如图2.63所示。

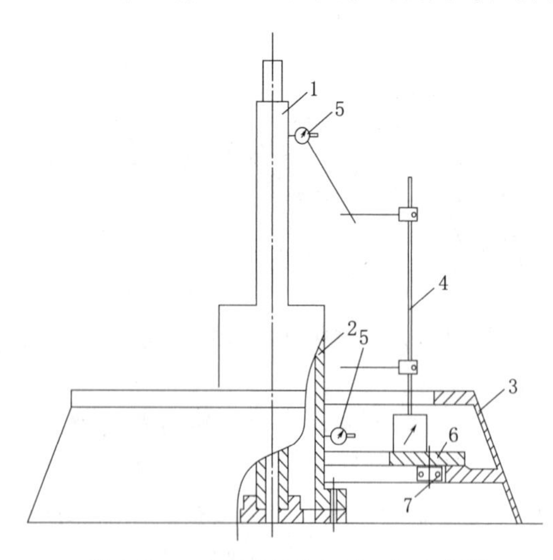

图2.63　受油器测量专用工具示意图

1—内油管；2—外油管；3—底座；4—百分表座；5—百分表；6—测量架；7—测量架导向轴承

将测量架搁置在受油器底座平面上，调整测量架导向轴承，使测量架转动灵活并无窜动。上、下百分表安装在同一垂直面，测头并分别垂直于内、外油管，调整好百分表的读数。旋转测量架，分别记录百分表在x、y方向的测量值，再计算出其摆度值。

测量内、外油管的摆度值后，如摆度太大，可利用刮削受油器操作油管和上操作油管间的紫铜垫片厚薄来进行调整。受油器安装中，受油器操作油管的摆度可以有两种方法来确定：一种按相对摆度与测量部位至镜板距离的乘积来确定；另一种按轴承间隙来控制。经实践认为按轴承配合间隙来确定比较合理。操作油管的摆度应不大于0.04mm。

装上转动油盆，用小于间隙的铁丝，检查梳齿间隙是否合适。

受油器体安装的主要问题是调整轴瓦间隙。虽然受油器体上的上、中、下轴瓦，已与受油器操作油管进行研刮处理，但上、中、下轴瓦不一定垂直于受油器体与底座的组合面，因此安装受油器体首先应调整轴瓦的垂直度。

将受油器体吊起并调整其水平度在0.05mm/m以内，套入受油器的操作油管内。在套入前应在上操作油管上浇些汽轮机油，套入过程中不应有卡涩别紧现象。如有卡涩别紧现象应检查受油器体间隙调整是否正确合理。

为防止轴电流烧损轴瓦，受油器底座等均应与电动机机架绝缘。如受油器上有栏杆、扶梯等，则亦应绝缘。受油器对地绝缘，在泵轴不接地情况下测量，不宜小于0.5MΩ。

2.8.3　叶片机械调节装置调节器安装

叶片机械调节装置调节器安装应符合下列要求：

(1) 操作拉杆与铜套之间的单边间隙应为拉杆轴颈直径的0.1%～0.15%。

(2) 操作拉杆联接应符合要求，应有防松措施。

(3) 调节器拉杆联轴器与上拉杆联轴器联接时，其同轴度应符合设计要求。

(4) 调整水泵叶片角度0°，测量上操作杆顶端至电动机轴端部的高差，并做好记录，供检修时参考。

(5) 叶片角度上下限位开关动作应可靠，叶片角度电子显示与机械显示应一致。

(6) 冷却水管连接应可靠。

机械全调节水泵叶轮的轮毂内部设置叶片转动机构，利用机组顶部的差动齿轮调节器，通过主轴中的操作杆，带动操作架作上下移动，叶片转动机构的动作过程与液压全调节装置相同。机械调节器结构如图2.64所示。

机械调节器的安装方法和技术要求与液压调节器基本相同。先修刮机械调节器操作拉杆与铜套之间的间隙，单边间隙应为拉杆轴颈直径的0.1%～0.15%。在电动机顶罩上部，放好绝缘垫板后，吊入调节器底座。用水平仪在调节器底座上平面

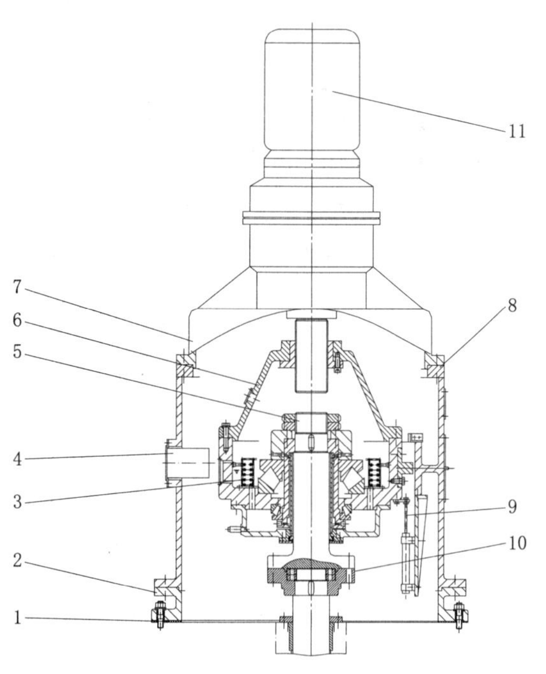

图2.64　机械调节器结构图

1—绝缘垫；2—底座；3—冷却水管；4—数码管显示器；5—拉杆；6—分离器；7—减速器；8—调节器座；9—传感器；10—操作杆联轴器；11—电动机

的 x、y 方向检查底座的水平值，水平度允许偏差不大于 0.04mm/m。上操作杆轴头装上联轴器，用内径千分尺或专用盘车工具测定上操作杆联轴器至调节器底座的距离，即用相互垂直方向的测量值，计算其同轴度偏差值，调整底座与上拉杆联轴器的同轴度偏差不大于 0.04mm。

测量上操作杆联轴器的水平偏差应小于 0.04mm/m，测量上操作杆联轴器平面至电动机轴端的高度，校核叶片角度和操作杆行程。

将调节器体吊装就位，并调整拉杆联轴器位置，使两个联轴器之间保持约 0.20～0.30mm 轴向间隙。测量检查两联轴器的平面倾斜值及径向错位值。其平面倾斜偏差应不大于 0.04mm，径向错位偏差应符合设计要求；无规定时，则应不大于 0.05mm。

按制造厂要求安装调节器及其他附件，操作拉杆连接应符合设计图样要求，应有防松措施，并在相对运动处、分离器内和滚动轴承腔内均应按制造厂规定灌注润滑剂。

调整叶片实际安放角和数字显示位置相一致后，应检查限位开关的可靠性，反复调节叶片角度到上、下限位置，要求反复 5 次以上，检查限位开关的可靠性。同时核对机械调节器数显所示的位置数值与叶片实际安放角位置的误差。

2.8.4 测温装置安装

电动机测温装置安装应符合下列规定：

（1）应对测温装置进行检查，其标号、实测点应与设计图样一致。

（2）各温度计指示值应在全量程范围内予以校核，无异常现象。

（3）总绝缘电阻不应小于 0.5MΩ。

安装前，所有测温装置均需经过校验，安装在轴瓦上的温度计，应事先试装，检查螺纹配合应合适，测温筒与测孔配合应符合要求，测温元件及测温开关标号应与瓦号一致。然后按图样将测温计与导线用线卡固定。

为防止产生轴电流，推力轴承与油槽之间，导轴瓦与托板之间均设有绝缘垫。因此安装推力瓦及导向轴瓦温度计时，要防止通过测温导线发生接地。油槽封闭前，应对测温装置进行检查，各测温元件应无开路、短路、接地现象，温度计与轴瓦连接应用绝缘接头，信号、表计与测温盘固定要加以绝缘，测温引线应固定牢固。信号温度计指示应接近当时环境温度，必要时还应在导线处布置耐油塑料管或包扎绝缘布带，使各测温装置总绝缘电阻不应小于 0.5MΩ。

第3章　卧式及斜式机组安装

3.1　卧式及斜式机组的结构

卧式机组一般指卧式水泵和卧式电动机采用联轴器直联方式的结构形式，高扬程泵站一般选用卧式离心泵、混流泵机组。卧式离心泵机组结构形式如图3.1所示。卧式机组一般扬程较高，流量相对较小，转速较高，因此，通常口径700mm以下的机组装配成整体到货、部件整体性较强。通常口径900mm以上的卧式机组则拆装成几个大部件运到工地，因此组装工作量较少，仅对大部件作必要的清扫、检查和测量，试验后即可进行总装。

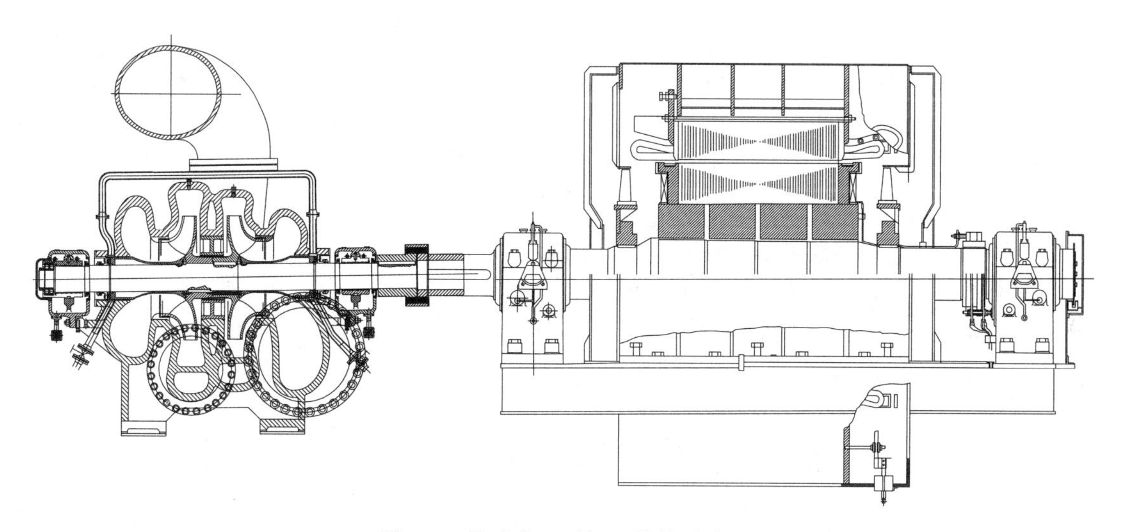

图3.1　卧式离心泵机组结构形式图

轴流泵也有采用卧式和斜式安装的，轴流泵卧式安装的结构形式如图3.2所示。轴流泵斜式安装的结构形式如图3.3所示。

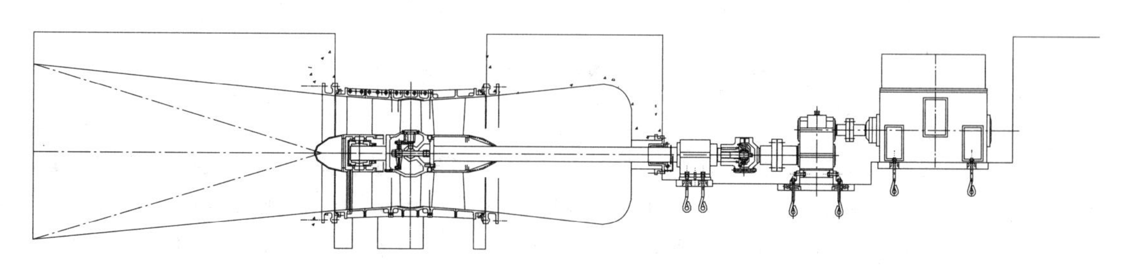

图3.2（一）　卧式轴流泵机组结构形式图

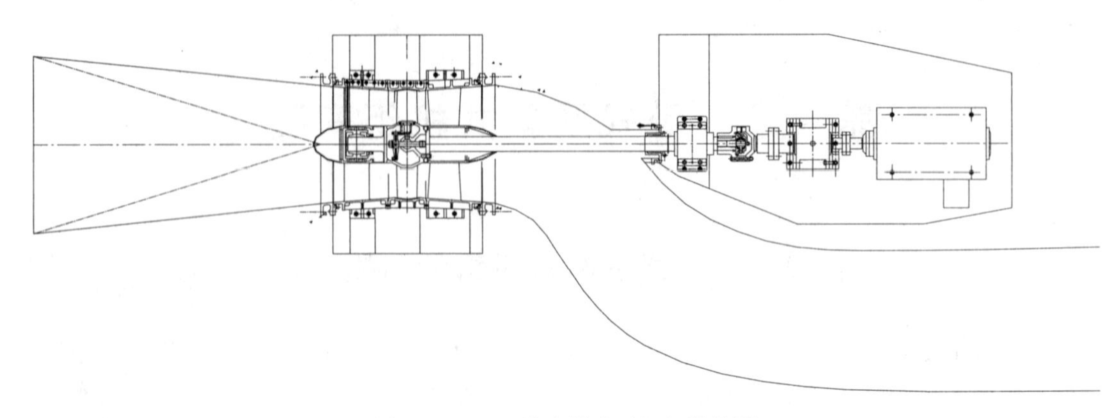

图 3.2（二）　卧式轴流泵机组结构图

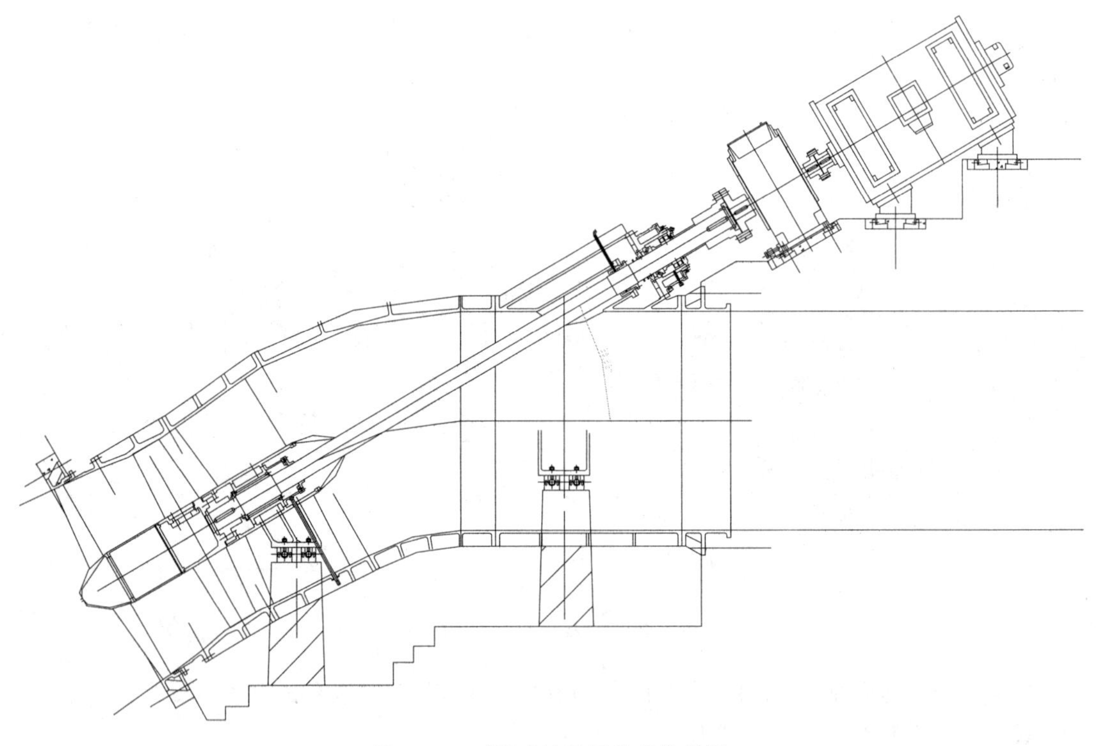

图 3.3　30°斜式轴流泵机组结构图

3.2 安 装 程 序

卧式机组的主轴呈卧式水平支承。由于卧式机组的布置和结构与立式机组有差异，故卧式机组某些部件的安装工艺与立式机组也不同，如卧式机组轴线的测量找正，电机轴受热伸长对轴向安装尺寸的影响，导轴承承受单位荷载比立式机组高，应如何进行刮瓦等。尽管如此，其安装程序与立式机组基本相同，如先水泵后电动机，再管道，各部件、中心、高程等找正方法相同等。

卧式水泵机组的安装程序如图 3.4 所示。图中粗线方框表示总安装程序，细线方框表示总安装程序中的每一步的内容，箭头表示过程。

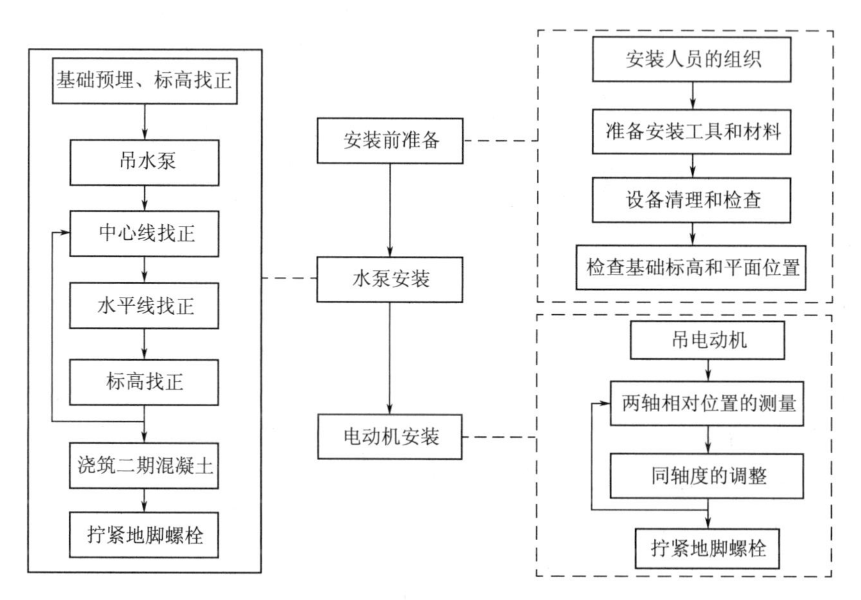

图 3.4 卧式水泵机组的安装程序

3.3 轴瓦研刮和轴承装配

卧式机组导轴承有滑动轴承和滚动轴承两类。小型整体卧式机组大部分采用滚动轴承。容量较大时采用正向对开式滑动轴承。卧式机组所采用的滑动轴承，一般采用座式轴承。卧式机组的滑动轴承主要用于承受机组转动部分的径向负荷（即重量和不平衡磁拉力）。滑动轴承径向荷载范围，应在轴承中心夹角 60°以内。轴承允许通过轴肩或轴环承受较轻的轴向荷载。座式轴承与立式机组的轴承结构不相同，但对轴瓦的基本要求大体相同。

3.3.1 轴瓦研刮

3.3.1.1 座式轴承轴瓦研刮要求

要求研刮的座式轴承轴瓦应符合下列规定：

（1）轴瓦研刮宜分两次进行，粗刮在转子穿入定子前进行，精刮在转子中心找正后进行。

（2）轴瓦应无夹渣、气孔、凹坑、裂纹或脱壳等缺陷，轴瓦油沟形状和尺寸应正确。

（3）筒形轴瓦顶部间隙应符合设计要求。如设计未做要求，油脂润滑轴承宜为轴颈直径的 1/600～1/500，稀油润滑轴承宜为轴颈直径的 1/1000～1/800，两侧间隙各位顶部间隙的一般，两端间隙差不应超过间隙的 10%。

（4）轴瓦下部与轴颈接触角宜为 60°左右。在接触角范围内沿轴瓦长度应接触均匀，接触点不应少于 1～3 个/cm^2。

3.3.1.2 推力瓦研刮要求

推力瓦的研刮应符合下列规定：

(1) 推力瓦研刮接触面积应大于75%，接触点不应少于1～3个/cm^2。

(2) 无调节螺栓的推力瓦厚度应一致，同一组推力瓦厚度误差不应大于0.02mm。

无调节螺栓推力瓦调节轴向位置时，常采用刮削瓦背或加垫等方式，为方便推力瓦的调节故要求推力瓦的厚度差不大于0.02mm。

3.3.1.3 研刮工艺

通常情况下，滑动轴瓦已在制造厂经过研刮，工地安装时只需作校核性研刮。轴承内圆表面研刮的顺序是先下瓦、后上瓦。

轴瓦的研刮工序一般为：

除去轴颈防护漆，并用细油石将轴颈上的个别硬点及毛刺磨平，然后用细呢布浇细研磨膏和机油的混合液，并包于轴颈上，沿切线方向来回转动，使轴颈磨光擦亮。

清扫轴瓦，检查轴瓦应无脱壳、裂纹、硬点及密集的砂眼等缺陷。然后在轴颈上涂一层薄而匀的红丹或铅粉之类的显示剂，将瓦覆在轴颈上，用手压紧，沿切线方向来回研磨十余次，取下轴瓦，检查轴瓦接触点分布情况。瓦与轴颈接触表面所对的圆心角，称为轴瓦的接触角，一般为60°。要求在轴瓦中心60°夹角内，布满细而匀的显示点，每平方厘米有1～3点为合适。沿轴瓦长度要全部均匀接触。轴接触角过大，影响油膜形成，破坏润滑效果；接触角过小，则增加轴瓦荷载，加剧磨损。

轴瓦不合要求时，须进行刮瓦，用三角刮刀先将大点刮碎，密点刮稀，然后沿一个刀痕方向顺次刮削，必要时可刮两遍。遍与遍之间刀痕方向应相交成网络状。刮完后用白布沾酒精或甲苯清洗瓦面及轴颈，重复上述研瓦及刮瓦方法，使轴瓦显示点越刮越细，越刮越多，直至符合要求为止。

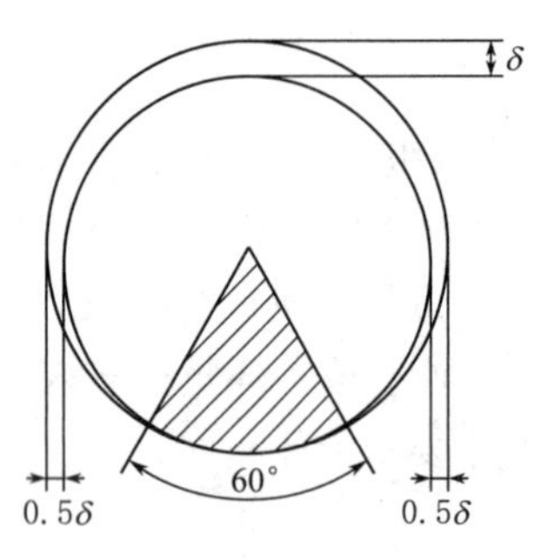

图3.5 轴瓦接触角及其间隙图

在轴瓦中心60°夹角以外的接触点是不允许的，应有意识地将它们刮低，并向两侧逐步扩大成楔形间隙，边缘最大间隙为设计顶部间隙的一半，轴瓦接触角及其间隙如图3.5所示。

按图样尺寸刮出油沟，通常只允许在对开瓦合缝两侧或单侧（进油侧）开纵向进油沟，但两端需留不小于15mm的封头，在上瓦顶部开进油孔及横向进油沟。严禁在下瓦工作面开任何油沟，否则将会降低或破坏油膜的承载能力。

上述的刮瓦，也应该看作是初步的。对下轴瓦还必须待轴承支座找正后，吊上转子，并用“干研法”(即不加显示剂，或略加干铅粉作显示剂的研瓦方法)，转动转子，然后取出轴瓦检查挑点，使其在实际位置及实际荷载下的接触点仍能满足标准要求，才算最后合格。

3.3.2 滑动轴承安装

3.3.2.1 滑动轴承安装要求

滑动轴承安装应符合下列规定：

（1）圆柱面配合的轴瓦与轴承外壳，其上轴瓦与轴承盖间应无间隙，且应有0.03～0.05mm压紧量；其下轴瓦与轴承座接触应紧密，承力面不应小于60%。

（2）通过增减轴瓦合缝处垫片调整顶间隙时，两边垫片的总厚度应相等；垫片不应与轴接触，离轴瓦内边缘不宜超过1mm。

（3）球面配合的轴瓦与轴承，球面与球面座的接触面积应为整个球面的75%左右，并均匀分布。轴承盖拧紧后，球面瓦与球面座之间的间隙应符合设计要求；组合后的上下球面瓦、上下球面座的水平结合面均不应错口。

（4）轴瓦进油孔应清洁畅通，并应与轴承座上的进油孔对正。

3.3.2.2　滑动轴承安装工艺

轴承经清洗后，用小锤沿锡基轴承合金表面依次轻轻敲打，若发出清脆叮当声，说明合金衬里内无裂纹、砂眼及空洞，如声音不正常，说明合金衬里存在弊病。再进一步检查，将轴瓦放在煤油内浸泡15～20min，拿出用布擦干，在合金衬里与底瓦接触处涂上一层白铅粉，如白铅粉出现斑点，即说明合金衬里结合不牢，有裂纹、铸孔或与底瓦脱离等现象，应进行更换或重新挂瓦后再安装。

1. 轴套式滑动轴承安装工艺

（1）安装前将轴承内圆表面按轴颈实际尺寸进行研刮，留出的间隙应符合安装规范的要求（顶部间隙一般为轴颈直径的1/1000左右，两侧间隙为顶部间隙的一半）。

（2）根据轴套外圆尺寸和规定的过盈量，用压入或敲入的方法将轴承装入轴承座内。装入前配合表面要处理干净并涂上润滑油，装入时要防止轴套歪斜。

（3）轴承装入轴承底座后，由于轴承外表面与轴承座内孔是过盈配合，装入后产生的附加应力将使轴承孔出现微量收缩，应用内径千分尺复查其内径，并用刮削法将轴承孔恢复理想的尺寸。

（4）安装定位销和固定螺钉，将轴承固定于轴承座内，用内径千分尺在轴承孔的两三处作相互垂直方向的检查，以检验轴承的圆度、锥度和几何尺寸；对于用塑料等非金属材料制成的轴承，由于吸水性较大，在水中及潮湿的空气下工作时，轴承内径将严重收缩。因此，在安装前应先在水中煮泡一定时间（厚壁轴承煮泡2h以上，薄壁轴承煮泡1.0～1.5h），使轴承充分吸水膨胀，安装时应缓慢均匀地将轴承压入轴承座中，不得用手锤直接敲打。

2. 正向对开式滑动轴承安装工艺

正向对开式滑动轴承，由轴承盖、轴承座、对开轴瓦、垫片及螺栓组成。轴瓦不能有任何方向上的移动，因而常用定位销和瓦上凸台来定位。

（1）轴瓦与轴承座、轴承盖的安装。对开轴瓦与轴承盖、轴承座组合时，应使瓦背与轴承内孔接触良好，如不符合要求，应以轴承座内孔为基准研刮厚壁轴瓦（薄壁轴瓦不能研刮），轴瓦组合面应比轴承座组合面高出0.05～0.10mm。

（2）轴承内圆表面的研刮。

（3）轴承的外圆表面与轴承座孔的安装要求。轴承的外圆表面与轴承座孔的接触面积，上瓦不小于40%，下瓦不小于50%，并且要求接触均匀。下瓦底部和两侧出现间隙都是不允许的，因为这样会使轴承承受的压力增加，加速轴瓦的磨损、变形甚至破裂。

(4) 轴承间隙的测量与调整。轴承间隙有顶间隙、侧间隙和轴向间隙3种。

轴瓦与轴颈的间隙，与轴瓦单位压力、旋转线速度、润滑方式、油的黏度、主轴挠度、部件加工或安装精度以及电机允许振动及摆度等因素有关。转速较低，单位压力也较小，则间隙亦较小。侧向间隙的作用是聚积和冷却润滑油，形成油楔，其数位是变化的，越靠近轴承底部，侧向间隙越小。

轴瓦间隙调整需待轴线调整完毕后进行。间隙的调整应符合制造厂的设计要求，一般顶部间隙为轴颈的1/1000左右。两侧间隙各为顶部间隙的一半，其间隙误差，不应超过规定间隙的10%。

测量和调整轴瓦间隙可用塞尺法和压铅法。具体方法如下。

塞尺法测量轴瓦间隙是在未安装上轴瓦之前，用塞尺测量下轴瓦两端双侧间隙，同侧两端间隙应大致相等，误差不大于10%。最小间隙不得小于顶部规定最小间隙的一半。不合适时，可取出轴瓦将其刮大。再将上瓦单独覆盖在轴颈上，并用定位销与下瓦找正定位，以手压住上瓦，使上下轴瓦合缝严密无隙，然后用塞尺检查上瓦顶部间隙及两侧间隙，其值应符合要求。顶部间隙过小时，可在上下轴瓦合缝处加紫铜片垫高。顶隙过大时应更换轴瓦，或相应刮低上轴瓦组合平面及上盖组合平面来调整。

在调整顶间隙，增减轴瓦合缝放置的垫片时，两边垫片的总厚度应相等；垫片不应与轴接触，离轴瓦内径边缘不宜超过1mm。

侧向间隙的大小由塞尺测量，但塞尺塞进间隙的长度不应小于轴径的四分之一。上轴瓦间隙合适后，组装轴承盖，检查轴承盖合缝处应无间隙。对于承受轴向载荷的轴承，应测量轴向间隙，测量时将轴推移到极端位置，然后用塞尺和千分表测量，其值应在0.8～1.0mm的范围内，否则应刮削轴瓦端面或调整止推螺钉。

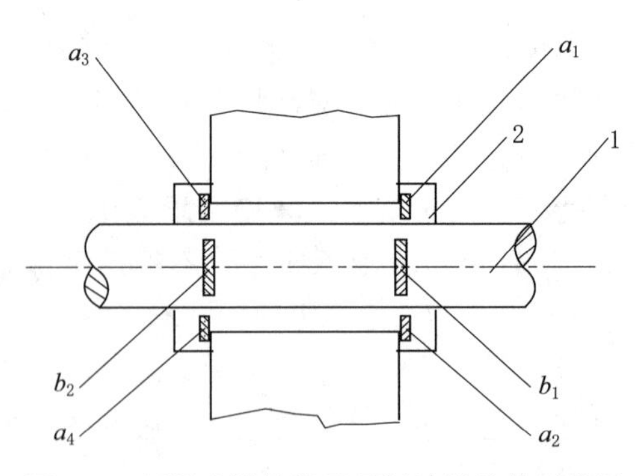

图3.6　压铅法测量轴承顶间隙铅丝放置位置

1—轴；2—轴承座

压铅法测量及调整轴瓦的侧向间隙和塞尺法相同。轴瓦顶部间隙则利用合缝处轴颈顶部放软铅丝压合的方法来测量，如图3.6所示。

在轴瓦合缝处及轴颈顶部放上直径约1mm的6段软铅丝（电工用保险丝），然后装上上轴承盖，拧紧组合螺栓，使软铅丝压扁。拆除上轴承盖，取出已压扁的软铅丝，用内径千分尺测量压扁铅丝的厚度，轴承的平均顶间隙可按式（3.1）计算

$$S=(b_1+b_2)/2-(a_1+a_2+a_3+a_4)/4 \tag{3.1}$$

式中　S——轴承的平均顶间隙，mm；

b_1、b_2——轴颈上段软铅丝压扁后的厚度，mm；

a_1、a_2、a_3、a_4——轴瓦合缝处其结合面上各段软铅丝压扁后的厚度，mm。

顶部间隙调整方法与塞尺法相同。

轴瓦间隙调整合格后，正式装配轴承，先用白布浸酒精或甲苯，把轴颈、轴瓦及轴承油腔内部擦干净，然后安装油环、密封环及上轴承盖。要求密封环与轴颈间隙在0.1～0.2mm之间。轴承盖合缝处应涂漆片溶液以密封。

（5）轴承与轴承座压紧力的调整。轴瓦在工作过程中不允许产生任何移动。因此，轴承与轴承座、轴承盖除了过盈配合和采用止推零件外，还必须用轴承盖压紧轴承。轴承盖压紧轴承的程度，用弹性变形来度量。测量的方法是将铅丝分别置于轴承外圆表面与轴承盖、轴承与轴承座接合面上，用组合螺栓压紧轴承盖，测出铅丝厚度。用式（3.2）计算弹性变形量：

$$A=\frac{b_1+b_2+b_3+b_4}{4}-a \tag{3.2}$$

式中 A——弹性变形量，mm；

b_1、b_2、b_3、b_4——轴承盖与轴承座之间软铅丝压扁后的厚度，mm；

a——上瓦背面软铅丝压扁后的厚度，mm。

通常A=0.04～0.08mm，可用增减轴承盖与轴承座接合面上的垫片的方法来调整压紧程度。

3.3.3 滚动轴承安装

3.3.3.1 滚动轴承安装要求

滚动轴承安装应符合下列要求：

（1）滚动轴承应清洁无损伤，工作面应光滑无裂纹、蚀坑和锈污，滚子和内圈接触应良好，与外圈配合应转动灵活无卡涩，但不松旷；推力轴承的紧圈与活圈应互相平行，并与轴线垂直。

（2）滚动轴承内圈与轴的配合应松紧适当，轴承外壳应均匀地压住滚动轴承的外圈，不应使轴承产生歪扭。

（3）轴承使用的润滑剂应符合制造商的规定，轴承室的注油量应符合要求。

（4）采用温差法装配滚动轴承，轴承加热温度不应高于120℃。

3.3.3.2 滚动轴承安装工艺

装配滚动轴承前，应根据轴承的防锈方式选择适当的方法清洗洁净。一般用防锈油封存的轴承可用汽油或煤油多次清洗，直到干净为止。用原油或防锈油脂防锈的轴承，可将轴承浸入95～100℃的轻质矿物油（如10号机械油或变压器油）中摆动5～10min，使原油或防锈油脂全部溶化，从油中取出，待矿物油流净后再用汽油或煤油清洗。涂有防锈润滑两用油脂的轴承和两面带防尘盖或密封圈的轴承，若无不正常现象，可不清洗。

装配滚动轴承前，检查滚动轴承应清洁无损伤，工作面应光滑无裂纹、蚀坑和锈污，滚子和内圈接触应良好，与外圈配合应转动灵活无卡涩，但不松旷；推力轴承的紧圈与活圈应互相平行，并与轴线垂直。

滚动轴承装配一般采用手锤打入，但手锤不应直接锤击在滚动轴承上，应垫衬硬木或铜棒，而且应对称、均匀锤击在滚动轴承内圈，为了锤击对称、均匀，最好选用内径略大于轴的厚壁管垫衬。亦可采用温差法装配滚动轴承，但加热轴承时的油温温度不得高于100℃。

装配滚动轴承，轴承内圈与轴的配合应松紧适当，轴承与轴肩或轴承挡肩应靠紧，轴承外壳和轴承外圈应平整，轴承外壳应均匀地压住滚动轴承的外圈，不应使轴承产生歪扭。

3.3.4 轴承座安装

3.3.4.1 轴承座安装要求

轴承座安装应符合下列规定：

(1) 轴承座的油室应清洁，油路畅通，并应按规范要求做煤油渗漏试验。

(2) 安装轴承座时，轴瓦两端与轴肩的轴向间隙应满足在转子最高运行温升时有足够的间隙保证转子能自由膨胀及轴向窜动。主轴膨胀系数宜取0.011mm/(m·℃)。

(3) 推力轴瓦的轴向间隙宜为0.3～0.6mm。

(4) 根据机组固定部件的实际中心，初调两轴承孔中心，其同轴度的偏差不应大于0.1mm。卧式机组轴承座的水平偏差，横向不宜超过0.2mm/m，轴向不宜超过0.1mm/m；斜式机组轴承座轴向倾斜偏差不宜超过0.1mm/m。

(5) 轴承座的安装，除应按机组固定部件的实际中心调整轴孔的中心外，轴孔中心高程还应将机组运行时主轴挠度和轴承座支撑变形值及由于润滑油膜的形成引起的主轴的径向位移值计算在内。

(6) 在需要加垫调整轴承座时，所加垫片不应超过3片，且垫片应穿过基础螺栓。

(7) 有绝缘要求的轴承，装配后对地绝缘电阻不宜小于0.5MΩ。绝缘垫应清洁，并应整张使用，四周宽度应大于轴承座10～15mm。销钉和基础螺栓应加绝缘套。

(8) 检查轴承座与基础板组合缝应满足规范要求。

(9) 预装轴承端盖时，轴承座与轴承盖的水平结合面的检查，应在螺栓紧固后进行，且用0.05mm塞尺检查不应通过，轴承端盖结合面、油挡与轴瓦座结合处应按制造商的要求安装密封件或涂密封材料。

3.3.4.2 轴承座安装工艺

轴承座安装前应清除轴承座及基础架组合面的防护漆和毛刺，再将轴承座按设计位置或厂内预装记号吊放在基础架上，合缝处应按图样规定加金属调节垫片及绝缘垫板，穿入所有基础螺栓。

金属调节垫片的面积应与合缝接触面积相同，并具有插入基础螺栓的开口槽，以利垫片插入或抽出，第一次加入的垫片厚度，初步可按式（3.3）计算

$$\delta = E_{ZZ} - H_{Z0} - E_j \tag{3.3}$$

式中 δ——轴承底座加垫厚度，mm；

E_{ZZ}——主轴中心标高，mm；

H_{Z0}——轴承支座中心至底面高度，mm；

E_j——轴承支座底面高程，mm。

轴瓦与轴承外壳的配合，有圆柱面和球面两种，不论采用哪一种配合均有接触面和间

隙两方面的要求。圆柱面配合的轴瓦与轴承外壳，其上轴瓦与轴承盖间应无间隙，且有0.03～0.05mm紧量，下轴瓦与轴承座接触应紧密，承力面应达60%以上。球面配合的轴瓦与轴承，球面与球面座的接触面积应为整个球面的75%左右，并均匀分布，轴承盖拧紧后，球面瓦与球面座之间的间隙应符合设计要求，一般为±0.03mm，即有紧力或留有间隙，组合后的球面瓦和球面座的水平结合面均不应错口。

卧式电机轴承支座的安装，通常以水泵为基准找正。先调整轴承孔的中心位置，同轴度允许误差为0.1mm，轴承座的水平横向允许误差为0.2mm/m，纵向允许误差为0.1mm/m。在调整轴承座轴向中心距离时，还应考虑运行时主轴的温度膨胀值 f（mm），在图样未作规定时可按式（3.4）估算，即

$$f=0.012TL \tag{3.4}$$

式中 T——电动机转子温度与环境温度的差值，℃；

L——两轴颈的中心距，m。

3.3.5 绝缘垫板

有绝缘要求的轴承，装配后对地绝缘电阻不宜小于0.5MΩ。绝缘垫应清洁，并应整张使用，四周宽度应大于轴承座10～15mm。销钉和基础螺栓应加绝缘套。

绝缘垫板是为了防止轴电流侵蚀轴颈与轴瓦用的。一般在定子靠励磁侧的轴承底座合缝处加绝缘垫板，以切断轴电流的回路。为此，这些轴承支座的组合螺栓及定位销等也应绝缘，组装后的轴承座对地绝缘电阻应不低于0.5MΩ。

绝缘垫板应使用整张的，厚度宜为3mm，绝缘垫板应较轴承座的四周凸出10～15mm。为便于随时检查测量轴承绝缘电阻，宜将绝缘垫板做成双层的，在层间夹一层金属垫，在轴承没有其他导体分流接地的情况下，只要用摇表测量中间金属垫对地绝缘，即可知道该轴承的绝缘是否良好。

3.4 基 础 预 埋

卧式及斜式水泵的安装应符合下列要求：

（1）基础埋入部件的安装应按规范要求执行。

（2）根据制造厂的产品说明书，确定设备安装的基准面、基准线或基准点。安装基准线的平面位置允许偏差宜为±2mm，高程允许偏差宜为±1mm。

（3）安装前应对水泵各部件进行检查，各组合面应无毛刺、伤痕，加工面应光洁，各部件无缺陷，并配合正确。

卧式泵、斜式泵与立式泵的安装方法虽不相同，但对基础的要求是一致的。

卧式及斜式机组基础架，大部分由型钢焊成整体，机座组合平面经过刨铣加工。对少数尺寸较大的基础架，才分成两块或多块的型式。整体基础架如图3.7所示，分块式基础架如图3.8所示。

基础架通过基础垫板及成对的调整斜垫铁支承在一期混凝土基础上。由基础螺栓将其固定，待设备安装调整合格后，浇捣二期混凝土，把整个基础架埋入混凝土基础中。

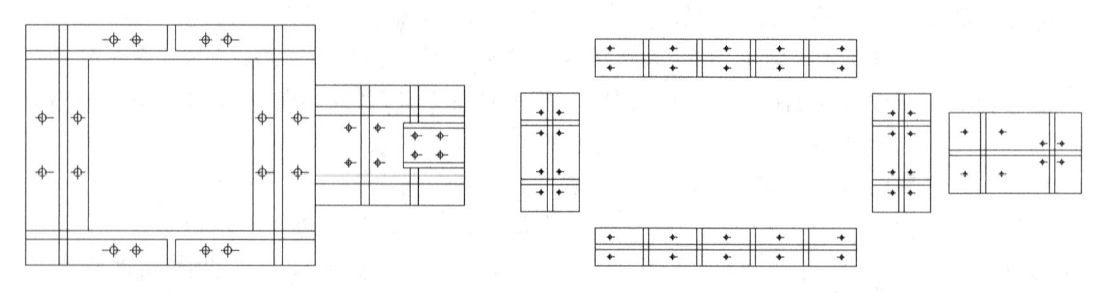

图 3.7　整体基础架　　　　图 3.8　分块式基础架

基础垫板应直接布置在设备机座及轴承支座的下面，每块垫板上面放置一组调整用的垫铁。垫铁包括平垫铁和斜垫铁两种形式，垫铁的材料应为钢板或铸铁件；平垫铁和斜垫铁的厚度可按实际需要和材料情况决定，铸铁平垫铁的厚度不宜小于 20mm，斜垫铁的薄边厚度不宜小于 10mm，斜率应为 1/10～1/25，斜垫铁尺寸按接触面受力 30MPa 来确定，使用时搭接长度要求在 2/3 以上。为了使接触严密，斜垫铁要两面加工，成对斜垫铁在任一配合位置搭叠时，各点厚度应相等。安装中每组垫铁一般要求不超过 5 块，其中只应用一对斜垫铁，因斜垫铁的斜率有一定要求，则调整量只能用垫铁厚度来调整。放置平垫铁时，厚的宜放在下面，薄的宜放在中间且其厚度不宜小于 2mm，调整合格后相互点焊固定，其中铸铁垫铁可以不焊。垫板及垫铁的设计、加工，基础埋入部件的安装应符合规范要求。对大型基础架，为防止弯曲变形，在基础架四角及两块垫板距离较远处，应视情况适当铺设小斜垫铁作支承。

对于荷载较轻的基础架，也可用螺栓千斤顶来代替调整斜垫铁。这种结构加工简单，调节方便，且对基础垫板埋设要求不严，在小型机组安装中被广泛采用。

基础埋设前，先按测量单位提供的机组纵横十字线基准点及高程点，检查基础坑尺寸的正确性，并作必要的处理和凿毛，然后埋设基础垫板。清扫基础架，除去埋入混凝部位的防护漆和锈蚀，并刷快干混凝土灰浆以防锈，然后把它吊放在已初步调好的斜垫铁上。穿上基础螺栓，拧上螺母。

在基础架上面悬挂机组纵横基准钢丝；调整钢丝，使与机组十字线重合。这两根钢丝高于基础上平面约 50～150mm，将它调成既是中心线，又是高程水平线。基准线的平面位置允许偏差不宜超过±2mm，标高允许偏差不宜超过±1mm。

在基础架上平面，以定子基础螺孔及轴承基础螺孔为标准，划各自的十字中心线。从已调好的钢丝线上悬中心锤，使锤尖略高于机座平面 2～5mm，移动基础架使其纵、横中心线与钢丝线重合。

拆除中心锤，使钢丝线处于自由水平状态，用角尺或钢板尺，测量机座加工平面与标准钢丝线的距离，并调整斜垫铁的高低，使基础架的高程比设计值略低 0.5～1mm，水平误差不大于 0.1mm/m。然后拧紧基础架固定螺母，再按上述方法复查中心、高程和水平有无变化，必要时需做校正性调整。后一次的复查，可用连通管水平器或方型水平器来测量。

在调整基础架时，一般选用分布较均匀的三对或四对斜垫铁来调整。其他斜垫铁待固定螺栓拧紧后，用手锤轻轻打紧即可。在打紧过程中要用方型水平器监视以防基础架的水平发生变化。

水泵就位前应复查安装基准的平面和标高位置，控制斜式水泵安装基准的平面和标高位置，即控制了轴线角度安装偏差。

3.5 水 泵

3.5.1 水泵安装前准备

水泵在安装前应进行拆检，以清除设备加工面上的防锈剂、内部的铁屑锈斑以及运输保管过程中的灰尘杂质，检查制造加工中的装配精度，处理运输保管中损坏的零件。拆检前应熟悉有关图样和技术文件，了解主机设备的结构性能和装配要求。拆检场地应清洁、干燥和光线好，并备有箱、架、垫木等工具，保证电、气、水的供应。

1. 水泵的拆卸和清洗

在拆卸过程中，可用40℃左右的煤油或汽油清洗表面的锈斑和油污，对涂有防锈漆的加工面，可用香蕉水或二甲苯溶剂清洗；对加工精度较高的部件，先用压缩空气吹净后再用干净的棉纱布精洗，不准用钢丝刷或刀刮，以防损伤精加工面。如发现有损坏件，应及时修复或更换。

2. 密封环间隙的检测和调整

密封环间隙可分轴向和径向两种。一般对轴向间隙要求不严，对径向间隙要求较高。轴向间隙应大于水泵轴的窜动量，控制在0.5～1mm范围内，如用塞尺检测发现过小时，可车削密封环或轴套，过大时可在轴套与叶轮间加垫环。密封环与泵壳间的单侧径向间隙，一般应为0～0.03mm；密封环与叶轮配合的径向间隙不得小于轴瓦顶间隙，一般为叶轮密封处直径的（1～1.5）/1000，且应四周均匀。调整时，应根据泵型和密封结构确定是研刮密封环还是车削叶轮。

水平中开式离心泵，在调整密封环间隙后，还需检测调整上下两半密封环装配后的周向紧力，以免密封环在泵体内转动。紧力可用压铅法测定，一般要求用直径1mm的软铅丝，压扁后厚度应在0.05～0.10mm范围内。通常紧力可通过研刮密封环组合面或改变泵体中开面上的涂料或垫片厚度来调整。

3. 叶轮泵轴的检测处理

叶轮在安装前，除了检查在轴上的配合准确外，还需检测其摆度，如摆度过大，还应检测泵轴是否有弯曲，直至矫正泵轴，消除叶轮摆度为止。

叶轮摆度检测前，先检测叶轮、轴套的端面与轴线的垂直度，再选择叶轮密封处及轴套外圆处测摆度，如叶轮摆度超出允许值，则应根据记录进行车削处理。如发现叶轮有不平衡现象，还要进行平衡配重处理。

3.5.2 卧式水泵的安装

水泵就位前应复查安装基础平面和高程位置。水泵的中心找正、水平找正和高程找正是安装过程中的关键，必须认真掌握。

1. 中心找正

中心找正就是找正水泵的纵横中心线。先定好基础顶面上的纵横中心线，然后在水泵进、出口法兰面（双吸离心泵）和轴的中心分别吊线。调整水泵位置，使垂线与基础的纵横中心线相吻合。

根据土建放样给定地中心标记，定好纵横十字中心线，在空中拉出两根十字钢琴线，并向下吊出基础上地垂线，移动水泵，使泵的纵横中心线与垂线重合。也可预先在基础上放出十字中心线，在水泵上划出进出口中心和轴心中心，调整水泵中心与基础上的十字中心线共线，中心允许偏差为±2mm。

2. 水平找正

水平找正就是找正水泵纵向和横向水平，一般用水平仪或吊垂线的方法，单级离心泵在泵轴和出口法兰面上测量，用调整垫铁的方法，使水平仪的气泡居中。或使法兰面和联轴器端面至垂线的距离相等或相切，要求水泵纵横方向都水平。水泵安装轴向、径向水平偏差不超过0.1mm/m。

双吸离心泵在水泵进、出口法兰面上进行测量。再调整垫铁的方法，使水平仪的气泡居中，或使法兰面至垂直线的距离相等或与垂线重合。卧式双吸离心泵还可以在泵壳的水平中开面上选择可连成十字形的4个点，把水准尺立在这4个点上，用水准仪测读个点水准尺的读数，若读数相等，则水泵的纵向与横向水平同时找正。

对中开式S形泵，可利用中开面放框式水平仪，测泵体的轴向及径向水平，允许误差为0.1mm/m。测水平时最好使出水侧略高于进水侧，但不能进水侧高于出水侧，以免与进水侧相连的进水管翘起，在高处积聚空气，破坏泵的正常工作。

3. 高程找正

水泵的高程是指水泵轴心线的高程。找正高程的目的是校核水泵安装后的实际高程与设计高程是否相符，用水准仪与水准尺进行测量。测量时将一水准尺立于已知水准点高程 H_B 上，另一水准尺立于水泵轴上。用水准仪测出两处水准尺上读数，按式（3.5）计算水泵轴心线的高程 H_A。

$$H_A = H_B + L - C - \frac{d}{2} \tag{3.5}$$

式中　H_A——水泵轴心线的高程，m；

H_B——基准点 B 处的高程，m；

L——B 点水准尺的读数，m；

C——泵轴上水准尺的读数，m；

d——泵轴的直径，m。

3.5.3　轴向、径向水平偏差

水泵安装的轴向、径向水平偏差不应超过0.1mm/m。应以水平中开面、轴的外伸部分、底座的水平加工面等作为水泵的水平测量部位。

大中型卧式及斜式水泵与立式泵的安装方法虽不相同，但对基础的要求是一致的。小型离心泵与电动机安装在一个底座上，一般都采用直连方式。底座用槽钢焊接，或用生铁铸造而成。底座一般都安装在混凝土基础上，基础上预留地脚螺栓孔。安装水泵底座，调整水泵的轴向、径向水平偏差不超过0.1mm/m，在地脚螺栓孔内填充混凝土，等凝固并达到一定强度后，再把地脚螺栓拧紧，并再一次检查底座的水平度。水平测量应以水泵的水平中开面、轴的外伸部分、底座的水平加工面等为基准。水泵底座安装结束再进行后续工序的安装。

3.5.4 填料密封的安装要求

填料密封的安装应符合下列规定：

(1) 填料函内侧，挡环与轴套的单侧径向间隙，应为0.25～0.50mm。

(2) 水封孔道畅通，水封环应对准水封进水孔。

(3) 填料接口严密，两端搭接角度宜为45°，相邻两层填料接口宜错开120°～180°。

(4) 填料压盖应松紧适当，宜有少许滴水，与泵轴之间的径向间隙应均匀。

填料密封部件一般包括填料函、水封环、密封填料和填料压盖等。填料函的安装要求平面密封不漏水，填料函内侧挡环与轴套的间隙应均匀，单侧径向间隙应为0.25～0.50mm。水封孔道应畅通，水封环应对准水封进水孔。填料一般采用油浸石棉填料，或耐磨性能好、摩擦损失小的新型材料。

3.5.5 卧式与斜式水泵的安装要求

卧式与斜式水泵的安装应符合下列规定：

(1) 叶轮与泵轴组装后，叶轮密封环处和轴套外圆的允许摆动值应符合表3.1的规定。泵轴摆度值不应大于0.05mm。

表3.1　水泵叶轮密封环和轴套外圆允许摆动值　单位：mm

水泵进口直径	$D \leqslant 260$	$260 < D \leqslant 500$	$500 < D \leqslant 800$	$800 < D \leqslant 1250$	$D > 1250$
径向摆动	0.08	0.10	0.12	0.16	0.20

(2) 叶轮与轴套的端面应与轴线垂直。

(3) 密封环与泵壳间的单侧径向间隙，一般应有0～0.03mm。

(4) 水泵密封环单侧径向间隙，应符合表3.2的规定。

表3.2　水泵密封环单侧径向间隙　单位：mm

水泵叶轮密封环处直径	120～180	180～260	260～360	360～500
密封环单侧径向间隙	0.20～0.30	0.25～0.35	0.30～0.40	0.40～0.60

(5) 密封环处的轴向间隙应大于0.5～1.0mm，并大于转动部件的轴向窜动量。

(6) 卧式与斜式水泵安装时，上下叶片间隙应将机组运行时因滑动导轴承的油楔作用产生的叶轮上浮量计算在内，下叶片间隙应小于上叶片间隙，具体数值应由制造商提供。

密封环和叶轮配合处的每侧径向间隙，应符合本条表列数字的规定，一般径向间隙约为密封环处直径的1/1000～1.5/1000，但最小不得小于轴瓦顶部间隙，而且间隙应四周均匀。

密封环处的轴向间隙控制在0.5～1mm以上，其较小值对应于小型泵。这项规定的数值是为了满足水泵轴向窜动量，即密封环处的轴向间隙应大于水泵的轴向窜动量。

3.6　电　动　机

卧式与斜式电动机的安装应符合下列要求：

(1) 应防止杂物等落入定子内部。

(2) 不应将钢丝绳直接绑扎在轴颈、集电环和换向器上起吊转子，不应碰伤定子、转子绕组和铁芯。

3.6.1　抽芯检查

当电动机有下列情况之一时，安装前应进行抽芯检查：

(1) 出厂时间超过1年。

(2) 经外观检查或电气试验，质量可能存在问题。

(3) 有其他异常情况。

电动机的抽芯检查过程中，转子穿入定子前要做好清扫检查工作，确认内部无杂物时，再根据泵站结构，电动机形式和起重量大小，确定穿转子方法。如制造厂有具体方法规定，则应按制造厂的规定执行。

3.6.1.1　转子检查

1. 外观检查

(1) 检查转子各部分是否完好，有否撞坏划伤；线圈表面绝缘层有否损伤。

(2) 检查铁芯内部和通风道内有无残留焊条、焊锡粒、铁屑等杂物；检查通风槽钢是否有松动现象。

(3) 检查同步电机磁极键和直流电机鸽尾颈键是否松动。

(4) 检查同步电机风扇是否有裂纹、固定螺钉是否拧紧、叶片是否已扣上、极间连接线和阻尼端环间柔性连接片连接是否可靠、极间垫铁和磁极线圈是否松动。

(5) 检查同步电机和感应电机的引出线和卡子上的绝缘线图是否松动。

(6) 检查换向器与滑环表面是否有划伤。

2. 绝缘检查

用兆欧表测量绕组绝缘、电阻值和绝缘吸收比是否符合国家标准规定。

3.6.1.2　定子检查

(1) 检查绕组绝缘层是否损坏，引线是否有碰坏。

(2) 检查定子槽楔是否松动，可用锤击听音。其次检查定子绕组绑扎是否松动，端箍与绕组绑扎是否可靠。端部间隙垫块是否有松动和脱落现象。

(3) 检查铁芯是否紧密，测时用1mm厚的锯条，端头磨尖磨薄成检查刀，在定子铁芯上插试。若发现铁芯叠装较松时，应考虑在安装前处理。

3.6.1.3 轴颈检查

轴颈如发现有轻微锈蚀和划伤，可自制一夹具，用手柄旋转夹头进行研磨，通常每15～20min更换一次砂布，每小时更换转子放置位置，将转子旋转90°，如此研磨每小时可磨去0.1mm左右。

在轴颈研磨夹具的毛毡内垫上水龙布，涂上抛光膏或洒上抛光粉，可用来抛光轴颈。

3.6.2 转子吊装

电动机转子安装前，应彻底清洗轴承座内腔，腔内不应有型砂及锈蚀，并在腔内刷二层耐油磁漆或漆片酒精溶液。瓦背与轴承座膛孔接触应严密无间隙，瓦面应无伤痕及其他缺陷。除去电动机轴联轴器防护漆及毛刺，用研磨平台及显示剂，检查联轴器组合面，铲除个别高点，使整个联轴器沿圆周有均匀的接触点。用细呢绒布及细研磨膏进一步研磨并抛光电动机轴轴颈。

水平吊起电动机转子，不应将钢丝绳直接绑扎在轴颈、集电环和换向器上起吊转子，将转子轻轻放在已调整好的轴承座上。吊放过程中，与水泵联轴器合缝间隙处要用硬纸板遮挡，以防碰伤。转子落到轴瓦上之前，在轴颈及轴瓦上抹洁净汽轮机润滑油。

水平起吊转子后，将它放在已经调整好的轴承支座上。在吊放过程中，其与水泵轴联轴器处要用青壳纸遮挡，以防吊入时碰伤。转子轴颈在接近轴瓦时，应在轴颈及轴瓦上抹一层清洁机油。

然后以水泵联轴器为准，沿圆周分四点，用平板尺、塞尺测量两联轴器同轴度偏差，如图3.9所示；并测量轴承两侧轴肩窜动间隙值，如图3.10所示。

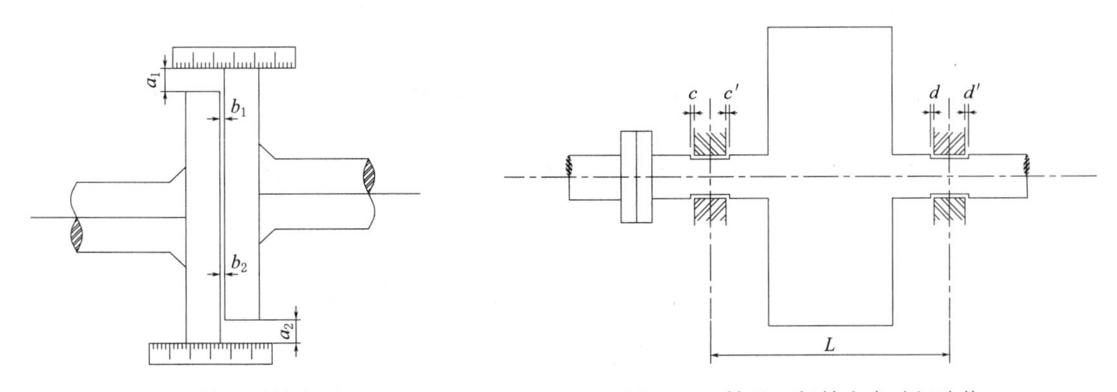

图3.9 联轴器同轴度测量　　图3.10 轴承两侧轴肩窜动间隙值

根据联轴器同轴度偏差测量值和轴承两侧轴肩窜动间隙值，综合调整电动机轴承座的位置，使其径向和轴向同轴度偏差均不大于0.02mm。轴肩窜动间隙推算到联轴器连接后时 $c=c'$，$d \approx d'+0.4l$。

同轴度调整计算应符合规定：卧式与斜式电动机的固定部件同轴度的测量，应以水泵为基准找正。调整合格后，用塞尺检查下轴瓦两端双侧间隙应大致相等。否则说明瓦座与轴线有倾斜与偏心，需做适当的调整。轴承支座调整合格后，拧紧支座基础组合螺栓。

对单轴承结构的转子，吊入过程中直接与水泵联轴器找正，穿入并初步拧紧螺栓，使两联轴器凹凸止口压入。但联轴器组合面不要全部拧靠，使它们之间留 1～22mm 的间隙，以便盘车测量轴线用，而另一端则安放在单轴承上。

3.6.3　定子的安装

定子的安装，可根据具体情况，采用定子套转子或同吊整体定子及转子的方法。

1. 定子套转子

若整体定子铁芯内孔高于基础架上平面，可待转子吊入找正后，采用定子套转子的方式进行安装。如图 3.11 所示。

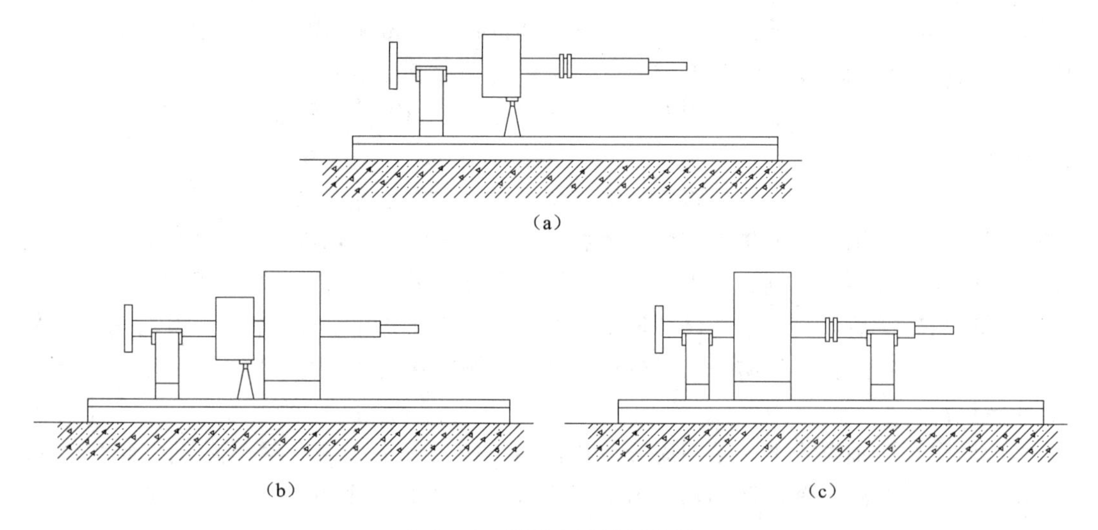

图 3.11　定子套转子安装图

在已吊入找正的转子磁极重心外侧，用垫木及千斤顶把转子略为顶起，使轴瓦与轴颈脱离，取出轴瓦，拆除轴承座，如图 3.11（a）所示。为便于该轴承座的装配，拆除前，可在原设计钻销钉孔的位置，先钻比设计直径小 3mm 以上的临时销钉孔，并配临时销钉以定位。待轴线调整完毕后，再将该销钉孔扩钻到设计值。

用压缩空气吹干净转子及定子，将经整体交流耐压试验合格的定子水平吊起，套入转子轴端，直到转子磁极将进入定子内孔，主轴轴颈且已露出定子外侧，不妨碍轴承座装配时止。如图 3.11（b）所示。恢复装配外侧轴承，松去千斤顶，使转子回复支承在轴承上。

吊起定子，按转子找定子中心，慢慢套入转子，如图 3.11（c）所示。为防止定子与转子磁极碰撞受伤，可在转子外圆包一层 2mm 厚的纸板保护层，纸板的长度应超过磁极端部。或者与悬吊式电动机吊转子一样，在套入过程中用木板条引导防止碰撞。

定子套入转子后，按基础螺孔位置大致找正，并在机座处适当加调节垫片，落下定子，穿入基础螺栓。

测量定子与转子轴向中心，测量电动机两个端面的空气间隙，调整定子位置，使空气间隙偏差不大于实际平均气隙的±10%。当用机座垫片来调整上下空气间隙时，两侧垫片厚度应相等，以防定子横向水平的恶化。

2. 同吊整体定子及转子

整体定子，其铁芯内孔凹入基础架上平面时，则应先将定子吊入基础进行预装，与轴承座一并调整中心和水平，事先处理基础，并按实际中心高程确定基础垫片。然后将定子吊出，在安装场地进行定子套转子，或转子穿定子，并用 2～4 个链式起重机同钩，调节定子与转子的空气间隙，气隙中塞木垫板或厚纸板隔离保护，最后同钩起吊整体定子及转子，如图 3.12 所示，一并吊入基础进行安装。

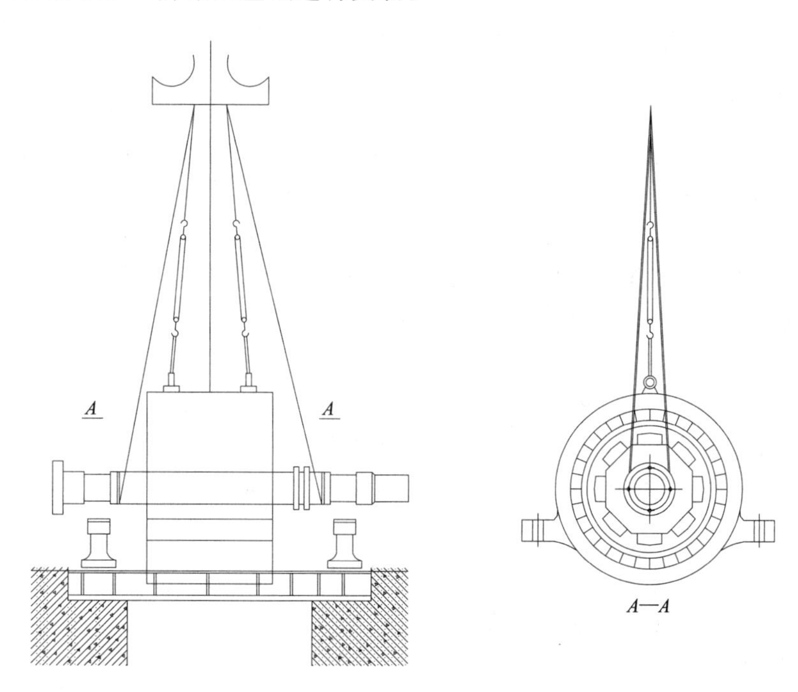

图 3.12 同吊整体定子及转子示意图

如果起重吊钩容量有限，不允许同钩起吊定子和转子时，则可在原基础上将定子用支墩垫高，使膛孔高程不妨碍转子穿入为原则，待转子穿入定子后，将定子支墩更换成 4 只千斤顶，以配合转子慢慢下落，由 4 人同时操作 4 只千斤顶逐级下降定子，直至落到基础上为止。

转子吊入后，卧式与斜式电动机的固定部件同轴度的测量，应以水泵为基准找正，并以转子为基准校正定子轴向中心及空气间隙。

3.6.4 固定部件同轴度的测量

卧式与斜式电动机的固定部件同轴度的测量，应以水泵为基准找正，安装质量应符合规定要求。

根据机组固定部件的实际中心，初调两轴承孔中心，其同轴度偏差不应大于 0.1mm；卧式机组轴承座的水平偏差，横向不宜超过 0.2mm/m，轴向不宜超过 0.1mm/m；斜式机组轴承座轴向倾斜偏差不宜超过 0.1mm/m。

卧式及斜式电动机的同轴度的测量，应以水泵为基准找正。在已就位的轴承座上方，悬挂机组中心钢丝线，钢丝宜选用抗拉强度大于 265kg/mm^2 的琴钢丝或碳素弹簧钢丝，所以习惯又称钢琴线、钢弦、钢丝线等。钢丝直径宜为 0.3～0.4mm，应无打结和弯曲现象，钢丝的一端绑扎在横架上，另一端通过横架悬吊 5～10kg 重物以拉紧。调整钢丝，使与机组十字线重合。该钢丝线最好调成既是机组中心线，又是机组中心高程水平线。然后用电气回路法测量并调整各部轴承支座中心及高程。调整时，一般先从水泵侧第一个轴承开始，顺次逐个调整，使轴承同轴度偏差不应大于 0.1mm；轴承座的水平偏差轴向应不超过 0.2mm/m，径向不应超过 0.1mm/m。轴承座调整合格后，初步拧紧基础螺栓。

3.6.5　空气间隙值测量

应测量定子与转子之间的空气间隙值，空气间隙值应取 4 次测量值的算术平均值（每次将转子旋转 90°）。凸级式同步电动机每次应测量每个磁极处两端的空气间隙值；异步电动机每次应测量两端断面上、下、左、右 4 个空气间隙值。各间隙与平均间隙之差的绝对值，不应超过平均间隙值的 10%。采用滑动导轴承的电动机，上下空气间隙应将机组运行时因滑动导轴承的油楔作用产生的转子上浮量计算在内，下空气间隙应小于上空气间隙，具体数值应由制造商提供。

卧式机组的转子、定子一般均没有进行圆度检查；故测量间隙时，转子应转动几个位置测定，以保证相对间隙尽可能均匀。若间隙偏差超过允许范围，则应分析其原因，并按空气间隙找正。空气间隙的测量方法可采用立式机组空气间隙的测量方法。

3.6.6　滑环与电刷（碳刷）安装

卧式与斜式电动机滑环与电刷的安装应符合下列规定：

（1）滑环表面应光滑，摆度不应大于 0.05mm。若表面不平或失圆达到 0.2mm，则应重新加工。

（2）滑环上的电刷装置应安装正确，电刷在刷握内应有 0.1～0.2mm 的间隙，刷握与滑环应有 2～4mm 的间隙。

（3）电刷与滑环应接触良好，电刷压力宜为 15～25kPa，同一级电刷弹簧压力相差不应超过 5%。

（4）电刷绝缘应良好，刷架绝缘电阻应大于 1MΩ。

（5）换向器片间绝缘应凹下 0.5～1.5mm，整流片与绕组的焊接应良好。

从固定体到旋转体的电流传导是靠电机轴上的钢质滑环和固定的石墨电刷来完成。电刷用刷握固定，刷握由保持电刷在规定位置上的刷盒部分、用适当压力压住电刷以防止电刷振动的加压部分、连接刷盒和加压的框架部分、将刷握固定到电机上的固定部分组成，大型卧式电机多用悬臂式刷架来固定刷握。

安装滑环与电刷时，要注意相对滑动面的光滑程度、电刷牌号及刷架的绝缘电阻情况。如发现滑环表面不平或失圆，应重新加工，为获得良好的滑动性能，滑环上可开螺旋状的斜槽，整台机上的电刷牌号应统一，与滑环的接触面可用 0 号砂纸磨成所需的弧形。刷架的绝缘电阻不应小于 1MΩ，电刷安装位置要正确，在刷握内应由 0.1～0.2mm 的间隙，电刷压力调在 15～25kPa，以保证电刷和滑环能良好接触。

电刷与滑环接触良好的具体要求，应是电刷接触面与滑环的弧度相吻合，接触面积不应小于单个电刷截面的75%。

电刷压力一般应调整为15～25kPa，在不具备测量条件的情况下，在滑环和电刷基本符合要求时，应调整到不使电刷冒火的最低压力，同一刷架上每个电刷的压力应基本均匀，同一级电刷弹簧压力偏差不应超过5%。

3.7 联 轴 器 安 装

3.7.1 联轴器轴线测量及调整

主电动机轴联轴器应按水泵联轴器找正，其同轴度不应大于0.04mm，倾斜度不应大于0.02mm/m。

轴线测量及调整，是卧式机组安装工作的重要工序，其目的在于使主轴能获得正确的相互位置，确保运行稳定。联轴器不同轴度测量应按标准要求执行。

轴线测量时，在轴瓦上浇洁净汽轮机油润滑，用转子盘车工具或手动转动转子，以水泵半联轴器为基准，用制造厂的装配记号对齐两半联轴器组合线。如人工转动转子有困难时，可在转子轴上缠绕钢丝绳，绳头固定在半联轴器上，另一头通过滑轮用行车或手拉葫芦进行盘车，盘动时要求无偏重、卡阻及异常声音，转动灵活后方可盘车。在联轴器上装设专用工具，如图3.13（a）所示。

在圆周上划出对准线，对齐两联轴器组合线。在专用工具上装两只百分表，一只百分表测量径向数值，一只百分表测量轴向数值。调整百分表大针为零，小针应有1mm以上的指值。以此为零点，按逆时针方向在联轴器外侧划0°、90°、180°、270°四点等分线。

用手或杠杆将联轴器A和B一起转动，每次顺时针旋转90°，使专用工具上的对准线顺次转至0°、90°、180°、270°四个位置，在每个位置上测得两个半联轴器的径向数值a和轴向数值（间隙）b。将盘车测量数值记录成图3.13（b）的形式。

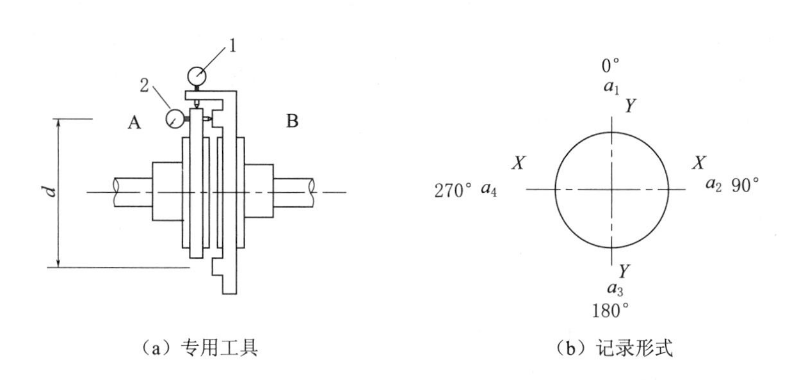

（a）专用工具　　（b）记录形式

图3.13　测量不同轴度

1—测量径向数值a的百分表；2—测量轴向数值b的百分表

对测出数值进行复核，两联轴器旋转回到0°时，百分表指示也应回到零，即a_1+a_3

应等于 a_2+a_4，b_1+b_3 应等于 b_2+b_4；当上述数值不相等时，说明百分表架有碰撞或变形，其不回零值大于±0.02mm 时，则应查明原因，消除后重新盘车测量。

两轴的不同轴度如图 3.14 所示。

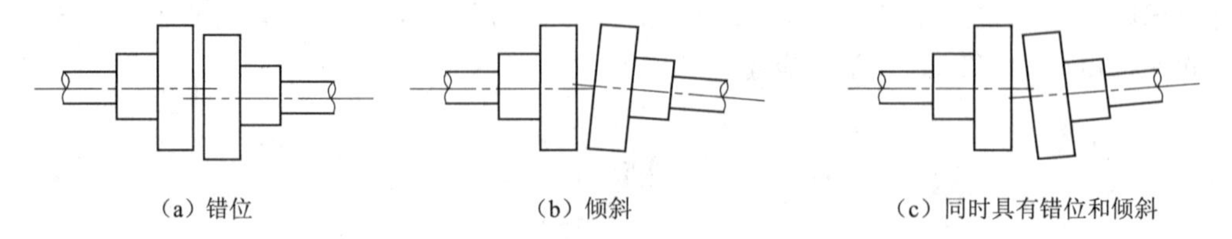

(a) 错位　(b) 倾斜　(c) 同时具有错位和倾斜

图 3.14　两轴不同轴度情形

不同轴度应按下列公式计算

$$a_x=(a_2-a_4)/2 \tag{3.6}$$

$$a_y=(a_1-a_3)/2 \tag{3.7}$$

$$a=(a_x^2+a_y^2)^{0.5} \tag{3.8}$$

式中 a_x——两轴轴线在 X—X 方向的径向偏差，mm；

a_y——两轴轴线在 Y—Y 方向的径向偏差，mm；

a——两轴轴线的实际径向偏差，mm。

$$\theta_x=(b_2-b_4)/d \tag{3.9}$$

$$\theta_y=(b_1-b_3)/d \tag{3.10}$$

$$\theta=(\theta_x^2+\theta_y^2)^{0.5} \tag{3.11}$$

式中 d——联轴器直径，mm；

θ_x——两轴轴线在 x—x 方向的倾斜值，mm；

θ_y——两轴轴线在 y—y 方向的倾斜值，mm；

θ——两轴轴线实际倾斜值，mm。

测量过程中，由于轴转动时，不可避免地会产生轴向窜动，这些窜动值将加到所测数值中去，为消去轴向窜动值，可在联轴器对称方向同时测量，取同方向的两次测量平均值，这个平均值中已包含着一个主轴旋转 180°时的轴向窜动值，但这时它对称点的平均值也包含了一个旋转 180°时的同一轴向窜动值。当求两联轴器倾斜值时，对侧相减，即消去了轴向窜动值。消除两根主轴旋转时的轴向窜动影响，则提高了测量的精确度。即

$$b_1=(b_{10°}+b_{1180°})/2 \tag{3.12}$$

$$b_2=(b_{290°}+b_{2270°})/2 \tag{3.13}$$

$$b_3=(b_{3180°}+b_{30°})/2 \tag{3.14}$$

$$b_4=(b_{4270°}+b_{490°})/2 \tag{3.15}$$

式中 b_1——轴向间隙 b_1 点平均值，mm；

b_2——轴向间隙 b_2 点平均值，mm；

b_3——轴向间隙 b_3 点平均值，mm；

b_4——轴向间隙 b_4 点平均值，mm。

根据盘车测得的径向位移数值 a 及倾斜 b，分别计算主轴垂直及水平两个平面内的两

个轴承偏移值，并按这个计算值调整两部轴承位置。轴线调整计算示意图如图 3.15 所示。

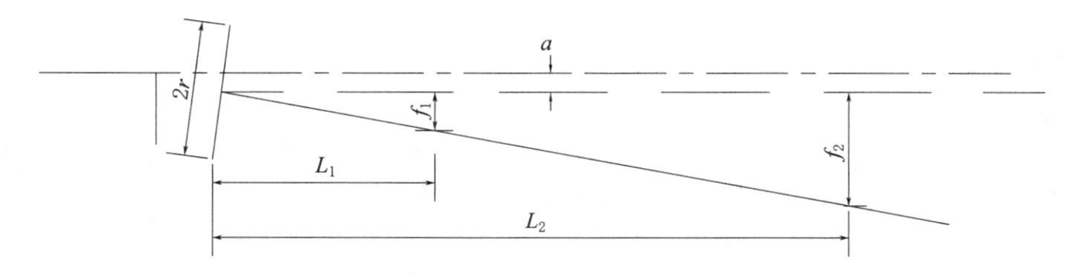

图 3.15 轴线调整计算示意图

为使两轴平行，两个轴承应分别移动的调整值可按下列公式计算

$$f_{1x}=(b_2-b_4)L_1/d \tag{3.16}$$

$$f_{2x}=(b_2-b_4)L_2/d \tag{3.17}$$

$$f_{1y}=(b_1-b_3)L_1/d \tag{3.18}$$

$$f_{2y}=(b_1-b_3)L_2/d \tag{3.19}$$

式中 f_{1x}——为使两轴平行，第一个轴承在 x—x 轴线方向应调整值，mm；

f_{2x}——为使两轴平行，第二个轴承在 x—x 轴线方向应调整值，mm；

f_{1y}——为使两轴平行，第一个轴承在 y—y 轴线方向应调整值，mm；

f_{2y}——为使两轴平行，第二个轴承在 y—y 轴线方向应调整值，mm；

L_1——电动机联轴器组合面至第一个轴承的中心长度，mm；

L_2——电动机联轴器组合面至第二个轴承的中心长度，mm；

d——联轴器直径，mm。

为使两轴同心，电动机两个轴承还要同时移动按式（3.6）、式（3.7）计算的径向偏差值。

因此，第一个轴承在 y—y 轴线方向移动总量可按式（3.20）计算

$$y_1=f_{1y}+a_y \tag{3.20}$$

式中 y_1——第一个轴承 y—y 方向调整总值，mm。

第二个轴承 y—y 轴线方向移动总量可按式（3.21）计算

$$y_2=f_{2y}+a_y \tag{3.21}$$

式中 y_2——第二个轴承 y—y 轴线方向调整总值，mm。

公式中的符号代表着方向，计算得正值时，轴承应垫高，负值时轴承应降低。

同理，x—x 方向两个轴承的调整值可按式（3.22）、式（3.23）计算

$$x_1=f_{1x}+a_x \tag{3.22}$$

$$x_2=f_{2x}+a_x \tag{3.23}$$

式中 x_1——第一个轴承 x—x 轴线方向调整总值，mm；

x_2——第二个轴承 x—x 轴线方向调整总值，mm。

上式中应注意 θ_x 应与 a_x 同方向。计算得正值时，轴承向正方向移动，负值时轴承向负方向移动。

轴承调整后，要重复上述的测量，以检验调整后的轴线径向位移及倾斜，同轴度偏差

应符合相关标准规定的要求后，方可联接联轴器螺栓。

单轴承卧式机组的转子，在水泵端没有轴承，它直接与水泵联轴器联接。为此，这种结构的主轴联轴器都设计成有凹凸滑动配合的止口，以保证主轴同心度及承受径向荷重。

为测量及调整轴线，通常将联轴器精制组合螺栓拆除，更换成 3～4 个直径较小的临时组合螺栓，并使两联轴器组合面分离约 1～2mm。这时电动机转子的重量，一端通过联轴器凹凸止口传给水泵轴承；另一端支承在电动机单轴承上。而临时组合螺栓仅仅起一种保护作用，以防两联轴器止口脱开而摔坏转子。

用盘车方法，测量 4 个角度时联轴器的轴向间隙。具体测量及调整工艺与双轴承相同。这时径向偏移已由止口获得保证，因此只要检查并调整轴线倾斜即可。

3.7.2　联轴器的安装

联轴器的安装应符合下列规定：

（1）联轴器应根据不同的配合要求进行套装，套装时不应直接用铁锤敲击。

（2）弹性联轴器的弹性套和柱销应为过盈配合，过盈量宜为 0.2～0.4mm。柱销螺栓应均匀着力，弹性套与柱销孔壁的间隙应为 0.5～2mm，柱销螺栓应有防松装置。

（3）检查两联轴器的同轴度及轴向间隙，其允许偏差应符合表 3.3 的规定，且轴向间隙不应小于实测的轴向窜动值。

（4）其他联轴器的安装应符合规定要求。

表 3.3　　弹性套柱销联轴器安装允许偏差

<table>
<tr><th>联轴器外形最大直径/mm</th><th>两轴心径向错位/mm</th><th>两轴线倾斜</th><th>断面间隙/mm</th></tr>
<tr><td>71</td><td rowspan="4">0.1</td><td rowspan="13">0.2/1000</td><td rowspan="4">2～4</td></tr>
<tr><td>80</td></tr>
<tr><td>95</td></tr>
<tr><td>106</td></tr>
<tr><td>130</td><td rowspan="3">0.15</td><td rowspan="3">3～5</td></tr>
<tr><td>160</td></tr>
<tr><td>190</td></tr>
<tr><td>224</td><td rowspan="3">0.2</td><td rowspan="4">4～6</td></tr>
<tr><td>250</td></tr>
<tr><td>315</td></tr>
<tr><td>400</td><td rowspan="2">0.25</td></tr>
<tr><td>475</td><td rowspan="2">5～7</td></tr>
<tr><td>600</td><td>0.3</td></tr>
</table>

联轴器安装前，应测量联轴器孔和轴配合部分两端和中间的直径，每处在同一径向平面上互成 90°位置各测一次，根据平均实测数值，选择不同的装配方法。联轴器安装前，还应检查测量键与键槽径向与高度的配合情况。联轴器应根据不同配合要求进行套装，一般采用联轴器加热装配、用压力机压入和用手锤打入等几种方法。

将联轴器加热装配的温度可按式（3.24）计算

$$t=\frac{\delta_{max}+\delta_0}{\alpha d}+t_H \tag{3.24}$$

式中 t——加热温度，℃；

δ_{max}——实际测得的最大过盈，mm；

δ_0——装配所需的最小间隙，mm（表3.4）；

α——被加热件的线膨胀系数，1/℃；

d——被加热件的直径，mm；

t_H——室温，℃。

表3.4　　加热装配最小间隙

零件重量 /kg	被加热件直径 d/mm				
	>80～120	>120～180	>180～260	>260～360	>360～500
	最小间隙 δ_0/mm				
≤16	0.05	0.06	0.07		
>60～50	0.07	0.09	0.10	0.12	
>50～100	0.12	0.15	0.17	0.20	0.24
>100～500	0.17	0.20	0.24	0.28	0.32
>500～1000		0.23	0.27	0.31	0.36
>1000			0.30	0.36	0.40

碳素钢加热温度不应超过400℃。联轴器加热装配后，检查联轴器和轴装配的相对位置应符合《泵站设备安装及验收规范》（SL 317—2015）的规定，冷却应均匀，防止局部冷却过快。

联轴器孔和轴的配合为过渡配合中的第二种过渡配合或第三种过渡配合，联轴器的安装可采用手锤打入，但套装时不应直接用铁锤敲击联轴器。弹性联轴器的端面间隙应符合表3.3的规定，并不应小于实测的轴向窜动值。

弹性联轴器的弹性圈和柱销应为过盈配合，过盈量宜为0.2～0.4mm。柱销螺栓应均匀着力，当全部柱销紧贴在联轴器螺孔一侧时，另一侧应有0.5～1mm的间隙。

3.7.3 电动机与水泵轴同轴度要求

电动机与水泵轴同轴度的精确测量方法可按《泵站设备安装及验收规范》（SL 317—2015）要求执行。主轴连接后，应盘车检查各部分跳动值，其允许偏差应符合下列要求：

（1）各轴颈处的跳动量（轴颈圆度）应小于0.03mm。

（2）推力盘的端面跳动量应小于0.02mm。

（3）联轴器侧面的摆度应小于0.10mm。

（4）滑环处的摆度应小于0.20mm。

主轴连接后，要用百分表盘车，测量检查各轴颈处、推力盘（推力头）端面、联轴器侧面、滑环处的摆度或圆度。要求各轴颈处的摆度应小于 0.03mm，推力盘的端面跳动量应小于 0.02mm，联轴器侧面的摆度应小于 0.10mm；滑环处的摆度应小于 0.20mm。

联轴后应盘车，检查由于制造、加工偏差和安装误差而引起的轴线摆度。轴颈处的摆度实际为轴颈圆度，推力头的端面跳动反映其与轴线不垂直及其不平度，联轴器侧面摆度包含其圆度。

3.8 主 轴 校 正

当轴发生弯曲时，首先应在室温状态下用百分表对整个轴长进行测量，并绘制出弯曲曲线，确定出弯曲部位和弯曲度（轴的任意断面中，相对位置的最大跳动值与最小值之差的 1/2）的大小。其次，还应对轴进行下列检查工作：

（1）检查裂纹。对轴最大弯曲点所在的区域，用浸煤油后涂白粉或其他的方法来检查裂纹，并在校直轴前将其消除：消除裂纹前，需用打磨法、车削法或超声波法等测定出裂纹的深度。对较轻微的裂纹可进行修复，以防直轴过程中裂纹扩展；若裂纹的深度影响到轴的强度，则应当予以更换。

裂纹消除后，需做转子的平衡试验，以弥补轴的不平衡。

（2）检查硬度。对检查裂纹处及其四周正常部位的轴表面分别测量硬度，掌握弯曲部位金属结构的变化程度，以确定正确的直轴方法。淬火的轴在校直前应进行退火处理。

（3）检查材质。如果对轴的材料不能肯定，应取样分析，在得知材料的化学成分后，才能更好地确定直轴方法及热处理工艺。

在上述检查工作全部完成以后，即可选择适当的直轴方法和工具进行直轴工作。直轴的方法有机械加压法、捻打法、局部加热法、局部加热加压法和应力松弛法等。

3.8.1　捻打法（冷直轴法）

捻打法就是在轴弯曲的凹下部用捻棒进行捻打振动，使凹处（纤维被压缩而缩短的部分）的金属分子间的内聚力减小而使金属纤维延长，同时捻打处的轴表面金属产生塑性变形，其中的纤维具有了残余伸长，因而达到了直轴的目的。

捻打时的基本步骤为：

（1）根据对轴弯曲的测量结果，确定直轴的位置并做好记号。

（2）选择适当的捻打用的捻棒。捻棒的材料一般选用 45 号钢，其宽度随轴的直径而定（一般为 15～40mm），捻棒的工作端必须与轴面圆弧相符，边缘应削圆无尖角（$R_1=2\sim3$mm），以防损伤轴面。在捻棒顶部卷起后，应及时修复或更换，以免打坏泵轴。捻棒形状如图 3.16 所示。

（3）直轴时，将轴凹面向上放置，在最大弯曲断面下部用硬木支撑并垫以铅板，如图 3.17 所示。另外，直轴时最好把轴放在专用的台架上并将轴两端向下压，以加速金属分子的振动而使纤维伸长。

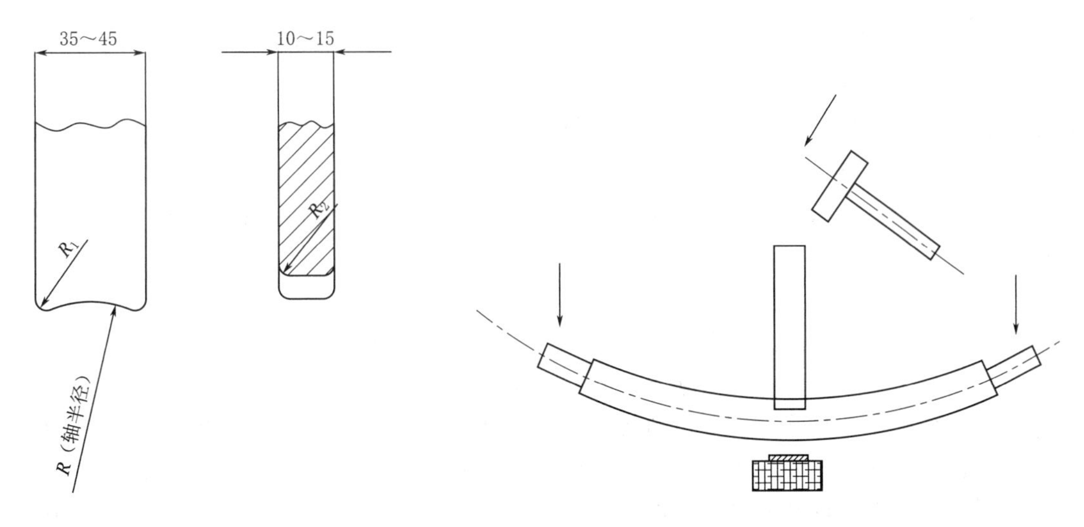

图 3.16 捻棒形状

图 3.17 捻打直轴样式

(4) 捻打的范围为圆周的 1/3（即 120°），此范围应预先在轴上标出。捻打时的轴向长度可根据轴弯曲的大小、轴的材质及轴的表面硬化程度来决定，一般控制在 50～100mm 的范围之内。

捻打顺序按对称位置交替进行，捻打的次数为中间多、两侧少，如图 3.18 所示。

(5) 捻打时可用 1～2kg 的手锤敲打捻棒，捻棒的中心线应对准轴上的所标范围，锤击时的力量中等即可而不能过大。

(6) 每打完一次，应用百分表检查弯曲的变化情况。一般初期的伸直较快，而后因轴表面硬化而伸直速度减慢。如果某弯曲处的捻打已无显著效果，则应停止捻打并找出原因，确定新的适当位置再行捻打，直至校正为止。

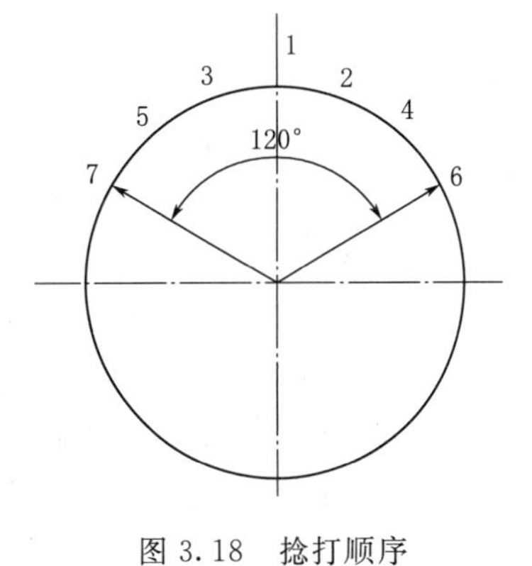

图 3.18 捻打顺序

(7) 捻打直轴后，轴的校直应向原弯曲的反方向稍过弯 0.02～0.03mm，即稍校过一些。

(8) 检查轴弯曲达到需要数值时，捻打工作即可停止。此时应对轴各个断面进行全面、仔细的测量，并做好记录。

(9) 最后，对捻打轴在 300～400℃进行低温回火，以消除轴的表面硬化及防止轴校直后复又弯曲。

上述的冷直轴法是在工作中应用最多的直轴方法，但它一般只适于轴颈较小且轴弯曲在 0.2mm 左右的轴。此法的优点是直轴精度高，易于控制，应力集中较小，轴校直过程中不会发生裂纹。其缺点是直轴后在一小段轴的材料内部残留有压缩应力，且直轴的速度较慢。

3.8.2　内应力松弛法

内应力松弛法是把泵轴的弯曲部分整个圆周都加热到使其内部应力松弛的温度（低于该轴回火温度30～50℃，一般为600～650℃），并应热透。在此温度下施加外力，使轴产生与原弯曲方向相反的、一定程度的弹性变形，保持一定时间。这样，金属材料在高温和应力作用下产生自发的应力下降的松弛现象，使部分弹性变形转变成塑性变形，从而达到直轴的目的。

1. 校直的步骤

（1）测量轴弯曲，绘制轴弯曲曲线。

（2）在最大弯曲断面的整修圆周上进行清理，检查有无裂纹。

（3）将轴放在特制的、设有转动装置和加压装置的专用台架上，把轴的弯曲处凸面向上放好，在加热处侧面装一块百分表。加热的方法可用电感应法，也可用电阻丝电炉法。加热温度必须低于原钢材回火温度20～30℃，以免引起钢材性能的变化。测温时是用热电偶直接测量被加热处轴表面的温度。直轴时，加热升温不盘轴。

（4）当弯曲点的温度达到规定的松弛温度时，保持温度1h，然后在原弯曲的反方向（凸面）开始加压。施力点距最大弯曲点越近越好，而支承点距最大弯曲点越远越好。施加外力的大小应根据轴弯曲的程度、加热温度的高低、钢材的松弛特性、加压状态下保持的时间长短及外加力量所造成的轴的内部应力大小来综合考虑确定。

（5）由施加外力所引起的轴内部应力一般应小于0.5MPa，最大不超过0.7MPa。否则，应以0.5～0.7MPa的应力确定出轴的最大挠度，并分多次施加外力，最终使轴弯曲处校直。

（6）加压后应保持2～5h的稳定时间，并在此时间内不变动温度和压力。施加外力应与轴面垂直。

（7）压力维持2～5h后取消外力，保温1h，每隔5min将轴盘动180°，使轴上下温度均匀。

（8）测量轴弯曲的变化情况，如果已经达到要求，则可以进行直轴后的稳定退火处理；若轴校直得过了头，需往回直轴，则所需的应力和挠度应比第一次直轴时所要求的数值减小一半。

2. 采用此方法直轴时应注意的事项

（1）加力时应缓慢，方向要正对轴凸面，着力点应垫以铅皮或紫铜皮，以免擦伤轴表面。

（2）加压过程中，轴的左右（横向）应加装百分表监视横向变化。

（3）在加热处及附近，应用石棉层包扎绝热。

（4）加热时最好采用两个热电偶测温，同时用普通温度计测量加热点附近处的温度来校对热电偶温度。

（5）直轴时，第一次的加热温升速度以100～120℃/h为宜，当温度升至最高温度后进行加压；加压结束后，以50～100℃/h的速度降温进行冷却，当温度降至100℃时，可在室温下自然冷却。

（6）轴应在转动状态下进行降温冷却，这样才能保证冷却均匀、收缩一致，轴的弯曲顶点不会改变位置。

（7）若直轴次数超过两次以后，在有把握的情况下可将最后一次直轴与退火处理结合在一起进行。

内应力松弛法适用于任何类型的轴，而且效果好、安全可靠，在实际工作中应用较多。关于内应力松弛法的施加外力的计算，这里就不再介绍，应用时可参阅有关的技术书籍中的计算公式。

3.8.3 局部加热法

局部加热法是在泵轴的凸面很快地进行局部加热，人为地使轴产生超过材料弹性极限的反压缩应力。当轴冷却后，凸面侧的金属纤维被压缩而缩短，产生一定的弯曲，以达到直轴的目的。

1. 具体的操作方法

（1）测量轴弯曲，绘制轴弯曲曲线。

（2）在最大弯曲断面的整个圆周上清理、检查并记录好裂纹的情况。

（3）将轴凸面向上放置在专用台架上，在靠近加热处的两侧装上百分表以观察加热后的变化。

（4）用石棉布把最大弯曲处包起来，以最大弯曲点为中心把石棉布开出长方形的加热孔。加热孔长度（沿圆周方向）约为该处轴径的25%～30%，孔的宽度（沿轴线方向）与弯曲度有关，约为该处直径的10%～15%。

（5）选用较小的5号、6号或7号焊嘴对加热孔处的轴面加热。加热时焊嘴距轴面约15～20mm，先从孔中心开始，然后向两侧移动，均匀地、周期地移动火嘴。当加热至500～550℃时（轴表面呈暗红色），立即用石棉布把加热孔盖起来，以免冷却过快而使轴表面硬化或产生裂纹。

（6）在校正较小直径的泵轴时，一般可采用观察热弯曲值的方法来控制加热时间。热弯曲值是当用火嘴加热轴的凸起部分时，轴就会产生更加向上的凸起，在加热前状态与加热后状态的轴线的百分表读数差（在最大弯曲断面附近）。一般热弯曲值为轴伸直量的8～17倍，即轴加热凸起0.08～0.17mm时，轴冷却后可校直0.01mm，具体情况与轴的长径比及材料有关。对一根轴第一次加热后的热弯曲值与轴的伸长量之间的关系，应作为下一次加热直轴的依据。

（7）当轴冷却到常温后，用百分表测量轴弯曲并画出弯曲曲线。若未达到允许范围，则应再次校直。如果轴的最大弯曲处再次加热无效果，应在原加热处轴向移动一位置，同时用两个焊嘴顺序局部加热校正。

（8）轴的校正应稍有过弯，即应有与原弯曲方向相反的0.01～0.03mm的弯曲值，待轴退火处理后，这一过弯值即可消失。

2. 在使用局部加热法时应注意的问题

（1）直轴工作应在光线较暗且没有空气流动的室内进行。

（2）加热温度不得超过500～550℃，在观察轴表面颜色时不能戴有色眼镜。

（3）直轴所需的应力大小可用两种方法调节：一是增加加热的表面；二是增加被加热轴的金属层的深度。

（4）当轴有局部损伤、直轴部位局部有表面高硬度或泵轴材料为合金钢时，一般不应采用局部加热法直轴。

最后，应对校直的轴进行热处理，以免其在高温环境中复又弯曲，而在常温下工作的轴则不必进行热处理亦可。

3.8.4　机械加压法

这种方法是利用螺旋加压器将轴弯曲部位的凸面向下压，从而使该部位金属纤维压缩，把轴校直过来，如图 3.19 所示。

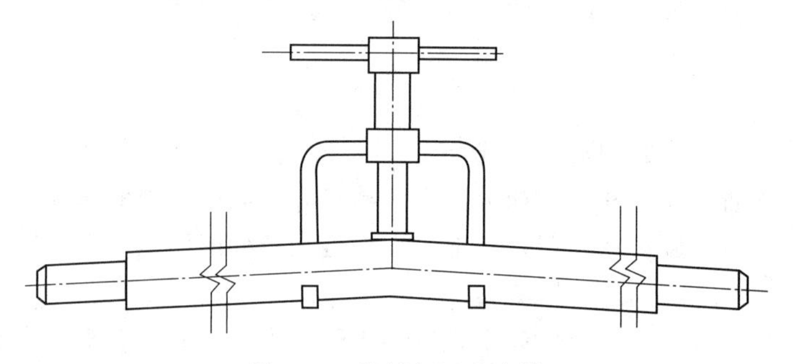

图 3.19　机械加压法直轴

3.8.5　局部加热加压法

局部加热加压法又称为热力机械校轴法，其对轴的加热部位、加热温度、加热时间及冷却方式均与局部加热法相同，所不同点就是在加热之前先用加压工具在弯曲处附近施力，使轴产生与原弯曲方向相反的弹性变形。在加热轴以后，加热处金属膨胀受阻而提前达到屈服极限并产生塑性变形。

这样直轴大大快于局部加热法，每加热一次都收到较好的结果。若第一次加热加压处理后的弯曲不合标准，则可进行第二次。第二次加热时间应根据初次加热的效果来确定，但要注意在某一部位的加热次数最多不能超过三次。

5 种直轴方法中，机械加压法和捻打法只适用于直径较小、弯曲较小的轴；局部加热法和局部加热加压法适用于直径较大、弯曲较大的轴，这两种方法的校直效果较好，但直轴后有残余应力存在，而且在轴校直处易发生表面淬火，在运行中易于再次产生弯曲，因而不宜用于校正合金钢和硬度大于 HB180～HB190 的轴；应力松弛法则适于任何类型的轴，且安全可靠、效果好，只是操作时间要稍长一些。

第4章　贯流式机组安装

贯流泵亦称“圆筒泵”“灯泡泵”。水流沿泵的轴线方向通过泵内流道，没有明显转弯的卧式轴流泵，分灯泡贯流式、轴伸贯流式和竖井贯流式。灯泡贯流式使用最多，可分为转轮的叶片分固定的和可调节的两种。其流道是从吸入口到压出口呈直线形的圆筒通道，没有蜗壳，动力机安装在水泵的灯泡体内。体积小、泵房的建筑费用低、泵房噪声小、水力损失少、效率高，但对动力机结构、传动装置和通风措施等要求较高。

4.1　贯流式机组的结构

贯流式机组实际上是卧轴的轴流式或混流式水泵，通过联轴器与电动机直接联结。贯流式机组一般采用灯泡结构，整个外壳由泡锥部分（水泵段）、圆筒部分（电动机段）及泡圆头（导流段）3部分组成。所以称为灯泡贯流式机组。电动机安置在灯泡体内的后置式贯流式机组结构形式如图4.1所示。电动机设置在灯泡体内的前置式贯流式机组结构形式如图4.2所示。还有为减少灯泡体的直径，以改善水流的绕流条件，设计成电动机齿轮传动方式连接。结构形式如图4.3所示。设计成整体式贯流泵，结构形式如图4.4所示。整体式贯流泵在泵站内的布置形式如图4.5所示。

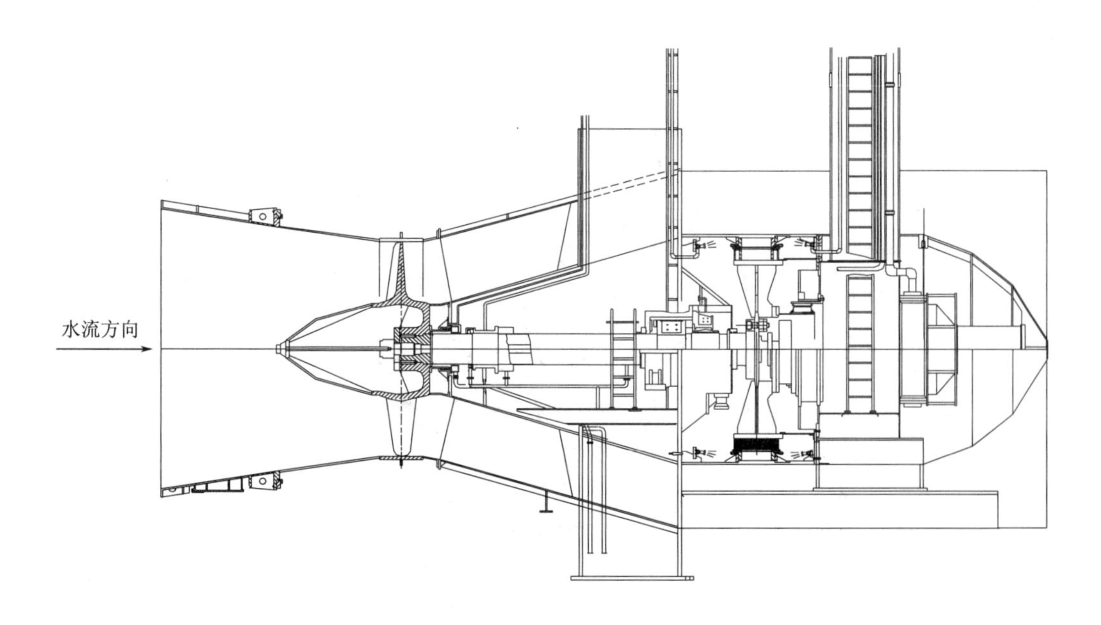

图4.1　后置式贯流式机组结构形式

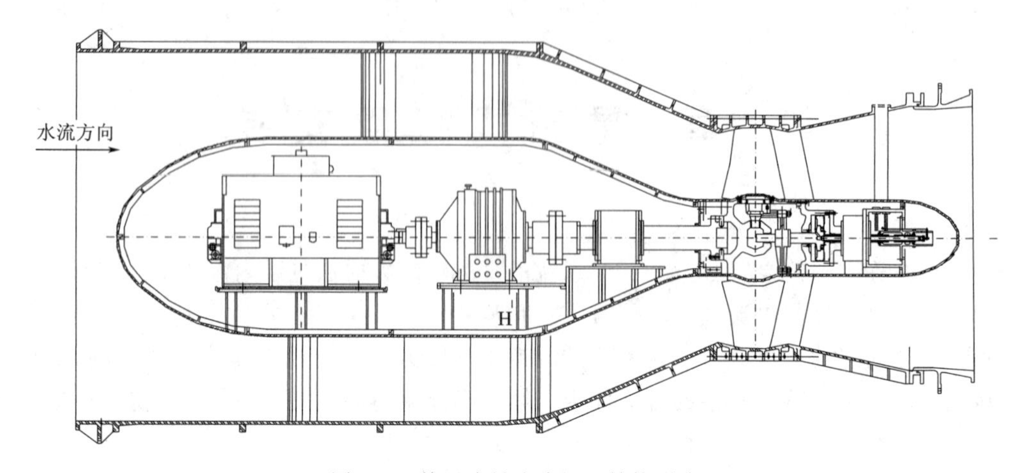

图 4.2　前置式贯流式机组结构形式

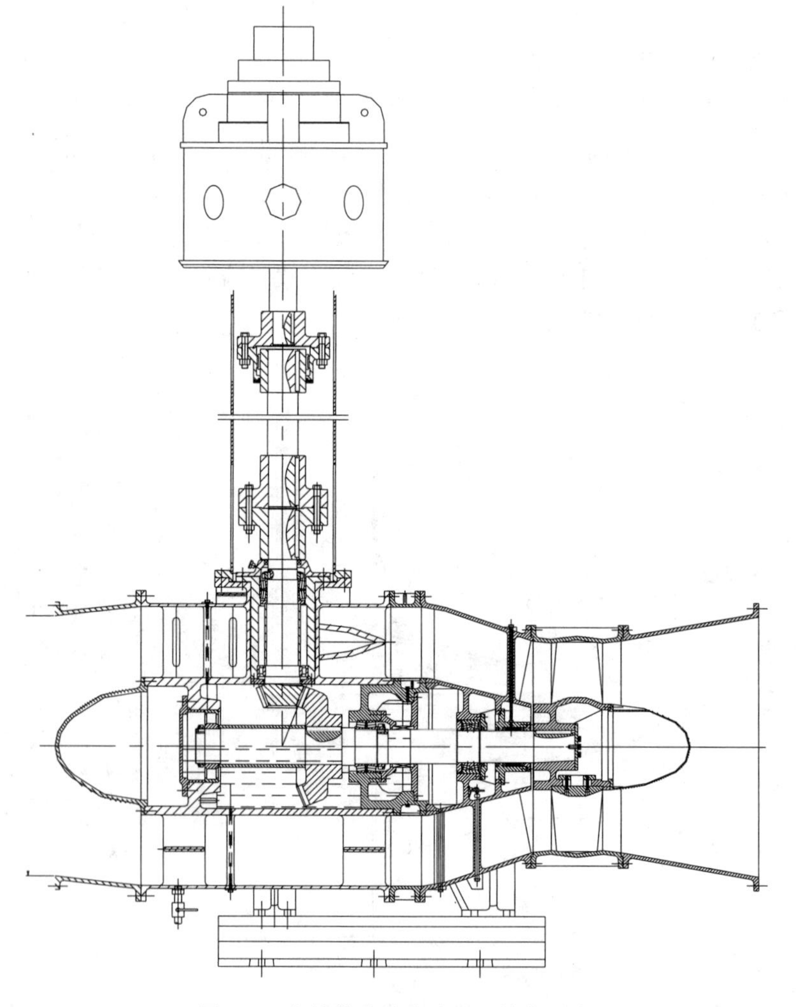

图 4.3　齿轮传动贯流式机组结构形式

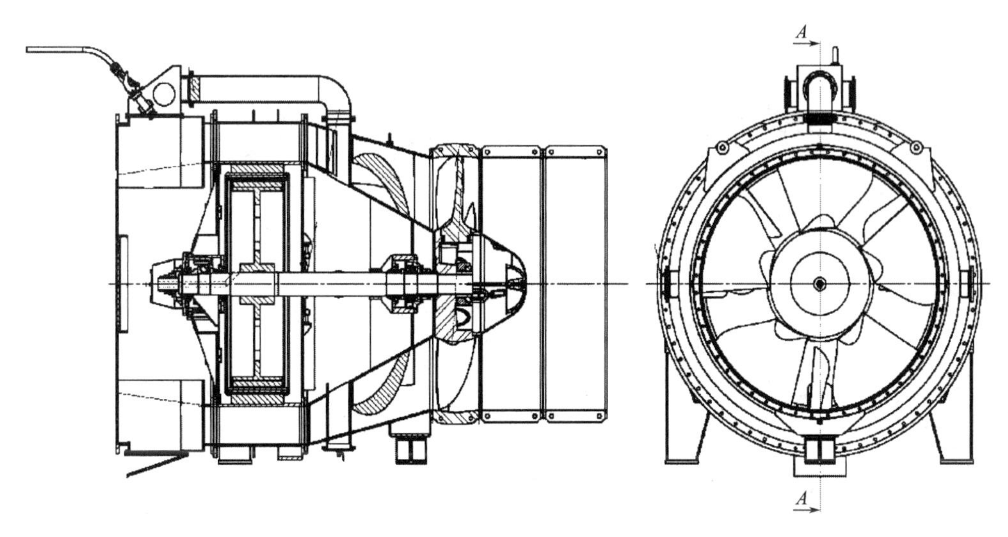

图 4.4　整体式贯流式机组结构形式

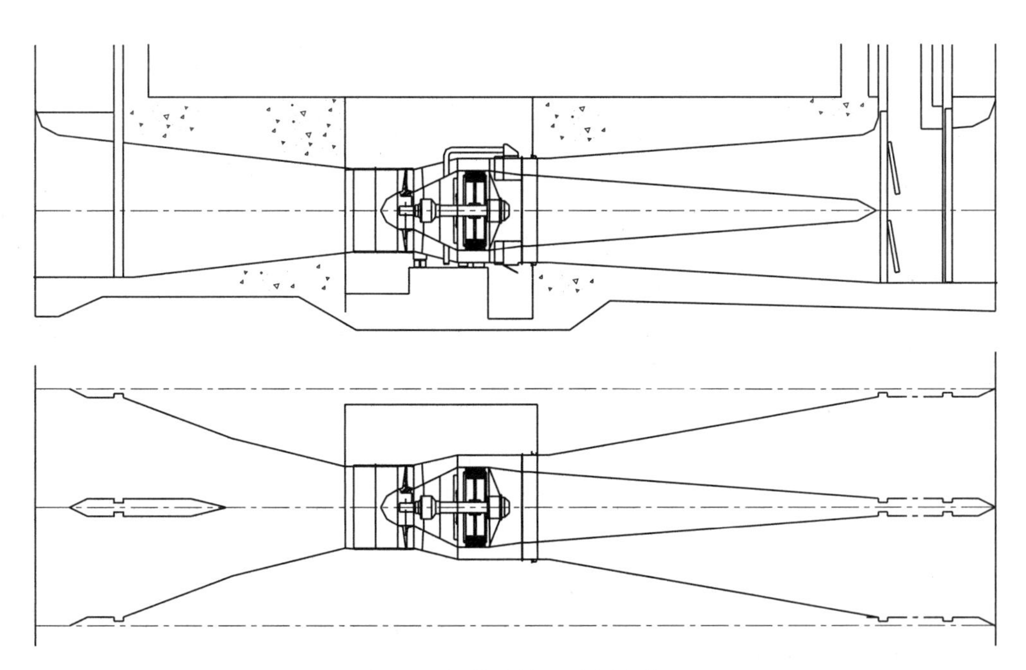

图 4.5　整体式贯流泵布置形式

在低扬程条件下，同样的设计流量，采用灯泡贯流式机组，叶轮直径可减少，重量可减轻，机组转速可提高，其优越性是显著的。但是，灯泡贯流式机组结构较复杂，制造较难。灯泡体内的防潮、防漏、通风等条件较差，机组检修也较困难。目前竖井式贯流泵得到了较多应用，其布置形式如图 4.6 所示。

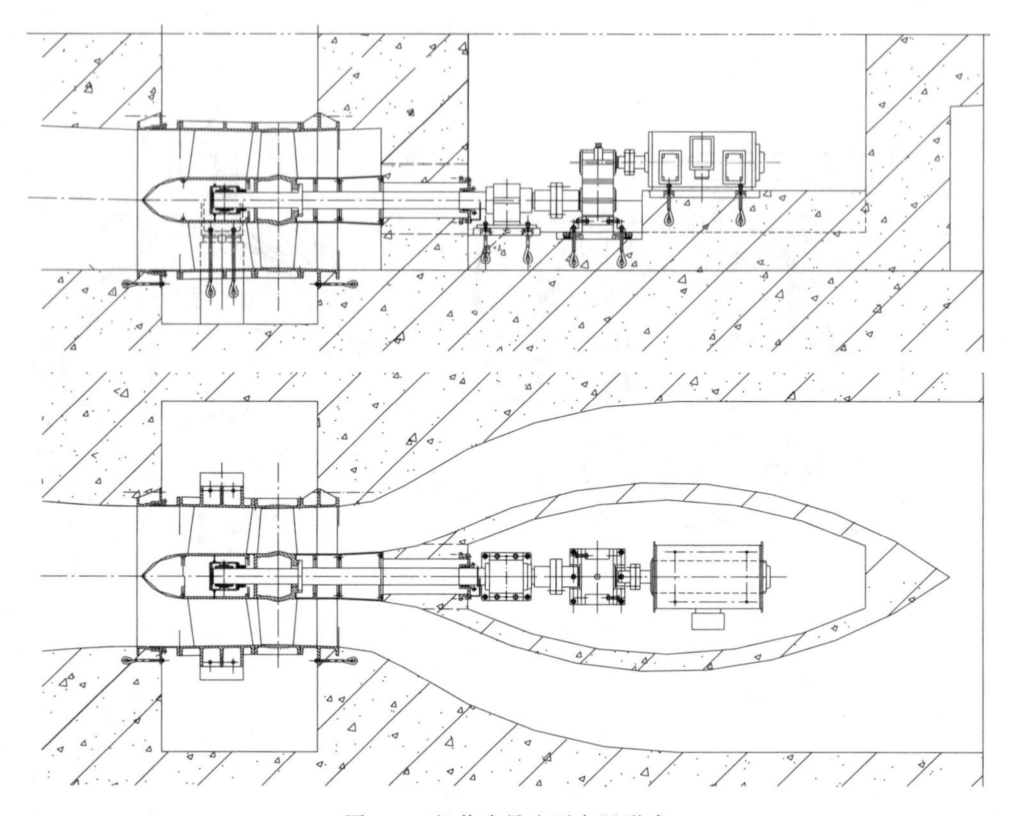

图 4.6　竖井式贯流泵布置形式

4.2 安装流程

灯泡贯流式机组的一般程序分为 5 个环节：埋设部件安装、导水机构安装、主轴与轴承安装、转轮室与转轮安装和电机的安装。图 4.7 所示为前置式贯流式机组的一般安装程序。

4.3 基础预埋

4.3.1　进水扩管的安装过程

4.3.1.1　安装前的准备工作

在土建部分施工过程中，机电安装人员适时预埋进水扩管锚钩埋件。对工件进行清理，并在相互间的配合部位做好安装标记。准备标高中心架和测量用的基准点。

（1）高程和中心的确定，根据土建部门提供的高程和中心位置，找出进水扩管的支墩位置，并对其进行加固。根据进水扩管的支墩和机坑的位置关系，在机坑中设置标高中心架，以便用钢琴线拉出机组轴线和转轮中心线，为进水扩管的安装调整提供中心依据。

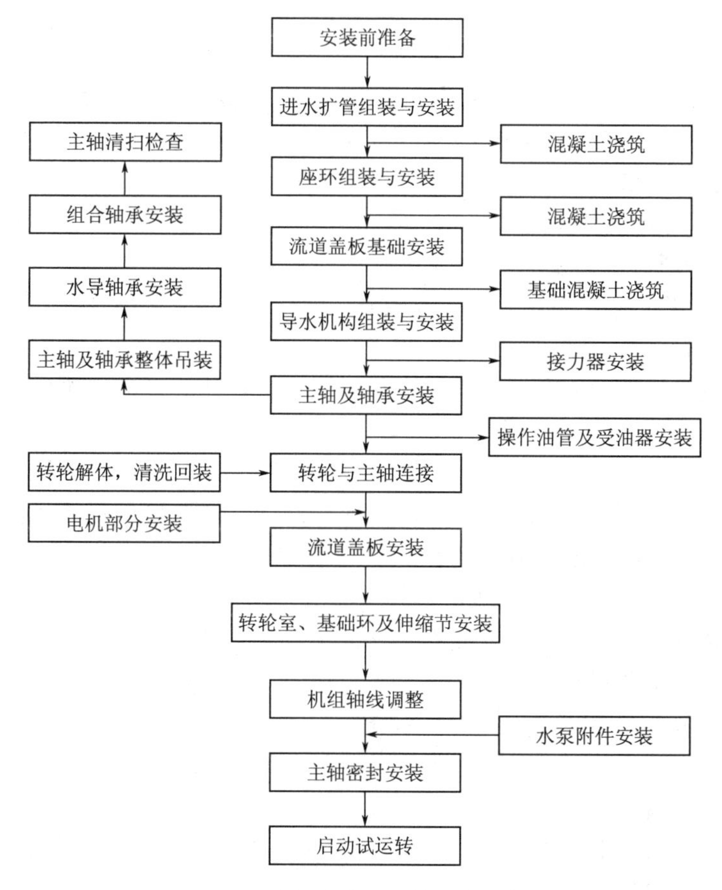

图 4.7 灯泡贯流式机组的一般安装程序

(2) 为了今后测量方便，分别在距离进水扩管进口和前锥体下游管口的地方，在地面设置测量基准点，或者用钢琴线拉出测量用的基准线，为进水扩管的安装调整提供高程的测量依据。

(3) 要求机组轴线，转轮中心线及测量基准线以及平面位置误差不大于±1mm，高程误差不大于±1mm。

4.3.1.2 进水扩管的组装

(1) 进水扩管拼装平台制作。主要要求平台应该水平并且有足够大的面积；平台应有良好的接地措施。

(2) 在拼装平台上按照进水扩管各节大口的图样直径尺寸划线。

(3) 吊装一瓣进水扩管片，大口朝下，沿着划的线就位，临时固定后，用千斤顶或楔子板调整进水扩管片，使其大口弧边与划的圆相吻合，偏差不超过 1mm，并在进水扩管片大口两侧焊接合适数量自制定位块。定位块应紧贴在为进水扩管片大口两侧。

(4) 用类似的方法，按照装配标记吊装，调整另外两片进水扩管片。

(5) 用楔子板调整每节进水扩管纵缝错牙，从下往上调，在过流面上错牙不超过

1mm，同时按图样在纵缝两侧焊接角钢，穿入并拧紧把合螺栓。

（6）清理焊缝坡口，3名焊工同时焊接；外侧焊接完毕后，反面（流道面）清根后再焊接，对流道面焊缝进行打磨，使其平滑过渡；焊条必须烘干后才能使用。

（7）检查并调整进水扩管各节大口、小口的圆度并进行加固，其中进口节小口最大直径与最小直径之差不能超过5mm。

（8）按设计尺寸的大小，配割进水扩管小节进人门；施工完毕后，用螺栓将进人门盖板拧紧，橡胶止水暂时不安装。

（9）在平台上将进水扩管口大节正立放置，并初步调平，在大节上端内外各搭设一圈脚手架，上端口对称焊上4块挡板。

（10）吊起进水扩管中间节、正立放置在大节上口，注意环缝与纵缝应错开，距离不小于500mm。

（11）利用压码、楔子板等工具，调整中间节下口及大节上口错位，错位允许偏差1mm，调整完毕后进行单面对称焊接，另一面用碳弧气刨清根后焊接成型。焊接应对称进行；打磨流道侧焊缝，使其平滑过渡。

（12）用同样的方法安装焊接进水扩管小节。

（13）检查进水扩管管口圆度，如有必要重新调整加固。

（14）按照图样焊接锚钉。

（15）按照图样要求对流道焊缝进行刷漆。

（16）在进水扩管大小管口处分别做出x、y轴线标记。

（17）拆除平台脚手架，现场清理。

4.3.1.3 进水扩管的安装

（1）安装并调整进水扩管基础上的楔子板的水平及高程。

（2）将进水扩管的底座把合到基础上。

（3）现场在合适的位置上做出转轮中心线、高程、机组中心线等测量基准。

（4）将进水扩管翻身并整体吊入基坑，落于底座上。

（5）进水扩管的初步找正。进水扩管安装找正过程如下：

1）从进水扩管里衬上游管口顶部挂钢琴线下来，调整进水扩管的垂直度。

2）用经纬仪检查进水扩管的轴线，使进水扩管大小管口上y向标记与机组轴线一致。

3）检查并调整进水扩管管口到转轮中心线距离。

4）用水准仪检查进水扩管大小管口x线的高程，用千斤顶转换受力后，根据测量数据配割6个底座，清理好焊缝坡口后，将底座与进水扩管焊接起来。

（6）根据需要，在进水扩管周围安装部分调整套与拉筋，利用楔子板，调整套等调整工具，对进水扩管的高程、中心、垂直度、水平及平面进行精调，保证进水扩管高程、中心、垂直度、水平及平面的平直满足技术要求。

（7）上述尺寸符合要求后，应对称安装所有拉筋及调整套，对称拧紧所有调整套；然后将有关的调整件、拉筋和调整套等进行固定加固，以防止混凝土浇筑过程中整体移位。

(8) 复查进水扩管所有安装尺寸，如有变化重新调整加固。

(9) 安装测压管及排水管，安装用于固定座环尾水支承的基础板。

(10) 进水扩管二期混凝土浇筑，严格控制分层升高速度，在混凝土浇筑施工中，应对进水扩管的平面度和垂直度的变化进行监视，一旦有异常情况，应立即采取相应措施。

(11) 混凝土养护期到后，检查进水扩管与混凝土的接触情况，如有必要可进行灌浆处理。

(12) 进水扩管内部支持割涂、磨平焊疤并刷漆。

(13) 再一次复查进水扩管所有安装尺寸并记录。

进水扩管的安装质量，通常应满足表4.1的要求。

表4.1　灯泡贯流式水泵进出水管安装允许偏差

项　目	叶轮直径 D/mm		说　明
	$D\leqslant3000$	$3000<D\leqslant6000$	
管口法兰最大与最小直径差/mm	3.0	4.0	有基础环的结构，指基础环上法兰
中心/mm	1.5	2.0	管口垂直标记的左右偏差
高程/mm	±1.5	±2.0	管口水平标记的高程偏差
法兰面与叶轮中心线的距离/mm	±2.0	±2.5	(1) 若先装座环，应以座环法兰面位置为基础。 (2) 测上、下、左、右4点
法兰面垂直度/(mm/m)	0.4	0.5	测法兰面对机组中心线的垂直度

4.3.2 水泵座环的安装

通常将座环称为管形壳或管形座，它是灯泡贯流式机组一个重要部件，主要由内锥、外锥、导流板和进人孔等组成。

4.3.2.1 安装标准

灯泡贯流式水泵座环的安装，其允许偏差应符合表4.2的规定。

表4.2　灯泡贯流式水泵座环安装允许偏差

项　目	叶轮直径 D/mm		说　明
	$D\leqslant3000$	$3000<D\leqslant6000$	
中心/mm	2	3	部件垂直标记与相应基准线的距离
高程/mm	±2	±3	部件水平标记与相应基准线的距离
法兰面与叶轮中心线的距离/mm	±2.0	±2.5	(1) 若先装进出水管或基础环，应以进出水管法兰或基础环法兰为基础 (2) 测上、下、左、右四点
法兰面与基准面 X、Y 的平行度/(mm/m)	0.4	0.5	—
圆度	1.0	1.5	—

贯流式水泵的承重基础部件称为座环。贯流式水泵座环是机组安装的基础，为了保证叶轮室的安装，确保机组安装质量，要求座环的允许偏差在一定范围内。

4.3.2.2　座环的组装

1. 厂房的桥机已经安装时的座环组装

（1）安装间按照厂内组装的标记对座环内环、外环分别进行预组装，检查分瓣把合面的严密性。把合面用0.15mm塞尺检查不能通过。允许有局部间隙，但不大于0.10mm，深度均不超过分瓣缝宽度的1/3，长度不超过总长的20%。

（2）焊接水平固定导叶，并进行焊缝清除应力处理。所有把合面按照座环装配图的技术要求进行封水焊，并把它磨光滑。检查外环与内环法兰面之间的距离即平行度、圆度，并记录。

（3）安装座环内外环支撑工具及定位工具，避免混凝土浇筑过程中座环产生有害变形。

2. 厂房桥机未安装时的座环组装

当厂房桥机尚未安装时，座环组装应根据现场的情况和条件采用不同的方法进行。具体步骤如下：

（1）起重机设备准备。

（2）基坑清扫整定。包括座环基础螺栓位置尺寸检查及基础板表面清理，检查并记录进水扩管的中心及高程，管口法兰面到转轮中心线的距离。

（3）安装并调整下支柱基础板上楔子板高程，使各对楔子板高程相互偏差不超过0.5mm。

（4）下支柱吊装，需要注意的是在下支柱上焊翻身吊耳时，其位置应远离法兰面。

（5）下支柱调整、加固。将框式水平仪靠在下支柱的一个法兰面上，检查下支柱的水平，并做好相应的调整；找出下支柱上的中心标记，利用经纬仪检查并调整下支柱的中心；检查下支柱下游法兰面到转轮中心线的距离，并做好相应的调整；检查并调整下支柱的高程，考虑到以后的下沉量，建议比理论值高2mm。重复上述步骤，直至尺寸偏差符合规范要求，上述尺寸调整合适后，按照图样安装调整加固的拉紧器。同时，在下支柱两侧与混凝土边墙间安装临时的支撑，支撑可以用工字钢或槽钢；清扫下支柱及两侧内锥的组合法兰面，用钢尺检查法兰面上的毛刺及高点，并用锉刀去除毛刺及高点。依次吊装两侧内锥；检查组合法兰的错牙，对于错牙超过0.1mm的部位进行调整。

3. 内锥调整和加固

内锥的调整和加固按照以下步骤进行：

（1）用水准仪测量内锥上、下游法兰面水平刻线的高程。并做相应的调整。

（2）找出内锥上纵向中心标记，利用经纬仪检查并调整内锥的中心。

（3）检查内锥下游法兰面到转轮中心线的距离。

（4）用电测法检查内锥的垂直度，如有必要做相应的调整。

（5）重复上述步骤，直至各处尺寸偏差符合规范要求或厂家规定。

（6）上述尺寸调整合适后，按照图样要求安装用于调整的加固拉紧器。

4. 外锥预组装步骤

（1） 清扫外锥组合法兰面。

（2） 用钢尺检查法兰面，用锉刀去除毛刺及高点。

（3） 仔细检查销钉及销钉孔，去毛刺、锈斑及油污

（4） 在组装场地圆周上均布 6～8 个钢支墩，上面放上楔子板，调整好楔子板的高程。

（5） 依次将各瓣外锥吊到钢支墩上并组合起来。

（6） 调整各组合缝的错牙。

（7） 调整外锥法兰面水平，偏差应在 0.50mm 内。

（8） 检查并调整外锥的圆度。

（9） 用工字钢、槽钢将外锥分成两部分进行加固，可以在每个固定支撑的一头装配一螺旋调节器。

（10） 松开螺栓，将外锥分成两部分（若起重设备不能起吊两瓣的组合体）。

5. 外锥吊装

按照外锥的原装配位置，将外锥逐瓣进行吊装找正。为防止各瓣外锥在吊装配过程中产生位移而影响装配精度，每吊入一瓣外锥都应该用加固材料临时固定。

6. 外锥调整及加固

在各瓣外锥都吊装就位后，需对外锥的组装装配进行调整和加固，其步骤如下：

（1） 调整法兰各组合缝错牙。

（2） 初步调整内外锥法兰面的距离及同心度，按照图样安装内外锥下游法兰间的固定支架，该支架用于固定内外锥法兰间的距离。

（3） 调整外锥法兰的圆度，使其符合规范要求。

（4） 按照图样安装外锥与尾水边墙上的支撑调整工具（间距管）。

（5） 将带弯管目镜的 J2 经纬仪放置于下游基坑廊道里，并尽量靠近边墙，调整其视轴线，使其与内锥法兰面平行。

（6） 用经纬仪测量（正倒镜测量两次，以消除仪器误差）外锥法兰的平面度及垂直度，用间距管进行调整。

（7） 反复检查调整外锥法兰圆度、平面度、垂直度、与内锥法兰同心度及间距。

（8） 上述尺寸调整合格后，按图样安装拉锚，拉紧器。

（9） 按图样安装内外锥间的加固槽钢，槽钢与内外锥的间隙应该为零，这样可以减少焊接槽钢与内外锥间的焊缝时引起内外锥法兰的变形。

4.3.2.3 座环安装过程

座环具体安装过程如下：

（1） 座环翻身调整。翻身时应缓慢进行，防止发生滑移或倾覆。

（2） 按照图样，安装座环上支与外锥间的衬板，其间的焊缝也应在浇筑混凝土后完成。

（3） 吊装水平支撑，按图样调整水平支撑与内锥的组合缝尺寸，同时使二者的过流面尽量在一个水平面上，点焊固定；按照图样，根据水平支撑的形状以及外锥相接的尺寸，在水平支撑外部的相应位置上，割出水平支撑安装孔并打磨焊缝坡口。将水平支撑外部套

过水平支撑端部，调整好与外锥过流接缝错口，使其平滑过渡；将外锥与水平支撑外部焊接起来，打磨流道侧焊缝，使其平滑过渡，焊缝做无损探伤。

（4）清理焊缝坡口，先焊水平支撑与内锥间焊缝，焊接完后，打磨焊缝使其平滑过渡，同时做无损探伤，再焊接水平支撑与水平支撑外部间的焊缝，打磨流道侧的焊缝使其平滑过渡，焊缝做无损探伤。

（5）内锥组合缝的焊缝应在浇筑混凝土后完成，焊接之前按照图样开出坡口，对焊缝要预热，焊接完毕后，打磨焊缝使其平滑过渡，并做好无损探伤。

（6）按图样安装并焊接进人孔延伸段，焊缝应做无损伤探伤，所有的焊缝应刷漆。

（7）安装测压管，然后在管型座调整加固完，交土建单位浇筑混凝土。

（8）割除所有内部支撑，吊耳及图样规定的需要割除的部件，磨平所有焊疤，并刷漆。

（9）测量管型座各法兰面的垂直度、平面度，测量管型座的高程，测量下游两个法兰面的间距，测量外锥法兰面到转轮中心线的距离。

（10）对于内外锥法兰面平面度、垂直及之间的间隙超差情况，一般通过打磨法兰面来进行校正。

打磨法兰面校正的具体过程如下：首先检查处理内锥法兰面，合格后再重新测量外锥法兰面到内锥法兰面的距离；同时考虑其平面度及垂直度，确定打磨方案；打磨应根据测点的位置分段进行，粗磨时测点的位置先不打磨，打磨两个测点间的法兰面，随时用平尺置于测点上，用塞尺测量打磨部位到塞尺的间隙从而知道已经打磨的量，应留0.30～0.50mm的精磨量；精磨时应随时测量法兰面的平面度、垂直度以及内外锥法兰的间距，同时用长平尺检查打磨量的连续性；注意法兰同一个部位内外两个点的测量读数尽量不要超过0.20mm；当外锥法兰平面度、垂直度及到内锥法兰面距离都合格后，应用磨光机配合抛光机精修打磨的区域，直到用平台检查该区域的接触情况时，接触面积不小于75%的该区域面积。

4.3.3 流道盖板基础框架

4.3.3.1 安装标准

流道盖板基础框架中心线应与机组中心线重合，偏差不应超过5mm；高程应符合设计要求，四角高差不应超过3mm；各框边高差不应超过1mm。

框架不应扭曲，否则影响盖板安装，故规定4个角高差的要求。各边框平度偏差不超过1mm是指边框本身及与其相邻边框的水平度。

4.3.3.2 安装过程

（1）将盖板的基础与盖板的主体在安装间进行安装，当合缝间隙调整合格后施焊，然后整体吊入流道盖板混凝土基础上，用千斤顶及拉筋调整，固定后焊上拉锚。

（2）按设计图样要求进行配置钢筋、浇筑混凝土。在浇筑混凝土过程中应采取有效措施防止管型座变形；同时，对流道盖板底法兰面的螺栓孔进行保护。浇筑混凝土养护完毕后，应认真进行检测并填写检测记录。

4.4 主轴与轴承的安装

灯泡贯流式机组的主轴与轴承部装在灯泡体内，靠近电动机侧的是径向推力轴承，而靠近水泵转轮的是径向导轴承。径向推力组合轴承由泵座内壳支撑和固定。径向导轴承由导水锥内的支架支撑和固定。

4.4.1 轴承装配标准

4.4.1.1 轴承座高程确定

轴承座高程的确定，应将运行时主轴负荷和支承变形引起的轴线变形和位移，以及油楔引起的主轴上抬量计算在内，并应符合设计要求。

灯泡贯流式机组均为卧轴形式，其安装程序与立式机组有所差别。因结构不同，加上布置紧凑、安装空间较小，大件安装时还常因变形较大，发生对不上组合的止口、销子穿不上等现象，机组轴线调整较困难。为便于拆卸、安装，应多采用专用工具。

灯泡贯流泵的安装应根据不同的结构形式确定其安装方法。基础埋设结束，进入正式安装后，一般的安装程序是安装主轴、安装叶轮、安装电动机转子、套装定子、安装励磁装置、安装灯泡头、安装中间接管和灯泡导流板、安装叶轮室并测量叶片间隙、安装进人孔、挡风板、导流板、电气接线、油水管道和液压减载系统等辅件，也有叶轮与主轴组合后一起吊入安装。吊装叶轮与主轴组合件时，应在主轴端进行配重。

贯流式水泵，由于是横轴，轴有挠度，在调整轴线时，有时转动部分未全装，有时采用临时支架，致使轴上负荷的大小及分布、支承点的位置与运行时不同，这对轴线状态有影响，如不考虑，最终轴线就难达到设计要求，达不到理想的轴线位置。故要检查泵轴法兰与轴颈轴线的垂直度和考虑轴上的负荷，一般轴心偏上 0.05～0.10mm 之内。

在机组联轴手动盘车时，应用百分表分别放在水泵导轴承、电动机导轴承、推力轴承及行星减速器等处的轴颈上，测定盘车时各轴颈的摆度，以判别机组轴线是否是一直线及各轴瓦与轴颈的配合情况。如窜动量大，说明轴瓦与轴颈接触不良或机组联轴不良，此时应根据情况进行处理。

4.4.1.2 轴承装配

推力盘与主轴应垂直，偏差不应超过 0.05mm/m，分瓣推力盘组合面应无间隙，用 0.05mm 塞尺检查不能塞入，摩擦面在接缝处错牙不应大于 0.02mm，且按机组抽水旋转方向检查，后一块不应凸出前一块。

无抗重螺栓的推力瓦（一般为反推力瓦）的平面应与主轴垂直（与推力盘平行），偏差不应超过 0.05mm/m，其偏差的方向应与推力盘一致，每块推力瓦厚度偏差不应大于 0.02mm。有抗重螺栓时，抗重螺栓调整推力瓦与推力盘间隙（一般为正推力瓦），按制造商的要求进行调整。

该要求为了确保推力盘（又称镜板）、正反推力瓦之间的平行度和整个推力轴承与主轴轴线的垂直度。

为适应停机倒转承受反向推力，灯泡贯流式机组一般均设有双向推力轴承。双向推力轴承，其反向承受的推力较小，结构特点是推力盘为分瓣结构，并利用水泵轴作为固定镜板用。因此，连接时要严格控制连接螺栓的紧度，以免影响镜板的垂直度，要求推力盘与主轴应垂直。考虑贯流泵轴向水推力较大，其推力盘直径比其他卧式机组要大，故要求偏差不应超过0.05mm。可采用专用支架，在推力盘面架百分表，转动主轴，分8点测量计算，偏差应符合标准规定。一般在机组连接前，应先清理轴颈和轴瓦，再将推力盘装好，联轴后利用盘车方法检查推力盘工作面的垂直度在0.02mm/m以内。分瓣推力盘组合后，用0.05mm塞尺检查不能塞入，摩擦面接缝处高差不应大于0.02mm，用刀形样板平尺检查，根据旋转方向后一块不得凸出前一块。

安装反向推力瓦，紧固螺栓和锁定片，反向推力瓦的平面应与主轴垂直（与推力盘平行），偏差的方向应与推力盘一致，偏差不应超过0.05mm/m。测量每块反向推力瓦的厚度，偏差不应大于0.02mm。再按要求安装测温元件等附件。

安装有抗重螺栓的正向推力瓦，推力瓦与推力盘间隙，按制造厂设计要求进行调整。调整支撑螺栓，使推力轴承的轴向间隙符合要求。然后将分瓣的推力轴承联结成一体，再将轴承体连接在机架上。

贯流式机组推力轴承的轴向间隙宜控制在0.3～0.6mm之间。

按制造厂设计要求调整推力瓦的支撑螺栓，使推力轴承的轴向间隙符合要求。如制造厂无规定，推力轴承的轴向间隙一般宜控制在0.3～0.6mm之间。

4.4.1.3 轴瓦检查与研刮

轴瓦检查与研刮，应符合相关规范的要求。

检查推力瓦的轴承合金，应无夹渣、气孔、裂缝或脱壳现象。调节螺栓圆头应光滑、无毛刺，其硬度应为$RC=44°\sim52°$，与推力瓦接触处的合金垫块的硬度应为$RC=40°\sim46°$，以免运行时发生咬坏现象。

推力瓦研刮接触面积应大于75%，每平方厘米至少应有1个接触点。盘车后推力瓦宜进行修刮。

4.4.1.4 轴瓦与轴承外壳的配合

轴瓦与轴承外壳的配合应符合相关规范要求，轴承壳、支持环（板、架）及座环（或导水锥）间的组合面间隙应符合规章要求。

灯泡贯流式机组其转动部分为悬臂结构，依靠水泵和电动机的卧式轴承来支承，或由水泵轴承和齿轮的转架轴承来承受。贯流式机组的径向轴承一般采用自整位轴承结构，当在重量或水力作用下垂时，此轴承能自动调整轴线，以避免轴瓦偏磨。虽然与一般座式轴承支承方式有所不同，但轴瓦与其外壳的配合应相同。

4.4.1.5 轴瓦间隙

轴瓦间隙应符合设计要求，轴承箱体应密封良好、回油畅通。

轴瓦间隙即轴瓦与轴颈之间的间隙，其顶间隙可用压铅法测量，侧间隙可用塞尺沿圆弧方向测量。轴瓦顶部间隙宜为轴颈直径的1/1000左右，两侧间隙各为顶部间隙的一半，两端间隙差不应超过间隙的10%；下部轴瓦与轴颈接触角宜为60°，沿轴瓦长度应全部均匀接触。轴瓦的油孔应清洗干净，压力油装置应完善。回油孔不畅，往往造成漏油，故要求密封良好、回油畅通。

4.4.1.6 绝缘要求

有绝缘要求的轴承，在充油前用1000V兆欧表检查绝缘电阻不应小于1MΩ。

因灯泡贯流式水泵机组的工作环境较潮湿，所以对轴承的绝缘要求要高于其他卧式机组。

4.4.2 主轴与轴承的组装过程

主轴与轴承在安装前，需要先在安装间组装；组装时使用的钢架和V形支撑杆可在泵站制作。组装的过程如下：

（1）在安装间布置支撑架，将主轴水平地放在支撑架上，将水泵机端联轴器和电动机端法兰，放于V形支撑上，并注意保护法兰外表面，调整主轴水平的水平度。要求其误差不大于0.5mm/m。

（2）将主轴清洗干净，用天然油石或金刚砂纸清理轴颈部位。按照规范要求检查导轴承瓦面情况，不符合要求的需要进行处理。

（3）组装推力环。径向推力轴承的推力环由上、下两半块组合而成并固定在轴上。装推力环时先装下半块，再吊入上半块，对正合缝和端面再拧紧组合螺栓。

1）合缝处用0.05mm塞尺检查，外侧应无间隙，内侧允许局部间隙，但长度不得超过周长的1/10。

2）端面的平直度用刀口尺检查，合缝处的错牙不得大于0.02mm，且必须顺机组转动方向，后一块低于前一块。

3）推力环的轴向位置及端面垂直度，用内径千分尺测量。联轴器加工精度很高，检查时以法兰为准，推力环至法兰的距离应符合图样要求，而且四周各点的最大偏差不得大于0.05mm。

（4）组装径向推力轴承。应接反向推力瓦、导轴瓦、正向推力瓦的顺序逐步组装。最后安装轴承体，其中推力瓦的轴向间隙、导轴瓦的径向间隙都应按制造厂要求作调整。

1）将上半部电动机导瓦吊装到主轴上。在下半部电动机导瓦上涂上无杂质油（室温高于25℃时可用牛羊油），用小车将其推到主轴下方，吊起下半部导轴承与上半部导轴承组装。

2）安装推力轴承支撑环。按照规范要求，检查正反推力轴承瓦面，清洗组合轴承各零部件，弹性油箱表面严禁碰撞。

3）测量各零件尺寸。

4）参照推导组合轴承装配图样顺序安装反推力瓦，弹性油箱、正推力瓦、油槽、下中间环、下密封油箱等。

（5）组装导轴承。在组装过程中，应严格按照图样的要求进行组装，具体过程如下：

1）将轴承与主轴组合面清洗干净，并在轴颈上热喷由润滑脂和透平油组成的混合液。

2）先将轴承体下瓣用支墩安放在主轴下方，再吊上瓣与下瓣把合。

3）检查轴承与主轴间隙应符合设计要求。

4）安装甩油环及预装扇形板。

（6）组装内配水环与导水锥。在导轴承座上安装扇形支撑板，在将内配水环和导水锥组合起来，套装在轴承体和扇形支撑外面，用一销钉作临时支撑固定。

1）检查并调整内配水环的内圆到主轴的距离。实测的上部距离应比下部距离小，应保证上、下的差值约为扇形支撑板偏心量的两倍，左、右的实测距离应一致，偏差不大于 0.1mm。

2）参照图样安装径向轴承，间隙值达到设计要求。

（7）安装主轴的工具。在支撑环与径向轴承之间打入斜楔，主轴定位后，调整轴线和径向轴承、水导轴承间隙，测量并记录径向轴承与支撑环间距离尺寸，现场配置调整环。

（8）安装调整环、上密封油管等零件，并对受油器进行检测，主要是清洗受油器的所有零件，同时检查零件表面是否完好。

4.4.3　主轴、轴承体组合体的安装

主轴和轴承体在安装前，应先清洗座环组合法兰面；将主轴与轴承总体吊装工具中的工字钢焊在压环下部，作为主轴吊装工具的导轨；同时在座环内壳上组装径向推力组合轴承的支持环、承重梁、台车，并将主轴及轴承吊装在联轴器及轴身上；然后准备桥机和主轴吊具，在安装间进行试吊试验 3 次，以检验桥机和主轴吊具的可靠性。具体吊装过程如下：

（1）主轴与轴承组合体在安装间试吊完成后，将主轴及轴承整体缓缓吊入机坑，并水平旋转 90°，让支架上的滚轮落在导轨上，边牵引边移动桥机小车使主轴就位，分别将组合轴承支撑环与座环法兰面、径向轴承与内配水法兰面配合。

（2）松开吊架钢丝绳向下游移动主轴就位，分别将组合轴承支撑环与座环法兰面、径向轴承与内配水法兰面配合。

4.4.4　主轴轴线的调整定位

主轴轴线的调整定位工作应在电动机转子和水泵转轮安装以后才能进行。由于在组装电动机转子和水泵转轮以后，受重力作用主轴的轴线必然有所下沉，因此安装主轴时应使轴线略高于运行时的轴线位置，下沉的预留量应按制造厂要求调整。同时，在调整时，主轴轴线应成水平线，以保证主轴与转子连接的法兰面成铅垂面，并与定子的安装法兰面平行，从而保证将来电动机组装后的气隙沿轴线方向均匀一致；主轴轴线的调整定位过程如下。

1. 准备工作

首先根据厂家的图样尺寸、确定安装时主轴应有的位置，然后实测定子安装法兰面和联轴器面的现有位置情况，掌握它们之间的平行度误差，从而明确联轴器面应该调整的方位与大小，再稍微放松主轴一轴承组合体的现有支撑，为轴线调整作准备。

2. 轴线位置的测量和调整

轴线位置和调整包括主轴转轮端的中心位置、电动机端的中心位置以及主轴轴线的水

平度和方位。具体过程如下：

(1) 主轴转轮端的中心位置，以座环内壳下游法兰的内圆为准，用内径千分尺测量主轴到法兰内圆的四周距离来控制。移动内配水环和导水锥即可加以调整。

(2) 主轴电动机端的中心位置应以座环外壳上电动机定子的安装法兰为准，用经纬仪检查联轴器的 $x—x$、$y—y$ 标记是否与定子安装法兰的相同标记对正来控制。移动径向推力轴承的壳体，改换它与支持环之间的垫片厚度即可调整。

(3) 主轴轴线的水平度与方位可转化为联轴器面的垂直度及它与环外壳法兰的平行度来测量。用钢琴线悬挂垂线及拉出座环外壳 $x—x$ 轴线，再用内径千分尺测量联轴器与它们之间的距离就能准确掌握。如果轴线不符合要求，则应调整主轴前、后两端支撑。

(4) 初步调整后拧紧内配水环与座环的连接螺栓。检查径向推力轴承壳体与支持环之间的法兰间隙，符合要求后，配制相应的垫片，再拧紧固定。

(5) 检查导水锥下游端的内圆与联轴器之间的四周间隙，四周间隙应均匀，最大偏差不大于平均间隙的±20%。

主轴轴线的最后检查应在安装转轮与电动机转子以后进行。检查时，先用手动油泵向轴承输入压力油，使机组转动部分上升后再下降；连续 3 次以上，主要目的是在保证两端的导轴承与主轴方向一致时，再检查轴线的位置情况。

4.5 转轮室与转轮安装

4.5.1 水泵安装标准

4.5.1.1 叶轮装配后耐压和动作试验

叶轮装配后耐压和动作试验应符合相关规范规定，详见本书 2.3.5 节。

对全调节贯流泵，其装配后的耐压和动作试验要求同液压全调节轴流泵。

4.5.1.2 组合面要求

叶轮与主轴连接后，组合面应无间隙，用 0.05mm 塞尺检查应不能塞入。

叶轮与主轴连接除螺栓紧固外，组合面间隙也应和其他机组要求相同。

4.5.1.3 受油器瓦座与转轴的同轴度

受油器瓦座与转轴的同轴度应盘车检查。同轴度偏差，固定瓦不应大于 0.10mm，浮动瓦不应大于 0.15mm。

贯流式机组的操作油管，在受油器未安装时因处于悬臂状态，而有挠度无法盘车检查摆度，所以要求采用盘车方法检查受油器瓦座与转轴的同轴度。

4.5.1.4 叶轮外壳安装

叶轮外壳应以叶轮为中心进行调整安装，叶轮外壳与叶轮间隙应根据设计要求，按叶轮的窜动量和充水运转后叶轮高低的变化进行调整。

贯流式水泵由于转动部件尺寸大、重量重、转速低，即使在运行状态机组转动部分的中心线仍是一条挠曲线，为使转动与固定部分间隙均匀，固定部件的中心线应根据挠曲的转动部分轴线来调整，而不应调在一条直线上，所以叶轮外壳一般以调整合格后的叶轮为中心来调整。但叶轮因有径向窜动量，造成静止时上大下小，在运转时受离心力作用而外窜。有些叶轮在充水运转后上浮，也有因灯泡上浮而叶轮下沉。这两方面的影响在叶轮与叶轮室间隙调整时应充分考虑，应根据设计要求并结合实际进行调整。

考虑到卧轴机组，因叶轮重量及水推力会引起叶轮端下垂，因此，在安装时应测定转轮的下垂量。其方法是，待叶轮与主轴组合件吊入后，利用在叶轮叶片与叶轮室间加斜垫铁，调整主轴水平，测定其间隙值；待水泵轴与电动机轴连接后，撤除斜垫铁，再测定其间隙值，撤除斜垫铁前、后间隙测量的差值即为叶轮下垂量。为保证机组在运行时，叶片与转轮室不因叶轮下垂而相碰，在安装时，宜将叶片下部间隙调大一些。即下部间隙为叶片平均间隙加叶轮下垂量，上部间隙为叶片平均间隙减叶轮下垂量，中部间隙为叶片平均间隙。调整方法是在水泵导轴承基础上加垫片。

贯流式机组的径向轴承采用自整位轴承结构，当在重量或水力作用下垂时，此轴承能自动调整轴线，以避免轴瓦偏磨。但自整位轴承可能会引起叶轮下垂量增加，这会导致叶轮叶片与叶轮室下部更为严重的摩擦。因此，在安装中应考虑将叶片与叶轮室下部间隙调大一些。

4.5.1.5 主轴密封的安装与试验

主轴密封的安装与试验，按制造商要求及相关规定执行。

主轴密封的安装质量直接影响机组的安全运行。密封最大的问题是漏油、漏水。对机组漏油、漏水问题，主要应在安装中严格注意安装质量，油管道系统应按规定进行耐压试验。对有渗漏部位进行处理。止水填料要合适，也可在灯泡体外圈组合缝涂环氧树脂来进行防漏处理。

为防止机组停机时，水渗入叶轮体内，可在机组停机后对叶轮体内继续加油压，也可将叶轮体的回油管接高或加设重力油箱，使油柱压力大于外部水压力即可。

4.5.2 转轮室与转轮的预装

1. 转轮室的预装

转轮室在安装间进行预组合后，在合缝处用0.05mm的塞尺检查不能通过；可以允许有局部间隙，但局部间隙值不得大于0.1mm，深度不得超过分瓣缝宽度的1/3，长度不得超过全长的10%。

2. 转轮解体组装

组织施工人员熟悉有关设计图样，然后根据厂家的设备结构图，对转轮先进行解体，将各零部件拆卸清洗后，再进行组装与试验。具体步骤如下：

(1) 将放置在运输座上的转轮全部解体，检查零部件表面是否完好。

(2) 将转轮体内所有零部件清洗干净，并按图样装配。

(3) 将V形、X形密封圈套在叶片轴头上，然后将叶片按编号插入转轮体，叶片孔及转臂孔中装上圆柱销，同时将V形、X形密封圈置于垫环上装上压环，按设计值拉伸叶片螺栓，使预紧力达到设计要求。安装后，叶片根部与转轮体球面的间隙应达到设计要求。

（4）转轮组装好后，泵站要自己准备试验工具，按转轮装配图样上的压力和时间要求，做转轮总装后的油压试验。

4.5.3 转轮室与转轮的安装

1. 转轮室下半部安装

转轮室分瓣的具体安装过程如下；

（1）将基础环吊入机坑，电焊在进水扩管上。

（2）将转轮室下半部的下面加支撑，检查外配水环上橡胶皮条是否装好，检查完毕确定装好后，将转轮室下半部分临时与外配水环固定。

（3）将泄水锥、操作油管吊入进水扩管内。

2. 转轮安装

（1）将放在运输平台上的转轮吊起翻转 90°，吊装到专用支架上，使转轮处于安装状态；分别检查大轴、转轮体止口、把合螺孔及销孔，清除毛刺及污物。

（2）安装起吊环，吊起转轮后拆除翻身工具，将转轮和联轴器面清理干净。

（3）利用转轮起吊工具，缓缓吊起转轮到机坑与主轴把合。

（4）装上两个电加热器对称拉伸联轴器螺栓，将联轴器螺栓拉伸到设计规定长度后，拧紧螺母；法兰组合面用 0.03mm 塞尺检查，合缝间隙应不能通过，对把合螺栓进行冷打紧，待两接触面间隙消除后，填写检测记录卡。

（5）将螺母及销点焊牢固，并装好护罩，压好密封条。

（6）连接好内、外操作油管后，最后组装泄水锥。

（7）转动叶片到不同位置，检查叶片与转轮室间隙应满足设计要求值（单边 3～5mm）。

3. 转轮室上半部安装

（1）转轮安装后，吊起转轮室下瓣与外配水环把合，然后安装转轮室上瓣；先在下半转轮室的合缝面上装好橡胶条，并涂密封胶，上、下转轮室把合后打入定位销，拧紧把合螺栓，用 0.05mm 塞尺检查合缝间隙应不能通过。

（2）转轮室把合在外配水环上后，再对转轮室与伸缩节的连接进行调整，通过伸缩节与进水扩管相连，在进行连接的调整过程中，应根据转轮与转轮室之间的间隙情况，对伸缩节的中心、水平进行适当的调整。方法是启动高压油泵，使水泵与电动机两轴承内主轴浮起进行盘车，检查叶片与转轮室间隙（由于冲水后转轮上浮与转轮室下垂，转轮与转轮室上部间隙应大于下部间隙，因此在安装时应注意使之在上浮后上、下间隙趋于相同），并填写检验记录卡。

4. 基础环与伸缩节的安装

（1）把合分瓣基础环吊入机坑与进水扩管、伸缩节预装配，检查伸缩节间隙偏差应不大于±3mm。

（2）装配合格后，按图样开坡口进行分瓣封水焊与进水扩管焊接。

（3）在伸缩节的组合面安装好密封条并分瓣把合后，用螺栓将其与转轮室把紧。

（4）加固基础环后，浇筑二期混凝土进行养护。

（5）安装地板、扶手及其他零星设备。

4.5.4 主轴密封的安装

主轴密封的安装步骤如下：

(1) 按照图样顺序安装密封衬垫、橡胶软管、软垫箱、压盖、盘根、工字环、压垫水箱、上下导流锥件等。

(2) 安装时应注意，在各密封面要严格按照设计图样要求安装橡皮条，在各组合面涂平面密封胶，在密封衬垫紧固螺钉装入时应采取防松措施。

(3) 严格按照设计图样要求引接供气、给排水管。

(4) 安装完毕后，检修密封按规范进行充、排气和保压试验，试验结果应符合产品质量要求，工作密封通水检查漏水量应不大于15L/min。

4.5.5 操作油管及受油器安装

1. 操作油管安装

(1) 将操作油管的外管把合在转子上，在进水扩管内，按厂家提供的设计图安装操作油管吊装工具。

(2) 在进水扩管里衬上焊上受油器操作油管吊装工具，把内、中操作油管各段连接好并焊牢，操作油管的内管、中管推到位。

(3) 安装橡皮条，在操作油管的连接螺纹上涂一层二硫化钼后，旋合操作油管，按家提供的设计图焊接防松限位块。

(4) 内、中操作油管安装后应分别作密封性试验，以检验油管的密封性和耐压性能，要求试验压力为7.9MPa，时间为30min。

(5) 调整好油管水平，先装中管，再装内管。

(6) 盘车时，检查操作油管的摆度，要求其摆度值不超过0.1mm。

2. 受油器安装

受油器安装通常是在机组盘车完毕后再进行。安装程序如下：

(1) 依次安装受油器座、密封瓦、转环、绝缘垫（套）、法兰盖、导向块、受油器体、浮动瓦、挡套、挡环（盖）、前油箱、回复机构传动件等。注意，安装过程要在各密封槽垫橡皮条，浮动瓦和挡套按配对标记安装。

(2) 受油器对地绝缘电阻应不小于0.5MΩ。

(3) 受油器整体调整合格，钻配销钉孔，打入销钉。

(4) 受油器的操作油型号为46号汽轮机油，应保证油管在受油器内动作时灵活、稳定和平滑。

4.5.6 水泵附件安装

(1) 润滑油管道安装前清洗干净，安装将各阀件置于应有的启闭状态。

(2) 按施工图安装水、气管道和仪表管道等，安装后气管道进行压力试验。其中气管道试验压力为1.05MPa，时间为10min，水管道压力试验压力为0.4MPa，时间10min。

(3) 各管道安装后，按统一规定进行涂漆处理。

4.6 电 机 的 安 装

4.6.1 电机安装程序

如图 4.8 所示为电机安装程序。

电机安装包括泡头组装和预装、轴承安装、定子安装、泡头及支撑安装、机组轴线的调整定位，还有制动管道、灭火水管、通风冷却系统等的安装，最后安装流道盖板和进人筒上部。

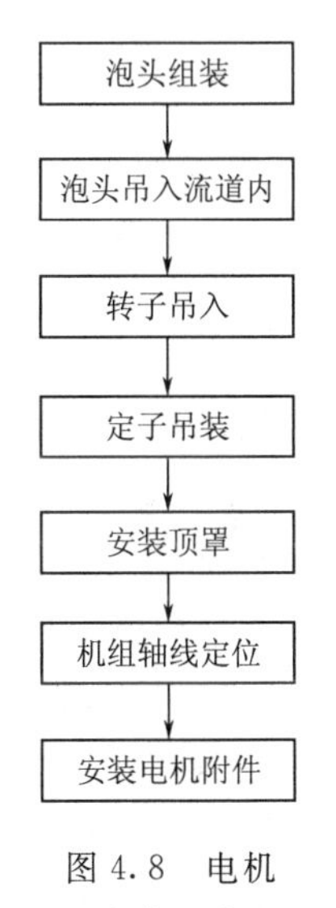

图 4.8 电机安装程序

4.6.2 电机安装标准

4.6.2.1 主轴联接盘车

主轴联接后，应盘车检查各部分跳动值，并应符合下列要求：

（1）各轴颈处的跳动量（轴颈圆度）应小于 0.03mm。

（2）推力盘的端面跳动量应小于 0.02mm。

（3）联轴器侧面的摆度应小于 0.10mm。

（4）滑环处的摆度应小于 0.20mm。

在机组联轴后盘车时，应用百分表分别测量水泵导轴承、电动机导轴承、推力轴承及行星减速器等处的摆度值，以判别机组轴线是否在一直线及各轴瓦与轴颈的配合情况。如摆度值超过允许范围，说明轴瓦与轴颈接触不良或机组联轴不合格，应根据情况进行处理。

与卧式电动机要求基本相同，考虑贯流式推力盘尺寸较大，端面窜动量比卧式电动机要大些。

采用行星减速器结构型式的贯流式机组，行星减速器装配时，应用涂色法检查齿面的啮合情况。沿齿高接触面积不小于 45%，沿齿长接触面积不小于 60%。行星减速器与电动机轴或水泵轴连接时，其中心误差应在 0.05mm 以内，其联轴器连接面的垂直度应在 0.15mm/m 以内。在调整时，允许在箱体与基础座间加金属垫片。

4.6.2.2 定子与转子的空气间隙

测量调整定子与转子的空气间隙，各值与平均间隙之差的绝对值，不应超过平均间隙的 10%。

因电动机定子直接装在座环上，其铁芯与轴线的平行度就受座环连接面倾斜情况的影响，如处理不当，很容易出现定、转子间隙偏斜，造成两侧空气间隙严重不均匀，所以定子安装后，应调整定子与转子的空气间隙，其与平均间隙之差，不应超过平均间隙的±10%。

采用套装定子方式安装定子前，应清理定子和座环的连接面，在凹槽里嵌入密封圈，并用密封胶将其粘牢，在接合面涂上密封胶。按施工方案吊起定子套装在转子外部，在两结合面完全靠近前，仔细复查密封圈是否完好，在对称方向先用 4 个螺栓将将定子连接在座环上，不要完全上紧，用千斤顶配合行车调整定转子的空气间隙，空气间隙达到技术要求后，再按对角线逐一紧固连接螺栓。紧固螺栓时，在90°方向上架设两只百分表监视定子，防止位移。定子安装完成，安装定子固定装置后，应再复测空气间隙符合标准要求。

4.6.2.3 定子进水侧的下沉值

顶罩与定子组合面应配合良好，并应测量及记录由于灯泡重量引起定子进水侧的下沉值。

顶罩安装后的定子进水侧下沉值是安装基础支撑时调整的依据。

4.6.2.4 支撑结构的安装

支撑结构的安装，应根据不同结构型式按制造商的要求进行。

为了提高机组的整体刚度、强度及减小振动，提高运行稳定性，在电动机机座进水侧设置支撑结构。支撑结构有多种形式，安装要求也各不一样，因此应根据不同结构型式，按制造厂要求进行。

4.6.2.5 挡风板与转动部件的径向间隙与轴向间隙

挡风板与转动部件的径向间隙与轴向间隙应符合设计要求，其偏差不应大于设计值的20%。

贯流式机组电动机往往在转子上下游两侧都有挡风板（圈），它们与风扇式密封圈的径向或轴向间隙应均匀，偏差与一般机组相同，不应大于设计值的20%。

4.6.2.6 灯泡体严密性耐压试验

总体安装完毕后，灯泡体应按设计要求进行严密性耐压试验。

总体安装完毕后，灯泡体应按设计要求进行严密性试验。一般采用流道充水试验法。充水试验前首先应检查、清理流道，再封闭进人孔，关闭进水流道放水闸阀，打开流道充水阀进行充水，使流道中水位逐渐上升，直到与下游水位持平。

充水时应派专人从水泵进人孔和电动机进人孔进入主机内，仔细检查各密封面和流道盖板的结合面，观察24小时，确认无漏水和渗水现象后，方能提起下游闸门。如发现漏水，应立即在漏水处做好记号，然后关闭流道充水阀，启动检修排水泵，待流道排空，对漏水处进行处理，处理完毕后，再次进行充水试验，直到完全消除漏水现象，符合规定要求。

4.6.3 顶罩的组装和吊入

顶罩有灯泡头、冷却套等组成，一般先组焊成整体再吊入机坑。如果受吊装条件限制可以分段吊入机坑，在流道内组焊成整体。

1. 顶罩的组装

（1）在安装间按照泡头直径均布6～8个钢支墩，在上面分别放置一对楔子板，调整楔子板顶面高程，使其偏差在0.50mm以内。

（2）依次将两半泡头吊装于钢支墩上，拧紧组合缝螺栓，注意调整法兰面错牙，错牙一般不超过0.10mm。

（3）调整泡头水平，水平应控制在1mm以内。

（4）在合缝处焊接位置搭设脚手架，用碳弧气刨开出坡口，并用磨光机打磨坡口；如果环境温度低于5℃，应对坡口进行预热，同时焊条必须烘干后使用。

（5）焊接完成后，将焊缝打磨平，用煤油作渗透试验应无渗漏。

（6）搭设脚手架，清理球冠和泡头组合面。

2. 顶罩的吊入

考虑吊装电机后，机组的机坑口的通道口偏小会影响顶罩的安装工作，所以顶罩应在安装电机以前就吊入机坑，放在流道内等待安装。

4.6.4 转子安装

大型贯流式机组电机多采用同步电动机，小型贯流式机组多采用异步电动机，此处介绍同步电动机转子安装。

1. 准备工作

（1）转子支撑工具固定：将12个钢支墩均布到转子支撑基础上，上面各放置一对楔子板，调整楔子板顶面高程，使其偏差在0.50mm内。

（2）将转子支架放置在楔子板上，制动环面朝下，制动环面与钢支墩楔子板接触面间加胶木，以保护制动环面。

（3）用框形水平仪测量转子支架上的法兰面水平符合要求。

2. 磁极挂装

（1）要求挂装前对磁极清扫和检查绝缘，主要测单个磁极的直流电阻、交流阻抗和进行交流耐压试验，其值符合设计要求。

（2）用磁极吊装工具进行磁极挂装，按厂内预装标记进行，挂装对称进行，用磁极与磁轭圈间的调整垫片调整转子圆度与直径。

（3）磁极挂装后，检查转子圆度，各半径与平均半径之差应小于设计空气间隙的±4%。

（4）测量并调整磁极中心标高，使其符合图样要求。

（5）相邻磁极间的距离应该均匀相等。

（6）磁极挂装后，按规范进行电气试验；测单个磁极的交流阻抗和进行交流耐压试验。

（7）根据图样安装连接极间连接、阻尼环连接片并装转子引线。

（8）测量磁极绕组的绝缘，按规范进行耐压试验。做耐压试验之前，应对转子进行干燥。

（9）进行转子表面的喷漆处理。

3. 转子吊装

（1）在翻身靴安装位置拆除6个磁极，在对称位置拆除4个磁极。

（2）在翻身靴与地面间垫枕木及木板。

（3）检查清扫主轴与转子配合止口处，在转子止口处涂少许的二硫化钼。

（4）用桥机将转子慢慢翻身，使翻身靴触地，做3次起落试验无误后，拆除翻身工具。

（5）用转子起吊工具上的2个螺栓调节转子轴线水平，调节后用螺母锁紧；然后将转子吊入机坑。

（6）使转子支架法兰面与水泵轴法兰面接近。

(7) 安装对称方向上的4个联轴螺栓，将转子与大轴拉靠，在距离合适时，转动大轴对准销钉孔，穿人对称方向上的2个销钉。

(8) 在转子与大轴法兰面完全拉靠后，穿入螺栓，留对称方向上的2个螺栓暂时不装，使用电加热工具把紧螺栓拉到规定长度，然后装上全部的销钉。

(9) 安装并拧紧剩下的2个螺栓。

(10) 连接极间连线、阻尼环连接片，按规定对转子进行耐压试验。

4.6.5 定子安装

定子吊装与调整步骤如下：

(1) 清扫定子，管型座的组合法兰面，并在管型座上游的两侧搭设脚手架，以便监视定子套装。

(2) 定子翻身：采用悬空翻的方式，利用桥机的主钩和副钩小车进行。安装定子先提升定子到合适高度再进行翻身；翻身后须按图安装稳定拉杆再起吊。

(3) 定子翻身后安装上止水密封，并在密封上涂一些动物油脂；同时准备一定数量的厚约6mm的气隙木垫条，作为转子套装过程的保护木垫。

(4) 缓缓吊入定子到机坑，接近转子时，应在周围放置足够数量气隙垫条，以防摩擦损伤。

(5) 用螺栓将定子与座环拉靠，螺栓带上劲，不完全拧紧，桥机也暂时不松钩。

(6) 用斜形塞块检查定转子两端空气间隙，偏差应在±8%设计空气间隙内。

4.6.6 顶罩的安装

顶罩的安装具体安装步骤如下：

(1) 定子安装后，吊起泡头与定子把合，注意在泡头安装前设置百分表以监视测量定子下沉量及在把合面装上封水橡皮条。

(2) 安装好顶罩斜支架并使定子回到未下沉前的组合高度。

(3) 拧紧顶罩与定子组合螺栓，检查组合缝间隙符合要求后配钻销钉孔并打入销钉进行定位。

(4) 浇筑顶罩斜支架基础混凝土。

(5) 按预装完毕后打上的踏板标记，进行踏板、扶梯等附件的安装。

4.6.7 机组轴线的调整与定位

机组盘车可采用机械或电动盘车等进行，现介绍机械盘车方式，具体过程如下：

(1) 盘车前，启动高压油泵使主轴处于悬浮状态。

(2) 在电机转子与主轴连接法兰、水泵转轮与主轴连接法兰、组合轴承、水导轴承、集电环等处，设置千分表测量摆度值，其值应符合规范要求。

(3) 转动叶轮到不同位置，检查叶片与转轮室间隙应符合设计要求。

(4) 分4次旋转转子90°，检查4个位置，每个磁极空气间隙值，应符合设计和规范要求。

（5）盘车合格后，配钻支撑环与座环内锥、水导轴承支撑与内配水环销钉孔，打入定位销钉定位轴线。

当轴线调整完毕后，应重新检查电气的气隙，最后确定电机转子的准确位置。

4.6.8　同步电动机附件安装

1. 制动系统的装配与检验

（1）按图样安装制动器及其管道，调整到制动器顶面高程差不超过±1mm。

（2）安装后对制动系统进行气密性试验，压力2MPa，时间30min。

（3）通入压缩空气进行起落试验，制动器动作应灵活可靠。

2. 通风、冷却系统的装配

（1）按图样安装风机、空气冷却器及其管道。

（2）安装后对冷却系统进行水压试验，压力0.6MPa，时间30min。

（3）对风机进行动作试验，运转应正常。

3. 灭火系统的装配及检验

（1）按图样安装灭火管道及喷头。

（2）灭火水管安装后，对其圆度进行校正并对喷射角进行通气检查。

4. 集电环的安装调整

（1）根据厂家提供图样的要求，安装电加热器、除湿器等防潮装置。

（2）根据图样组装集电环，利用炭刷抛光工具将炭刷抛光，保证组装后的炭刷与集电环接触良好，按规范规定进行绝缘检查与耐压试验。

（3）将组装好的集电环由安装孔吊入流道内，将集电环安装到同步电动机转子支架上。

（4）安装集电环罩及刷架：安装把合螺栓，按图样安装接地炭刷装置。

（5）调整集电环轴线，使它与同步电动机轴线同心；紧固把合螺栓；连接转子引线至集电环。

4.7　竖井贯流泵机组安装

竖井贯流泵机组水泵由进水底座、转轮室、导叶体、伸缩节、出水底座、叶轮部件、导轴承部件、泵轴部件、填料函部件、推力径向组合轴承箱部件及附属设备等组成。进、出水底座为二期混凝土埋设件。转轮室进口法兰边与进水底座直接连接，定位销定位；转轮室出口法兰与导叶体直接连接，定位销定位；导叶体通过伸缩节与出水底座作可伸缩连接；各法兰及伸缩节用圆橡皮条密封。泵壳体部分的重量及水体重量由进、出水底座及泵基础墩共同承受。水泵转子采用端支梁支撑方式，水泵运行时产生的轴向力由推力径向组合轴承箱内的推力轴承承受，水泵运行时产生的径向力由水导轴承和推力径向组合轴承箱内的径向轴承共同承受。轴封采用填料密封形式，填料函部件装于电机竖井内水泵轴伸处，便于维护。水泵叶轮及过流部件依据水泵模型相似放大，保证其优秀的水力性能。

为便于安装、检修，水泵的转轮室、导叶体、导叶帽等制成上、下剖分结构形式，当拆去水泵转轮室、导叶体的上半部壳体后，泵的转子体部件即可装入和拆去，泵轴可从竖井内平移进、出。

水泵主轴与齿轮箱输出轴之间、电动机输出轴与齿轮箱输入轴之间用弹性柱销联轴器连接。

4.7.1 安装前的准备工作

（1）准备好安装所需的各种工具、设备及测量仪器等。

（2）检查到站之水泵零部件是否齐全，运输过程中有无损坏。

（3）安装前将水泵零件所有结合面上的保护物全部清洗干净，清洗时严禁用硬物刷、刮，以防损伤结合面。各加工面清洗后再涂以防锈油料。

（4）根据水泵安装图检查进、出水管中心标高和机墩标高是否符合要求。

（5）一期混凝土表面应清洗干净，并錾成锯齿形，以保证与二期混凝土结合牢固。

（6）进水流道前必须装有拦污栅，以免有杂物进入水泵；出水流道设快速闸门，以便在水泵正常停机或事故停机时截断水流。

（7）在泵井转轮室下方设好安装过程中辅助支撑转轮室的支架。

4.7.2 水泵的安装

4.7.2.1 水泵固定部分的安装

（1）首先根据已浇好的进、出水流道初步定出水泵的安装高程和主轴中心线位置，允许偏差±2mm。

（2）将进、出水底座、填料函底座（即穿墙管）吊放到预安装位置，调好水平、同心，用支架支撑好。

（3）将伸缩节套装到出水底座上；将导叶体（含导叶帽）下半件吊入泵井，安放于基础墩的调整垫铁上，初步对好地脚螺栓，将伸缩节与导叶体初步联接；将转轮室下半件吊入泵井，放于辅助支架上，与导叶体、进水底座之间对好水平和同心，初步联接。

（4）检查转轮室与导叶体两件中心线相对于主轴轴线的水平方向和铅直方向的偏差，应控制在0.5mm范围内。

（5）依次将导叶体（含导叶帽）、转轮室上半件合上，检查吻合情况。

（6）浇灌二期混凝土，并将进、出水底座的地脚螺栓拧紧。

（7）拆模后将导叶体的地脚螺栓拧紧。

（8）依次将转轮室及导叶体的上半件揭开吊离泵井，再次检查轴承档的同轴度，误差控制在±0.05mm内。

（9）将导流体、过渡套吊入到进水底座内，置于进水底座底部。

4.7.2.2 水泵转子部分的安装

（1）水泵推力径向轴承箱底座的吊入。将轴承箱底座放在预留的基础上，调平、对中，并初步用地脚螺栓固定。

（2）水泵主轴、推力径向轴承箱的吊入。

1）将主轴擦洗干净，将主轴与推力径向轴承箱组装好。

2）在进水底座内靠近转轮室位置放置一个支承架。将主轴连同轴承箱斜吊入竖井、穿过穿墙管、顺平，放置在支承架上并使主轴基本水平。

（3）导轴承的安装。

（4）叶轮、短轴及主轴的安装。

1）将叶轮与短轴组装好，吊入。

2）将转轮体结合面清洗干净与主轴对好中心后在对称的位置上用两个螺栓同时拧紧，使转轮与主轴止口就位。

3）将抗剪力圆柱销装在联轴器的销孔内，装上并拧紧其他螺栓，应注意用力均匀、对称。

4）安装好后，用0.05mm厚的塞尺检查法兰接触面。

5）将水泵转子部件安装到位，将推力轴承和导轴承安装到位，盘车，要求叶片与转轮室间隙均匀。

（5）填料函部件的安装。将填料密封座环对分面涂密封胶，合抱到主轴上，并在填料密封座环与填料盒之间结合面的槽内装上密封用的圆橡皮条，然后将填料盒装在填料基础环上，装好填料后装上压盖。

4.7.2.3 水泵总装

（1）将过渡套、导流体等安装到位。

（2）将泵壳内清理干净，依次合上导叶体、转轮室的上半件，拧紧各连接螺栓及地脚螺栓。

（3）装好伸缩节，压紧进、出口伸缩节上的橡胶圈。

（4）盘车。

4.7.3 齿轮箱的安装

参看齿轮箱安装说明书进行安装，与水泵连接部分要求如下：

（1）齿轮箱与水泵联接的主轴中心应根据水泵主轴中心确定。

（2）齿轮箱与水泵间的联轴器结合面应清洗干净。

（3）地脚螺栓均匀、对称地逐渐拧紧，注意防止螺栓松紧不一而造成轴线倾斜。

（4）安装联轴器柱销时应注意联轴器孔配铰时所打的配对记号，以相配对的孔穿入柱销。

（5）齿轮箱的详细安装过程请参阅齿轮箱厂家提供的说明书。

4.7.4 电动机的安装

参看电动机安装说明书进行安装，其高程由齿轮箱与其连接的主轴中心线决定。与齿轮箱连接部分的安装要求如下：

（1）联轴器的结合部分应擦洗干净。

（2）用水平尺和直尺检查联轴器的平行度，并调整到规定的范围内。

（3）安装好地脚螺栓和联轴器。

第5章　潜水泵安装

潜水泵是由水泵和电动机联成一体并潜入水下工作的泵装置。因潜水泵是机电一体化的产品，潜水泵站相对常规泵站具有结构简单、建筑工程造价低等方面的优点，我国在20世纪90年代初开始推广，目前在农田排灌、城乡给水排水等领域有较多应用。

5.1　潜水泵的结构形式

潜水泵一般采用潜水电动机与水泵共用一根轴而构成一个整体，电动机与水泵之间用机械密封隔开，电缆进线处用线密封好，使整个电动机处于良好的密封状态，整机可以潜没在水下运行。潜水泵的潜水电动机为干式结构，绝缘等级、防护等级执行国家有关标准。水泵有混流泵和轴流泵等。目前我国具备生产叶轮直径1.8m轴流潜水泵，直径为2.65m潜水贯流泵和叶轮直径为1.65m混流潜水泵的能力。

图5.1和图5.2分别为导叶式混流潜水泵和轴流潜水泵结构形式图。

潜水贯流泵结构形式如图5.3所示，蜗壳式混流潜水泵结构形式如图5.4所示。

潜水贯流式机组的水泵转轮、后导叶、齿轮箱、电机连为一体直接布置在流道中，机组段采用全金属壳体，整体吊装，安装方便。电机、齿轮箱在水中，设备外壳利用流动的水流冷却，潜水电机设有渗漏、过载、过流、温度等检测、保护装置。潜水贯流式机组利用了潜水电泵的技术，与灯泡贯流泵装置相结合，具有水力性能好、效率高、土建结构简单、机组结构紧凑、流道水力损失小等优点，但设备可靠性要求高，密封止水要求高，是适合特低扬程、大流量泵站采用的一种新泵型。

在水泵向大型化发展的过程中，水泵的叶轮直径越来越大，转速则越来越低。而对于电机而言，转速越低，则其直径越大、体积越大，也同时增加了装置的体积。为了使水泵获得较低的转速、较大的转矩，减小装置的体积，同时可保证流道宽敞、水流稳定流畅，在电机转轴与水泵转轴之间，采用行星齿轮减速器，以其太阳轮轮轴与电机转轴联轴，以行星轮架中心轴孔与水泵转轴联轴。将带行星齿轮减速器的潜水泵和出水装置组装在一起就构成了行星齿轮传动潜水泵。行星齿轮传动潜水泵结构形式如图5.5所示。

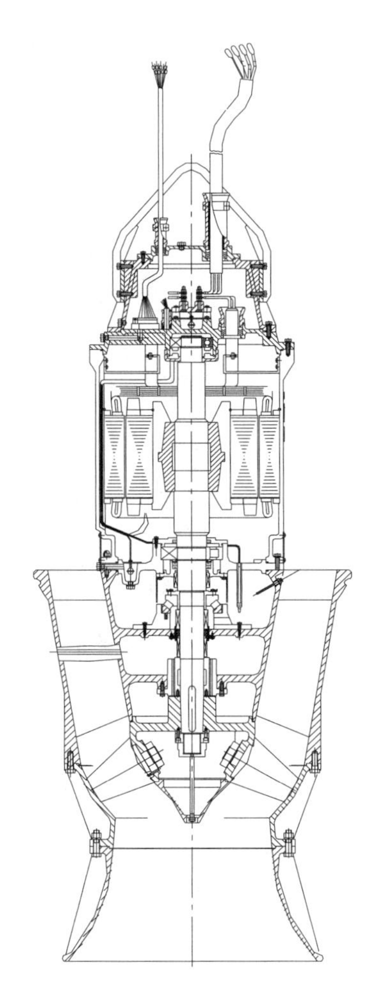

图 5.1 导叶式混流潜水泵结构形式图

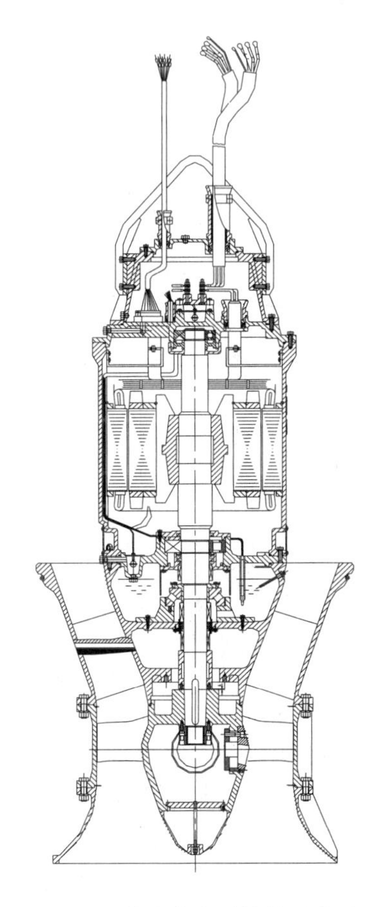

图 5.2 轴流潜水泵结构形式图

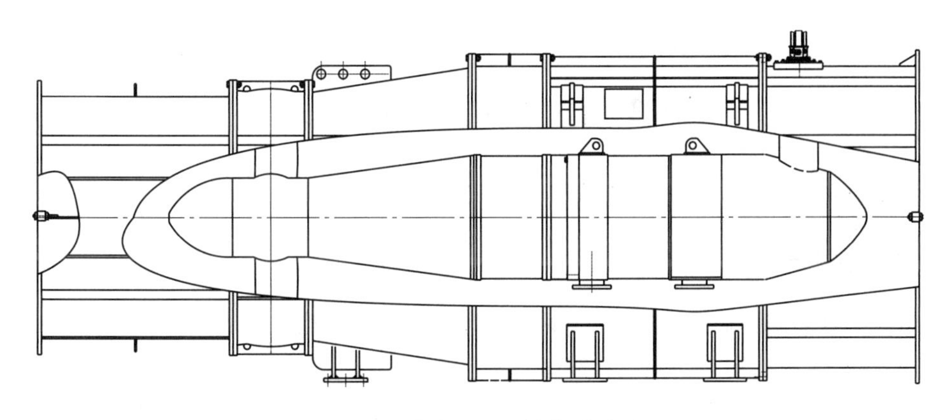

图 5.3 潜水贯流泵结构形式图

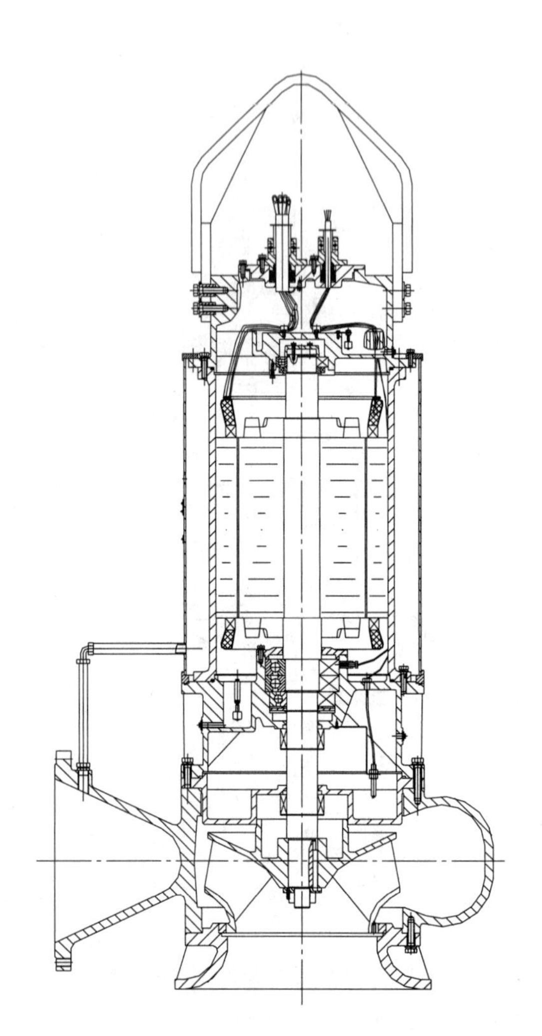

图5.4 蜗壳式混流潜水泵结构形式图

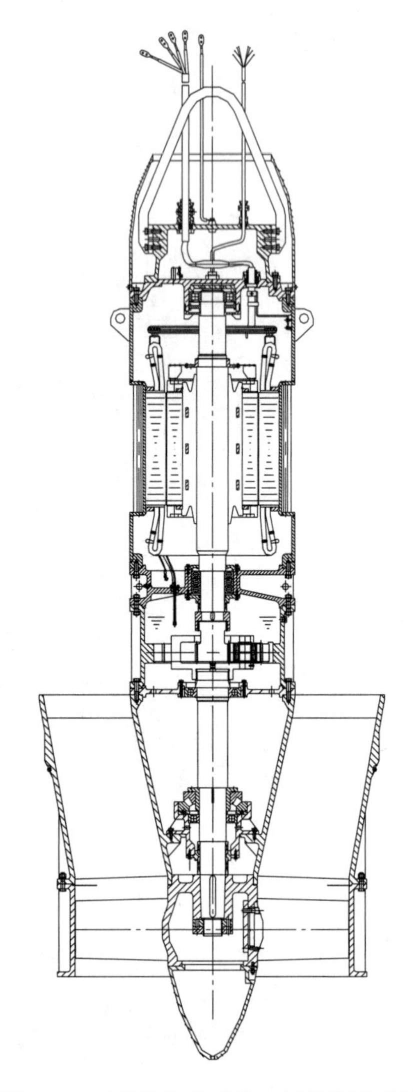

图5.5 行星齿轮传动潜水泵结构形式图

5.2 潜水泵安装形式

潜水泵的安装方式可分为井筒式、贯流式等。

5.2.1 井筒安装形式

潜水泵一般采用井筒安装形式，井筒有钢制井筒或混凝土井筒，典型的立式安装形式有井筒式安装形式（图5.6）、井筒弯管式安装形式（图5.7）、井筒落地式安装形式（图5.8）、井筒开敞式安装形式（图5.9和图5.10）、水泥井筒安装形式（图5.11）、簸箕形进水流道水泥井筒安装形式（图5.12）、钟形进水流道水泥井筒安装形式（图5.13）。

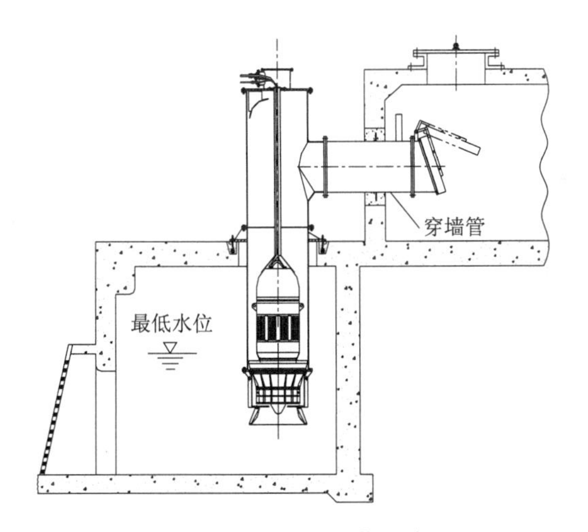

图 5.6 井筒式安装形式

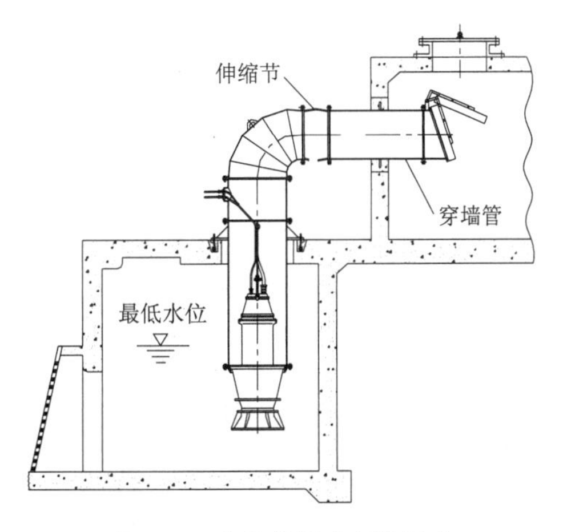

图 5.7 井筒弯管式安装形式

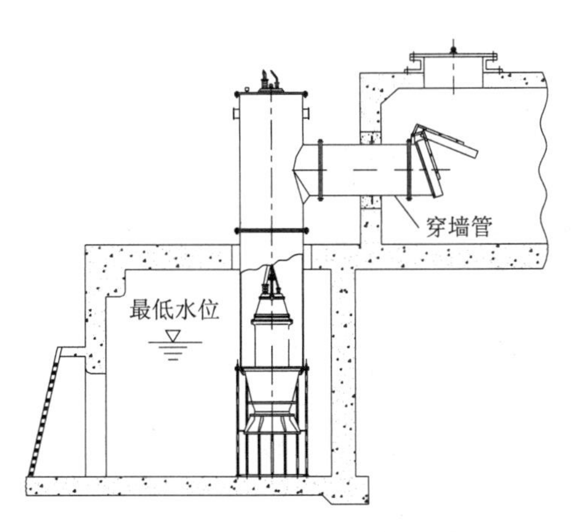

图 5.8 井筒落地式安装形式

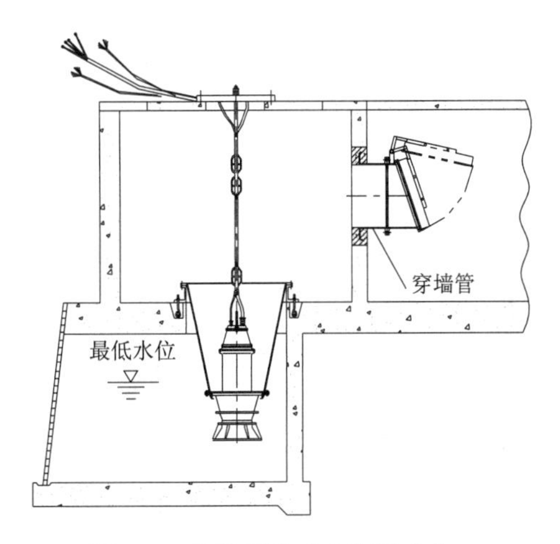

图 5.9 井筒开敞式安装形式之一

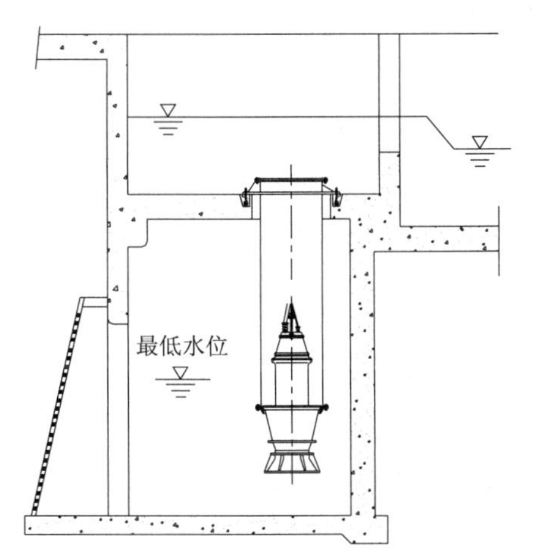

图 5.10 井筒开敞式安装形式之二

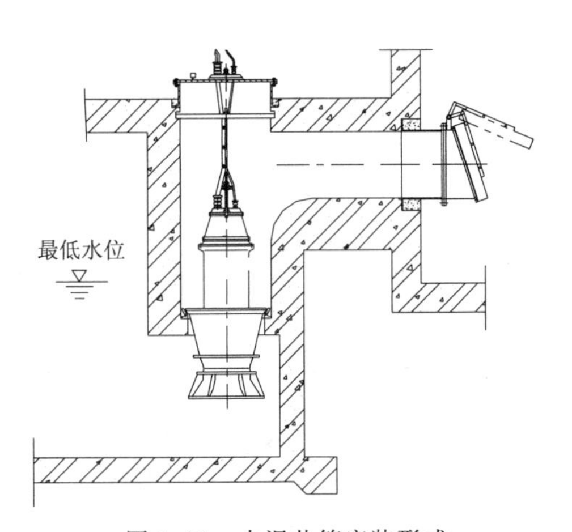

图 5.11 水泥井筒安装形式

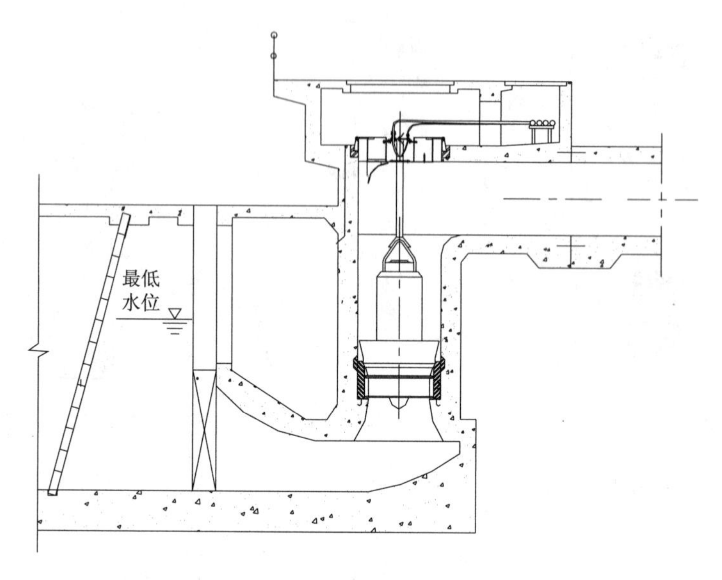

图 5.12 簸箕形进水流道水泥井筒安装形式

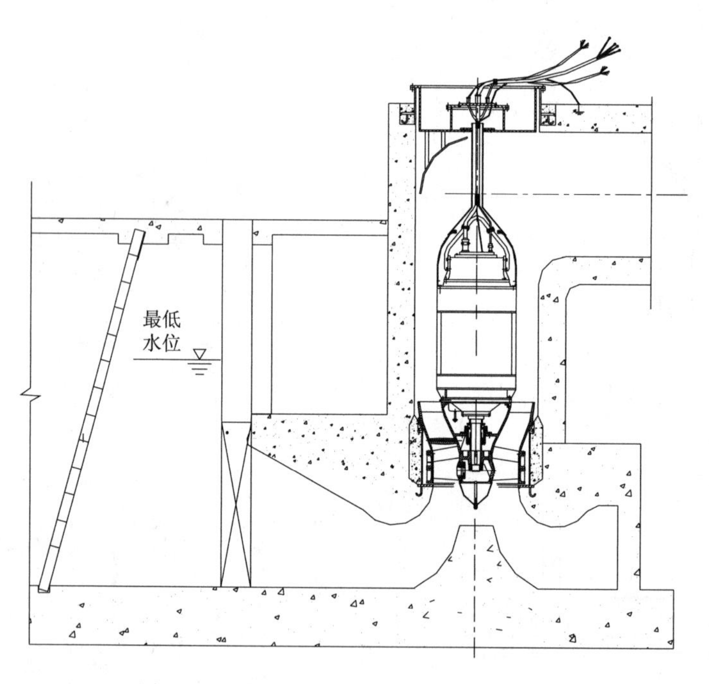

图 5.13 钟形进水流道水泥井筒安装形式

5.2.2 贯流式安装

贯流式潜水泵安装方式可分为自耦式、承插式、管道式等 3 种安装方式。自耦式安装方式如图 5.14 (a) 所示；承插式安装方式如图 5.14 (b) 所示；管道式安装方式如图 5.14 (c) 所示。

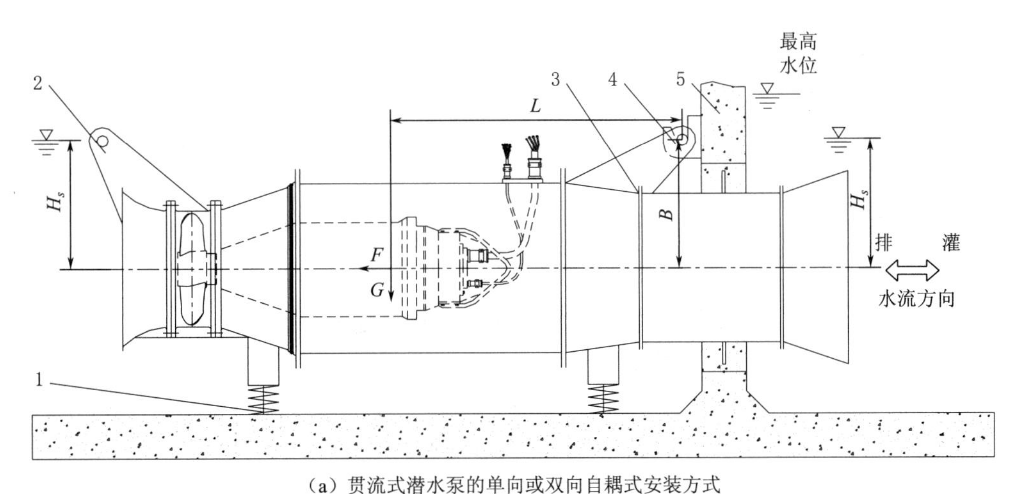

(a) 贯流式潜水泵的单向或双向自耦式安装方式

1—弹性辅助支撑；2—排方向自耦挂钩；3—止水密封圈；4—灌方向自耦挂钩；5—挡水墙；H_s—潜水泵的淹没深度

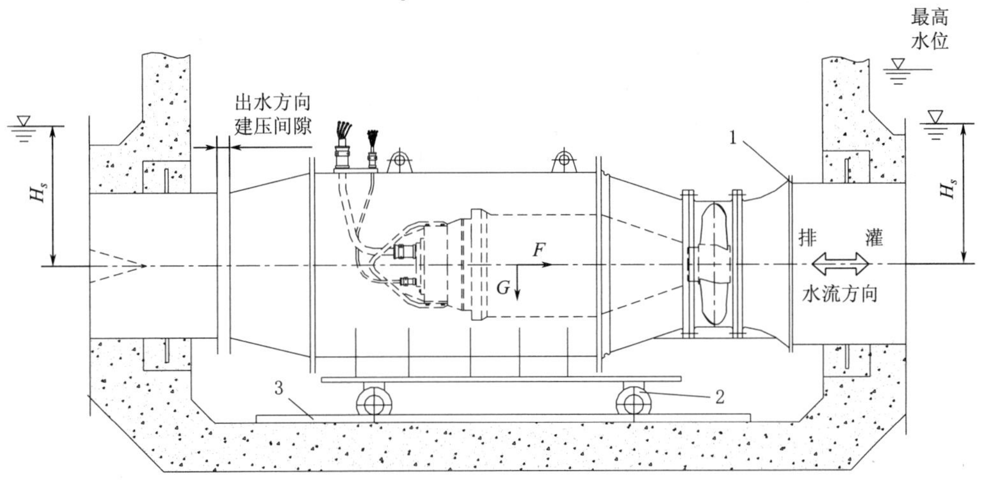

(b) 贯流式潜水泵排灌结合双向承插式安装方式

1—止水密封圈；2C车轮；3—导轨；H_s—潜水泵的淹没深度

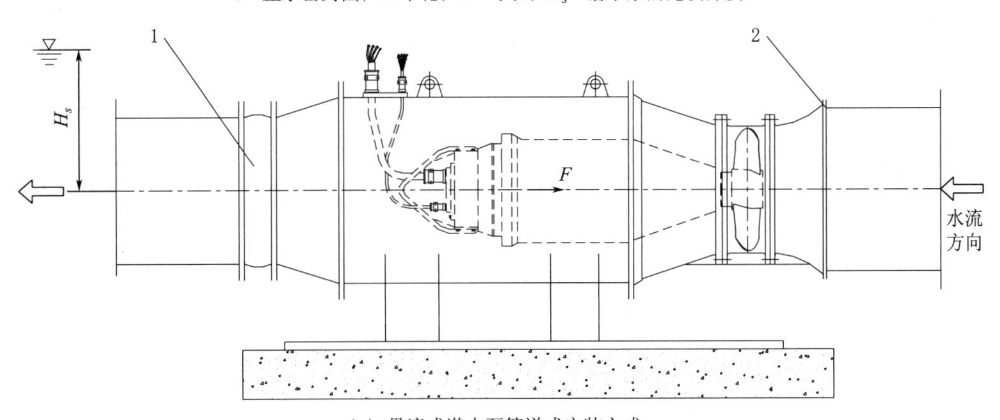

(c) 贯流式潜水泵管道式安装方式

1—伸缩节；2—止水密封圈；H_s—潜水泵的淹没深度

图 5.14 贯流式潜水泵安装方式

将干式异步潜水电动机、行星齿轮减速器、水泵和出水装置等组成的行星齿轮传动潜水泵设计成卧式结构形式，在工厂组装成一体，在泵站进行卧式安装，这就是整装式潜水贯流泵。整装式潜水贯流泵与传统灯泡式贯流泵相比，具有装置结构简单、灯泡较小、安装方便、可维修性强等特点。带行星齿轮减速器潜水泵卧式安装形式如图 5.15 所示。带行星齿轮减速器可双向调头的潜水泵安装形式如图 5.16 所示。

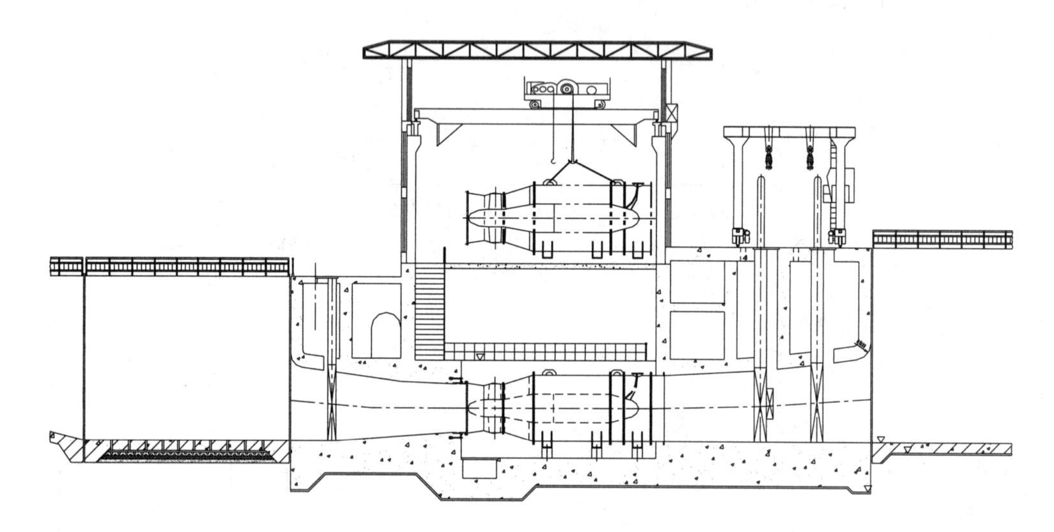

图 5.15 带行星齿轮减速器潜水泵卧式安装形式图

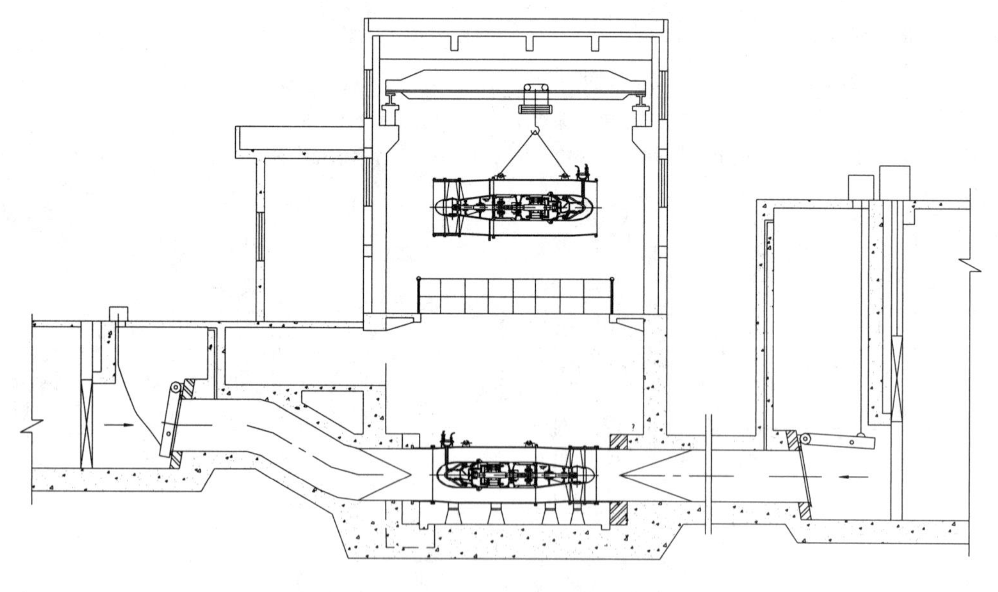

图 5.16 带行星齿轮减速器可双向调头的潜水泵安装形式图

5.3 潜水泵工艺

潜水泵由于电动机与水泵构成一体，并在制造厂组装合格后运到安装现场，现场安装方便，安装方法相对比较简单，相应的技术要求也比立式机组和卧式机组要低，安装内容一般为3部分：即预埋件埋设、潜水泵本体安装及附属设备安装。

5.3.1 潜水贯流泵安装流程

（1）如图5.17所示，根据流道、泵坑设计图做一期预埋导向杆底板。

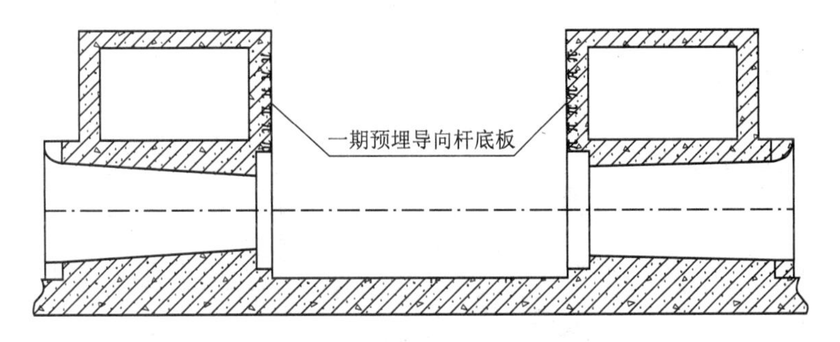

图5.17 一期预埋导向杆底板图

（2）安装轨道组件，如图5.18所示。

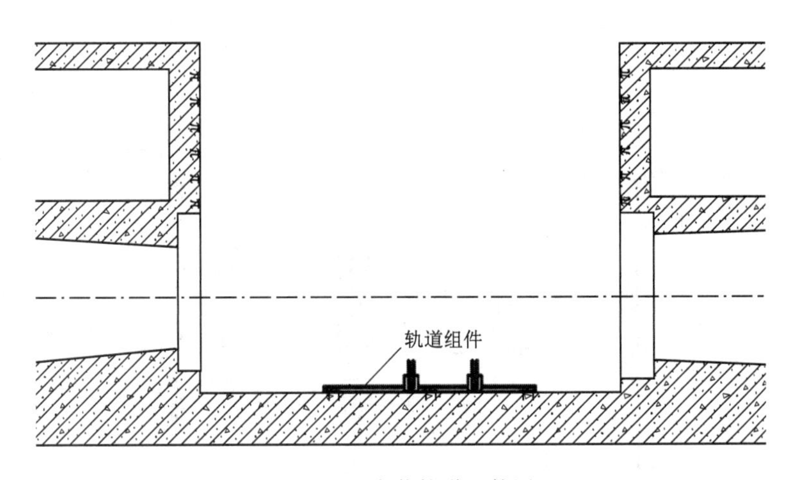

图5.18 安装轨道组件图

（3）做二期预埋进、出水管，如图5.19所示。

（4）安装导杆组件，如图5.20所示。

（5）电泵安装，如图5.21所示。

（6）合盖，如图5.22所示。

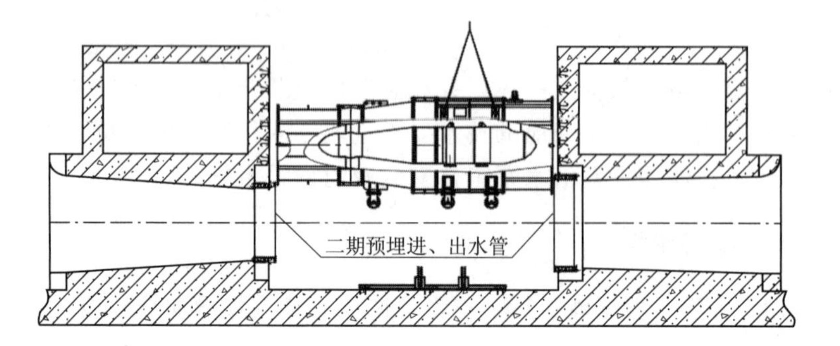

图5.19 带行星齿轮减速器可双向调头的潜水泵安装图

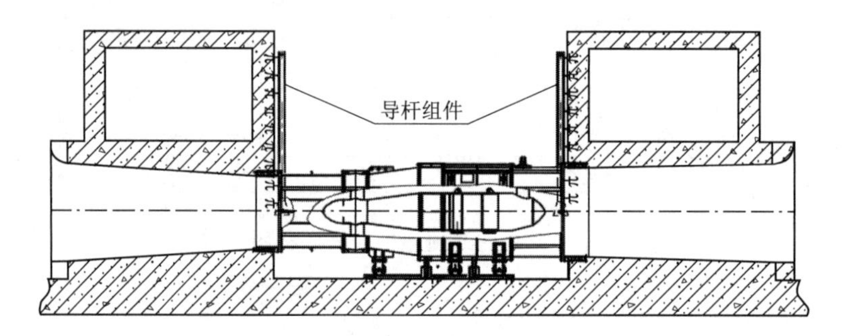

图5.20 安装导杆组件图

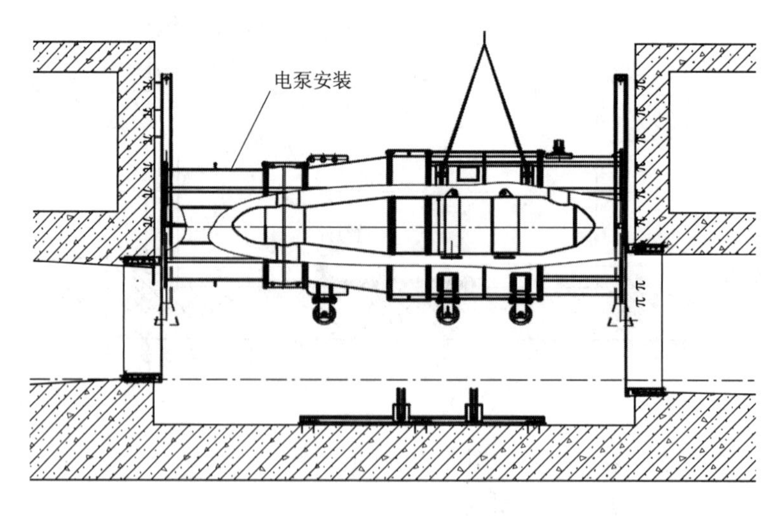

图5.21 电泵安装图

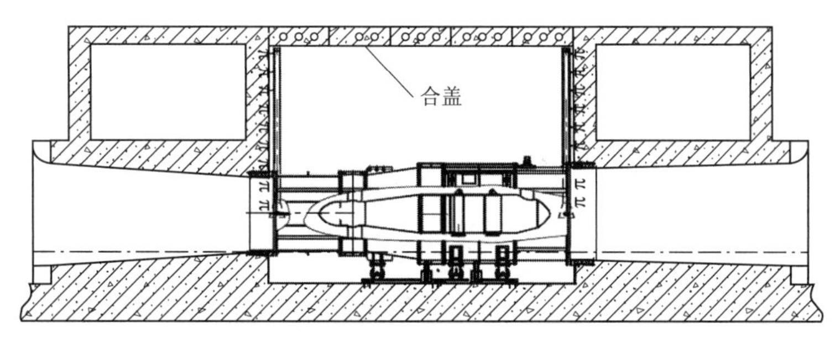

图 5.22 合盖图

水泵地脚现场安装滚轮后，水泵通过泵坑墙面上的导杆导向，下落至泵坑地面轨道，水泵即完成安装。通过滚轮与轨道固定作用，限制了水泵 Z 轴的转动自由度和 Y 轴的平动自由度，通过水泵的自重限制了 X 轴和 Y 轴的转动自由度和 Z 轴的平动自由度，再根据实际使用工况决定是否需要通过。连接水泵与两端预埋件、出水管预埋件来限制 X 轴的平动自由度。此安装方式安全、可靠、现场施工便捷、工程量小、易于检修。

5.3.2 钢制井筒潜水泵安装工艺

钢制井筒潜水泵一般的安装工艺：

(1) 组装：清理预埋底板平面上杂质，在连接平面的止水槽上面涂一层黄油，按设计要求放置填料密封。将井筒下段吊到座环上面，用螺栓将座环与井筒下段连接成整体。在吊装过程中，应注意对孔准确，且不使填料密封发生移动。将井筒中段与井筒下段连接。

(2) 吊装就位：将组装好的井筒（座环、井筒下段、井筒中段）轴线调整到铅垂状态，吊入泵位落位于底板上，调整井筒水平允许偏差不大于 0.5mm/m，井筒座与泵座同轴度偏差不大于 2mm。调整合格后，将垫块与基础法兰焊接成整体，对地脚螺栓预埋孔进行二期混凝土浇筑。

(3) 出水装置安装：按设计调整好三通或弯头的位置，将井筒上段与井筒中段连接成一整体，并使三通或弯头出口正对过墙管预留孔。将井筒上段的三通或弯头的联接面与过墙管联接成一体，按照设计要求将拍门与过墙管联接成整体，对过墙管进行二期混凝土浇筑。

(4) 电缆安装：将电缆从泵上逐渐松开。用卸扣将悬吊杆与电机的吊环连接起来，再用卸扣将悬吊杆与调节杆连接。将电缆与电机的吊绳绑扎在一起，再与悬吊杆拧紧，并把线的接头部位塞进里面，避免绑扎电线被水冲开，不允许使用尼龙线和电话线进行绑扎。将电缆从井盖的出线孔穿出，将井盖与井筒上段连接，按照设计的顺序安装出线装置。

将横担放入井筒上段的两耳里面，使横担上面的开口槽卡入井筒的壁槽中；将调节杆从横担上的孔穿出，用螺母固定，调整螺母，使悬吊杆、调节杆尽可能紧；根据三通的液流方向判断电缆与横担的位置，采用十字形把电缆与横担绑扎成一体。

(5) 调试：接入电源，测试相序，测量控制电缆的各个探头以及电机的各项绝缘电阻，一切正常后可将电缆接入控制柜。接通电源进行现场调试，点动潜水泵，点动时间不超过5s，在井口俯视叶轮的旋转方向为顺时针方向，若方向相反，则需重接相序，调整叶轮转动方向。

5.3.3　泵座安装要求

立式潜水泵泵座圆度偏差不应大于1.5mm，平面度偏差不应大于0.5mm，中心偏差不应大于3mm，高程偏差不应超过±3mm，水平偏差不应大于0.2mm/m。井筒座与泵座同轴度偏差不应大于2mm，井筒座水平偏差不应大于0.5mm/m（SL 317—2015《泵站设备安装及验收规范》6.0.5条规定）。

潜水泵预埋件埋设包括预埋底板和泵座组合件。在二期混凝土浇筑前，应将新老混凝土结合面凿毛，露出20mm左右长度的钢筋头，其分布密度约为1只/0.02m^2。将底板吊放置相应位置，用重垂线在混凝土进水孔垂直位置均匀取4点，检查底板孔与进水孔的同轴度，调整泵座位置偏差小于3mm，使座环中心与混凝土进水孔中心尽可能重合。调整底板水平和标高，水平允许偏差为0.2mm/m，高程允许偏差为±3mm。调整符合要求后，再与混凝土中的钢筋焊接固定，并按规定进行二期混凝土浇筑。

5.3.4　吊装就位

潜水泵吊装就位，与底座之间采用O形橡胶圈密封，配合密封良好。

电缆应随同潜水泵移动，并保护电缆，不得将电缆用作起重绳索或用力拉拽。安装后应将电缆理直并用软绳将其捆绑在起重绳索上，捆绑间距应为300～500mm（SL 317—2015《泵站设备安装及验收规范》6.0.8、6.0.9条规定）。

潜水泵吊装过程中应就位正确，与底座配合良好，吊装过程中安装人员一定要将动力电缆及控制电缆抬起，电缆随同电泵移动，注意保护电缆，防止电缆与地面发生摩擦，严禁将电缆用作起重绳索，或用力拉拽。

安装后将电缆从泵上逐渐松开。用卸扣将悬吊杆与电机的吊绳连接起来，再用卸扣将悬吊杆与调节杆连。将横担放入井筒上段的两耳里面，使横担上面的开口槽卡入井筒的壁槽中；将调节杆从横担上的孔穿出，用螺母固定，调整螺母，使悬吊杆、调节杆尽可能紧；根据三通的液流方向判断电缆与横担的位置，采用十字形把电缆与横担绑扎在一体。

应在安装后将留在井筒内的引出电缆长度理直并用绳将电缆绑在一起，捆绑间距应为300～500mm；将电缆用1.5～2.5mm^2的单铜芯电缆或专用连接件与电机的吊绳扎成一体，再与悬吊杆大约每间隔400mm用1.5～2.5mm^2的单铜芯电缆线或专用连接件拧紧，并把线的接头部位塞进里面，避免绑扎电线被水冲开，不允许使用尼龙线和电话线进行绑扎。

5.3.5　防抬机装置及其井盖的安装

潜水泵的防抬机装置及其井盖的安装应符合设计要求，不应有轴向位移间隙（SL 317—2015《泵站设备安装及验收规范》6.0.10条规定）。

潜水泵吊入井筒后应将电缆从防抬机装置护管中穿过，防抬机装置喇叭口移动至潜水泵顶端导流罩上。大井盖盖板中间有一个圆孔，其直径大于护管外径，井盖法兰合上井盖座法兰后，防抬机护管刚好伸出井盖板一段，井盖板与护管之间通过压紧法兰连接，测量并焊牢防抬机装置上的压板，压紧法兰，将护管上端固定在井盖上，使潜水泵在井筒内没有轴向位移间隙，潜水泵便被泵座和护管牢固地固定在井筒内，这样潜水泵运行时能稳定而不窜动。

5.4 绝缘电阻和吸收比测量

5.4.1 绕组绝缘电阻和吸收比

测量绕组的绝缘电阻和吸收比应符合下列规定：

(1) 测量电动机定子绕组对机壳的冷态绝缘电阻，对于干式电动机应不低于50MΩ (JB 216)；对于充水式电动机定子绕组应在常温清水中浸12h后，绝缘材料为聚乙烯和交联聚乙烯不应低于150MΩ，为聚氯乙烯的不应低于40MΩ；对于充油式电动机应不低于100MΩ，并测量吸收比，热态（在接近工作温度时）或温升试验后绝缘电阻应不低于按公式（5.1）求得的数值：

$$R=U/(1000+0.01P) \tag{5.1}$$

式中 R——电动机定子绕组对机壳的热态绝缘电阻，MΩ；

U——电动机的额定电压，V；

P——电动机的额定输出功率，kW。

但电动机热态电阻不应低于1MΩ。

(2) 额定电压1000V及以上的电动机应测量吸收比。吸收比不应低于1.2。

潜水泵是整体性设备，即整体出厂，整体运输，整体起吊到井筒内就位安装，潜水泵安装前应做相应的检查，如外观检查漆面完整无脱落和龟裂，螺栓螺母无松动，叶轮与叶轮外壳之间无杂物，人力盘车转动自如无异常，动力电缆和控制电缆外表面无裂纹和龟裂，电缆线的外护套不能有任何损伤痕迹，用5000V兆欧表测电动机定子绕组的冷态绝缘电阻，并按规定测量15s和60s的绝缘电阻值，吸收比不应低于1.2。测量绝缘电阻可与制造厂家配套的动力电缆一起测量。

电机定子绕组应进行耐压试验，试验电压应为电机额定电压的2倍加1000V；充水式电机应在常温清水中浸泡12h后进行试验。

电缆接头应浸入常温的水中6h；应用500V摇表测量，绝缘电阻不应小于100MΩ。

5.4.2 控制电缆的绝缘电阻

潜水泵由于工作环境的需要，在结构设计中，除设置了双重或三重机械密封外，还设置了定子线圈测温元件、液位传感装置、渗漏传感装置等。安装前检查传感装置应完好，用万用表测量检查控制电缆的绝缘电阻不应低于0.5MΩ（SL 317—2015《泵站设备安装与验收规范》6.0.11条规定）。

5.5 检查维修计划

5.5.1 检查维修程序

潜水贯流泵检查维修流程如图5.23所示。

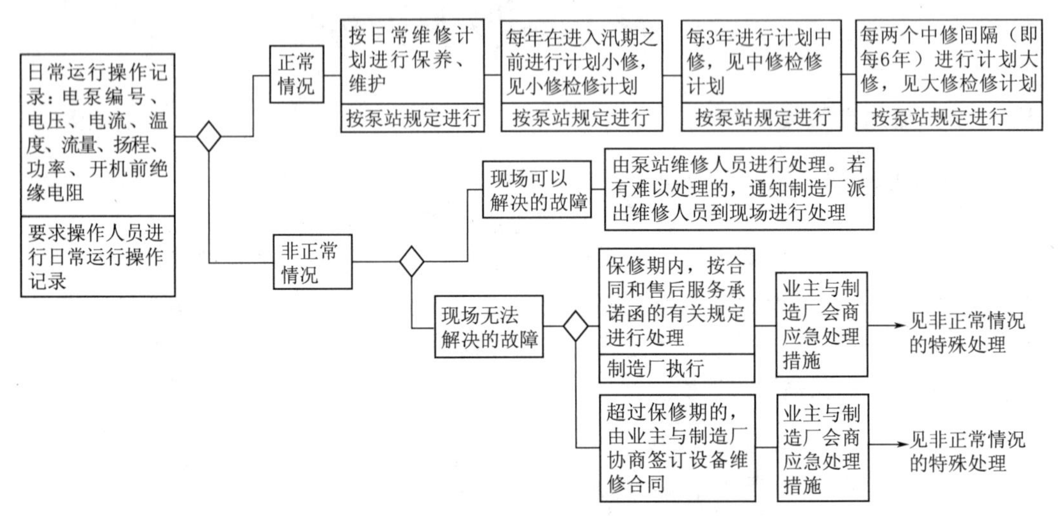

图5.23 潜水贯流泵检查维修流程图

5.5.2 日常检查保养

1. 按计划进行的日常检查保养内容

(1) 检查开关柜内的紧固件是否有松动。

(2) 电缆是否有人为碰坏。

(3) 潜水电机综合保护器的整定值是否有漂移。

2. 可能出现的故障及排除方法

潜水泵可能出现的故障及排除方法见表5.1。

表5.1 潜水泵可能出现的故障及排除方法

序号	故障现象		原　因	检查与排除的方法
1	启动故障	(1) 在就地控制箱上按启动按钮，没有反应	a. 线路连接有误； b. 进、出水池水位不在正常位置； c. 水泵保护装置动作或误动作	a. 从电源查起，查线路连接； b. 检查水位及浮子开关； c. 检查传感器的电阻值是否正常，再检查线路
		(2) 在5s内启动电流不能回到正常工作电流	a. 闸阀没有打开（如果有闸阀）； b. 叶轮擦叶轮外壳； c. 检查电源断相、过低电压	a. 打开闸阀； b. 调整叶轮间隙； c. 检查电源
2	水泵不出水	(1) 电流小，约为额定电流的1/2	泵旋转方向不对	调整电机转向
		(2) 伴有嗡嗡声，电流不平衡	a. 电源电压不足，电压低于90%额定电压； b. 缺相或三相电压不平衡	a. 检查电源电压是否符合要求； b. 三相电压是否平衡并校正

3. 月度/长期停机检修计划

(1) 水泵停止运行期间，每月用2500V兆欧计测量一次冷态绝缘电阻。

(2) 水泵停止运行约两个月，可启动水泵一次，并运转至少0.5h，防止锈蚀。

5.5.3 小修、中修、大修流程

(1) 小修检修计划，如图5.24所示。

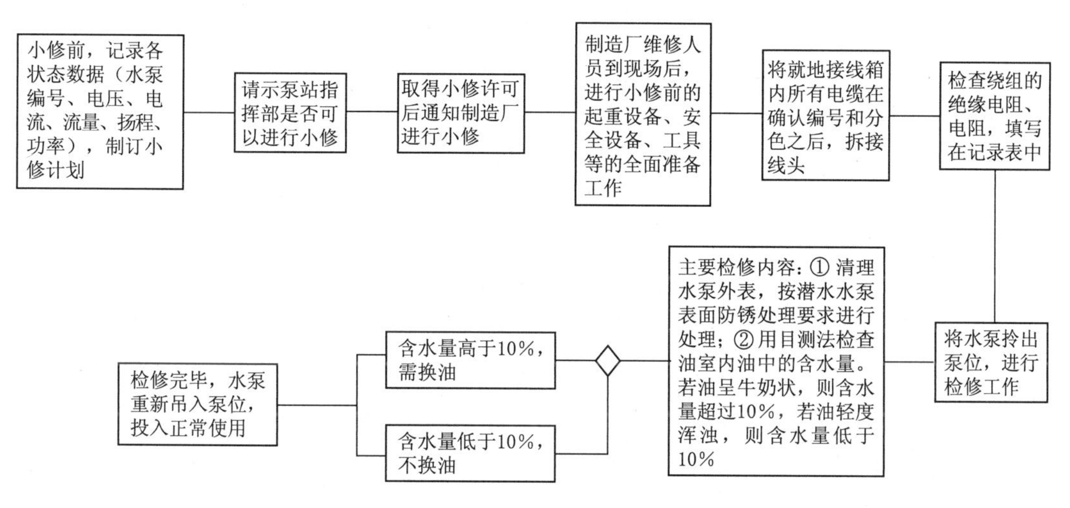

图5.24 小修检修计划流程图

(2) 中修检修计划，如图5.25所示。

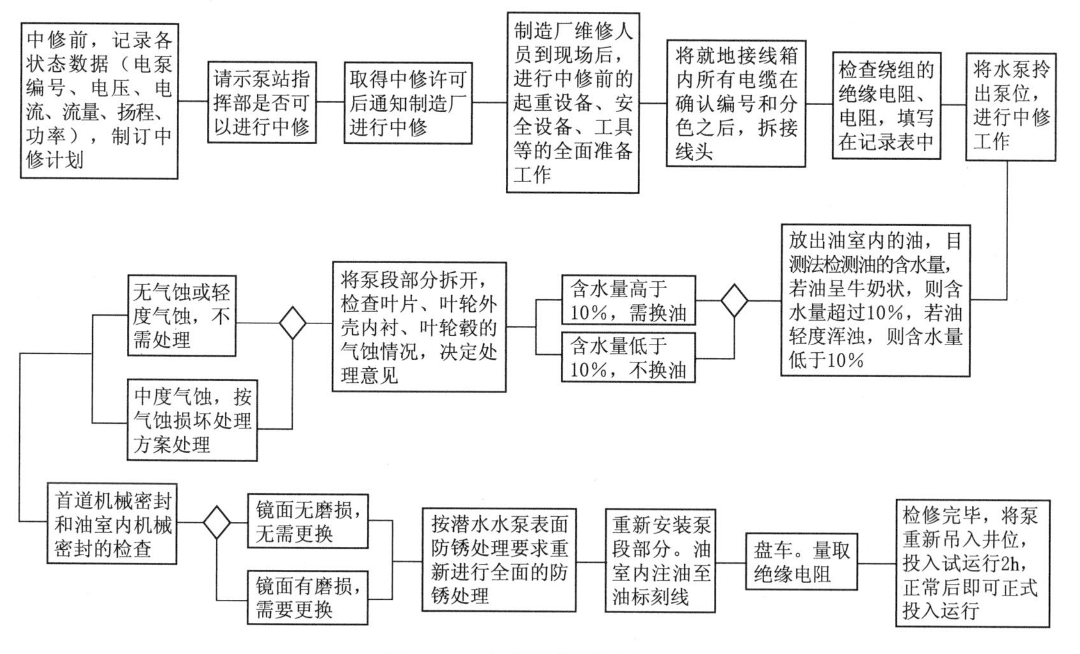

图5.25 中修检修计划流程图

（3）大修检修计划，如图 5.26 所示。

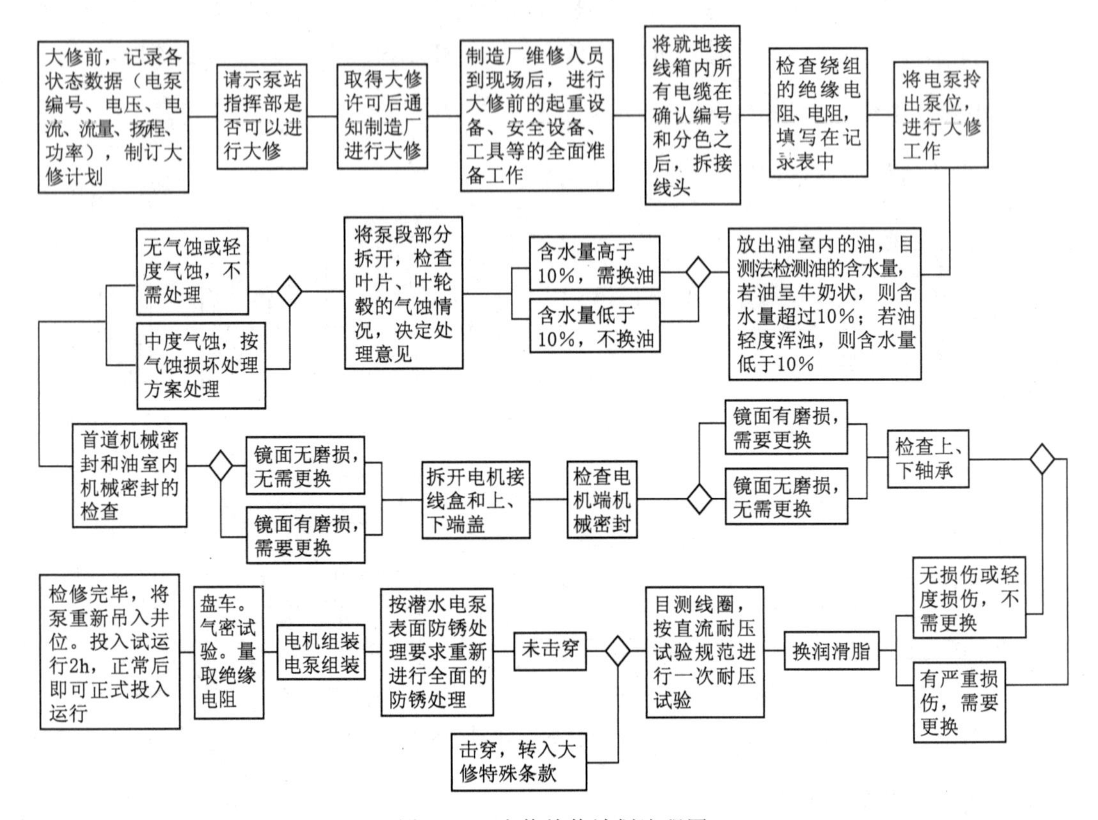

图 5.26　大修检修计划流程图

第6章 进出水管道安装

进、出水管道安装包括主、支管道及其附件诸如叉管、变径管、弯头、伸缩节和各种阀件等的安装，其安装质量的好坏，对机组的使用寿命和安全经济运行都有很大关系。为此，应引起足够的重视。

6.1 基 本 规 定

6.1.1 安装条件

进出水管道的安装应具备下列条件：

（1）与管道有关的管床及镇支墩等土建工程已具备安装条件，并已办理交接手续。

（2）与管道连接的设备中心线已找正并合格，且已固定。

（3）管道的脱脂、内部防腐或衬里等工作已完成。

（4）管及管件、支承件等已检验合格，并具有相应的质量合格证书。

（5）管及管件、阀门等内部已清理干净、无杂物，管道内有特殊要求的，其质量符合设计要求。

主水泵进、出水管道的安装要求与管道有关的管床均应有足够的强度和稳定性，以保证管道在安装过程中不发生位移和变形。

管道安装前，凡与管道连接的设备一般都应找正合格、固定牢靠。设备指的是水泵蝶阀、球阀、闸阀等，在设备没有找正、固定的情况下，管道安装也应将其中心线找正合格。

管道安装前应采用涂料防腐或喷镀锌铝等方法做好管道内部防腐或衬里等工作，防腐工作应符合有关规定。出水管道的安装包括管子、管件、阀件的安装。管件是管道附件的简称，主要有弯头、异径管、三通、法兰、补偿器及紧固件等。管道安装前应检验管子、管件等符合技术要求，并具备有关的技术检验证书。

6.1.2 管及管件的检验

（1）管及管件的检验应符合下列要求：

1）安装前，应按国家有关现行标准的规定和设计要求核对管及管件的材质、规格、型号、数量、标识，并对外观质量和几何尺寸进行检查验收。

2）钢管外径及壁厚的偏差应符合钢管制造标准和设计要求，钢板卷管的制造质量应符合有关规定。

3）铸铁管应在每批中抽10%做外观检查。检查内容应包括表面状况、涂漆质量、尺寸偏差等；若制造商未提供耐压试验资料的，应补做耐压试验。

4）管道法兰面与管道中心线应互相垂直，两端法兰面应平行，法兰面凸台及密封槽应符合设计要求。

钢管的制造应具备设计图样、有关的技术文件，主要材料出厂证明书及有关水工建筑物的布置图等资料。如有修改应有设计修改通知或经设计部门书面同意。钢板和焊接材料应符合设计文件中的有关规定，并应具有出厂质量证明书，如无出厂质量合格证明书或标号不清、有疑问者应予复验，复验合格后方可使用。

（2）钢管的制造过程中下列每个工序均应满足相应的技术要求：

1）钢板划线的允许偏差应符合表6.1的规定。钢板划线应用钢印、油漆和冲眼标记分别表出钢管分段、分节、分块的编号及相应的配合。但在高强度钢板上（即钢板标准抗拉强度的下限值在550～610MPa范围的低合金钢）严禁用锯、凿子、钢印做标记，不应在卷板外侧表面打冲眼。

表6.1　钢板划线允许偏差

项　目	允许偏差/mm
宽度和长度	±1.0
对角线相对差	2.0
对应边相对差	1.0
矢高（曲线部分）	±0.5

表6.2　钢板卷板弧度允许偏差　　单位：mm

钢管内径 D	样板弦长	样板与卷板的允许偏差
$D \leqslant 2000$	$0.5D$（且不小于500）	1.5
$2000 < D \leqslant 5000$	1.0	2.0
$D > 5000$	1.5	2.5

2）钢板切割应用自动、半自动切割机切割和刨边机刨边，切割面的熔渣、毛刺和由于切割造成的缺口应用砂轮磨去，切割后坡口尺寸极限和偏差应符合图样或相关技术标准的规定。

3）钢板卷板方向应和钢板的压延方向一致，卷板后应在自由状态下用样板检查其弧度，其间隙应符合表6.2的规定。由于火焰校正弧度的温度高于调质钢的回火温度，高强度钢如用火焰校正弧度，就要影响材质组织，降低钢板机械性能，所以高强度调质钢卷板后严禁用火焰校正弧度。钢板卷板时不许锤击钢板，应防止在钢板上出现任何伤痕。

4）钢管对圆应在平台上进行，其管口平面度应符合表6.3的规定。

5）钢管对圆后，其周长偏差应符合表6.4的规定。

6）钢管纵、环缝对口错边量的允许偏差应符合表6.5的规定。

表 6.3　　钢管对圆管口平面度允许偏差　　单位：mm

钢管内径 D	允许偏差
$D\leqslant 5$	2
$D>5$	3

表 6.4　　钢管对圆后周长允许偏差　　单位：mm

项目	板厚 δ	极限偏差
实测周长与设计周长		$\pm 3/D/1000$ 且不大于 ± 24
相邻管节周长差	$\delta<10$	6
	$\delta\geqslant 10$	10

表 6.5　　钢管纵、横缝对口错边量允许偏差　　单位：mm

焊 缝 类 别	板 厚 δ	允 许 偏 差
纵缝	任意厚度	$10\%\delta$ 且不大于 2
环缝	$\delta\leqslant 30$	$15\%\delta$ 且不大于 3
	$30<\delta<60$	$10\%\delta$
	$\delta\geqslant 60$	$\leqslant 6$

实际上，纵缝在自由状态下组对，错边量易于调整，一般都能控制在 2mm 以下，环缝是两节或两节以上钢管的组对，钢管均已焊成整节，由于存在相邻钢管周长差不同，纵缝焊后变形偏差和圆度不同等因素，对口错边量大就必须强行组对，这就使焊缝出现很大的内应力，影响焊缝质量甚至产生裂缝，所以针对不同板厚提出对口错边量的允许偏差。

纵焊缝焊接后，用弦长为 $D/10$，且不小于 500mm 的样板检查纵缝处弧度，其间隙不应大于 4mm。

钢管圆度（指同端管口相互垂直两直径之差的最大值）的偏差应小于 $3D/1000$，最大不应大于 30mm，每端管口至少测两对直径。

6.1.3　管道安装内容及要点

1. 安装内容

管道安装归纳起来有以下几项主要内容：

（1）全面完成管道安装前的各项准备工作。

（2）根据图样及安装先后，预制管道和管道附件。

（3）配合安装进度，对设备和管道进行预装和正式安装。

（4）对设备和管道进行试运转和耐压试验。

（5）对试验合格的管道和设备进行去污防锈处理，如吹洗、涂漆等。

泵站管道安装要严格按照其技术、设计及有关规范的要求进行，应充分保证其稳定可靠、耐压密封及防锈耐腐，运行维护和拆装检修方便，机组乃至整个管道均不受因安装不当而引起的扭弯等内力。

泵站管道由进水管和出水管两部分组成，安装时一般由泵体进、出口法兰分别沿管线向进、出水池方向逐节延伸，先支撑找正，后连接固定。

水泵进水管为负压吸水，故要求吸水管的安装要严格密闭，避免由于管壁及接口处不密封而进气，以及铺设不正确使空气析出在吸水管内，积聚形成气囊。在一般情况下，吸水管不得设置伸缩节，在设计真空条件下，伸缩节不可能保持良好的密封性。

水泵有压出水管道一般较长，且往往是爬坡向高地出水池供水，故在管基开挖和管道安装时，应特别注意边坡的稳定性。在没有挡土墙的情况下，出水管道的坡度应控制在1∶2.5以内。水泵的出口处通常顺出水方向依次设置有逆止阀、安全阀和闸阀等。其中逆止阀是为了防止事故停机时水体倒泄和机组反转飞逸；安全阀是为了防护由于逆止阀阻止水体倒泄，突然关闭时引起的水锤压力脉动及其破坏事故；闸阀用于正常启、停机，稳定工况调节，方便检修。在泵站出水管道转弯处和斜坡长管段间设置镇墩及中间支墩，用来控制和消除正常运行、事故停机时的振动、位移，维持管道的稳定性。

2. 管道安装要点

（1）进出水管道不能漏气漏水。进水管漏气会破坏水泵进口处的真空，使水泵的出水量减少，甚至不出水。出水管漏水虽不会影响水泵的正常工作，但严重时会浪费水量，降低装置效率，同时有碍泵站管理。

（2）在靠近水泵进口处的进水管道应避免直接装弯头，更不能允许有水平向转弯的弯头，而应装一段不小于4倍于直径长的直管。否则，水流在水泵进口处的流速分布不均，将影响水泵的效率。进水管道要尽量短，弯头越少越好，以减少水头损失。在水平管段不允许有向上翘起的弯管或沿水流方向有坡度下降的现象。否则，水泵运行时，管中容易积存空气，影响水泵的正常运行。

（3）进水管进口应装滤网或在进水池前设拦污栅，以防杂物吸入水泵内影响水泵的工作。考虑到水泵工作时水面的降落，吸水管进口要有足够的淹没深度。

（4）水泵的进水管道一定要有支撑，避免把管道重量传到泵体上。

（5）安装出水管道时定线要准确，管道的坡度及线路方向应符合设计要求，以利于管道的稳定。采用承插接口的钢管或铸铁管，接口填料一定要严格不漏水。泵站内部的出水管道应采用法兰连接，以便于拆装检修。

（6）合理选择管道的铺设方式。管道铺设有明式和暗式两种。明式铺设的优点是便于管道的安装和检修，缺点是需要经常维护；暗式铺设的优缺点恰好与明式铺设相反。一般金属管均采用明式铺设。明式铺设直管段必须支承在混凝土、浆砌块石或砖砌的支墩上，支墩与管道之间不能紧固，以使管道在温度发生变化时可自由地伸缩。管道转弯处要用镇墩固定，以防止管道移动，两镇墩之间应加装伸缩节。

对于钢筋混凝土管，一般要采用地下埋设，通常铺设在连续的素混凝土管床或者浆砌石管座上，管座对管道的包角以90°、120°或135°最佳，为防止管道位移，在管道转弯处需设镇墩。

6.1.4 管道安装控制

6.1.4.1 管道中心线和铺设坡度的控制

安装管道一般是从水泵的进、出口开始向两侧依次安装，为确保管理安装质量，应严格控制管道中心线和铺设坡度。

1. 中心线控制

按设计要求，在龙门架上拉好进出水管道的中心线。安装时每节管道都要从中心线上吊下垂线，使管道中心对准垂线。管道中心可用丁字尺测量，测量时将丁字尺塞入管中，如果垂线正对丁字尺的中心线，表示管道中心线正确。

2. 坡度控制

首先根据设计的管道坡度制作一坡度尺，然后利用坡度尺和一水平仪进行测量，水平段可直接用水平仪进行测量。

6.1.4.2 管道的连接

管道的连接是管道安装中的关键工序。管道连接方式不同，安装的方法不同。常见的连接方式有法兰连接、承插连接和套管连接、焊接接口连接 4 种。

1. 法兰连接

在每两节管道的法兰盘之间应夹有一层 2～5mm 的橡胶垫片。为便于安装时调整垫片的位置，垫片最好做成带柄的，加垫圈时先在法兰面上涂一层白铅油，然后将垫圈端正夹于两法兰盘之间，不允许出现偏移现象。在管道中心线和坡度符合设计要求后，经管道支稳，然后拧紧螺栓。拧螺栓时应上、下、左、右交替进行，以免法兰盘受力不平衡而使管道连接不严。

法兰接口组装时应注意以下几点：

（1）法兰密封性能良好。

（2）法兰接口组装时应保持平行，其偏差不大于法兰外径的 15/1000，且不大于 2mm，平行度偏差的测量应在法兰最大圆周方向上施测。

（3）螺栓孔中心偏差一般不超过孔径的 5%。

（4）法兰连接应使用同一规格螺栓，安装方向一致，紧固后外露长度一般不宜大于 2 倍螺距。

（5）法兰端面与管道中心线应垂直，其垂直度偏差应不大于管道公称直径的 0.5%～2%，直径小工作压力大时取小值。垂直度的测量通常用法兰尺检查，并用塞尺测量圆周方向上法兰端面和法兰尺之间的间隙值，此间隙即为法兰端面与管道中心线间的垂直度偏差。

2. 承插连接

在铺设承插式管道时，一般是逆着沟槽的坡度进行，管道的大头（承向）向前，将管道的小头（插口）清理擦净，插入已铺好的管道大头中。为保证接口质量，铸铁管的承口端、插口端的沥青均要除掉，沿直线铺设的承插铸铁管对口应留有 4～8mm 轴向间隙，以便在受温度变化或其他原因影响时管道有伸缩的余地。承插口环形间隙要均匀，间隙中填塞油麻辫，以阻挡填料流进管内或防止压力水的渗漏。每圈麻辫应相互搭接，并压实打紧，打紧后的麻辫填塞深度为承插深度的1/3。外口用石棉水泥或膨胀水泥填塞，深度为接口深度的1/2～2/3，需分层填打，其表面应平整严实。

承插式混凝土管的接口使用橡胶圈。橡胶圈不应有气孔、裂痕、重皮及老化缺陷，橡胶圈内经与管道插口外径之比宜为0.85～0.9。装填时，橡胶圈在插口上，要平整压实，不得有松动、扭曲、撕裂等现象。直径为1400mm的橡胶圈及以下的管道应采用无接头橡胶圈，安装时需使用拉力或推力才能使插口进入承口内。安装后的橡胶圈压缩率一般为30%～50%。

3. 套管连接

钢筋混凝土管一般采用套管连接。在安装前应先把管道接口处外壁及套管内壁凿毛（填塞油麻绳的部位不凿毛），安装时要严格校正管道的位置和高程，用砂浆片石作管道的垫层。在浇筑垫层时，接口处要留一段不浇，待接头封好后再浇。混凝土管的接头嵌塞填料一般用石棉水泥。在冬季施工时，石棉水泥应用40℃的温水拌和，并加入适量的食盐，以免冷空气侵蚀变质。接口封好后，要注意养护（一般需养护14d左右），用快速凝固膨胀水泥作填料，可缩短养护时间。

4. 焊接接口连接

采用焊接接口连接管道是比较常用的方法。在焊接钢管接口前，应清理和打磨管口焊接部位，使管口边缘和靠近管口宽度不少于10mm的管内、外表面均露出金属光泽。

（1）组合焊接。由于单根管道吊装焊接速度较慢，而且焊接时管道架空，需要仰焊操作，影响质量和降低焊接速度。为此，常把若干根管道在地面上组合焊接每组长20～30m，然后一次吊装到空中，称组合吊装。

（2）管道找正。方法如下：

1）用拉线法找正。将一根管道找正后固定，在此管道上平行拉设一根细钢丝，使钢丝与管外壁贴合，然后将组合管依此与固定管对口合拢，使外壁与细钢丝重合，用目测法观察重合情况。

2）用夹持器定中心。此法用在小直径管道上，对于直径较大的管子，可采用有孔眼的特殊管箍将管道对正，沿着这些孔眼对管道进行电焊，然后将特殊管箍取掉，对管道正式焊接。

（3）管道焊接。管子、管件的坡口型式、尺寸与组对应按有关规定选用，一般壁厚不大于3.5mm的选用70°V形坡口，对口间隙和钝边均为0～2mm，管子、管件组对时内壁要平齐，其错边量不应超过壁厚的20%，且不大于1mm。同时应认真检查坡口的质量，坡口表面上不得有裂纹、夹层等缺陷。

焊缝表面应无裂缝、气孔、夹渣及熔合性飞溅，咬边深度应小于5mm，长度不应超过焊缝全场的10%，且小于100mm；焊缝宽度以每边超过坡口边缘2mm为宜。

6.1.5 法兰连接要求

法兰连接应符合下列要求：

（1）法兰安装时，应检查法兰密封面及密封垫片，不应有划痕、斑点等缺陷，密封性能应良好。

（2）当大直径密封垫片需要拼接时，应采用斜口搭接或迷宫式拼接，不应采用平口对接。

（3）法兰连接应与钢制管道同心，螺栓应能自由穿入，法兰螺栓孔应跨中布置。

（4）法兰面间应保持平行，其偏差不应大于法兰外径的0.15%，且不大于2mm，法兰接头的倾斜不得用强紧螺栓的方法消除。

（5）法兰连接应使用同一规格螺栓，安装方向一致。螺栓应对称紧固，螺栓紧固后应与法兰面紧贴，不应有楔缝。当需要添加垫圈时，每个螺栓不应超过一个。紧固后的螺栓外露长度宜为2～3个螺距。

法兰面及密封垫不应有影响密封性能的缺陷存在，密封垫的材料应与工作介质及压力要求相符。

垫片尺寸应与法兰密封面相符，内径允许大2～3mm，外径允许小1.5～2.5mm，垫片厚度除低压水管橡胶板可达4mm外，其他管道一般为1～2mm。螺栓紧力应均匀。管子与平法兰焊接时，应采取内外焊接，内焊缝不得高于法兰面，所有法兰与管子焊接时应垂直，法兰连接时应保持法兰面平行，其偏差不应大于法兰外径的1.5/1000，且不大于2mm。

法兰螺栓孔中心偏差不宜超过螺栓孔径的5%，如果螺栓孔位置不对时，可用圆锉修理，或重新钻孔。也不允许用气焊或电焊扩孔，以免造成铸铁变脆或者破裂。

法兰连接应使用同一规格螺栓，安装方向一致，紧固后外露长度宜为2～3倍螺距。

6.1.6 填料式补偿器安装

较长的出水管上，为了减少由于其内压的水锤脉动和温度变化所产生的附加应力影响，应设置填料式补偿器（伸缩节）。

填料式补偿器（伸缩节）的安装，应符合下列规定：

（1）应与管道保持同心，不应倾斜。

（2）两侧的导向支座应保证运行时自由伸缩，不应偏离中心。

（3）应按设计规定的安装长度及温度变化，留有剩余收缩量，允许偏差为±5mm。若温差变化不大，伸缩节仅起安装作用的，可经设计单位确认后锁定。

（4）插管应安装在水流入端。

（5）填料应逐圈装入压紧，各圈接口应错开。

另外在水泵的进、出水管穿过泵房墙壁的交叉处，往往要预先留出比管径大15～20cm的孔洞，以便安装穿墙管。穿墙管的结构有刚性和柔性两种。安装时应注意使密封止水可靠和外部管道连接方便。

伸缩节安装前应检查其制造质量，伸缩节的内外套管和止水压环焊接后，应用样板检查。其间隙在纵缝处不应大于2mm，其他部位不应大于1mm。在套管的全长范围内，检查上、中、下3个断面。伸缩节内、外套管和止水压环的实测直径的允许偏差不应超过$\pm D/1000$且不超过±2.5mm，每端管口测量直径不应小于4对。伸缩节的内外套管间的最大和最小间隙与平均间隙的允许偏差为±10%。伸缩行程与设计行程的允许偏差为±4mm。

为了便于检修，安装时将阀件向伸缩节方向移动，基础螺栓应留有足够的距离，其值不应小于法兰之间密封件的厚度。

6.1.7 其他要求

管道的坡度、坡向及管道组成件的安装方向，应符合设计要求。

管连接时，不应采用强力对口、加热管道、加偏垫或多层垫等方法来消除接口端面的间隙、偏差、错口或不同心等缺陷；安装工作间断时，应及时封闭敞开的管口。

管道安装中，管道的坡向、坡度应符合设计要求。连接面连接过程中，不应有倾斜开口，不得采用强力对口、加热管道、加偏垫或多层垫等方法来消除接口端面的空隙、偏差、错口等缺陷；否则应力过大，造成铸铁管连接面容易破裂。管子连接安装工作间断时，应及时封闭敞开的管口。

地埋管道的安装，应在支承地基或基础验收合格后进行。支承地基和基础的施工应符合设计和国家现行有关标准的规定。当有地下水或积水时，应采取排水措施。

地埋管道耐压试验和防腐检验合格后，按隐蔽工程进行验收。验收合格后应及时回填，并应分层夯实，同时应填写“管道隐蔽工程（封闭）记录”，其格式可按规范要求执行。

地埋管道安装过程中应防止管基被水浸泡，不允许管沟内长期积水或出现浮管现象。在雨季或有地下水的情况下，应排除沟内积水。埋地管道安装结束，并经试压和防腐处理后埋好，按隐蔽工程进行验收，然后分层填土并夯实。

管道阀门和管件的安装应根据设计文件核对其型号和规格，并进行检查和试验；确定安装方向，调整阀门的操作机构和传动装置，保证其动作灵活，指示准确。

主水泵进、出水管道阀件安装前应按设计和制造文件的技术要求进行检查和试验。校对阀件型号，检查各组合缝间隙应符合要求，需要在现场解体、清理和组装的阀件，组装后应符合相关技术要求；做严密性耐压试验或漏气试验应符合设计技术要求。

其他材料管道的安装及验收应按本标准相关规定和国家现行有关标准执行。

泵站的管道安装中，还会应用其他一些管道材料，如聚氯乙烯塑料管等。其他管道材料的安装及验收可按相关标准规定执行。

阀门的研磨。阀门在安装或使用中，因阀瓣、阀座、密封填料等制作不良或磨损，容易产生渗漏及关闭不严密等现象，这样就需要对阀件进行研磨处理。当密封面的缺陷如撞痕、刀痕、压伤、不平、凹痕等深度大于0.05mm时，应现在车床上加工，然后再研磨。深度小于0.05mm时，可直接用研磨消除，不允许用锉刀或纱布等方法处理。

阀门检修装配后，均应进行水压试验，经检查无渗漏时，证明研磨质量合格，方可投入安装。

6.2 金属管道

6.2.1 管口中心的允许偏差

管道安装后管口中心的允许偏差应符合表6.6的规定。

表 6.6　　**钢管管口中心的允许偏差**　　单位：mm

管道内径 D	始装节管口中心	与设备连接的管节及弯管起点的管口中心	其他部位管节的管口中心
$D\leqslant2000$		±6.0	±15.0
$2000<D\leqslant5000$	5	±10.0	±20.0
$D>5000$		±12.0	±25.0

钢管安装后，管口圆度（指相互垂直的两直径之差的最大值）偏差不应大于 $5D/1000$，最大不应大于 40mm，至少测量 2 对直径。

6.2.2　支座的安装要求

始装管节的里程允许偏差为±5mm。弯管起点轴线方向的位置偏差不应超过±10mm。始装管节鞍式支座的顶面弧度，用样板检查其间隙不应大于 2mm。滚轮式和摇摆式支座的支墩垫板高程、纵向和横向中心允许偏差为±5mm，与钢管设计轴线的平行度偏差不应大于管长的 0.2%。安装后应能灵活动作，无卡阻现象，各接触面应接触良好，局部间隙不应大于 0.5mm。

6.2.3　管道焊缝

6.2.3.1　一般规定

管道焊缝位置应符合表 6.7 规定。

(1) 管道同一直管段上两对接焊缝的间距，当公称直径大于或等于 150mm 时，不应小于 150mm；当公称直径小于 150mm 时，不应小于管外径，且不应小于 100mm；应按安装顺序逐条进行，并不应在混凝土浇筑后再焊接环缝。

(2) 焊缝距弯管（不包括压制和热弯管）起弯点不应小于 100mm，且不应小于管外径。

(3) 卷管的纵向焊缝应置于易检修的位置。

(4) 在管道焊缝上不应开孔。若必须开孔，焊缝应经无损探伤检查合格。

(5) 有加固环或支承环的卷管，其加固环或支承环的对接焊缝应与管道纵向焊缝错开，间距不宜小于 100mm，加固环或支承环距管道的环向焊缝不应小于 50mm。

表 6.7　　**焊缝外观质量表**

序号	项　目	焊缝类别		
		一	二	三
		允许缺陷尺寸/mm		
1	裂纹	不允许		
2	表面夹渣	不允许		深不大于 0.1δ，长不大于 0.3δ 且不大于 10δ
3	咬边	深不超过 0.5，连续长度不超过 100，两侧咬边累计长度不大于 10%全长焊缝		深不大于 1，长度不限

续表

序号	项　目		焊缝类别		
			一	二	三
			允许缺陷尺寸/mm		
4	未焊满		不允许		不超过 $0.2+0.02\delta$ 且不超过1.0，每100焊缝内缺陷总长不大于25
5	表面气孔		不允许		每50长的焊缝内允许有直径为 0.3δ，且不大于2的气孔2个，孔间距不小于6倍孔径
6	焊缝余高 ΔH	手工焊	$12<\delta<25$，$\Delta H=0\sim2.5$ $25<\delta\leqslant50$，$\Delta H=0\sim3$		—
		埋弧焊	$0\sim4$		—
7	对接接头焊缝宽度	手工焊	盖过每边坡口宽度2～4，且平滑过渡		
		埋弧焊	盖过每边坡口宽度2～7，且平滑过渡		
8	飞溅		清除干净		
9	焊瘤		不允许		
10	角焊缝厚度不足（按设计焊缝厚度计）		不允许	$\leqslant0.3+0.05\delta$，且不大于1；每100焊缝长度内缺陷总长度不大于25	$\leqslant0.3+0.5\delta$，且不大于2；每100焊缝长度内缺陷总长度不大于25
11	角焊缝焊脚 K	埋弧焊	$K<12^{+3}$，$K>12^{+4}$		
		埋弧焊	$K<12^{+4}$，$K>12^{+5}$		

6.2.3.2　焊缝分类

焊缝按其重要性分为以下3类：

一类焊缝：钢管管壁纵缝、泵房内明管（指不埋入于混凝土内的钢管）环缝，凑合节合拢环缝；岔管管壁纵、环缝、岔管分岔处加强板的对接焊缝、加强板与管壁相接处的对接和角接的组合焊缝、闷头与管壁的连接焊缝。

二类焊缝：钢管管壁环缝；人孔管的对接焊缝；人孔管与顶盖和管壁的连接焊缝；支承环对接焊缝和主要受力角焊缝。

三类焊缝：不属于一、二类的其他焊缝。

钢管一、二类焊缝焊接宜采用手工焊和埋弧焊。焊接钢管各类焊缝所选用的焊条、焊丝、焊剂应与所焊接的钢种相匹配。焊接材料应按要求进行烘焙和保管。

钢管一、二类焊缝应经检查合格，方准进行焊接。焊接前，应将坡口及两侧10～20mm范围内的铁锈、熔渣、油污、水迹等清除干净。遇有穿堂风或风速超过8m/s大风或雨天、雪天以及环境温度在−5℃以下、相对湿度在90%以上时，焊接处应有可靠的防护措施，保证焊接处有所需的足够温度，焊工技能不受影响方可施焊。焊缝焊接时应在坡口上引弧、熄弧，严禁在母材上引弧，熄弧时应将弧坑填满，多层焊的层间接头应错开。

所有焊缝均应进行外观检查，外观质量应符合表6.7的规定。环缝焊接除设计文件有规定外，应逐条焊接不得跳越，不得强行组装。管道上不得随意焊接临时支撑或踏板等构件，并不得在混凝土浇筑后再焊接焊缝。

6.2.3.3 加固环安装

若钢管焊有加固环，安装加固环时，其同端管口实测最大和最小直径之差，不应大于4mm，每端管口至少应测4对直径。加固环、支承环与钢管外径的局部间隙不应大于3mm。直管段的加固环和支承环组装的允许偏差应符合表6.8的规定。

表6.8 **加固环和支承环组装的允许偏差** 单位：mm

项 目	支承环的允许偏差	加固环的允许偏差	简 图
支承环或加固环与管壁的垂直度	$a \leqslant 0.01H$ 且不大于3	$a \leqslant 0.02H$ 且不大于5	a, H
支承环或加固环所组成的平面与管轴线的垂直度	$b \leqslant 2D/1000$	$b \leqslant 4D/1000$	b, D
相邻两环的间距偏差	±10	±30	

无损伤探伤是保证焊缝质量手段之一，一、二类焊缝应进行无损伤探伤。无损伤探伤可选用射线探伤或超声波探伤（任选一种）。焊缝无损伤探伤长度占焊缝全长的百分比应不少于表6.9中的规定，但如设计文件另有规定，则按设计文件规定执行。无损探伤应在焊接完成24h以后进行。在焊缝局部探伤时，如发现有不允许的缺陷存在，应做补充探伤，如经补充探伤后仍发现有不允许缺陷，则应在所施焊的焊接部位或条焊缝进行探伤。

表6.9 **焊缝无损伤探伤比例表**

钢 种	板 厚/mm	射线探伤/%		超声波探伤/%	
		一类	二类	一类	二类
碳素钢	≥38	20	10	100	50
	<38	15	8	50	30
低合金钢	≥32	25	10	100	50
	<32	20	10	50	30
高强钢	任意厚度	40	20	100	50

注 1. 钢管的一类焊缝，用超声波探伤时，根据需要可使用射线探伤复验，复验长度高强度钢为10%，其余为5%，二类焊缝只在超声波探伤有可疑波形时才用射线复验。
2. 局部探伤部位应包括全部“丁”字形焊缝以及每个焊工所焊的一部分。
3. 支承环的主要受力角焊缝确有困难无法探伤时，应严格按二类焊缝焊接工艺施焊，以确保焊缝质量。

6.2.4 钢管安装后清理检查

钢管安装后，应与垫块、支墩和锚栓焊牢，并将明管内壁、外壁和埋管内壁的焊疤等清理干净，局部凹坑深度不应超过板厚的10%，且不大于2mm，否则应予补焊。

钢管安装后必须与支墩和锚栓焊牢，防止浇筑混凝土时位移。钢管内壁上残留痕迹和焊疤应用砂轮打平，并认真检查有无微裂纹。拆除管外壁上的工卡具、吊耳，内支撑和其他临时构件时，严禁使用锤击法，应用碳弧气刨或氧-乙炔火焰在其离管壁3mm以上处切除，严禁损伤母材。

焊缝内部或表面发现有裂缝时应进行分析，找出原因，制定措施后方可焊补。管壁表面凹槽深度大于板厚10%或超过2mm的，补焊前应用碳弧气刨或砂轮将凹坑刨成或修成便于焊接的凹槽，再行补焊。

6.2.5 铸铁管的安装

铸铁管的安装应符合下列规定：

(1) 铸铁管及管件安装前，应清除承口内部和插口端部的油污、飞刺、铸砂及铸瘤，并去除承插部位的沥青涂层。如发现裂缝、断裂等缺陷，不应使用。

(2) 承插铸铁管对口的最小轴向间隙，应符合表6.10的规定。

(3) 沿曲线铺设的承插铸铁管道，公称直径小于或等于500mm时，每个承插接口的最大允许转角应为2°，公称直径大于500mm时，最大允许转角应为1°。

(4) 沿直线铺设的承插铸铁管道，承插接口环形间隙应均匀，其间隙值及允许偏差应满足表6.11规定。

表6.10 铸铁管对口轴向间隙 单位：mm

名义直径	沿直线铺设	沿曲线铺设
<75	4	
100～250	5	7～13
300～500	6	10～14
600～700	7	14～16
800～900	8	17～20
1000～1200	9	21～24

表6.11 承插口环形间隙及允许偏差 单位：mm

名义直径	沿直线铺设	沿曲线铺设
75～200	10	+3～-2
250～450	11	+4～-2
500～900	12	+4～-2
1000～1200	13	+4～-2

铸铁管安装的连接方法主要有连接面连接和承插口连接。铸铁管连接面连接与普通钢管连接面连接基本相同。

铸铁管安装前应对管材进行检查。铸铁管由于运输不当，往往会将管子碰裂。细小的裂纹，不易看出，可用手锤轻轻敲击被支起的管子一端，如果发出清脆的声音，表示管子完好，破裂声说明管子有裂纹。也可用水压试验法检查每根管子的质量，如发现裂缝、断裂等缺陷，不得使用。

承插接口填料采用石棉水泥或膨胀水泥、油麻辫的铸铁管安装前应对管口进行清理。应清除承插部位的粘砂、毛刺、沥青块等。清除的方法可用气焊或喷灯烤去其沥青涂层，再用钢丝刷除去尘埃，否则填料与管壁结合不牢。

6.2.6 承插接口填充料安装

承插接口填充料的安装应符合下列规定：

（1）用石棉水泥或膨胀水泥作接口填充材料时，其填塞深度应为接口深度的1/2～2/3。填充时应分层填打，其表面应平整严实，并应湿养护1～2d。冬季应有防冻措施。

（2）管道接口所用的橡胶圈不应有气孔、裂缝、重皮及老化等缺陷；装填时橡胶圈应平整、压实，不应有松动、扭曲及断裂等现象。

（3）用油麻辫作接口填充材料时，其外径应为接口缝隙的1.5倍，每圈麻辫应互相搭接，并压实打紧，打紧后的麻辫填塞深度应为承插深度的1/3，且不应超过承口三角凹槽的内边。

承插口连接应用较为广泛，常用的承插接口填料有橡胶圈、石棉水泥、膨胀水泥、油麻辫等。

使用橡胶圈的管道接口，所用的橡胶圈不应有气孔、裂缝、重皮及老化等缺陷；装填时橡胶圈应平整、压实，不得有松动、扭曲及断裂等现象。

使用石棉水泥接口是以石棉和水泥的混合物作为填料。石棉是细长的纤维，和水泥混合可加强接口的抗震、抗弯强度。填料的拌和以重量比3∶7的四级石棉绒及不小于400号的硅酸盐水泥，用10%～15%的水拌和。石棉绒在拌和前要轻轻敲打，使其松散，与水泥拌和要均匀。水的用量控制可检查被搅拌的灰，用手捏成团而不松散，再轻轻把灰团抛起，灰团落到手掌后即松散，说明水的用量是合适的。石棉和水泥，干拌和的存放时间不能超过两周，湿的石棉和水泥存放时间不能超过1h。

将拌和好的石棉和水泥由下而上塞入已打好油麻的承插口内，应分层填塞，分层厚度约10mm。应用专用工具（捻凿和手锤）分层填打，当锤击时发出金属的清脆声，同时感到有强烈的弹性，灰的表面呈黑色，可认为已填实。其填塞深度应为接口深度的1/2～2/3，其表面应平整严实。

石棉和水泥填料填实完后，需湿养护1～2昼夜。养护是一项重要工作，操作得好，养护得不好，也会使接口漏水。一般用湿泥抹在接口的外面。在春秋季节每天至少浇水2次。夏天还要将湿草袋盖在接口上，每天浇水4次。冬季应有防冻措施，可在接口上抹上湿泥，覆土保温。敞口的两端要塞严，防止冷空气进入影响质量。

试压发生接口局部漏水，可将漏水的部位剔除。剔除时要谨慎，不要振动不漏的部位，其范围略大于渗漏总体，深度要见到油麻为止。如渗漏超过50%，则应全部剔除，重新操作填实。

膨胀水泥又称自应力水泥。它是由硅酸盐水泥和石膏及矾土水泥组成膨胀剂混合而成。膨胀剂遇少量的水产生低硫的硫铝酸钙，在水泥中形式板状结晶。当和大量的水作用后，产生高硫的硫铝酸钙，它把板状结晶分解成联系较松的细小的结晶而引起体积膨胀。用于填料接口的膨胀水泥填料是以重量比为1∶1∶（0.28～0.32）的膨胀水泥和直径0.2～0.5mm的清洁晒干的粒砂及水拌和而成。拌和后的膨胀水泥填料和石棉水泥的湿度相似。拌和后的膨胀水泥填料要在1h内用完为宜。冬天放时，用水须加热，水温保持80℃以上。

操作时将膨胀水泥填料一次塞满已塞好油麻的承插间隙内，用捻凿沿腔周围均匀捣实，捣实时可不用手锤，表面捣出有稀浆为止。捣实后，砂浆进入接口内，如不能和承口相平，则应再填充补平。接口做好后，一天内不应受重大碰撞。

接口做好后，2h内不准在接口上浇水，可直接用湿泥封口，上留杯口浇水。当有强烈阳光直射时，接头上要用草袋覆盖，冬天可覆土，防止接口受冻。浇水要定时进行，始终保持润湿状态。夏天养护不少于2d，冬天不少于3d。管内充水养护要在接口完成12h后才能进行，水压力不应大于0.1MPa。

试压时，允许有轻微的渗水冒汗现象，因水泥还在继续膨胀的过程。但有严重渗水时应予以修补。将渗漏处加宽30mm、深50mm处轻轻剔除，不要松动其他部位，用水冲洗干净，将水流净后，再填入膨胀水泥填料并捣实。如果渗漏占圆周的一半，则应全部剔除重打。

使用石棉水泥或膨胀水泥的填料接口，都先要在管子承插间隙内打上油麻。油麻是用线麻（大麻）在石油沥青和汽油的混合液体里浸透晾干做成，具备相应的防腐能力。油麻在承插口内的作用是当管子内充水后，油麻浸水，纤维发生膨胀，同时纤维中间的孔隙变小，水分子毛细管附着力也越大，起到防止压力水渗透的作用。

6.2.7 耐压试验

6.2.7.1 一般规定

钢管耐压试验应符合下列规定：

（1）明管安装后应做整体或分段耐压试验，分段长度和试验压力应满足设计要求。

（2）岔管应做耐压试验，试验压力应为最大水锤压力的1.25倍。

水压试验的作用是验证设计的合理性和正确性，验证钢材性能和焊接接头性能的可靠性，所以水压试验是对钢管设计、施工较全面的检验。对大直径的管道作水压试验技术上存在一定难度，耗资较多，工期长。如确有困难，则应通过慎重选材，严格执行焊接工艺，加强全面无损探伤检查来保证钢管质量，从而省去水压试验，但必须报请监理工程师批准。

6.2.7.2 耐压操作步骤

钢管耐压试验应逐步升压至工作压力，保持10min，经检查正常再升至试验压力，保持5min，然后再降至工作压力，保持30min，并用0.5～1.0kg小锤在焊缝两侧各15～20mm处轻轻敲击，应无渗漏及异常现象。

6.2.7.3 铸铁管明管耐压试验

铸铁管明管耐压试验，应为工作压力的1.25倍，保持30min，应无渗漏及异常现象。铸铁管地埋管道耐压试验压力应为工作压力的2倍，保持10min，应无渗漏及异常现象。

按照《泵站设计规范》(GB 50265—2016)的规定，事故停泵的暂态过程，水泵最高压力按水泵出口额定压力的1.3～1.5倍，这个最高工作压力即产生水锤时的压力，一般钢管安装时采用的水压试验压力应按最高工作压力的1.25倍进行，每一泵站的最高工作压力应由设计单位提供。

6.3 混凝土管道

6.3.1 到货检验

混凝土管、预应力混凝土管（PCP)、预应力钢筒混凝土管（PCCP）安装前，应核验出厂合格证及相关试验报告，其所用材料及混凝土标号应符合国家现行相关标准的要求。

混凝土管使用前应核对管上的标志，并必须有出厂证明。标志不清、技术情况不明和技术指标低于设计要求的不应使用。

混凝土管道使用前应进行检验，检验项目包括：管材外观、承接口偏差、保护层、止胶台以及承插工作面等。管内壁应平整，不应有严重露石现象。管两端外径倾斜偏差不应超过公称内径的1/150，且不大于5mm，承插口工作面应光圆平整，尺寸偏差应符合设计要求，如有局部缺陷，其凹坑深度不应超过2mm，保护层不得有空鼓、脱落与裂纹现象。

6.3.2 管道接口

混凝土管、PCP管、PCCP管承插口填充料的安装应符合本章6.2.6规定；其接口用的橡胶圈性能应符合设计要求；橡胶圈的环内径与管子插口外径之比（即环径系数）宜为0.85～0.9，安装后的橡胶圈压缩率应为30%～45%。

混凝土管道接口所用橡胶圈不应有气功孔、裂缝和重皮等现象，其性能应符合下列要求：邵氏硬度为45～55；伸长率大于或等于500%；拉断强度大于或等于1600N/cm^2；永久变形小于20%；老化系数大于0.8(70℃×144h)。橡胶圈的截面直径允许公差±0.5mm，环内径允许公差±5mm。

橡胶圈应保存在0℃以上的室内，不得长期受日光直接照射，不应与溶解橡胶的溶剂（油类、苯等）以及对橡胶有损害的酸、碱、盐、二氧化碳等物质存放在一起，橡胶圈宜装箱存放，不应使其长期处于挤压状态，以免变形。

直径1400mm及其以下的管子，应采用无接头胶圈，直径大于1400mm的管子，应优先采用无接头胶圈，如用有接头胶圈，其接头部位的材质应不低于母材的性能标准，且每个胶圈的接头不应超过两处。

6.3.3 吊装要求

混凝土管、PCP、PCCP在安装过程中不应穿心吊，应采用两点兜身吊或用专用起吊机具，不应碰撞和损坏；待装管的插口套上橡胶圈后，整理顺直，不应有扭曲、翻转等现象。

混凝土管安装前沟槽开挖的边坡，应根据土质、地下水位、开挖深度及吊装方法具体情况确定，使边坡在施工过程中保持稳定。沟槽的沟底宽度，应满足施工操作及排除地下水的需要。用机械挖土或在雨季进行管道施工，应预留厚度为150～200mm左右的土层，待铺管前用人工清理到设计标高。在管道的承口部位，应局部挖成槽坑，使管体平整地铺在沟底。沟槽不允许挖至沟底设计标高以下，如局部超挖，应以相同土壤填补压实至接近天然密度，或用沙土予以压实。

混凝土管在装卸和安装过程中，应始终保持轻放轻装的原则，不应碰撞损坏管子。混凝土管待装前的要求，应按混凝土管的自重及吊装力矩进行选择吊装机具，严禁将管子从上往下自由滚放，吊入沟内时应注意放置位置，避免沟槽内两次搬运。

管道安装前，必须对管子的承口、插口以及橡胶圈进行清理，不应有泥沙等杂物粘连。在待装管的插口套上橡胶圈后，整理顺直，不得有扭曲、翻转等现象。胶圈离开插口端面10mm左右，并使其距止胶台阶等距离。为防止胶圈滚翻，可用小木楔塞住。

采用两点吊安装时，宜设3只链式起重机以调节管子高低和左右位移。

6.3.4　安装原则

管道安装应按由坡下往坡上和承口向前的原则逐节推进。待装管的移动应平稳，插口圆周应同步进入已装管的承口。管道就位后，应立即检查橡胶圈是否已进入工作面，相邻承口间的对口间隙应符合设计要求。

管道安装应按由坡下往坡上和承口向前的原则逐节推进。混凝土管安装时，待装管的移动应平稳，移动至距已装管100～200mm时，可用木条挡在已装管的承口处，以防管子撞损。

初对口时，应使插口与承口的圆周间隙大致相等，以确保安装准确。安装管道用的拉具宜采用固定的方法（即将拉具的末端嵌固在已安装管道的对口之间）。待装管的插口应圆周同步地插进已装管的承口，同时取走固定胶圈的小木楔。

安装中应对准中心并控制标高，管子安装就位后应进行检查，检查橡胶圈是否进入工作面，其相邻承插口之间的对口间隙是否符合要求。松掉拉具后应注意胶圈的回弹率，过大或过小时应分析原因，予以处理，并再次检查胶圈是否全部进入工作面。

相邻两节管如未能连续安装，则在新装管时，应对前一节的接头进行检查，如发现管子位移，应重新校正，复位后再装新管。

混凝土管、PCP、PCCP与钢管的连接，应按设计要求进行，钢管承（插）口的加工精度应与混凝土管、PCP、PCCP承（插）口相一致。

为保证安装后该接头的严密性，钢管与混凝土管的连接，应按设计要求进行，钢管承（插）口的加工精度应与混凝土管承（插）口相一致。

6.3.5　耐压试验

承插式混凝土、PCP、PCCP管道的耐压试验，应符合下列规定：

（1）直径1600mm及以上的管道安装后，应分段进行接头耐压试验，分段长度和试验压力应符合设计要求，宜为工作压力的1.25倍，保持5min。

（2）全管线耐压试验。长线管道可分段进行，分段长度不宜大于1km；全管线（或分段）耐压试验的试验压力，当工作压力小于0.6MPa时，应为工作压力的1.5倍，保持30min；当工作压力大于或等于0.6MPa时，应为工作压力加0.3MPa，保持30min。在上述情况下均不应有破坏及漏水现象，其允许渗水量不应超过按式（6.1）计算所得的值

$$q=0.14D^{0.5} \tag{6.1}$$

式中　q——每千米长的管道总允许渗水量，L/min；

D——管道内径，mm。

（3）进行耐压试验，首先应对管道进行充水排气；充满水后，管径不大于1000mm的管道需经48h以后，内径大于1000mm的管道需经72h以后，方可进行耐压试验。

管道全线或分段水压试验必须在管基检查合格以及管线的支墩与锚固结构完成之后才能进行。水压试验应编制方案，对管端堵头的设置、防止水压对管线产生位移的保证措施、水源及水压试验后余水的排除、水压试验装置、试压程序及记录等都应全面考虑。

大口径混凝土管道接头宜采用专用的接头水压试验装置，进行水压试验时，为防止已装管在水压作用下产生位移，宜将相邻两管道用拉具予以拉紧。

地下管道进行水压试验时，应先升至试验压力，水压试验的试验压力、恒压时间应符合相关规范的要求。为保持水压，允许向管内补水，如检查接口及管道附件未发生破坏及漏水现象，即可进行渗水量试验。

混凝土管道水压试验后未发现管道破坏、渗水量不大于允许值，即认为试验合格。虽管道的渗水量试验合格，但对渗水较多的接口，仍须修好。

6.4 蝶　阀

6.4.1 蝶阀结构

蝶阀又称蝴蝶阀，蝶阀的装置形式分横轴和竖轴两种。横轴蝶阀的操作机构设置在蝶阀的一侧或两侧，竖轴蝶阀操作机构设置在阀瓣的上部。蝶阀的主要构件有阀体、阀瓣、轴承、止漏装置、操作机构、锁定装置和附属部件。

蝶阀主要由圆筒形的阀体（又称阀壳）和可在其中绕轴转动的阀瓣（又称活门）以及其他附属部分组成。阀体由钢板焊接或用铸钢铸造而成。阀瓣用铸钢或铸铁铸成，阀瓣的结构形式有平板型和饼型两种。因为阀瓣处于水流中，为了减少阻力，一般将其制成流线型，使阀瓣在全开位置得到最大的过流能力。在操作机构的驱动下，阀瓣绕自己的轴在阀体内旋转，转轴大都与阀瓣的直径重合，但也有的阀瓣采用偏心转轴。小直径的阀体和阀瓣常用整体铸造，大直径的则分块制造，用螺栓连接而成。

阀瓣的转轴由装在阀体上的轴承支持，横轴蝶阀由左右两个导轴承支持阀瓣的重量，竖轴蝶阀除上下两个导轴承外，在下端有推力轴承支持阀瓣的重量，通过固定在阀体上的

推力轴承把阀瓣的重量传到基础上去。

蝶阀的操作机构，无论是竖轴或横轴都包括有接力器、拐臂、拉杆、锁定、开度指示器等。接力器形式有活塞式接力器和刮板式接力器两种。活塞式接力器是将拐臂装在阀瓣的轴颈上，用键固定，拐臂的另一端用轴销与拉杆连接。开关阀瓣时油压进入接力器缸内，推动接力器的活塞，使活塞产生移动并通过拉杆带动拐臂，使阀瓣旋转。刮板式接力器是把接力器、拐臂、拉杆等合为一体直接安装在轴颈上。

为防止阀瓣在开或关的位置时，可能由于水的冲击作用而使阀瓣慢慢的自行开关，因此在操作机构中安装了锁定装置。锁定的操作是液压的，当阀瓣全开或全关的动作完成后，能自动锁上。

蝶阀开度指示器装在拐臂轴上，指示阀瓣的开关位置。

蝶阀与其他型式的阀门相比较，蝶阀的外形尺寸较小，重量较轻，造价便宜，构造简单，操作方便，能动水关闭，可作机组快速关闭的保护阀门用。其缺点是蝶阀阀瓣对水流流态有一定的破坏，引起水力损失和汽蚀，此外，蝶阀封水不如其他形式阀门严密，有少量漏水，围带在阀门启闭过程中容易擦伤，会使漏水量增大。

6.4.2 立轴蝶阀的安装程序

（1）清理安装现场，测量混凝土支墩上的预垫铁高程，并配制楔铁和垫铁；同时对蝶阀进行清理检查，在安装间可预先对某些部件组装好，以节约安装时间。

（2）吊装下阀壳于支墩上，并使阀壳法兰与钢管之间留出一定间隙，以备安装钢管上的法兰。用水平器测量组合面的水平，用楔子板调整，使水平度不大于0.5mm/m。

（3）安装下阀壳的轴瓦和止水装置，推力轴承可不装，但应使活门吊入后推力瓦不受力。

（4）吊装活门，使其位于半开位置，以保护水封面和工作方便。

（5）吊装上阀壳，对准销钉孔，打入销钉，再拧紧组合螺栓。注意阀壳内圆应无明显错位；然后装上轴颈的止水盘根；再次检查阀壳的垂直。

（6）把钢管上的法兰组合在蝶阀的法兰上，用千斤顶或导链移动蝶阀向钢管靠拢，使法兰套入钢管一定深度，同时检查和调整蝶阀的中心和垂直度，将法兰点焊接在钢管上，为了减少焊接变形，采用逆向分段焊接法，先焊里圈，后焊外圈，同时要用千分表监视法兰的变形。

（7）装伸缩节，先将伸缩节的法兰和蝶阀的法兰组合好，再调节伸缩节的伸缩距离，使符合设计值，并使周围间隙均匀。盘根槽的四周应均匀，点焊几块铁板，将伸缩节与法兰固定，以免间隙发生变化。然后按钢管和伸缩节间的距离进行凑合节的下料、对装和焊接。

（8）凑合节焊接完，浇筑蝶阀基础二期混凝土。待混凝土强度合格后，钻铰蝶阀基础销钉孔，并打入销钉。

（9）操作机构安装，蝶阀的操作机构即接力器、拐臂、锁键等。安装前检查接力器行程是否符合设计值，将拐臂套在活门的轴上与活塞杆来连接，推动活塞使拐臂转动，对准分半键孔，打入分半键，同时锁键应能投入。

（10）蝶阀安装完，装上伸缩节盘根，铲除活门上的焊渣，最后将活门全关，调整推力轴承的顶丝，将活门上下间隙调均匀。

（11）安装旁通阀、空气阀、控制柜及操作管道。

横轴蝶阀的安装与立轴的安装大同小异，主要区别在操作机构接力器。前者当拐臂安装好，以拐臂轴销孔中心为基准，找正接力器的位置和标高，然后将接力器固定，浇筑基础混凝土。

6.4.3 蝶阀安装规定

蝶阀安装应符合下列规定：

（1）蝶阀与阀门、管件连接的管子，伸出混凝土墙面的长度，宜控制在300～500mm之间。

（2）为便于检修时将蝶阀向伸缩方向移动，其基础螺栓和螺孔间应有足够的调节余量，其值不应小于法兰之间橡胶盘根的直径。

为了在蝶阀全关时可靠地封水，在阀体和阀瓣的接触面装有止漏装置。止漏水封形式很多，通常橡胶围带用得最广。当蝶阀全关后，橡胶围带内以充压缩空气（或压力水），通入的压缩空气或压力水的压力，应比管道中的水压高0.1～0.3MPa。在压力的作用下使其膨胀，封住了阀体与阀瓣之间的间隙，形成良好的止漏效果。

蝶阀组装后，用基础楔子板调整蝶阀基本水平后，即可开始蝶阀与钢管的连接工作。一般蝶阀安装是先连接无伸缩节段钢管，后再装伸缩节，连接前应先根据法兰上密封垫料槽尺寸选择适当的密封垫料，用胶粘剂固定于槽内，再将钢管联结片吊于钢管与蝶阀间进行组合，对称均匀的拧紧螺栓后，即可将蝶阀用压板及起重工具，沿蝶阀基础垫板推向钢管，并按钢管焊缝调整方向调整联结片焊缝。然后再以同样方法，检查调整蝶阀水平。合格后，将钢管联结片点焊固定在钢管上即可焊接。为了避免焊接变形，确保阀门、管件的水平和垂直度，联结片的环形焊缝应先焊里圈，后焊外圈，并采用逆向分段焊接。焊接时应用百分表在联结平面处监视，控制焊接变形。实践证明，蝶阀与钢管组合联结片间的圆橡胶密封垫料，先装在钢管联结片间，再焊接联结片与钢管的焊缝，不会影响密封垫料的止水性能。因此，可以采取一次装入的方法，以减少预先焊接再拆开装密封垫料的工序。

安装伸缩节时，先将伸缩节联结片与蝶阀联结片组合好，再调整伸缩节的伸缩距离，使其符合设计值并使四周间隙均匀。用铁板点焊，将伸缩节与联结片固定，以免间隙发生变化。然后按伸缩节及钢板间的空间，进行凑合节的下料、制作、安装焊接。

伸缩节的密封垫料，一般采用油麻密封垫料，按设计圈数装入，并应注意接头错开。密封垫料的压环先不压紧，只将四周螺丝均匀拧上即可。待输水管道充水时，发现漏水现象再慢慢均匀的上紧各螺丝，直至仅有微小的漏水为止。

6.4.4 轴承间隙

轴承间隙应符合设计要求。

轴承与轴颈应在机件清扫干净正式组装前进行试验，检查其转动的灵活性及配合间隙。轴承间隙应在允许范围内稍大一些为好，以便阀瓣转动时轴承可得到良好的润滑。

6.4.5 阀体组合缝要求

阀体各组合缝间隙应符合相关规范要求，组合面橡胶盘根的两端，应露出阀体法兰的盘根（盘根又称密封垫料）底面1～2mm。

组合面毛刺修正及清扫干净后，按实际盘根槽尺寸选取适当圆盘根。然后按先后次序连接。先拧入定位螺钉或销钉，再紧其他连接螺钉，连接时应有注意阀瓣的止水面应无错牙，若有错牙，则说明部件已变形，应设法消除。连接完后，用塞尺检查各组合面的间隙应符合要求。

6.4.6 阀体与阀瓣组装要求

阀体与阀瓣组装，应符合下列要求：

(1) 阀瓣在关闭位置与阀体间的间隙应均匀，偏差不应超过实际平均间隙值的±20%。

(2) 阀瓣在关闭位置，橡胶水封在未充气状态下，其水封间隙应符合设计要求，偏差不应超过设计间隙值的±20%。在工作气压下，橡胶水封应无间隙。

蝶阀各部件的连接组合接触面均采用圆橡胶盘根（又称橡胶O形密封圈），应注意橡胶O形密封圈有普通和耐油之分。普通的用于通流介质是水或空气的机件，耐油的用于通油的机件上。橡胶O形密封圈的直径是由槽的大小来确定的，通常在机件上已开好槽子，在安装时选用适当的橡胶O形密封圈。橡胶O形密封圈多半制成环形，为了消除从橡胶O形密封圈接头处泄漏的可能，接头须做成斜口，斜口要大于3倍的橡胶O形密封圈直径，用胶水粘住。橡胶O形密封圈放入组合面的槽沟内，橡胶O形密封圈长度应稍比组合面长1～2mm，以使与组合面顶紧，防止漏水。

阀瓣与阀体间的间隙，不论是竖轴式还是横轴式蝶阀都应均匀，偏差不应太大。

6.4.7 橡胶水封安装

橡胶水封装入前，通过0.5MPa的压缩空气在水中做渗漏试验，应无漏气现象。

橡胶水封在清扫时应有注意不使其与汽油及油脂类接触，以免橡胶变质。安装前应按规定进行气压试验，应无渗漏。当检查发现漏气时，应用生胶热粘或其他新工艺修补好。橡胶水封头部的封口一般厂家已封好，若未封时，也可采用生胶热粘或其他新工艺进行封堵，并待其干透后进行气压试验。

6.4.8 蝶阀试验

蝶阀试验目的是检查蝶阀的制造安装质量及自动化元件动作的可靠性。测定蝶阀和旁通阀的启闭时间是否符合设计要求。检查操作机构及控制系统的动作是否灵活、准确。

蝶阀的试验首先应进行充气试验，检查管道的密封状态。然后开启总阀通入压力油，检查锁锭和旁通阀的关闭腔油管道密封状态。当蝶阀全开后，检查锁锭位置的正确性。调整端接点，使其在蝶阀开关动作时，按要求接通或断开，动作可靠后，手动操作试验即告结束。手动操作试验后，进行自动操作模拟试验。在自动操作过程中应记录蝶阀及旁通阀开关液压及开关时间，应符合要求。

6.4.8.1 试验前检查

待蝶阀及附件安装完毕后，即可进行蝶阀的试验。蝶阀的试验应在钢管上下流均无水的情况下进行。试验前应注意下列各项：

（1）蝶阀阀体附近应清理干净，不要妨碍阀瓣的转动，橡胶水封面上应无砂粒杂物。

（2）拆除蝶阀端接点，以免首次动作接点位置不对而被损坏。

（3）气系统及液压系统单独试验完毕后，方可使用。

（4）液压总阀处在关闭位置，各电磁阀均不带电，电磁配压阀上的手动装置均在下落位置。

6.4.8.2 静水操作试验

在机组停机，钢管有水压的情况下，操作关闭蝶阀。记录旁通阀的启、闭时间和蝶阀关闭时间。在蝶阀的关闭过程中，应观察各表计的指示是否正常，有无其他异常的现象与声音；记录围带充气的气压值，检查锁锭投入的位置是否正确。

蝶阀关闭后，打开转轮室排水阀使转轮室排水，观察转轮室压力表的指示是逐渐下降至零，并测量空气阀的开口尺寸，确认转轮室排完水后，便可打开转轮室进入门，进去检查蝶阀及旁通阀的漏水情况；若漏水量过大，要进行蝶阀漏水量的测定。

关闭蜗壳进入门及转轮室排水阀，开启旁通阀给转轮室充水，记录开阀时间及充水时间。手动关闭旁通阀和开启蝶阀，分别记录其关闭和开启时间。

6.4.8.3 无水操作试验

关闭进水口（或检修）闸门及其旁通阀，然后打开转轮室排水阀进行排水。当蝶阀前后的水排完后，使蝶阀及其旁通阀都处于关闭状态，然后将转轮室进入门打开。

通过操作机构先后打开旁通阀、蝶阀，再关闭蝶阀、旁通阀。测量旁通阀和蝶阀的启、闭时间。观察操作机构和控制系统的动作是否正常。

蝶阀全关时，用0.2～0.3MPa的低压给围带充气。在均布的8～12点上测量围带的间隙，看是否均为零并作记录。然后给围带排气，测量无气压下的围带间隙并做记录。要求无气压下的围带间隙符合图样要求，但最大间隙不应超过1mm。围带充气后，用点燃的蜡烛沿围带检查，根据蜡烛火焰有否偏移，观察围带是否有漏气现象，并在漏气地方做好记号。

6.4.8.4 动水启闭试验

1. 动水试验的目的

（1）了解蝶阀动水关闭的相对性及关闭过程的稳定性，同时测蝶阀前、后钢管的振动情况。

（2）测定蝶阀动水操作中的水力特性，验证设计数据的合理性。

2. 试验前的准备工作及安全措施

根据表6.12准备好测试仪表，并按要求安装在测量部件上。对引水钢管及其相连的各种压力管道进行全面检查。进水口闸门应随时做好关闭操作准备。

表 6.12　　测量仪表安装及其测量项目

名　称	装　置　位　置	测　量　项　目	仪　表　数　量
真空压力表（−1～25Pa）	蝶阀接力器开、闭腔油管	蝶阀接力器开、闭腔油压	2支
压力表（0～10Pa）	蝶阀前钢管	蝶阀前水压	1支
压力表（0～20Pa）	转轮室进口	蝶阀后水压	1支
百分表（0～10nm）	蝶阀后钢管	钢管水平与垂直振动	2支
功率表（0～10nm）	机旁盘	机组出力	1支
秒表	蝶阀室	操作时间	1支
电铃	电机层、水泵室、阀室	发令	3部
电话	电机层、水泵室、阀室	联络	3部

动水试验前，先进行静水操作试验，以便调节蝶阀关闭时间，演习联络、记录与事故信号。在试验过程中如发现水导、推力头摆度及钢管振动等达到最高允许值时，应立即停机。在钢管，蝶阀发生故障时，应立即关闭进水口闸门。

3. 试验内容和步骤

（1）动水关闭试验。蝶阀处于全开位置，按常规启动机组，并入系统。用速度调整机构把负荷逐次增到额定出力的25%、50%、75%、100%，把开度限机构放在稍大于上述各负荷位置，然后在上述各负荷下手动关闭蝶阀，使活门每转15°就记录一次下列数据：活门动作时间；蝶阀接力开启腔、关闭腔油压；钢管的水平与垂直振动值；机组出力；上、下游水位；蝶阀前、后钢管水压。

（2）动水开启试验。蝶阀做完动水关闭试验后，手动关闭导水机构，使机组转入带水调相运行。然后，手动操作蝶阀在静水中开启，活门转到10°时，再开导水叶到25%额定负荷处，蝶阀转入动水开启，每转15°记录一次与上述关闭时相同的各数据。同时使机组逐次带上25%、50%及全负荷，重复上述记录，并记录上述数值。

4. 试验结果整理

最后将试验结果进行整理。

6.5　球　　阀

球阀是在设计上采用球筒形结构的阀门。球阀能满足比蝶阀更高扬程时使用的需要。

球阀在开启状态时，是与高压引水钢管等断面的圆筒，因而阻力近于零。这对消除球阀过流工作时的振动，提高水泵装置效率是十分有利的。

球阀的优点是关闭漏水极少，球阀处于关闭状态时，承受水压的工作面是一球面，这与平面结构相比，不仅可承受较大的水压，而且还能节省材料，降低自重等。此外根据试验实测证明，球阀在操作过程中，其水阻力矩非常小，操作力小，只有摩擦力矩的5%左右，有利于紧急事故关闭，且关闭时振动比蝶阀小。缺点是体积大、结构复杂、重量大、造价高。

6.5.1 球阀结构

球阀主要由球形阀体、球筒形阀芯、止漏盖和止水环等组成。球阀按止水结构形式可分单面止水球阀和双面止水球阀。球阀的阀体有整体轴套和分半轴套。阀芯的轴有横向设置的，也有垂直设置的。球阀的控制机构和蝶阀一样有多种形式，但采取刮板式接力器和环形接力器居中多。球阀设有数个液压阀，作用于旁通阀、卸压阀和排污阀。球阀顶部还装有排气阀。

6.5.2 球阀安装规定

球阀安装应符合下列规定。

(1) 需要在现场分解、清扫和组装的球阀，组装后应符合下列要求：

1) 轴承间隙应符合设计要求。

2) 各组合缝间隙应符合 1.2.1.3 条的要求。

3) 工作密封及检修密封的止水面接触应严密，用 0.005mm 塞尺检查应不能通过，否则应进行研磨处理。

4) 密封盖行程及配合尺寸应符合设计要求，其实际行程不宜小于设计值的 80%，动作应灵活。

(2) 球阀的阀板转动应灵活，与固定部件之间的间隙不宜小于 2mm。密封盖与密封圈之间的最大间隙应小于密封盖的实际行程。

球阀安装位置的允许偏差同蝶阀安装要求。球阀的安装一般依据下游连接平面为准。把球阀吊在基础上，用垫铁进行调整，当球阀的高程调整到和钢管一致时，用螺栓连接，对称拧紧，点焊垫铁，浇筑地脚螺栓的二期混凝土。

球阀的分解，先把轴头的环形接力器拆掉，再拆球阀本体。分解后应检查轴颈和盘根，测量轴和轴孔的配合尺寸。分解后应检查机件内部的锈蚀情况，还应检查每个部件的装配质量，测量轴承间隙和研磨止水环接触面。

6.5.3 球阀的水压试验

球阀的水压试验，一般在制造厂做过，在工地进行分解、清扫、组装后必须再次进行水压试验。试验时，球阀上游用闷头堵住，装好试压管道，在下游止漏盖处装上吊环，在水平方向用链式起重机拉紧，打开球阀顶部排气阀，进行充水，直至排气阀处冒水，关闭排气阀。用试压泵升至额定压力，松开止漏盖处的链式起重机，检查各处有无异常情况和止漏盖的漏水情况。

双面止水的球阀其下游止水的水压试验，在水压试验时应把下游伸缩节法兰连接上，避免因压力水通过止漏盖作用在压环的螺钉上，使螺钉破坏。下游止水试验后，即可进行上游止水试验。将压力水通入前止水活塞内腔，使活塞向下游方向移动，直至碰上球形阀芯。上游闷头处打压至额定压力后，检查压力下降情况和排污阀处漏水情况。

球阀的严密性耐压试验属于漏水试验，其试验压力是最大静水压力。

当环形接力器组装完后，应检查球形阀芯水流中心和止漏盖在关闭位置的垂直间隙，若误差偏大，可用环形接力器上挡块进行调整，还应检查挡块焊缝及接力器端面接触情况，消除缺陷。球阀阀芯的轴向间隙，可测量止漏盖在关闭时的间隙并进行调整。

6.5.3.1　静水操作试验

（1）试验目的。检查、整定球阀及其控制系统的动作是否灵活、准确；检查各部密封的止水性能；测定球阀的启闭时间。

（2）试验方法。在充水前将油压装置投入运转，开启各油路阀门，用手动或临时电源操作电磁阀，打开球阀并用秒表测量其开启时间。然后使电磁阀复归，则球阀向关闭方向动作。同样用秒表测量球阀的关闭时间。手动操作合格后，便进行自动操作试验，用秒表测量球阀启闭时间。试验中要注意检查管道、操作箱、接力器等的泄漏情况并加以处理。

6.5.3.2　动水操作试验

（1）试验目的。检验球阀在动水中关闭的可能性及稳定性，测定球阀关闭时间。球阀动水操作试验应在机组启动试运行中进行。

（2）试验方法。在试验前，在球阀接力器开启及关闭腔分别装两只油压表，测量最大操作油压及压力差。并在球阀及压力钢管的水平及垂直位置分别安装测振仪或百分表。在活门开闭指示针处临时划出转角指示线。切除球阀自动操作回路，用手动方式将卸压阀及旁通阀打开，使主密封盖处于缩回状态，旁通阀处于连通状态。

由中控室手动调节机组负荷，分别在25％、50％、75％、100％的额定负荷下，手动操作关闭球阀。每当活门转动45°时，记录活门动作时间，接力器两腔压力及球阀、钢管的振动值。直到机组因流量减小而自动减负荷到零时，手动关闭导叶，使机组转入水中调相运行。球阀从动水转入静水中关闭，直至完全关闭。

（3）试验要求。动水关闭时间不大于2min；关闭腔最高实测油压不大于额定工作油压的80％，关闭腔与开启腔的压力差不大于额定工作油压的75％，球阀与钢管的最大水平、垂直振动幅值不大于0.2mm。

6.6　主阀附属部件

主阀附属部件包括液压操作阀、旁通阀、空气阀、真空破坏阀、逆止阀和闸阀等。

6.6.1　一般规定

液压操作阀、旁通阀与空气阀等的安装除应符合设计要求外，还应符合下列规定：

（1）液压操作阀的动作应灵活，行程应符合设计要求，且不漏油。

（2）旁通阀安装的垂直偏差不宜大于2mm/m。安装后连同旁通管一起，应按规范要求作严密性耐压试验。

（3）空气阀的止水面应按规范要求作煤油渗漏试验。安装后应动作正确。当蜗壳内无水时，空气阀应在全开位置，充水关闭后不应漏水。

（4）在压力钢管无水情况下，应分别采用工作及备用油泵操作阀板及旁通阀，其动作应平稳，开关时间应符合设计要求。阀板实际全开位置的偏差不应超过±1°，应记录动作油压值。

6.6.2 液压操作阀

对液压操作阀应进行检查，其动作应灵活，行程应符合设计要求，且不漏油。

液压操作阀是利用液压操作主阀（蝶阀和球阀）的阀件，液压操作系统包括油泵、操作柜、管道系统及自动化元件等。通过这些装置使阀瓣（芯）锁锭及旁通阀都按一定顺序动作，并使主阀动作与机组运行操作由电气二次回路而联系起来，使主阀的开关起到保护机组的作用。操作过程的形式很多，但动作原理是一致的，即主阀开启前须先开启旁通阀，向主阀下游钢管或蜗壳充水。待下游钢管或蜗壳满水后，自动打开锁锭，并通过压力继电器动作，使主阀开启。主阀全开后，锁锭又自动落下，油泵停止运行。主阀的关闭亦先关闭旁通阀，打开锁锭后主阀后即自行关闭。主阀全关后锁锭自动落下，油泵停止运行。

液压操作阀都是整件供货，安装时应根据存放日期、保管情况等决定其是否需要解体，但动作、行程及漏油情况应作检查。试验压力和球阀试验压力相同，若漏油量超过0.3L/h，则应采用研磨的办法进行处理。

6.6.3 旁通阀

旁通阀安装的垂直偏差不宜大于2mm/m。安装后连同旁通管一起，应按要求作严密性耐压试验。

旁通阀的主要作用是使主阀上下游水压平衡，可以减少开启主阀的操作力。旁通阀用液压操作。旁通阀应经拆卸、清扫检查后再行安装。旁通阀的位置允许有较大的误差，一般为±10mm。而其垂直度则应较好，以减少阀门开启、关闭时的附加阻力。旁通阀位置找好后，再根据旁通管道实际情况调整管座与钢管焊接。旁通管的压力试验应按主阀试验压力进行。

6.6.4 空气阀

空气阀的止水面应按要求作煤油渗漏试验。安装后应动作正确。当蜗壳内无水时，空气阀应在全开位置，充水关闭后不应漏水。

空气阀的主要作用是排除钢管及蜗壳内部的空气，当钢管充满水后，空气阀因浮筒作用而自行关闭。当主阀关闭，其下游钢管及蜗壳排水时，浮筒又因自重而落下，向钢管内补入空气，以免下游钢管不致因排水而产生真空。空气阀经拆卸清扫后，应用煤油作渗漏试验。

6.6.5 真空破坏阀

虹吸式出水流道的驼峰部分在运行过程中都是负压。因此，在机组停机以后，只要把设置在驼峰顶部的阀门打开，放进空气，就可以截断水流。这种阀门就是真空破坏阀。

为了保证机组正常和安全运行，要求真空破坏阀关闭应严密，开启要及时。虹吸管正常运行时，真空破坏阀是关闭的。如果关闭不严，空气就会通过缝隙进入管内，从而会引起机组振动并降低装置效率。机组停机时，必须及时破坏真空，截断水流，否则就会使出水池中的水不断地倒流入进水池，引起机组反转，对机组会造成很大的危害。

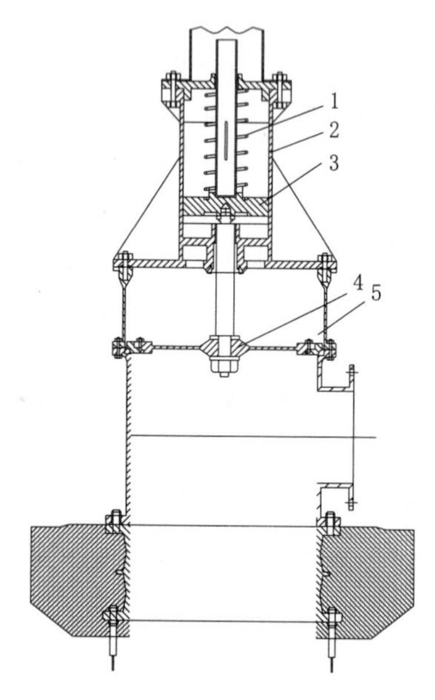

图 6.1　真空破坏阀结构型式
1—弹簧；2—气缸；3—活塞；
4—阀盖；5—阀门座

真空破坏阀在大型泵站应用普遍的是气动平板阀，它是由阀座、阀盖、气缸、活塞、活塞杆、弹簧等部分组成。真空破坏阀结构型式如图 6.1 所示。

当泵站主机组投入运行时，压缩空气系统也投入运行，压缩空气系统母管内充满了压缩空气，停机时，直流电磁阀通电打开，压缩空气进入真空破坏阀的气缸内的活塞下腔，活塞在压缩空气的作用下向上运动，在活塞杆的带动下，阀盖打开，外界空气进入虹吸管驼峰，破坏真空，切断水流。当阀盖全部开启时，活塞顶部电气开关同时发出开启信号。当虹吸管内的压力接近或等于大气压力后，切断直流电磁阀电源，压缩空气停止进入真空破坏阀的气缸内，活塞、活塞杆和阀盖等在自重和弹簧张力的作用下，阀门自动关闭。

如果真空破坏阀因直流电磁阀故障不能自动打开，可以手动打开供气阀，将压缩空气送入真空破坏阀的气缸内，使真空破坏阀动作。在特殊情况下，压缩空气系统有故障或其他原因，真空破坏阀无法打开时，则应打开手动阀或其他相应安全装置，使空气进入虹吸管内，保证在任何情况下都能在停机时破坏真空。

真空破坏阀的安装应确保关闭严密，阀座与阀盖密封面应无撞痕、刀痕、压伤、不平、凹痕等现象，如有深度大于 0.05mm 的伤痕，应先在机床上加工，然后再进行研磨。深度小于 0.05mm 时，可直接用研磨消除。安装后，应进行现场动作试验和远程动作试验。

6.6.6　逆止阀

安装前应进行检查，并应设置在闸阀的后面，以便关闭闸阀即可检修逆止阀。安装逆止阀的出水管道，应有专门的支架，如采用支柱支撑或悬挂在墙上，不应使水泵出水口所承受整个管道重量，以免损坏水泵。

1. 逆止阀的功能

水泵启动、停泵时让出水阀门联动，故逆止阀并没有功能性的动作。但一旦水泵在运行中断电或发生异常情况，将在出水阀全开的状态下停泵。因此，出水管内的水将会发生倒流，水泵和电动机将会反转，甚至造成事故。同时，还担心进水池有溢流的危险。一般情况下，为了防止出水管内的水倒流，往往在水泵出水侧设置逆止阀。同时，在多台泵提水时，逆止阀有两种设置方式，即在汇流后的主管上设置一台，或在每台泵各自的出水侧各设置一台。但设置在汇流后的主管上时有两种情况：①万一逆止阀发生故障，各台水泵都不能运行；②多台泵运行中有一台泵发生故障，水则通过该泵倒流等。因此，每台水泵有必要各自安装逆止阀。对于低扬程且出水管短的排水泵站，用后述的拍门来防止倒流。

2. 逆止阀的种类

逆止阀按阀板构造有摆动式和升降式。摆动式在阀板上部设有活叶轴。阀板呈下吊的形式安装在阀室内。阀板根据阀门大小，有单叶式和分成双叶以上的形式。摆动式一般多为水平安装，但也可垂直安装。垂直安装时，往往需要调整全开角度，以使滞后关闭的时间不会太长。在管内的水倒流时阀板靠自重和水的倒流关闭。升降式逆止阀的结构是靠水流将阀板垂直抬起，同时，在倒流时，靠自重及水的流动而下降并关闭。

(1) 摆动式普通逆止阀是无水锤危险时最常用的逆止阀。在实际扬程高、口径大的场合，有必要充分研究其形式的选择，以使倒流开始时阀板滞后关闭引起的冲击力不会对水泵和管道产生不良影响。

(2) 摆动式缓闭逆止阀有主阀和子阀。倒流开始时，主阀使大部分水停止。子阀在泄压的同时缓慢关闭。根据缓闭用子阀的安装方式可分为旁通式和子母式两种。

旁通式为从逆止阀的阀室上设置旁通管，在旁通管中间安装缓闭形子阀。另外，子母式逆止阀有在主阀板之上再重叠设缓闭形子阀板，以及把主阀板分割开，其中一叶为缓闭的两种结构。不管什么场合，其机构都是主阀打开时子阀也抬起，倒流开始时，主阀先关，子阀靠缓冲作用，在调整关闭速度的同时，比主阀滞后关闭的结构。缓闭形子阀的面积、关闭速度依泵系统的转动惯量（GD2）、实际扬程及管道条件等而变。

(3) 摆动式急闭逆止阀是在倒流开始的同时，或稍微提前使其关闭的逆止阀，以防止滞后关闭引起的压力上升。使其急闭的构造有在自阀板主轴伸出的摇臂上安装重锤和用弹簧关闭两种。

(4) 升降式急闭逆止阀在正常运行时用弹簧压紧，倒流开始或稍微提前使其关闭，防止滞后关闭引起的压力上升。实际扬程高、300mm 以下的较小口径的水泵使用较多。一般为垂直安装使用。水平安装时，其口径和水质等往往受到限制，因此需要注意。同时，这种形式的逆止阀比摆动式逆止阀的阻力损失大，所以在使用时需要注意。

6.6.7 闸阀

闸阀主要由阀体、阀盖和闸板等组成。活动的闸板沿着阀体上的闸槽上下移动，阀门在开启时，其闸板上移，让出水流通道，当闸板全部提起时，水流可以很平顺地通过孔口，几乎没有水头损失。

闸阀根据阀杆螺纹位置可分为明杆式闸阀和暗杆式闸阀。明杆式闸阀的阀杆螺纹露在上部，与之配合的阀杆螺母装在手轮中心，旋转手轮就是旋转螺母，从而使阀杆升降，阀门的启闭程度可以从螺纹中看出，便于操作，对明杆螺纹的润滑和检查很方便，但螺纹外露，容易粘上空气中的尘埃，加速磨损。暗杆式闸阀的阀杆螺纹在下部，与闸板中心螺母配合，升降闸板依靠旋转闪杆来实现，而阀杆本身看不出移动。

闸阀根据闸板结构形式的不同可分为楔式闸阀和平行式双闸板闸阀。闸阀根据操作方式的不同可分为手动闸阀、电动闸阀和液动闸阀。

为了减少闸阀开启时所受到的水压力，有的还装有旁通阀和旁通管，作为充水平衡水压之用。闸阀阀体的密封，通常采用石棉密封垫料。闸阀的优点是制造和维护方便，全开时水头损失小，全关时闸板在水力作用下，能保证阀门有良好的密封性能，漏水少，不会由于水压而自行开启或关闭。缺点是外形尺寸大，阀门自重大，止水密封垫料磨损快，常需更换，阀门启闭时所需操作力大，特别在动水时。

闸阀不宜倒装，明杆阀不宜装在地下，以防阀杆生锈。闸阀吊装时，应将绳索拴在连接面上，不应拴在手轮或阀杆上，以防折断阀杆。

闸阀在安装中发现闸板、阀体或密封填料等有缺陷，产生渗漏及关闭不严等现象时，应对阀件进行研磨修理。当密封面的撞痕、刀痕、压伤、不平、凹痕等深度大于0.05mm时，应先在机床上加工，然后再进行研磨。深度小于0.05mm时，可直接用研磨消除，不允许用锉刀或砂布等方法修理。闸阀的研磨，可先将闸板拆出擦净，在将其平放在涂有红丹粉的小平台上，用手轻微地压在被研磨的闸板上，沿着平台水平移动数次后，再翻身检查，将高点用刮刀修刮，如此进行多次，直至接触点均匀分布为止。较大的阀体也可用同样的方法检查、研磨、修刮。

6.6.8　主阀及附属部件联动试验

在压力钢管无水情况下，应分别采用工作及备用油泵操作阀板及旁通阀，其动作应平稳，开关时间应符合设计要求。阀板实际全开位置的偏差不应超过$\pm 1°$，应记录动作油压值。

主阀试验应在压力钢管无水的情况下进行，试验首先进行充气试验，检查管道的密封状态，手动打开相应电磁阀，观察压力表的变化来检验相应空气阀动作的正确性。然后开启总阀通入压力油，检查锁定和旁通阀的关闭腔油管道密封状态。接着手动相应配压阀，观察锁定及旁通阀动作情况，接力器关闭腔油管道密封情况。证实旁通阀及锁定的动作确实无误后，启动相应电磁阀，检查主阀开启腔管道阀开启状况。当主阀全开后，再手动相应配压阀，检查锁定位置的正确性。

调整端接点，使其在主阀开关动作时，按要求接通或断开，然后按上述步骤开关操作主阀数次，动作可靠后，手动操作即告结束。在试验中，可先用低压进行试验，然后再用额定油压。手动操作试验后，再进行自动操作模拟试验。

在自动操作过程中，应记录主阀及旁通阀开关油压及开关时间，应符合设计要求。若不符合，则应进行调整。

第7章 辅助设备安装

7.1 一般要求

7.1.1 基本条件

泵站机组一般按电源进线的顺序进行编号，并将序号明显地标明在机组外壳上。辅助设备也应将序号明显地标明在设备外壳上。旋转设备应有表明转动方向的标志，易直接接触到的转动部位应装设牢固的遮拦或护罩。附属设备的阀门也应有编号和名称，并应用箭头标出流向和开闭的方向。这也是辅助设备安全运行必须具备的基本条件。

7.1.2 安装要求

辅助设备安装时，纵向、横向中心线与设计位置偏差不应超过10mm，高程与设计允许偏差为－10～20mm，辅助设备安装时轴向、径向中心线与设计位置偏差不应超过10mm，标高与设计偏差不应超过－10～20mm。该偏差是辅助设备上定位基准的面、线或点对安装基准线的平面位置和标高的允许偏差，是该设备与其他设备无机械联系情况下的允许偏差。与其他设备有机械联系情况下的允许偏差为轴向、径向中心线与设计位置偏差应不超过2mm，标高与设计偏差应不超过1mm。

辅助设备找正和找平的测量部位一般应选择设备的主要工作面、转动部件的导向面或轴线、部件上加工精度较高的表面、设备为水平或垂直的主要轮廓面。设备安装精度偏差消化处理，宜偏向具有补偿能力、使机件在负荷作用下受力较小的方向。找正和找平应用垫铁调整，不应用拧紧或放松地脚螺栓或局部加压等方法。

7.1.3 安装前清理检查

辅助设备安装前，应对设备进行全面清理和检查。对与安装有关的尺寸及配合公差进行校核，部件装配应注意配合标记。多台同型号设备同时安装时，每台设备应用标有同一序列标号的部件进行装配。安装时各金属滑动面应清除毛刺并涂润滑油。

7.1.4 安装结束检查内容

辅助设备安装结束的检查范围应包括设备和系统，其主要内容有：

（1）设备及系统的安装质量是否符合设计图样、制造厂技术文件及相关规范的要求，安装技术记录是否齐全。

（2）基础混凝土及二期混凝土是否达到设计强度，是否具备可靠的操作电源和动力电源。

（3）各水位计和油位计的工作标志已标好，转动机械已加好符合要求的润滑油且油位正常。

（4）各种指示仪表、信号等装设齐全、准确，各种容器已进行必要的清理和冲洗。

（5）手盘转动部件作检查时，设备内应无卡涩等异常现象。

（6）电动机经单独试运转，旋转方向正确，裸露的转动部分应装好保护罩。

7.1.5 分部试运行基本要求

7.1.5.1 技术要求

分部试运行应符合下列技术要求：

（1）试运行工作应按批准的试运行方案进行，机械部分试运行时间应为连续正常运行2～8h。

（2）手动盘车进行转动部件作检查时，设备内应无卡阻等异常现象。

（3）轴承及转动部分应无刮碰及异常响声。

（4）轴承工作温度应稳定，滑动轴承不应高于70℃，滚动轴承不应高于80℃。

（5）振动的双向振幅不应超过0.10mm。

（6）无漏油、无漏水和无漏气等现象。

（7）分部试运行过程中，应做好记录。

7.1.5.2 主要工作内容

辅助设备安装结束后，分部试运行的主要工作内容为：

（1）检验系统及设备的设计能否满足安全运行和操作，检修是否方便。

（2）检查并考核各设备的性能，是否符合制造厂的规定。

（3）调整试验各有关的阀件，要求动作灵活、正确、校验调整指示仪表和信号应准确、可靠。

7.1.5.3 调试检验

分部试运行结束，并对缺陷问题处理后，应进行试运行验收。

辅助设备安装结束后的检查及分部试运行，都是为主机组验收提供必要条件和安装技术资料服务，辅助设备安装检查、验收记录和分部试运行验收记录可作为单元工程质量及评定标准内容。

7.2 油压装置

水泵叶片角度采用液压调节的大中型泵站均设有油压装置，油压装置主要有回油箱、压力油罐（蓄能器）、油泵电动机组和油压控制元件等。

7.2.1 回油箱、压力油罐（蓄能器）的安装要求

油压装置的压力油罐是一个蓄能容器，是水泵叶片角度液压调节器的能源，调节叶片时用来推动接力器活塞，也用来操作泵站主阀等。

压力油罐中的容积有30%～50%是汽轮机油，其他是压缩空气。用空气和油共同

造成压力，保证和维持调节机构所需要的工作压力。由于压缩空气具有良好的弹性，并贮存了一定的机械能，使压力油罐中由于调节作用而油的容积减少时仍能维持一定的压力。

7.2.1.1 标准要求

回油箱、压力油罐（蓄能器）的安装，其允许偏差应符合表7.1的规定。

表7.1 回油箱、压力油罐（蓄能器）安装允许偏差

项 目	允许偏差	说 明
中心/mm	5	测量设备轴线标记与基准线间距离
高程/mm	±5	—
压力油罐（蓄能器）垂直度/(mm/m)	2	用吊线锤、钢板尺测量

注 回油箱的底面应向回油口略倾斜，以便在清理回油箱时能将所存的油液放出。

压力油罐（储能器）及安全阀应经质量技术监督部门检验合格。

压力油罐的制作安装属特种行业管理的范围，所以压力油罐应经技术监督部门的检验。

压力油罐在工作压力下，油位处于正常位置时，关闭各连通闸阀，保持8h，油压下降值不应大于0.15MPa。

在水泵叶片角度调节过程中，从压力油罐中所消耗的油，由油泵自动补充。压缩空气的损耗很少，主要是从不严密处漏失。所损耗的压缩空气可借助专用设备（如高压贮气罐等）来补充，以维持一定比例的空气量。为了控制压缩空气的损耗，规定了压力油罐在工作压力下，油位处于正常位置时，应关闭各连通闸阀，保持8h，油压下降值不应大于0.15MPa。

7.2.1.2 安装程序

对于金属油罐，在运入站内安装时，需要按规定做好安装工作。若厂内能够整体吊入，即可整体运入安装，否则，需要分段运入，到油罐间进行组合。组合用焊接方法将其连接。

1. 基础埋设

油罐的基础应是不沉陷的。基础埋设前，先按照图样将油罐中心线划在地板上，然后再埋设混凝土基础台，按照油罐底部螺孔的实际位置尺寸埋设好地脚螺钉或预留螺孔。地脚螺钉的位置尺寸一定要正确，否则安装时将会造成很大困难。预埋螺钉的丝扣部分要涂上黄油并加以保护，以利安装，否则容易锈蚀或碰坏。基础台面要尽量平整，符合标高要求。

预留孔的方法比较好，安装时便于调整找正，故一般较大的油罐多采用此种方法。安装前应做好各项准备工作，如准备好调整用的楔子板、工具、材料等。并要对照图样查对其附件，如梯子、油面计、阀门、连接法兰等是否齐备，需要加工的配件，要提早加工待用。

2. 油罐安装

混凝土基础养护好后，即可开始油罐的吊装工作。先垫上楔子板，再将油罐吊到基础上，调好中心，水平，标高，将螺帽拧紧即可。若是预留螺孔，则在油罐落地前要先将地脚螺钉穿入，拧上螺帽，垫好楔子板。油罐吊装时一定要注意安全，钢丝绳要穿吊在吊环处，要慢起慢落，不可乱挂乱穿，以免发生人身事故和设备事故。当有数个油罐时，要保证油罐都在同一轴线、同一高程上，误差不得过大。

油罐安装就位调整以后，即可进行地脚螺钉孔二期混凝土回填工作。油罐本体安装好后，可进行附件安装。安装时按照图样要求在连接位置用螺栓或焊接固定。待上述工作完成后，便可进行管道系统安装。

7.2.1.3　水平检查方法

油压装置中回油箱的水平检查方法有以下几种：

（1）测量油泵底座的水平度。

（2）测量油泵底座及电动机底座的水平度，取其平均值。

（3）用水准仪测量回油箱四角的高程差。

由于上述方法不同，标准不一，根据安装的实践经验，如把回油箱四角调整水平，保证设备本身的整体水平度和安装位置，即使油泵或电动机底座安装水平误差偏大，也不会影响安全运行。

7.2.2　压油装置的安装

先按图样将油槽中心线划在地板上，然后再打设混凝土基础台。按照油槽底部螺孔的实际位置尺寸埋设地脚螺钉或预留螺孔，地脚螺钉的位置尺寸一定要正确，基础台面要尽量平整，符合标高要求。

集油槽混凝土凝固后，即可开始安装压油装置。

压油槽、集油槽及管道，附件上的法兰，为了保证结合严密以免漏油，都应用锉刀修理平整。

为了避免压油槽、集油槽内部锈蚀而影响油的洁净，制造厂已涂上耐油漆，因运输振动和安装不慎使油漆脱落时，应重新涂漆。

涂漆前先用钢丝刷清脱落部分的槽壁，直至发出金属光泽然后清扫干净，再将调和好的耐油漆均匀涂上。一般采用耐油漆系漆片与酒精的混合溶液，其比例为 1∶2，并应保持 8h 左右，待漆片溶解后才能使用。

压油装置所有的管道及附件应进行耐压试验，试验压力为 1.25 倍的额定压力，并应在试验压力下保持 10min，此时间内管道及附件各处都应无渗漏现象。为了加速试验速度，工作在相同压力下的管道应该尽量连接在一起一次进行试验。

压油槽的油位计，在清扫组合时，往往由于未均匀上紧螺丝或油位计玻璃不平而易引起玻璃破碎，因此在安装前应检查玻璃是否平整，若发现单边接触时应用金刚砂磨平。当组合时应仔细对称均匀的上紧组合螺丝。为了保证压油槽下部法兰组严密不慎漏油，而上部法兰也有一定的紧度，以阻止尘土掉入集油槽中，正式安装前应分别测量两法兰间高度，根据测量得到的两个高度之差，加上准备在压油槽上部法兰防尘垫的厚度，而算得下部法兰需用垫的厚度，压油槽正式安装时，应按此结果选用垫的厚度。

压油槽下部法兰用特制纸垫，使用时用 1∶2.5 的漆片和酒精溶液作为涂料，薄而均匀地涂在垫的两面。压油槽上部法兰采用毛毡或鸡毛纸作垫，可不加涂料。

压油槽内部的尘土常用和好的面团进行粘贴清扫，清扫完成后，压油槽内部应薄薄地涂一层透平油。并对暂时不接管道的管口，应加临时的堵板，堵板可用白布包木塞，也可用现成法兰用螺丝扣紧，组合面间加一铁皮，厚纸即可。

进入油槽清扫时，为了避免油漆再次踩掉，槽中最好垫以麻袋或胶皮板。

上述工作全部结束后，压油槽即可吊落在集油槽上，按上述选择垫片的厚度，并放入组合面内。压油槽落稳后，先将上部法兰的销钉插入，然后拧紧下部法兰组合螺丝后，在拧紧上部法兰固定螺丝。

集油槽应进行煤油渗漏试验时，应至少保持 4h 试验，并无渗漏现象。

装置容器的渗漏试验应按 1.2.1.5 节的要求进行。回油箱、集油箱等无压力要求的装置容器，除了采用煤油渗漏试验以外，也可采用注水渗漏试验，后者简单可行，经过试验合格的油箱运行中基本可靠，但在渗漏试验时如温差较大或天气湿热，则油箱外壁容易结露，不易判断是否渗漏，若遇此种情况，应采取必要的措施，如提高水温，降低四周空气的相对湿度等。

压油槽、集油罐的安装，其允许偏差应符合表 7.1 的规定。

螺旋油泵组合后，当用手转动泵轴时，油泵应能灵活运转，若运转时有忽轻忽重的现象，应多转几下，然后将油泵拆开。根据螺旋杆及油泵衬套上的摩擦痕迹，用刮刀、油石等工具细心地修磨，并经常地试装，直到能灵活平稳地运转为止。

螺旋油泵的螺旋杆应有适当的轴向窜动，螺旋杆推至后端（吸油）时，从油泵出油法兰孔中，用塞尺检查小螺旋杆距泵壳的端面间隙，应符合设计规定，最小不得小于 0.5mm。

油泵组装时，应注意推力轴瓦油沟的方向应正确。

逆止阀应用煤油检查其严密性，待逆止阀清扫组合完后，将阀倒置，阀的上部充入少量煤油保持 1～2h 后，检查阀的另一端煤油有无渗入，若有渗入，应用研磨膏研磨阀与阀座，直至阀与阀座全面接触，用煤油试验不渗漏才合格。

逆止阀及其他阀门的衬套顶丝应检查是否顶紧，以免运转中由于顶丝松动而引起衬套也上下移动，影响阀门的正常工作。

安全阀、空放阀、压力继电器等部件也按上述原则进行清扫。

管道及管道附件内部均应清扫干净，并涂以透平油，以防锈蚀。油位指示器的浮子应检查是否渗漏，检查方法是将浮子沉于水中，保持一定时间后，检查浮子内部有无渗漏入的水，若有则应找出漏水之处，倒出内部的水，清扫干净，用锡焊修补，然后再进行试验，直到不漏为止。试验后将浮子擦干。

先将油泵的吸油管连在油泵吸油口端，将油泵放在安装位置上，打入销钉，拧紧基础螺丝，然后再按图装配空放阀、安全阀、逆止阀、手动阀及管道等，在安装这些部件时应注意以下几点：

（1）所有临时堵住孔口用的堵塞盖板，在安装前均应拆除并应仔细检查。

（2）各组合面都应采用适当的垫料、涂料应涂得薄而均匀，垫料尺寸及孔口位置，均应与组合面一致。

(3) 组合面的螺丝应该对称均匀地拧紧。

油泵的电动机应由电气试验人员检查，并应检查轴承内润滑油量是否洁净，当用手指摸油时，应无颗粒感觉，若已污脏则应更换新的电动机轴承润滑油。用手转动油泵电动机轴，电动机应能灵活地转动，若不灵活，通常是由于电动机两端盖螺丝未对称上紧，使轴承胀劲；也可能内部有杂物或转子和定子相碰引起的。此时可先调整端盖螺丝紧度，若还是不灵活时则应拆开检查消除。

油泵及电动机靠背轮的键，其两侧应配合较紧，而顶部可略有间隙，约0.5mm，若过松时，则应配换新键。

油泵电动机的轴承线应该一致，否则油泵运转时将产生严重的振动，从而加速油泵及电动机的损坏。通常油泵、电动机的轴线找正是根据两靠背轮中心是否一致来确定的。由于油泵已有销钉定位，而电动机可稍稍移动一些，因此电动机的靠背轮根据油泵靠背轮来找正。先将电动机放在基础上并大致找正，当用手摸两端靠背轮的外缘时，应无显著的错口，当油泵轴向电动机端靠紧时，还应有2～3mm的间隙，然后拧紧电动机的基础螺丝。将钢板尺靠在背轮上，然后用塞尺检查钢板尺与较低的靠背轮间隙，并在圆周上的测量4点（90°方向）。测量结果如图7.1所示，则说明电动机低，应在基础上加垫垫高，垫的厚度等于对应两点记录差的一半。当发现油泵低时，则应松开油泵基础螺丝及销钉，垫高油泵后再紧上销钉及螺丝进行较正。

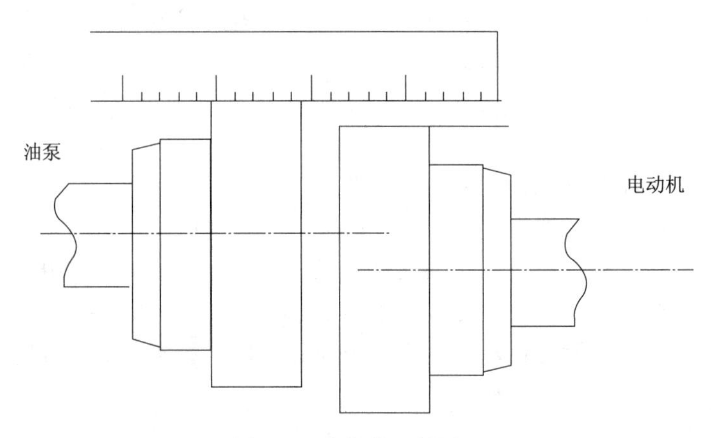

图7.1　背靠偏心轮测量

用塞尺检查两靠背轮的间隙，在同一个圆周上对应的测量4点，而对称方向的间隙差即为轴心歪曲情况如图7.2所示，若发现如图7.2情况时，则说明电动机的后端应垫高，垫的厚度与两对应点间隙的差、靠背轮的直径、电动机基础宽度有关。大致可按式（7.1）计算

$$\delta=\frac{\delta_1}{D}L \tag{7.1}$$

式中　δ——垫厚，mm；

δ_1——两对应点间隙差，mm；

D——靠背轮的直径，mm；

L——电动机基础宽度，mm（图 7.3）。

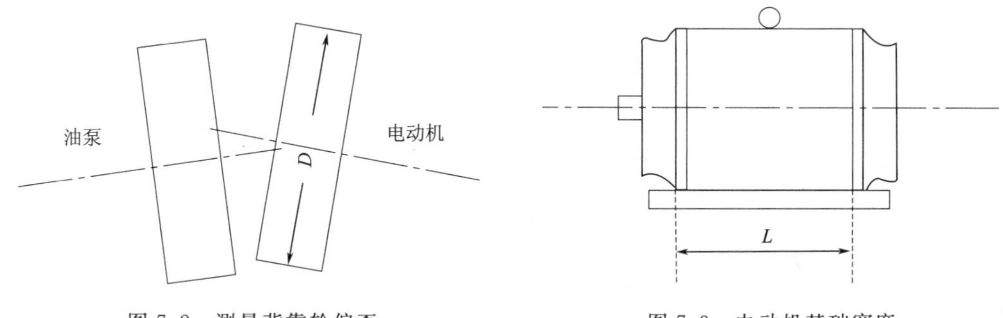

图 7.2 测量背靠轮偏歪

图 7.3 电动机基础宽度

若在平面图上发现上述情况时，则可按同理移动电动机来找正。对于弹性靠背轮轴心歪曲也允许不超过 0.10mm。

偏心与轴心歪曲，两者应同时配合进行调整。电动机找正完毕后，应在每台电动机基础上对应的钻两个销钉孔，并配上销钉，使电动机在集油槽上定位。

压油槽压力表及其他各处使用的压力表，都应进行校检。采用标准压力表来检查，将标准压力表与被校表都装于同一手压泵的出口管道上，手压泵内注油或注水，但管道应保证不渗漏，然后逐渐用手压泵升压，此时被校表的指示值如在标准表指针指示值的范围内，该表即算合格。

一切要安装工作结束后，集油槽内部也应用白面团进行清扫。然后装置滤过网，即可封闭人孔。

7.2.3 压油装置的调整试验

当压油装置安装结束及各连接配装完后，即可往集油槽内充油，进行压油装置的调整试验工作。

两台油泵的电源在试验前由电气人员接上永久电源，通常采用电磁开关，油泵电动机的转向应事先检查正确，但应注意螺旋油泵反向运转时间不得过长，在检查转向将电源合上后应立即拉开。

上述工作全部结束后，即可进行压油装置的调整试验工作。

7.2.3.1 压油槽耐压试验

压油槽在制造厂已经过耐压试验后出厂，经过长途运输可能引起零件与焊缝的变形或破坏，一般在工地再进行试验。当具有制造厂特殊规定时也可不试验。

压油槽试验系采用油压试验，并直接利用集油槽经滤过的透平油，用压油装置油泵向压油槽内送油。

当油位快至顶时，应停止油泵运转，拆下排气管，用洁净的铁丝从该孔插入油槽检查油位，以确定油泵再运转的时间，然后仍装上排气管启动油泵，等排气管中冒出油后立即停止油泵，关闭所有的阀门。

为使压油槽升压缓慢平稳，试验时采用手压泵进行。试验用的手压泵应事先清扫干净，并注入干净的透平油。手压泵试压用管道连接在压油槽顶部的排气孔处，此时应将排气孔管拆除，接上试验用管道，然后将油槽外表清扫干净后，利用手压泵缓慢均匀地升压。当压力升到额定压力时，应保持几分钟，检查油槽各处无渗漏，若无渗漏，再继续升压，直至压力升到1.5倍工作压力后，再保持10min，应无渗漏及裂纹等现象，即压力表指针无明显的压力下降现象。然后打开排油阀排油，使压力下降至额定压力后，关闭排油阀并保持此压力下，用0.5kg的锤沿离焊缝50mm处轻轻锤击，而焊接也应无渗漏现象，检查合格将压力缓慢地降为零，耐压试验就此结束。

在试验过程中，若发现组合面螺丝、油位计等漏油不严重时，可继续试验，但切勿在带压情况下紧螺丝，待试验完后再进行处理。若发现焊接有渗漏时，则应停止试验，待排油补焊完后，再进行试验，直至不漏为止。

压力油槽在工作压力下，油位处于正常位置，应关闭各连通闸阀，保持8h，油压下降值应不大于0.15MPa。

7.2.3.2　空放阀调整及油泵负荷下运转试验

为避免压力上升时安全阀过早动作，应拧紧安全阀弹簧的调整螺丝，并应灵活平稳地转动油泵，此后即可启动油泵。

油泵运转后，可缓慢地调整空放阀弹簧，使空放阀能自动下移关闭，此时油泵带负荷运行，即向压油槽送油后，可停止调整。当压力上升至$2kg/cm^2$时，空放阀能自动上移开启，使油泵空载运行，即不向油压槽送油，压力停止上升。为了检查油泵运行及空放阀的动作，此时可稍微打开排油阀少许，使压油槽压力下降，直到空放阀有向下的动作。油泵又向压油槽送油，压力又上升。压力升到一定值后又停止，并再下降。这样循环的动作应保持0.5h左右，一方面检查油泵运转是否正常，另一方面检查空放阀动作是否正常，两台油泵均应如此分别试验。

当油泵在运转中发现有严重的振动、杂声与发热现象时，应立即停止油泵，注意随时关闭排阀。油泵停止后应仔细检查油泵及电动机，上述现象是由于泵、电动机中心不对，电动机风扇与固定部分撞击等引起，消除后仍继续试验。

电动油泵试运行应符合下列规定：

(1) 油泵应先空载运行1h，无异常现象后，再分别在25%、50%、75%、100%额定压力下，分别连续运行15min。

(2) 运行过程中，应无异常声响和振动，各结合面无泄漏；油泵外壳振动振幅不大于0.05mm，并无异常声响；油温不应超过50℃，轴承温度不应超过60℃。

(3) 油泵输油量不应小于油泵额定流量。

(4) 机械密封的泄漏量应符合安装使用说明书的规定。

(5) 螺杆油泵停止时不反转。

(6) 油泵配套电动机的电流不超过额定值。

油泵电动机组运转，空载运行为1h，油泵试运转过程中，不能在没有循环油的条件下运转，空载运行即循环油在没有压力状态下试运转，在有压力下运行也为1h，故试运转合计2h。

上述试验完后，在油泵运转情况下，慢慢打开给气阀向压油槽内送气，直到压力达到额定值时，才关闭给气阀，停止空气压缩机。同时调整空放阀弹簧的紧度，使阀的额定压力时开启。并同样用排油阀来控制空放阀的动作及油泵的压力油的排送，以检查油泵及空放阀在额定压力下的工作情况。两台油泵同样分别试验，试验中油泵发生问题时应立即停止运行，关闭排油阀，按上述处理后再行试验。空放阀经多次动作，其动作压力一致后，应用锁紧螺母将调整螺丝锁紧以防回松。

空放阀开启与关闭时压力差一般常为6%～10%的额定工作压力，额定压力为20kg/cm^{2}时，压力差可允许达1.5～2.5kg/cm^2。空放阀压力差的大小与其针阀的遮程大小有关，当针阀遮程过大时，会增加空放阀动作的压力差，空放阀压力差可通过调整针阀的遮程使其符合要求。

空放阀动作时应灵活平稳，无金属的撞击声，若发生撞击声，则说明其动作过快，此时可将空放阀上的节流装置关小一些。若动作时发生较大油流的节制声，则说明其动作过慢，可将节流装置开口开大一些，节流装置调整完后应锁紧螺母。

空放阀接点在调整空放阀的同时应进行调整，当空放阀活塞向上移动至顶时，接点应该断开；当活塞向下移动约1/2行程时，接点应投入，使油泵在此情况下启动，以减少电动机的启动电流。若不正确时，可调整传动拐臂的位置。

7.2.3.3 安全阀及其压力

空放阀调整后，再启动油泵并稍开启排油阀使油泵在1∶5左右的方式下运行，此时逐渐放松安全阀弹簧的调整螺丝，并用手将空放阀的针阀按住，使油泵向压油槽送油，当压力超过额定值时空放阀不致动作，而安全阀应该在压力超过额定值1～1.5kg/cm^{2}时，开始动作。当压力超过额定值3～4kg/cm^{2}时，安全阀应全部开启，并排除油泵的全部送油量，此时压力油槽压力应停止上升，手即可离开空放阀，使空放阀也排油。若动作不对，可通过调整螺母来调整，并同样试验多次，使其动作压力值不变动时，即可锁紧螺母。

安全阀调整完后，在正常压力下，停止油泵运行并开启排油阀，使压油槽压力下降至小于额定值2～3kg/cm^{2}时，即关闭排油阀，并调整压力继电器的调整螺丝使其动作，接点闭合后再排油，使压力降低至设计确定的事故低油压时（一般为12～13.5kg/cm^2）即停止排油，并调整低压力继电器使其动作，接点闭合。再启动油泵，直至正常压力时停止运转。按上述试验多次，其动作压力不变动时，即可将调整螺母锁紧。

压力继电器产生动作不灵活现象是由于针阀与盖卡阻而引起，可移动盖的位置。

7.2.3.4 检查油泵的动作

打开油泵给油排气阀，此时泵应能自动平稳地动作，通过听觉检查其动作每分钟约40～60次，若不动作，应拆开检查。

7.2.3.5 自动模拟试转

（1）先启动油泵，并将电磁启动器的切换手把放于自动位置，打开压油槽排油阀，使压下降至额定压力下限值时，空放发向下关闭，此时油泵应能自动投入运行。使压油槽压力升至额定值时，油泵自动停止，试验数次，均应得到相同的结果，然后关上排油阀，再以同样方法试验另一台油泵。若油泵不能自动停止或启动，应检查电气回路及接点的位置是否正确。

（2）上述试验后，使油泵处于停止状态，各阀门位于正常运行状态，然后将一台油泵的电磁启动器切换手把放于备用位置，打开排油阀，使压力油槽压力下降，当压力下降至一定值时，备用油泵应自动投入运转，使压油槽压力上升至额定值后再手动停止油泵。试验数次，应得到相同的结果，然后关闭排油阀，再以同样方法试验另一台油泵。

（3）两台油泵都在停止运转时，用排油阀同样排油，待压油槽压力下降至事故低油压时，压力继电器动作应发生事故信号，然后关上排油阀，启动油泵，再试验多次，最后使压油装置位于正常工作状态下运转一段时间，即可停止油泵运行。

7.2.4　压力油

油压装置用油牌号、质量应符合设计和国家现行相关标准的要求。油压装置首次投入运行一个月后，应更换清洁的新油或将原使用的油经过滤后使用。

油压装置用油一般为汽轮机油（又称透平油），不同牌号的油有各自的重要特征和基本性能。油的质量对运行设备影响很大，因而对油的性能有严格的要求。设计人员根据油的操作条件、油的性质以及在设备中工作时可能发生的变化，合理地选择不同牌号的油。油在运行或贮存过程中，经过一段时间后，油会因潮气侵入而产生水分，或因运行过程中的种种原因而出现杂质，酸度增高，沉淀物增加，使油的性质发生变化，改变了油的物理、化学性质，以致不能保证设备的安全、经济运行。所以，不论是新油还是运行油都要符合国家标准。

为了经常及时了解油的质量，防止因油的劣化发生设备事故所造成的损失，应按规定进行取样化验。以判断油是否可以继续使用，或采取相应的措施。

7.2.5　油压装置自动控制要求

油压装置的工作油泵压力控制元件，备用油泵压力控制元件，溢流阀、减压阀和安全阀等的整定值，应符合设计要求其调整的精度范围即动作偏差一般应控制在整定值的±2%以内；油泵自动启动和自动停止的动作及油压过高、过低的信号均应准确可靠。

油压装置在运行过程中，均实现自动控制、自动保护。自动化内容主要包括：

（1）工作油泵及备用油泵的自动投入和切除。

（2）溢流阀、减压阀和安全阀等自动开启及关闭。

（3）压力不正常时发出信号。

7.3　空气压缩机

压缩空气系统由空气压缩机、贮气罐等附属设备，以及管道系统和测量控制元件等几部分组成。

压缩空气系统的空气压缩机一般采用活塞式空气压缩机。压气过程是依靠活塞在气缸内做往复运动来进行的。此外，为了获得更高的压力，但由于受到压缩比和排气温度过高的限制，便采用多级压缩，这种空气压缩机称为二级、三级或多级空气压缩机。

贮气罐作为气能的贮存器，当用气设备耗气量小时，积蓄气能，耗气量大时，放出气能。同时它又是压力调节器，能缓和活塞式压缩机由于断续动作而产生的压力波动。而且它又是油水分离器，能将由于压缩空气的温度急剧下降，以及运动方向改变而将水分和油珠加以分离和汇集。

管道系统由主管、支管和管件组成，为用气设备输送压缩空气。

测量和控制元件的作用是保证用气设备所需要的质量、数量、压力及空气压缩设备正常运行。

7.3.1 空气压缩机安装要求

固定式空气压缩机应安装稳固。压缩机的机座水平偏差不应大于0.10mm/m、轴向及径向水平偏差不应大于0.20mm/m。水平测量应在下列部位进行：

（1）卧式压缩机（包括对称平衡型）应在机身滑道面或其他基准面上测量。

（2）立式压缩机拆去气缸盖后在气缸顶面上测量。

（3）其他型式压缩机，应在主轴外露部分或其他基准面上测量。

泵站使用的空气压缩机一般均选用活塞式压缩机，主要由于活塞式压缩机具有压力范围广、效率高、适应性强等特点。泵站选用的空气压缩机一般均是整体组装出厂的产品，现场组装的空压机很少选用。

空气压缩机的安装一般有两种情况：对出厂时间不久，制造厂已经组装好，检查时没有发现问题，可在现场进行整体安装；出厂时间较长，在运输途中包装不好，经检查发现问题的，应在现场进行解体、清洗和组装。

空气压缩机在现场进行整体安装时，应满足产品说明书上的要求，满足施工设计的布置要求，符合施工及验收规范的要求。一般应拆卸活塞和连杆，并将设备表面和拆卸下的机件清洗干净，再组装复位。

压缩机的轴向及径向水平误差不应超过0.2‰，水平测量的部位是卧式压缩机（包括对称平衡型）应在机身滑道面或其他基准面上测量；立式压缩机拆去气缸盖后在气缸顶面上测量；其他型式压缩机，应在主轴外露部分或其他基准面上测量。

空气压缩机与储气罐相距不应超过10m。管及管件的材料性能与规格，应符合设计要求，并应具有检验合格证。

为了确保压缩空气系统的安全运行，要求空气压缩机与储气罐相距不应超过10m。管道的材料性能与规格，应符合设计要求，并应具有强度检验证。

7.3.2 空气压缩机安装程序

空气压缩机的结构说明和工作过程可参阅厂家产品使用说明书和图样，这里仅简单介绍空气压缩机安装工作的原则和方法。

7.3.2.1 基础浇筑

先按机座尺寸浇筑混凝土基础，预留出地脚螺栓孔。待混凝土能承重后，可将机座就位，拧上地脚螺栓，初步调整机座中心、标高和水平，并牢固，然后再浇地脚螺栓的二期混凝土。当混凝土强度合格后，再一次对机座的标高和水平进行校正，符合要求后开始安装空压机和电动机。

7.3.2.2　空气压缩机安装

空气压缩机安装，应按其说明书的要求和施工设计图样以及有关施工验收规程进行。对于出厂时间不长、制造厂已经组装好，并且检查时没有发现问题的，可在现场进行整体安装。对出厂时间较长，在运输中包装不好，经检查发现问题的，应在现场进行解体，清洗处理。

空压机整体安装后，其纵向和横向不平度不大于0.1mm/m。测量部位是：卧式的测机身滑道，立式的侧气缸顶平面或其他平面。对整体安装的空压机一般应拆开配气阀、活塞、连杆大头瓦进行检查，并将设备表面及拆下的零件清洗干净，再组装复位，如发现问题再深入检查处理。

7.3.2.3　附件安装

安全阀、自动调节阀、减压阀、电磁排污阀和仪表等，如出厂不久，并有铅封和合格证书，可以直接安装使用，不必调试，若是转用、自购或修复后的阀件，要按规定进行调整试验，合格后方能安装使用。

7.3.2.4　启动试运转

压缩机安装应有完整的记录，并按规定进行机械部分试运行。试运行合格后，应更换压缩机油。

（1）空气压缩机的试运行一般应分3个阶段：

1）试运行前的检查。主要内容有：设备本身的安装检查、仪表和电气设备的检查、电动机旋转方向的检查、润滑油规格容积的检查、进出气管道的检查、进排水管道的检查以及盘车检查等。

2）空载试运行。主要检查启动和停止动作是否正常，检查运行中各运动部件有无异常响声，紧固件有无松动，油压、油温、冷却水温和各摩擦部位的温升是否符合设备技术文件的规定。

3）负载试运行，在空载试运行的基础上逐渐升压，每次升压的幅值一般按1/4的额定压力计算，各阶段的运行时间应按设备技术文件的规定，若无规定，则可按1/4额定压力运转1h，1/2、3/4额定压力各运转2h，额定压力运转4～8h执行。空压机在升压运转中，无异常现象后，方能将压力逐渐升高，直至稳定在需要的压力下运转。

（2）空压机在试运行中，应进行下列项目的检查：

1）润滑油的压力、温度和其他各部位的温度。一般运转的油压应不低于0.1MPa，曲轴箱或机身内润滑油温应低于70℃。

2）各级进、排气温度和压力，其数值应符合设备技术文件的规定；各级进、排气阀的工作应正常，安全阀应灵敏。

3）各运动部件应无异常响声，运转正常；各连接部位应无松动现象，轴封、进气阀、排气阀、气缸盖和冷却器应无漏气、漏油或漏水现象。

4）电动机的电流和温升应符合规定，自动控制装置应动作灵敏、可靠。

7.3.3　承压设备要求

储气罐等承压设备应按设备技术文件规定的压力进行强度耐压试验，强度耐压试验应在出厂前进行；所有阀门、管件应清洁无锈蚀，减压阀、安全阀等经检验动作应准确可靠。卧式设备的水平度和立式设备的垂直度应符合设备技术文件的规定。

储气罐等承压设备应按技术设计文件规定的压力进行强度和气密性试验，若无规定则应按 1.2.1.4 节规定执行，强度试验应以水为介质。承压设备同时具备下列 3 个条件时可不作强度试验，仅做严密性试验：

（1）在制造厂已做过强度试验。

（2）外部无损伤痕迹。

（3）在技术文件规定的期限内安装。

7.3.4 耐压试验

压缩空气系统安装结束后，应以 1.25 倍额定压力的空气进行严密性耐压试验，8h 内压降值不应超过 10%。

压缩空气管道系统进行严密性试验，一般用肥皂水涂在螺栓及焊缝处，观察有无气泡，漏气量应符合 1.2.1.4 节的规定。

7.4 抽真空装置

1. 真空泵引水

真空泵引水在泵站中采用较为普遍，其优点是泵启动快，运行可靠，易于实现自动化。目前使用最多的是水环式真空泵。

真空泵的排气量可近似地按式（7.2）计算

$$Q_v = K\frac{(W_p + W_s)H_a}{T(H_a - H_{ss})} \tag{7.2}$$

式中 Q_v——真空泵的排气量，m^3/h；

W_p——泵站中最大一台泵壳内空气容积，m^3，相当于泵吸入口面积乘以吸入口到出水闸阀间的距离；

W_s——从吸水井最低水位算起的吸水管中空气容积，m^3，根据吸水管直径和长度计算，可查表 7.2 得；

H_a——大气压的水柱高度，取 10.33m；

H_{ss}——离心泵的安装高度，m；

T——泵引水时间，h，一般应小于 5min，消防泵不得超过 3min；

K——漏气系数，一般取 1.05～1.10。

最大真空值 $H_{v\max}$ 可由吸水井最低水位到泵最高点间的垂直距离计算。例如此距离为 4m，则：$H_{v\max} = 4\times\frac{760}{10.33} = 284\text{mmHg}$。

表 7.2　　水管直径与空气容积关系

D/mm	100	125	150	200	250	300	350	400	450	500	600	700	800	900	1000
W_s /(m^3/m)	0.008	0.012	0.018	0.031	0.071	0.092	0.096	0.120	0.159	0.196	0.282	0.385	0.503	0.636	0.785

根据 Q_v 和 $H_{v\max}$ 查真空泵产品规格便可选择真空泵。

水环式真空泵在运行时，如图 7.4 所示，应有少量的水流不断地循环，以保持一定容积的水环及时带走由于叶轮旋转而产生的热量，避免真空泵因温升过高而损坏，为此，在管道上装设了循环水箱。但是，真空泵运行时，吸入的水量不宜过多，否则将影响其容积效率，减少排气量。

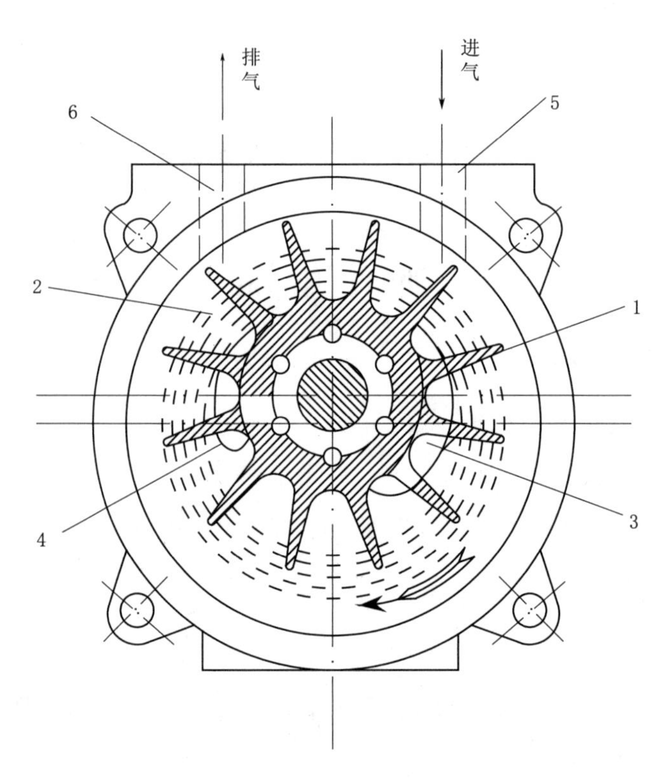

图 7.4　水环式真空泵构造图

1—星状叶轮；2—水环；3—进气口；4—排气口；5—进气管；6—排气管

2. 射流泵引水

射流泵引水是利用压力水通过射流泵喷嘴处产生高速水流，使喉管进口处形成真空的原理，将泵内的气体抽走，如图 7.5 所示。因此，为使射流泵工作，必须供给压力水作为动力。射流泵应连接于泵的最高点处，在开动射流泵前，要把泵压水管上的闸阀关闭，射流泵开始带出被吸的水时，就可启动泵。射流泵具有结构简单、占地少、安装容易、工作可靠、维护方便等优点，是一种常用的引水设备。缺点是效率低，需供给大量的高压水。

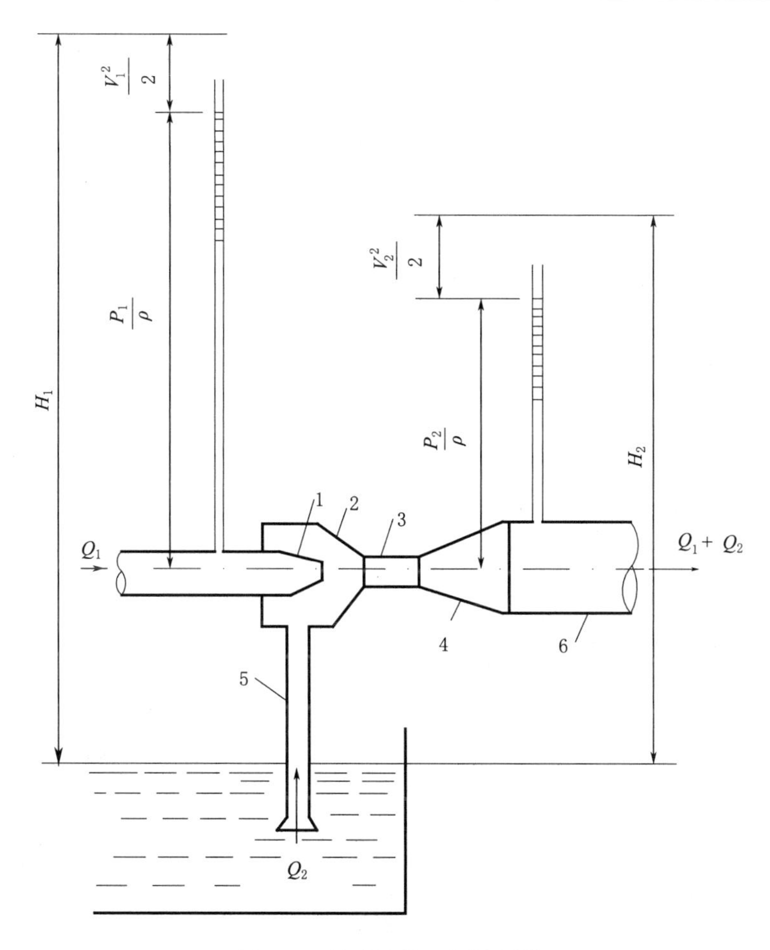

图 7.5 射流泵的工作原理图

1—喷嘴；2—吸入室；3—混合管；4—扩散管；5—吸水管；6—压出管

射流泵的性能参数：

$$\text{流量比}\ \alpha=\frac{\text{被抽液体流量}}{\text{工作液体流量}}=\frac{Q_2}{Q_1}$$

$$\text{压头比}\ \beta=\frac{\text{射流泵扬程}}{\text{工作压力}}=\frac{H_2}{H_1-H_2}$$

$$\text{断面比}\ m=\frac{\text{喷嘴断面}}{\text{混合室断面}}=\frac{F_1}{F_2}$$

式中 H_1——喷嘴前工作液体具有的比能，mH_2O；

H_2——射流泵出口处液体具有的比能，射流泵的扬程，mH_2O；

Q_1——工作液体的流量，m^3/s；

Q_2——被抽液体的流量，m^3/s；

F_1——喷嘴的断面积，m^2；

F_2——混合室的断面积，m^2。

7.5 供排水泵

泵站水系统包括供水、排水和消防用水等部分。由于泵站不同的边界条件和设计方案，构成不同的供水方式，一般可分为3类：即直接供水、间接供水和循环供水。排水系统包括技术排水、检修排水和渗漏排水。

泵站的供、排水泵一般选用卧式离心泵、深井泵、潜水泵等。

7.5.1 离心泵安装

7.5.1.1 安装前检查

离心泵安装前应进行检查，并符合下列要求：

（1）铸件应无残留的铸砂、重皮、气孔、裂纹等缺陷。

（2）各部件组合面应无毛刺、伤痕和锈污，精加工面应光洁无损伤。

（3）壳体上通往轴封和平衡盘等处的各个孔洞和通道应畅通无堵塞，堵头应严密。

（4）泵轴与叶轮、轴套、轴承等相配合的精加工面应无缺陷和损伤、配合应准确。

（5）泵体支脚和底座应接触密实。

7.5.1.2 安装要求

卧式离心泵的安装应按制造厂家技术文件要求进行。安装前的检查应按本条款执行。组装好的水泵，其密封环处和轴套外圆的摆度值，泵进口口径小于50mm，径向摆度值应小于0.05mm；进口口径小于120mm，径向摆度值小于0.06mm；直径为80～120mm的密封环与叶轮单侧配合径向间隙为0.12～0.20mm。

卧式离心泵的安装主要有底座安装、轴线找正和管道安装等内容。

为了找平底座，可垫入平垫及斜垫铁，以便于调整底座。在地脚螺栓孔内充填混凝土，混凝土凝固后再拧紧地脚螺栓，并再次检查水泵的水平度。轴向水平误差不宜大于0.15mm/m，径向水平误差不宜大于0.3mm/m。

水泵与电动机一般都直接连接。如果轴线误差较大，将引发机械振动、轴承发热、电动机超负荷等故障，甚至使水泵不能运行。

7.5.2 长轴深井泵安装

7.5.2.1 安装前检查

长轴深井泵在安装前应进行检查，并符合下列规定：

（1）用螺纹连接的深井泵，宜用煤油清洗泵管及支架联管器的螺纹和端面，并检查端面。端面应与轴线垂直并无损伤，螺纹应完好。

（2）用法兰连接的深井泵，每节法兰结合面应平行，且与轴线垂直。

（3）联轴器端面应平行，并与轴线垂直，端面跳动量应小于0.04mm。传动轴应平直，径向摆度应小于0.20mm。螺纹应光洁、无损坏。

（4）叶轮安装在轴上应紧固无松动。

（5）用法兰连接的多级离心式深井泵，应检查防沙罩与密封环、叶轮与密封环、平衡鼓与平衡套等的配合间隙。各间隙应符合设计要求。

7.5.2.2 安装要求

深井泵结构紧凑、性能较好，在泵站中采用较多。深井泵不仅结构复杂，且大部分位于井下，所以它的安装步骤、方法和要求与卧式离心泵不同。

深井泵安装前应对设备本身进行检查并应符合各项要求。

深井泵安装前还应对井管和土建工程进行检查，并符合下列要求：

(1) 井管与平面保持垂直，不应有明显弯曲和倾斜；井管内径和垂直度应符合泵入井部分外形尺寸的要求，井管内径应比泵入井部分的外形尺寸大 50mm 左右，垂直度允许偏差为 0.2mm/m 左右。

(2) 井管的管口应伸出机组相应的平面不少于 25mm。

(3) 基础与井管外壁间应垫放软质隔离层，防止基础下沉时使井管弯曲或倾斜。

(4) 井管内应清洁无杂物，如水质污浊或含泥沙量多，含沙量（重量比）超过 0.01%时，应进行清洗。

7.5.3 长轴深井泵安装要求

长轴深井泵的安装应按设计和安装使用说明书的要求进行，并符合下列规定：

(1) 泵体组装应按多级离心泵的组装程序进行，并应检查叶轮的轴向窜动量，其值应为 6～8mm。

(2) 拧紧出水叶壳后，复查泵轴伸出的长度，应符合设计规定，偏差不应大于 2mm。

(3) 泵的叶轮与导水壳间的轴向间隙，应按安装使用说明书和传动轴的长度准确计算后进行调整，其锁紧装置应锁牢。

深井泵泵体组装时应将泵轴水平放置，使各级叶轮和叶轮壳的锥面相互吻合。安装过程中，应分阶段进行检查，做到及时发现问题及时解决，泵体组装后，检查叶轮的轴向窜动量，一般为 6～8mm。拧紧出水管后，复查泵轴伸出的长度，应符合图样规定允许偏差为 2mm。

安装过程中，下泵管的夹具必须加衬垫紧固好，严防设备坠入井中。对于螺纹连接的井管夹具应夹持在离螺纹约 200mm 处。

用传动联轴器连接的深井泵，两轴端面应清洁，结合严密，且接口应在联轴器中部。

用泵管连接的深井泵，接口及泵的结合部件应加合适的涂料，但螺纹接口不得填麻丝，管子端面应与轴承支架端面紧密结合，螺纹连接管节必须与泵管充分拧紧，对泵管连接处无轴承支架者，两管端面应位于螺纹连接管长度的中部位置，错位不应大于 5mm。

泵座安装时，应使泵座平稳均匀地套在传动轴上，泵座与泵管的连接法兰应对正，并对称均匀地拧紧连接螺栓，泵座的二次浇灌应在底座校正合格后进行。

7.5.4 井用潜水泵安装要求

井用潜水泵的安装应按设计和安装使用说明书的要求进行，并符合下列规定：

(1) 安装前应将井用潜水泵全部浸入水中，做浸水试验，24h 后测量绝缘电阻值不应小于 5MΩ，方可下井通电使用。

（2）电动机电缆线应紧附在出水管上，其接头应做浸水试验，24h 后测量绝缘电阻不应小于 5MΩ。

潜水泵安装前应做好浸水试验，电动机、电缆线应紧附在出水管上，要避免用力过大。潜水泵安装前还应检查法兰上保护电缆的卡槽，不应有毛刺或尖角，并应清理干净。

7.5.5　水泵进水管安装要求

水泵进水管进口应处于最低设计水位水面以下 0.5～1.0m。水泵进水管设有底阀时，底阀与池底和侧壁间的距离不宜小于底阀或进水管口的外径。底阀应灵活无卡涩，做灌水试验应无渗漏，滤网进水应畅通。

水泵进水管一般使用带有法兰的管子，在法兰连接处，要放橡皮垫以保持严密。但要注意勿使橡皮垫伸入管内，否则将增加阻力，影响吸水高度。

水泵进水管应置于水槽（井）中间，进水管的进口处应处于水面 0.5～1.0m 以下的地方。带有底阀时，底阀与井底和侧壁间的距离不宜小于底阀或进水管口的外径，底阀与吸水槽（井）底的距离也不应小于 0.5m，防止砂粒、淤泥、杂物吸入管内或堵塞底阀。

底阀应灵活无卡涩，底阀做灌水试验应无渗漏，滤网进水畅通均是水泵运行的基本要求。

7.5.6　附件安装

供（排）水系统的过滤器、流量计、示流器、压力表、止回阀以及有关传感器等附件的安装，均应符合相应技术要求。

泵站的供（排）水系统由供（排）水泵、管道和控制元件等组成。供水系统根据用水设备的技术要求，要保证一定的水量、水压、水温和水质。泵站供水系统的管道是将从水源引来的水流分配到机组各个用水设备，并用各种控制元件如阀门和各种仪表操作供水设备和控制、监视管道中水流的运行。供（排）水系统有时还会有泥沙或其他杂物，导致管道堵塞和淤积，因此，在技术上和结构上会采取适当措施，保证水系统的正常运行。

根据运行要求，为了实现对供（排）水系统的控制、监视，并进行自动操作供（排）水设备。在供（排）水系统上一般均设置了各种相关附件和自动化元件，如滤水器、流量计、示流器、压力表、止回阀以及有关传感器等，这些附件和自动化元件的安装均应符合相关技术要求。

7.5.7　供排水泵试运行

供排水泵试运行应满足下列要求：

（1）泵出口压力应稳定，并符合设计要求。

（2）试运行过程中，各部件应无异常声响，外壳振动符合《泵站设备安装及验收规范》（SL 317—2015）的规定，轴承和轴等工作正常。

供排水泵系统安装结束后要求进行试运行。供排水泵采用离心泵的吸水管应能自动灌水或者管内有正压。在水泵的试运行过程中，泵的出口压力应稳定，并符合设计要求。要注意水泵和电动机的各转动部分声响应正常，无异常碰击和振动，外壳振动应符合《泵站设备安装及验收规范》（SL 317—2015）的规定，注意轴承的润滑状态，油位、油温应正常，轴承温度和轴等工作应正常。填料压盖不宜过松或过紧，应无发热并有少量滴水。

7.6　辅助设备的管道及管件

7.6.1　管道弯制要求

管道的弯制应符合下列规定：

（1）冷弯管道时，弯曲半径不宜小于管径的4倍；热煨弯管道时，加热应均匀，温度不应超过1050℃，加热次数不宜超过3次。弯管的弯曲半径不宜小于管径的3.5倍；采用弯管机热弯时，弯曲半径不宜小于管径的1.5倍。

（2）弯制后管截面的圆度不应大于管径的8%，弯管内侧波纹褶皱高度不应大于管径的3%，波距不应小于波纹高度的4倍。

（3）环形管弯制后，应进行预装，其半径偏差不宜大于设计值的2%，不平度不宜大于40mm。

（4）弯制有缝管时，其纵缝应置于水平与垂直之间的45°位置上。

管子弯曲的方法主要有冷弯和热弯两种，所谓冷弯就是在常温下进行弯曲。一般管子里不装砂子，也不预热，操作简单。冷弯有手工弯制和机械弯制两种。热弯是对管子进行加热弯曲，也分手工弯制和机械弯制两种。手工弯制即炉子加热法，预先在管子里装砂，再放到炉子上加热，然后在弯管平台上进行弯制；另一种是在弯管机上进行弯制。

管子弯曲时，在弯头外侧的管壁，因受拉力的作用逐渐伸长，弯头内侧的管壁，因受压力的作用而逐渐缩短。按管子的中心线来说，弯头的内外侧距中心线越远的地方，这种伸长或压缩变形的现象越严重。管子中心线部分的中间层管壁，称为中性层。管子中性层的内外侧，由于受到不同的压力和拉力，使内侧管壁缩短变厚和外侧管壁拉长变薄，由于管子所受压力和拉力的相对作用以及管子在弯曲变形时（伸长变薄和压缩变厚），金属有保持原状的趋势，因此使弯头内外侧的管壁都被压缩向中性层作横向移动，使中性层方向的管子直径增大而使内外侧方向的管子直径减少，从而使管子断面呈椭圆形状。

管子弯曲时，产生管壁变薄和断面椭圆的现象是不可避免的，只要这种变形不超过允许值，则是许可的。

管子弯曲时，其直径的大小、管壁的厚薄和弯曲半径的大小，对管壁伸长变薄和椭圆度影响很大。为了保证管子弯曲变形不超过允许的范围，所以对弯曲半径必须加以限制。而且，在安装条件许可的情况下，尽量把弯曲半径设计得大一些。

管子的弯制采用热弯时管子加热应均匀，热弯温度一般应为750～1050℃（橙黄色），加热次数一般不超过3次，管子弯制后应无裂纹、分层和过烧等缺陷。弯曲角度应符合要求，与样板相符。

管子弯曲时其断面变为椭圆，管壁受有附加的环向应力，只有在与水平或垂直成45°处受力较小，所以对有缝钢管弯制时，其纵缝位置作了规定。

7.6.2　管件制作要求

管件制作，应符合下列规定：

(1) Ω形伸缩节应用一根管子弯成，并保持在同一平面内。

(2) 焊接弯头的曲率半径，不应小于管径的1.5倍，90°弯头的分节数不宜少于4节。

(3) 三通制作，其支管与主管垂直偏差，不宜大于支管高度的2%。

(4) 锥形管制作，其长度不宜小于锥形管两端外径差的3倍，两端直径及圆度均应符合设计要求，同心大小头两端轴线应吻合，其偏心率不应大于大头外径的1%，且允许偏差为±2mm。

(5) 工地自行加工的管道及容器，工作压力在0.8MPa及以上时，应按《泵站设备安装及验收规范》(SL 317—2015) 中第2.1.6条的规定做强度耐压试验，压力容器还应经质量技术监督部门检验合格。

由于施工条件的限制，安装所用的各种弯头不是都能用机械弯制，还必须用焊接的方法制作。焊接弯头又称虾米腰弯头，由两个端节（又称平头）及若干个中间节组成。端节为中间节的一半，不包括在称呼节数之内。焊接弯头，一般常用两节或3节组成。端节和中间节用展开图的方法，做出样板，根据样板在管材上划出切割线，切割成若干节，拼焊而成。

在管道施工中，遇有管子分支时，就须制作三通。遇有管道上变更管径，就须制作锥形管。三通、锥形管可用机械压制，也可用展开法放样做出样板，在管子或管材上划出切割线，切割对焊而成。为了保障管道安装质量，三通和锥形管的制作必须控制在一定的质量标准范围内。

管件制作中管子切口表面应平整，局部凹凸一般不大于3mm，管端切口平面与中心线的垂直偏差一般不大于管子外径的2%，且不大于3mm。焊后弯头轴线角度均应与样板相符的要求。

7.6.3　埋入式管道敷设

7.6.3.1　安装要求

埋入式管道敷设应符合下列规定：

(1) 管道出口位置偏差，不宜大于10mm，直径15mm以上的管道伸出混凝土面的长度不小于300mm；管径小于15mm的管道，外伸长度可适当缩短，但不宜小于法兰的安装尺寸，管口应能可靠封堵。

(2) 管道中心和标高的允许偏差为±30mm，但露在混凝土外面的管口位置，允许偏差为±10mm。

(3) 量测用管道应减少拐弯，加大曲率半径，并可以排空。测压孔应符合设计要求。

(4) 压力管道，在混凝土浇筑前，应按相关规范要求做严密性耐压试验。

所有预埋管道在安装前都必须进行清扫，油系统的管道一般不直接埋设，应预先埋置套管，必要时可直接埋设镀锌管。

管子安装位置应正确，中心和标高的允许误差不应超过±30mm，但露在混凝土外面的管口位置，误差不应超过10mm。测压管的预埋在不影响其他机件安装的条件下，应尽量减少转弯处，测压孔应符合设计要求。管道安装实际位置与图样不符时，应征得有关部门的同意，进行修改，以免钻孔或灌浆时将管道钻通或灌死。

预埋管不应有高低不平现象，要注意横平竖直。排水管和排油管要有与流向一致的坡度，否则会影响正常流量。尤其是无压管或较小的排油管应特别注意。在管子弯曲的高处部分，空气排不出去；而低的地方就容易积存一些泥沙和杂物，致使管子堵塞。

管道在混凝土中埋设时管口伸出混凝土长度，应根据管径的大小和安装方法来确定，一般直径15mm以上的管道伸出不小于300mm，管径小于15mm的管道，外伸长度可适当缩短，一般不小于连接片的安装尺寸为宜。

预埋管在穿过混凝土伸缩缝和沉陷缝时，应在伸缩缝处装补偿器（伸缩节）。补偿器的形式应根据管道规格、通流介质、工作压力和伸缩缝的具体情况而制作。其过缝措施应符合设计要求。防止由于混凝土的收缩而将管子拉裂或拉断，影响管道系统及设备的正常运行。

管道预埋时，管道的连接，钢管宜用焊接，铸铁管宜采用承插式。管道埋设后，管口要封堵，以免浇筑时混凝土及其他杂物掉入管内，堵塞管道。

预埋管安装完后，可作外观检查。一般预埋管道应作充水试验，压力管道则应按规定进行耐压试验，以保证管道无渗漏。

管全部安装检查合格后，方可浇捣混凝土。浇捣混凝土时应派专人值班监视，发现问题及时处理。

7.6.3.2 安装程序

埋设管道安装是一项十分慎重而细致的工作，若发生漏埋、错埋、堵塞、泄漏等问题，会造成难以弥补的损失。管道埋设是根据审核无误的图样，将预制好的管道安装在工作位置上。其安装顺序如下。

1. 确定安装基准

管道安装基准包括标高和中心位置。标高根据测量部门标在墙壁上的标高点换算，也可以根据已安装好的水泵埋件（如座环）的标高进行换算；中心基准一般依机组中心线（$x—x'$，$y—y'$）或机组中心进行调整。有时在厂外安装管道还需要里程桩号，它由测量部门提供，并有文字根据。

2. 根据安装基准和图样尺寸焊接管道支架

管道支架由型钢焊接而成，有足够的强度与刚度，防止管道安装后及混凝土浇捣过程中位置发生变化。

3. 管道吊装找正和固定

根据安装基准和图样尺寸精心调整管道中心、标高和水平，特别是露出混凝土外的管口位置必须准确，水平部分不许有倒坡。位置调好后，将管子固定固牢，防止浇筑混凝土时变形。

4. 耐压试验和封堵

管道焊接后，为了检查焊接和连接质量，以管道工作压力的1.5～2倍水压进行耐压试验，保持压力15min应无渗漏。合格后，将管口封堵，防止混凝土灰浆灌入管内。

7.6.4 明管安装

7.6.4.1 安装要求

明管安装应符合下列规定：

(1) 管道安装位置与设计值的偏差，在室内不应大于10mm，在室外不应大于15mm。自流排水（油）管的坡度应与液流方向一致，坡度宜为0.2%～0.3%。

(2) 水平管弯曲的允许偏差不宜大于1.5‰，最大不应超过20mm。立管垂直度允许偏差不宜大于2‰，最大不应超过15mm。

(3) 成排管在同一平面上的允许偏差宜为0～5mm，间距允许偏差宜为0～5mm。

管道安装在成组排列的情况下，确定其正确的安装位置比较复杂。这不仅在直管段而且在转弯或超越处均使并列的管道互相平行。当超越各种不同的障碍物时，在管道与墙壁之间仍应保持设计间距，同时也不允许破坏规定的管道之间的平行关系。

确定管道之间或与墙壁之间的距离，应区别法兰和阀门手轮的相对排列、互相错开排列和螺纹连接管道排列等几种情况。

连接片并列时管道中心间距可按下列公式计算

管径相同
$$L=D_H+a \tag{7.3}$$
$$A=D_H/2+a \tag{7.4}$$

管径不同
$$L=(D_H+D'_H)/2+a \tag{7.5}$$
$$A=D_H/2+a \tag{7.6}$$

式中 L——两根管子中心距离，mm；

D_H——连接片外径，mm；

a——连接片外径至墙壁或二连接片外径之间距离，mm；

A——第一根管中心至墙壁距离，mm；

D'_H——不同连接片外径，mm。

连接片并列的管中心间距可参照表7.3的要求执行。

表7.3 连接片并列的管中心间距 单位：mm

公称直径 D_g	公称直径 D_g								管中心距墙距离 A
	25	40	50	70	80	100	125	150	
	管轴线间距 L								
25	170								110
40	180	200							120
50	190	200	210						130
70	200	210	220	230					140
80	210	220	230	240	250				150

续表

公称直径 D_g	公 称 直 径 D_g								管中心距墙距离 A
	25	40	50	70	80	100	125	150	
	管轴线间距 L								
100	220	230	240	250	260	270			160
125	230	250	260	270	280	290	300		170
150	250	270	270	280	290	300	310	330	190
200	280	290	300	310	320	330	340	360	220

连接片位置错开的管道中心间距可用下式计算求得

$$A=D_H/2+a \tag{7.7}$$

$$L=(D_H+D)/2+a \tag{7.8}$$

式中 D——管子外径，mm。

管子螺纹连接之间距，可用法兰位置错开管子中心间距。

连接片位置错开时管中心间距可参照表 7.4 的要求执行。

管道排列中心间距，在安装阀门的时候，适用于手轮错开的排列间距。如果是手轮相对排列，应考虑增加一定的距离。

为了使安装的管道达到操作方便整齐美观，还注意以下几种情况：

连接片应符合标准，两根相邻管子的连接片之前后布置距离不能太近，否则不便紧固螺栓。每只连接片上的螺栓要长短一致，并应露出螺帽的 1～3 个螺纹。

几条管道平行安装时，应按大小次序排列。布置应平行或垂直于设备、墙壁。转弯处的弧度应弯曲一致，弯曲半径应在同一个中心点。

管道布置应尽量避免交叉，平行交叉的管子之间须有 10mm 以上的间距，以防止接触与振动并注意美观。整个管线要力求最短，转弯最少，尽可能避免上下弯曲，并能保证管子能伸缩变形。系统中任何一段管子或管件应尽可能做到能自由拆装，并且不影响其他的管子及附件。

表 7.4　　连接片位置错开时管中心间距　　单位：mm

公称直径 D_g	公 称 直 径 D_g								管中心距墙距离 A
	25	40	50	70	100	125	150	200	
	管轴线间距 L								
25	120								110
40	140	150							120
50	150	150	160						130
70	160	160	170	180					140
80	170	170	180	190	250				150
100	180	180	190	200	260	270			160
125	190	200	210	220	280	290	300		170
150	210	210	220	230	290	300	310	330	190
200	230	240	350	260	320	330	340	360	220

管道的最高部分应设排气装置，以便在需要时能排掉管中的空气。排油管与回油管相通时，不能有负压，否则应单独排入回油箱，并在油面以上。有压力的回油管出口应装在油面以下，以免排油时产生气泡或带入空气。

安装各种阀件时，应注意其进口和出口的方向。

7.6.4.2　明设管道安装

（1）管道支架安装。管道支架形式有吊架、托架和管卡等，根据图样和管架形式，首先在安装位置划线，确定管架位置，然后把管架焊接在预埋的铁板上或打孔埋设。埋设的管架一定要在混凝土能承重时才允许在上面安装管道。为加快工程进度，最好用预埋铁板的办法，这样既快又准，质量又好。有些管线短走向复杂的管道，根据具体情况，可待管子装配好后，再装管架。

（2）管道预装。管道预装是把预制好的管段和管件照图样顺序连接起来。一般在管道实际工作位置上进行，这样使找正方便、准确，接头严密。

法兰连接的管道预装工作要在管道安装位置上的管段端部进行法兰盘找正，然后将法兰盘点焊在管端固定。考虑到法兰间垫片厚度，在法兰两面间夹上和垫片厚度相当的铁丝。待整套管道系统预装好，在每对法兰盘上打上记号，并在每个管段上编号，然后折下来焊接。在焊接工艺上要保证不使法兰产生变形。管道焊接完，要进行水压试验，最后清理管道内壁，准备正式安装。

螺纹连接管道的预装，实际是管道配制过程。根据图样结合实际情况要逐节顺序下料、套扣。螺纹的松紧一般以用手能拧进3～4扣为宜。必须用管钳拧紧前一节管段后，才能量尺寸下后一节的料。全部安装完毕，把管段编号，在阳螺丝和阴螺丝的对应部位打上记号，再拆下来进行清理。然后再按顺序安装，螺纹要拧到原来位置。

对铜管和薄壁不锈钢管这类管道的预装也是在管道实际工作位置上进行管道配制，即根据图样结合实际情况下料，焊接活接头或翻边，装配合格后，再拆下来清理。它多用于泵站液压操作系统，压缩空气系统和水力量测系统上。

（3）管道正式安装按预制时打的记号装上垫片和涂料，再次装到工作位置的工作。管段和管件安装前，要严格检查管内是否有杂物。若正式安装中发现某段管变形，影响美观或组合不严，必须进行处理。管道系统全部装好后，要除锈、涂漆，第一层涂防锈底漆，第二层根据管道作用和通流介质不同，按表7.5规定涂不同颜色的漆。

表7.5　　**管道涂漆规定**

涂漆部位	油漆种类		颜色	备注
	第一层	第二层		
压力油管、供油管、净油管	防锈底漆	调和漆或磁漆	红	
排油管、溢油管、污油管	防锈底漆	调和漆或磁漆	黄	
工业及生活供水管	防锈底漆	调和漆或磁漆	天蓝	
消防水管	防锈底漆	调和漆或磁漆	橙黄	
工业用水排水管	防锈底漆	调和漆或磁漆	绿	
污水管及一般下水管	沥青或磁漆	—	黑	

续表

涂漆部位	油漆种类		颜色	备注
	第一层	第二层		
压缩空气管	防锈底漆	调和漆或磁漆	白	
阀门	调和漆或磁漆	—	黑	手轮红色
管道及设备附件	防锈底漆	调和漆或磁漆	蓝灰	铜件不涂色
水泵、空压机及各种容器	防锈底漆	调和漆或磁漆	蓝灰	

7.6.5 管道焊接

管道焊接应符合下列规定：

(1) 管、管件的坡口型式、尺寸与组对，应按有关规定选用，壁厚不大于4mm的，宜选用Ⅰ型坡口，对口间隙为0～1mm；壁厚大于4mm的，宜选用70° V形坡口，对口间隙和钝边均为0～2mm。

(2) 管、管件组对时，其内壁应平齐，内壁错边量不应超过壁厚的20%，且不大于1mm。

(3) 管、管件组对时，应检查坡口的质量。坡口表面不应有裂缝、夹层等缺陷。

(4) 焊缝表面应无裂缝、气孔、夹渣及熔合性飞溅，咬边性深度应小于0.5mm，长度不应超过焊缝全长的10%，且小于100mm，焊缝宽度以每边超过坡口边缘2mm为宜。

焊缝表面应有加强高度，其值为1～2mm，遮盖面宽度，Ⅰ形坡口为5～6mm，V形坡口要盖过每边坡口约2mm。

管子组对好后，可先点焊定位。点焊应不少于3处，经检查调直后，再行焊接。焊接时，应将点焊的焊缝、焊渣、金属碎屑等清除干净，气孔及裂纹的焊缝层部分应铲掉，使焊缝露出金属本色。

管道焊接应尽可能采用转动方法，以加快焊接速度，保证焊接质量。尤其是不锈钢管加快焊接速度，对防止晶间腐蚀有很大的意义。

焊缝的第一层应是凹面，并保证把焊缝根全部焊透。第二层要把70%～80%的焊缝填满，并保证把二焊接管的边缘全部焊透。最后一层应把焊缝全部填满，并保证自焊缝到母材是圆滑的，不应咬边或高低不平。壁厚小于6mm管子的焊缝，也不应少于第二层。

焊缝允许有不超过0.5mm的凹坑，超过时应补焊。沿管子整个周长焊缝应形成一条小鱼鳞，表面应平滑而微凹，焊缝应没有裂纹、气孔、砂眼、夹渣和弧坑，管内应没有渗漏的金属熔液等。

7.6.6 附件安装要求

重要部位的阀门安装应符合设计和安装使用说明书的要求，自动化元件应校验合格，动作试验满足设计要求。管道试验应符合设计和国家现行有关标准的要求。

阀门安装前应清理干净，保持关闭状态。安装和搬运阀门时，不应以手轮作为起吊点，且不应随意转动手轮。截止阀及止回阀应按设计规定的管道系统介质流动方向正确安装。当阀体上无流向标志时，应按以下原则决定：截止阀和止回阀介质应由阀瓣下方向上流动。

铸铁阀门连接应自然，不应强力对接。法兰周围紧力均匀，以防止由于附加应力而损坏阀门。

阀门传动装置活动接头应灵活，传动杆与阀杆轴线的夹角不应大于30°，除有特殊要求外，阀门手轮不应向下。

第8章　泵站设备安装工程验收

8.1　一　般　规　定

8.1.1　泵站设备安装工程验收组成

泵站设备安装工程验收可包括分部工程验收、单位工程验收、机组启动验收和合同工程完工验收等阶段。装机台数多且单机为大型机组的泵站、分期安装的泵站可将机组启动验收阶段划分为首（末）台机组启动验收和中间机组启动验收两个阶段。也可根据情况简化验收阶段，当合同工程仅包含一个单位工程（分部工程）时，宜将单位工程（分部工程）验收与合同工程完工验收合并为一个阶段进行验收，但应同时满足相应的验收条件。

8.1.2　法人验收

泵站设备安装工程的分部工程验收、单位工程验收、中间机组启动验收、合同工程完工验收等，均为法人验收，应由项目法人主持，验收程序及内容等应按《水利水电建设工程验收规程》（SL 223）的规定执行。泵站设备安装工程除机组启动验收的各阶段验收前，安装单位应进行自验收，合格后方可进行法人验收。

验收工作组由项目法人、勘测、设计、监理、施工、主要设备制造商、运行管理（未成立运行管理单位的除外）等单位的代表组成。必要时，可邀请上述单位以外的专家参加。质量和安全监督机构、法人验收监督管理机关是否参加上述各阶段验收，应根据具体情况，按《水利水电建设工程验收规程》（SL 223）的规定执行。

8.1.3　政府验收

泵站设备安装工程的机组启动验收或首（末）台机组启动验收，为政府验收，应由竣工验收主持单位或其委托单位组织的机组启动验收委员会负责。验收委员会宜由所在地电力部门的代表参加。根据机组规模情况，竣工验收主持单位也可委托项目法人主持首（末）台机组启动验收。

8.2　设 备 安 装 验 收

泵站设备安装工程的项目划分、质量评定应按《水利水电工程施工质量检验与评定规程》（SL 176—2007）的规定执行。未经验收或验收不合格的工程不应进行后续安装工作。

8.2.1　设备安装工程项目划分

水利水电工程项目划分应结合工程结构特点、施工部署及施工合同要求进行，划分结果应有利于保证施工质量以及施工质量管理。

8.2.1.1　单位工程项目的划分原则

单位工程项目的划分应按下列原则确定：

（1）枢纽工程，一般以每座独立的建筑物为一个单位工程。当工程规模大时，可将一个建筑物中具有独立施工条件的一部分划分为一个单位工程。

（2）堤防工程，按招标标段或工程结构划分单位工程。规模较大的交叉连接建筑物及管理设施以每座独立的建筑物为一个单位工程。

（3）引水（渠道）工程，按招标标段或工程结构划分单位工程。大、中型引水（渠道）建筑物以每座独立的建筑物为一个单位工程。

（4）除险加固工程，按招标标段或加固内容，并结合工程量划分单位工程。

8.2.1.2　分部工程项目的划分原则

分部工程项目的划分应按下列原则确定：

（1）枢纽工程，土建部分按设计的主要组成部分划分；金属结构及启闭机安装工程和机电设备安装工程按组合功能划分。

（2）堤防工程，按长度或功能划分。

（3）引水（渠道）工程中的河（渠）道按施工部署或长度划分。大、中型建筑物按工程结构主要组成部分划分。

（4）除险加固工程，按加固内容或部位划分。

（5）同一单位工程中，各个分部工程的工程量（或投资）不宜相差太大，每个单位工程中的分部工程数目，不宜少于5个。

8.2.1.3　项目划分程序

由项目法人组织监理、设计及施工等单位进行工程项目划分，并确定主要单位工程、主要分部工程、重要隐蔽单元工程和关键部位单元工程。项目法人在主体工程开工前将项目划分表及说明书面报相应工程质量监督机构确认。

工程质量监督机构收到项目划分书面报告后，应在14个工作日内对项目划分进行确认并将确认结果书面通知项目法人。

工程实施过程中，需对单位工程、主要分部工程、重要隐蔽单元工程和关键部位单元工程的项目划分进行调整时，项目法人应重新报送工程质量监督机构确认。

8.2.2　设备安装工程质量评定

8.2.2.1　合格

（1）分部工程施工质量同时满足下列标准时，其质量评为合格：

1）所含单元工程的质量全部合格。质量事故及质量缺陷已按要求处理，并经检验合格。

2）原材料、中间产品及混凝土（砂浆）试件质量全部合格，金属结构及启闭机制造质量合格，机电产品质量合格。

（2）单位工程施工质量同时满足下列标准时，其质量评为合格：

1）所含分部工程质量全部合格。

2）质量事故已按要求进行处理。

3）工程外观质量得分率达到70%以上。

4）单位工程施工质量检验与评定资料基本齐全。

5）工程施工期及试运行期，单位工程观测资料分析结果符合国家和行业技术标准以及合同约定的标准要求。

（3）工程项目施工质量同时满足下列标准时，其质量评为合格：

1）单位工程质量全部合格。

2）工程施工期及试运行期，各单位工程观测资料分析结果均符合国家和行业技术标准以及合同约定的标准要求。

8.2.2.2 优良

（1）分部工程施工质量同时满足下列标准时，其质量评为优良：

1）所含单元工程质量全部合格，其中70%以上达到优良等级，重要隐蔽单元工程和关键部位单元工程质量优良率达90%以上，且未发生过质量事故。

2）中间产品质量全部合格，混凝土（砂浆）试件质量达到优良等级（当试件组数小于30时，试件质量合格）。原材料质量、金属结构及启闭机制造质量合格，机电产品质量合格。

（2）单位工程施工质量同时满足下列标准时，其质量评为优良：

1）所含分部工程质量全部合格，其中70%以上达到优良等级，主要分部工程质量全部优良，且施工中未发生过较大质量事故。

2）质量事故已按要求进行处理。

3）外观质量得分率达到85%以上。

4）单位工程施工质量检验与评定资料齐全。

5）工程施工期及试运行期，单位工程观测资料分析结果符合国家和行业技术标准以及合同约定的标准要求。

（3）工程项目施工质量同时满足下列标准时，其质量评为优良：

1）单位工程质量全部合格，其中70%以上单位工程质量达到优良等级，且主要单位工程质量全部优良。

2）工程施工期及试运行期，各单位工程观测资料分析结果均符合国家和行业技术标准以及合同约定的标准要求。

8.2.2.3 质量评定工作的组织与管理

重要隐蔽单元工程及关键部位单元工程质量经施工单位自评合格、监理单位抽检后，由项目法人（或委托监理）、监理、设计、施工、工程运行管理（施工阶段已经有时）等单位组成联合小组，共同检查核定其质量等级并填写签证表，报工程质量监督机构核备。

分部工程质量，在施工单位自评合格后，报监理单位复核，项目法人认定。分部工程验收的质量结论由项目法人报工程质量监督机构核备。

单位工程质量，在施工单位自评合格后，由监理单位复核，项目法人认定。单位工程验收的质量结论由项目法人报工程质量监督机构核定。

工程项目质量，在单位工程质量评定合格后，由监理单位进行统计并评定工程项目质量等级，经项目法人认定后，报工程质量监督机构核定。

阶段验收前，工程质量监督机构应提交工程质量评价意见。

工程质量监督机构应按有关规定在工程竣工验收前提交工程质量监督报告，工程质量监督报告应有工程质量是否合格的明确结论。

8.2.3　泵站设备安装分部工程验收

8.2.3.1　分部工程验收组织、流程

分部工程验收应由项目法人（或委托监理单位）主持。验收工作组应由项目法人、勘测、设计、监理、施工、主要设备制造（供应）商等单位的代表组成。运行管理单位可根据具体情况决定是否参加。

质量监督机构宜派代表列席大型枢纽工程主要建筑物的分部工程验收会议。

大型工程分部工程验收工作组成员应具有中级及其以上技术职称或相应的执业资格；其他工程的验收工作组成员应具有相应的专业知识或执业资格。参加分部工程验收的每个单位代表人数不宜超过2名。

分部工程具备验收条件时，施工单位应向项目法人提交验收申请报告。项目法人应在收到验收申请报告之日起10个工作日内决定是否同意进行验收。

项目法人应在分部工程验收通过之日后10个工作日内，将验收质量结论和相关资料报质量监督机构核备。大型枢纽工程主要建筑物分部工程的验收质量结论应报质量监督机构核定。

质量监督机构应在收到验收质量结论之日后20个工作日内，将核备（定）意见书面反馈项目法人。

当质量监督机构对验收质量结论有异议时，项目法人应组织参加验收单位进一步研究，并将研究意见报质量监督机构。当双方对质量结论仍然有分歧意见时，应报上一级质量监督机构协调解决。

分部工程验收遗留问题处理情况应有书面记录并有相关责任单位代表签字，书面记录应随分部工程验收鉴定书一并归档。正本数量可按参加验收单位、质量和安全监督机构各1份以及归档所需要的份数确定。自验收鉴定书通过之日起30个工作日内，由项目法人发送有关单位，并报送法人验收监督管理机关备案。

8.2.3.2　泵站设备安装分部工程验收规定

泵站设备安装分部工程验收应符合下列规定：

（1）主机组安装分部工程验收应主要进行设备安装质量验收。

（2）辅助设备安装分部工程验收可分别按设备安装质量验收与分部试运行验收进行。

（3）电气设备（包括输变电设备）安装分部工程验收可分别按设备安装质量验收与试运行验收进行。

8.2.3.3 验收条件

分部工程验收应具备以下条件：

(1) 所有单元工程已经完成。

(2) 已完成单元工程施工质量经评定全部合格，有关质量缺陷已处理完毕或有监理机构批准的处理意见。

(3) 合同约定的其他条件。

8.2.3.4 验收内容

分部工程验收应包括以下主要内容：

(1) 检查工程是否达到设计标准或合同约定标准的要求。

(2) 评定工程施工质量等级。

(3) 对验收中发现的问题提出处理意见。

8.2.3.5 验收程序

分部工程验收应按以下程序进行：

(1) 听取施工单位建设和单元工程质量评定情况的汇报。

(2) 现场检查工程完成情况和工程质量。

(3) 检查单元工程质量评定及相关档案资料。

(4) 讨论并通过分部工程验收鉴定书。

8.3 机组启动验收

泵站每台机组投入运行前，应进行机组启动验收。机组启动验收或首（末）台机组启动验收前，应进行机组启动试运行，如图8.1所示。

图8.1 机组启动试运行、验收、投运步骤

8.3.1 机组启动验收内容

机组启动验收应包括以下主要内容：

(1) 听取工程建设管理报告和机组试运行工作报告。

(2) 检查机组和有关工程施工和设备安装以及运行情况。

(3) 鉴定工程施工质量。

(4) 讨论并通过机组启动验收鉴定书。

8.3.2 机组启动试运行

机组启动试运行前，项目法人应将试运行工作安排报验收主持单位备案，必要时，验收主持单位可派专家到现场收集有关资料，指导项目法人进行机组启动试运行工作。

泵站试运行是对已安装好的主机组和辅助设备，进行一次全面性的检查和试运行。在机组启动试运行前，项目法人及总监理工程师应会同设计、施工、安装等单位，预先做好有关分项建筑物的分部工程验收和主机组附属设备的试运行工作，以便及早发现问题及时处理；同时，应准备好各项技术文件和图样资料、安全技术和操作规程等，泵站试运行应具备相应的技术条件，以保证试运行的顺利进行。

8.3.2.1　机组启动试运行工作组

项目法人应组织成立机组启动试运行工作组开展机组启动试运行工作。

机组启动试运行工作组应主要负责以下工作：

（1）审查批准安装单位编制的机组启动试运行试验文件和机组启动试运行操作规程等。

（2）检查机组及辅助设备、电气设备安装、调试、试验以及分部试运行、试验情况，决定是否进行充水试验和空载试运行。

（3）检查机组充水试验和空载试运行情况。

（4）检查机组带主变压器与高压配电装置试验、并列及负荷试验情况，决定是否进行机组带负荷连续运行。

（5）检查机组带负荷连续运行情况。

（6）检查机组带负荷连续运行结束后消除缺陷处理情况。

（7）审查安装单位编写的机组带负荷连续运行情况报告。

8.3.2.2　试运行的目的

（1）参照设计、施工、安装及验收等有关规程、规范及其他技术文件的规定，结合本泵站的具体情况，对整个泵站的土建工程及机电设备的安装进行全面的、系统的质量检查和鉴定作为评定工程质量的依据。

（2）通过试运行可及早发现遗漏的工作或工程和机电设备存在的缺陷，以便及早处理、避免发生事故，保证建筑物和机电设备能安全可靠地投入运行。

（3）通过试运行以考核主辅机械协联动作的正确性，掌握机电设备的技术性能，制定一些运行中必要的技术数据，录制一些设备的特性曲线，为泵站正式投入运行作技术准备。

（4）在一些大中型泵站或有条件的泵站，还可以结合试运行进行一些现场测试，以便对运行进行经济分析，满足机组运行安全、低耗、高效的要求。

8.3.2.3　试运行的内容

机组试行工作范围很广，包括检验、试验和监视运行，每一个方面与其他方面都联系密切。由于水泵机组为首次启动，对运行性能均不了解，必须通过一系列的试验才能掌握。其内容主要如下：

（1）机组充水试验。

（2）机组空载度运行。

（3）机组负载试运行。

（4）机组自动开、停机试验。

试运行过程中，必须按规定进行全面详细的记录，要整理成技术资料，在试运行结束后，交鉴定、验收、交接组织进行正确评估并建立档案保存。

8.3.2.4 机组启动试运行条件

机组启动试运行应具备以下条件：

（1）与机组启动试运行有关的建筑物基本完成，满足机组启动试运行要求。

（2）与机组启动试运行有关的金属结构及启闭设备安装完成，并经过调试合格，可满足机组启动试运行要求。

（3）过水建筑物已具备过水条件，满足机组启动试运行要求。

（4）压力容器、压力管道以及消防系统等已通过有关主管部门的检测或验收。

（5）机组、电气设备以及油、气、水等辅助设备安装完成，经调试并经分部试运行合格，满足机组启动试运行要求。

（6）必要的输配电设备安装调试完成，并通过电力部门组织的安全性评价或验收，送（供）电准备工作已就绪，通信系统满足机组启动试运行要求。

（7）机组启动试运行的测量、监测、控制和保护等电气设备已安装完成并调试合格。

（8）有关机组启动试运行的安全防护措施已落实，并准备就绪。

（9）按设计要求配备的仪器、仪表、工具及其他机电设备已能满足机组启动试运行的需要。

（10）机组启动试运行操作规程已编制，并得到批准。

（11）运行管理人员的配备可满足机组启动试运行的要求。

（12）水位和引水量满足机组启动试运行最低要求。

（13）机组已按要求完成空载试运行。

8.3.2.5 机组试运行的程序

为了保证机组试运行的安全、可靠，并得到完善可靠的技术资料，启动调整必须逐步深入地稳步进行。

1. 试运行前的准备工作

试运行前要成立试运行小组，拟定试运行程序及注意事项，组织运行操作人员和值班人员学习操作规程和安全知识后，由试运行人员进行全面认真的检查。

试运行现场必须进行彻底清扫，使运行现场有条不紊，并适当悬挂一些标识、图表，为机组试运行提供良好的环境条件和协调的气氛。

（1）引水系统检查及试验。

1）清除流道内模板和钢筋头，必要时可作表面铲刮处理，以致其平滑。

2）封闭进人孔和密封门。

3）流道充水、检查人孔、阀门、混凝土结合面和转轮外壳有无渗漏。检查各部位应无异常情况，各有关表计反应正常。

4）抽真空检查真空破坏阀、水封等处的物封性。

5）在静水压力下，检查调整检修闸门的启闭；对快速侧门、工作闸门、阀门的手动、自动做启闭试验，检查其密封性和可靠性。

（2）水泵部分的检查。

1）检查转轮间隙，并做好记录。转轮间隙力求相等，否则易造成机组径向振动和气蚀。

2）叶片轴处渗漏检查。

3）全调节水泵要做叶片角度调节试验。

4）做技术供水充水试验，检查水封渗漏是否符合规定，轴承水的冷却和润滑情况。

5）检查油轴承的转动油盆油位及轴承的密封性。

（3）电动机部分的检查。

1）检查电动机空气间隙，用白布条或薄竹片擦扫，防止杂物掉入气隙内造成卡阻或电动机短路。

2）检查电动机线槽有无杂物，特别是金属导电物，防止电动机短路。

3）检查转动部分螺母是否紧固，以防运行时受振松动，造成事故。

4）检查制动系统手动、自动的灵活性及可靠性，复归是否符合要求，顶起转子3～5mm，机组转动部分与固定部分不相接触。

5）检查转子上、下风扇角度，以保证电动机本身提供最大冷却风量。

6）检查推力轴承及导轴承润滑油位是否符合规定。

7）通冷却水，检查冷却器的密封性和示流信号器动作的可靠性。

8）检查轴承和电动机定子温度是否均匀为室温，否则应予以调整；同时检查温度信号计整定值是否符合设计要求。

9）检查炭刷与刷环接触的紧密封，刷环的清洁程度及炭刷在刷盒内动作的灵活性。

10）检查电动机的相序。

11）检查电动机绕组的绝缘电阻，做好记录，并记下测量的环境温度。

12）检查核对电气接线，吹扫设备上灰尘。

（4）辅助设备的检查。

1）对辅助设备应进行全面清扫，检查其安装质量应合格，必须经过单个系统的试运行，并处于可以适时启动的状态。

2）检查油压槽、回油箱及储油槽油位，同时试验液位计动作反应的正确性。

3）与机组相连的油、气、水管道系统保证无泄漏，检查与调整油、气、水系统的信号元件及执行元件动作的可靠性。

4）检查所有的压力表计（包括真空表计）、液位计、温度计等反应的正确性。

5）对每个辅助设备进行单机运行操作，再进行联合运行操作，检查全系统的协联关系和各自运行特点。

（5）电气设备检查。有关电气一次和二次设备的各种试验应合格（包括绝缘电阻、交流耐压试验等各种保护的整定值及模拟动作应符合设计要求，励磁装置工作正常）。

2. 机组空载试运行

（1）机组首次启动。经上述准备和检查合格，即可进行机组的首次启动。首次启动应用手动方式进行，启动后应特别注意轴承的温度、机组内部噪音、异常音响、机组运行稳定性等。主要运行记录包括以下几个方面：

1）测量机组摆度、振动等有关数据。

2）记录轴承温度、定子线圈和铁芯温度。

3）记录母线电压、定子电流、转子电流与电压以及机组新消耗的功率，检查转子电流在额定值时的最大无功输出。

4）检查并记录调节器的运行情况。

5）各种表计是否正常，油、气、水管道及接头、阀门等处是否渗漏。

6）测定电动机启动特性等有关参数。

（2）机组停机试验。机组运行4～6h后，上述各项测试工作均已完成，即可停机。机组停机仍用手动方式，停机时主要记录从停机开始到机组完全停止转动的时间。

（3）机组自动开、停机试验。机组自动开机前，机组自动控制、保护、励磁回路等应调试合格，模拟动作准确。机组具备自动开机条件后，在控制盘上发出开机脉冲，使机组自动开机，并记录下列各项数据。

1）从发出开机脉冲到机组开始转动以及达到额定转速的时间。

2）上、下游水位及水泵进、出口压力。

3）机组轴线摆度、各部位的振动和温度。

4）转速继电器和自动化元件动作情况。

机组的停机应以自动方式进行，主要记录检查发出停机脉冲到停止转动的时间、各自动化元件的动作情况等。

3．机组负载运行

机组负载运行的前提条件是空载试运行合格，油、水、气系统工作正常，叶片角度调节灵活（指全调节水泵），各处温升符合规定，振动、摆度在允许范围内，无异常响声和碰擦声，经试运小组同意，即可进行带负荷运行。

（1）负载试运行前的检查。

1）检查上、下游渠道内或拦污栅前后有无漂浮物，并应妥善处理。

2）打开平压阀、平衡闸门前后的静水压力。

3）吊起进、出水侧工作闸门。

4）关闭检修闸门。

5）油、气、水系统投入运行。

6）操作试验真空破坏阀，要求动作准确，密封严密。

7）将叶片调至开机角度。

8）人员就位抄表。

（2）负载启动。上述工作结束即可负载启动，负载启动用手动或自动均可，由试运行小组视具体情况而定。负载启动时的检查、监视工作仍按空载启动各项内容进行。机组带负载运行，主要是利用调节器观察不同叶片角度的机组运行情况，并了解振动情况，且做好如下记录：

1）机组启动时间。

2）真空破坏阀从开始到关闭的时间。对于虹吸式出水流道，要记录驼峰处的真空度。

3）调节叶片在各角度时的运行情况。

4）机组的轴线摆度，各部分振动及噪声监测。

5）水泵气蚀情况。

6）各种自动化元件动作情况。

7）各有关辅助机械设备工作情况，如压缩空气机、真空泵等。

4. 机组连续试运行

在条件许可的情况下，经试运行小组同意，可进行机组连续试运行，其要求如下：

（1）单台机组运行应在7d内累计运行48h或连续运行24h（均含全站机组联合运行小时数）。

（2）连续试运行期间，开机、停机不少于3次。

（3）全站机组联合运行的时间一般少于6h，机组连续试运行参照有关运行规程进行，并做好运行日志记载。

8.3.2.6 机组带负载连续试运行要求

机组带负载连续试运行应符合以下要求：

（1）单台机组试运行时间应在7d内累计运行时间为48h或连续运行24h（均含全站机组联合运行小时数）。全站机组联合运行时间宜为6h，且机组无故障停机3次，每次无故障停机时间不宜超过1h。

（2）受水位或水量限制，执行全站机组联合运行时间（包括单机试运行时间）确有困难时，可由机组启动验收委员会根据具体情况适当减少，但不应少于2h。

泵站试运行验收分为单台机组和全站机组试运行两种不同情况。

单机组在7d内累计运行48h（或是连续运行24h）。由项目法人会同监理、安装、管理单位在试运行前逐台进行；在48h运行中，应有3次以上的开、停次数，以考验机组开、停的稳定性。有些泵站缺乏水源，或因其他特殊原因，可采用连续24h试运行方案。经项目法人同意批准进行的预试运行时间可计入泵站试运行单台机组的累计试运行时间。

关于单台机组累计运行，以及全站机组联合运行时间的数据，虽比水电站关于新产品机组连续试运行48h的要求降低，但是许多泵站的实践表明，该要求比较接近实际。泵站的水源不稳定，特别是排水泵站遇到旱年、枯水年就不能保证长期抽水，且大中型泵站抽水的运行电费支出高，若时间过长，不利于运行。根据多年运行实践，机组连续运行24h，即可满足机泵性能考核的要求。

单台机组累计运行48h或连续运行24h，可通过调节水位、调节主阀开度、调节叶片角度，在不同工况下运行。可逆式机组试运行应按设计要求进行。

8.3.2.7 运行中检查和测试

机组启动试运行中的检查和测试应符合下列规定：

（1）全面检查站内外土建工程和机电设备、金属结构的运行状况，鉴定机电设备的安装质量。

（2）检查机组在启动、停机和持续运行时各部位工作是否正常，站内各种设备工作是否协调，停机后检查机组各部位有无异常现象。

（3）测定机组在设计和非设计工况（或调节工况）下运行时的主要水力参数、电气参数和各部位温度等是否符合设计和制造商的要求。

（4）对于高扬程泵站，宜进行一次事故停泵后有关水力参数的测试，检验水锤防护设施是否安全可靠。

（5）测定泵站机组的振动。振动限值应符合表 8.1 的规定。

表 8.1　　机组振动限值表

额定转速 n/(r/min)	$n\leqslant 100$	$100<n\leqslant 250$	$250<n\leqslant 375$	$375<n\leqslant 750$
立式机组带推力轴承支架的垂直振动/mm	0.08	0.07	0.05	0.04
立式机组带导轴承支架的水平振动/mm	0.11	0.09	0.07	0.05
立式机组定子铁芯部位水平振动/mm	0.04	0.03	0.02	0.02
卧式机组各部轴承振动/mm	0.11	0.09	0.07	0.05
灯泡贯流式机组推力支架的轴向振动/mm	0.10	0.08		
灯泡贯流式机组各导轴承的径向振动/mm	0.12	0.10		
灯泡贯流式灯泡头的径向振动/mm	0.12	0.10		

注　振动值指机组在额定转速、正常工况下的测量值。

泵站试运行验收进行的各项检查和测试，是泵站工程施工安装过程中不可缺少的一部分，必须做好详细记录。作为工程原始资料的一部分，以反映机组运行时各项指标等情况，同时它也是泵站试运行验收的重要基础资料和机组移交的重要依据。

8.3.2.8　故障处理

机组启动试运行过程中发现的设备故障、缺陷和损坏等应由项目法人或监理工程师根据工程合同及有关法规，分清责任，责成有关单位及时处理。

8.3.2.9　临时投运

机组启动试运行合格后，如需要临时投入运行，经请示上级主管部门同意，应由项目法人根据具体情况，委托管理单位或安装单位进行管理，并负责日常运行、维护和检修工作。在临时投入运行期内所发生的各项事故，项目法人应查明原因，分清责任，责成有关单位负责处理。

8.3.2.10　安装验收前提交资料

泵站设备安装验收签证前安装单位应提供下列资料。

1. 竣工图（含电子版）

（1）机组安装竣工图。

（2）辅助设备系统安装竣工图。

（3）电气设备安装竣工图。

（4）其他设备安装竣工图。

2. 设备资料（含电子版）

（1）图样（包括：总装图、主要部件组装图、安装基础图、外形图、电气原理图、端子图、接线图，安装及检修流程图、易损件加工图、泵及泵装置性能曲线图等）。

（2）安装、运行、维修说明书（包括：概述，安装、运行、维修流程、项目及标准，材料明细表、备件清单、外购件清单及资料等）。

（3）制造资料（包括：产品合格证、材料试验报告、工厂检测报告、出厂试验报告等）。

3. 设计变更资料

设备安装工程的设计变更资料。

4. 设备缺陷处理资料

(1) 设备缺陷处理一览表。

(2) 设备缺陷处理的技术资料。

(3) 设备缺陷处理的会议纪要。

5. 设备安装工程安装质量检验文件

(1) 单元工程质量评定资料。

(2) 分部工程质量评定资料。

(3) 单位工程质量评定资料。

6. 安装及试验记录

(1) 主水泵。

1) 主水泵基础安装记录。

2) 主水泵导叶体安装记录。

3) 主水泵叶轮圆度检查记录。

4) 主水泵轮毂体耐压及动作试验记录。

5) 主水泵叶片调节系统的操作油管耐压试验记录。

6) 主水泵导轴承间隙测量及轴承型号记录。

7) 主水泵密封安装记录。

8) 主水泵叶片与叶轮外壳间隙测量记录。

9) 主水泵导叶体与叶轮的轴向间隙记录。

10) 有紧度要求的螺栓伸长值及力矩记录。

11) 受油器安装记录。

12) 主水泵叶片调节系统叶片角度调整记录。

13) 油质化验记录。

14) 管道的酸洗、钝化和冲洗记录。

15) 主水泵轴线、同轴度、水平、摆度安装调整记录。

(2) 主电动机。

1) 主电动机基础安装记录。

2) 主电动机机架安装记录。

3) 主电动机机座及铁芯合缝间隙记录。

4) 主电动机定子安装记录。

5) 主电动机转子安装记录。

6) 制动器安装记录。

7) 制动器耐压试验记录。

8) 冷却器渗漏试验及耐压试验记录。

9) 同轴度测量记录。

10) 摆度测量记录。

11）水平测量记录。

12）轴承绝缘电阻测量记录。

13）磁场中心测量记录。

14）机组轴线中心测量记录。

15）空气间隙测量记录。

16）轴瓦间隙测量记录。

17）主电动机轴线、同轴度、水平、摆度安装调整记录。

（3）进水、出水管及管件。

1）重要焊接质量评定书，检验记录。

2）管道安装调试记录。

3）管道耐压试验记录。

（4）辅助设备。

1）油质化验记录。

2）管道的酸洗、钝化和冲洗记录。

3）管道耐压试验记录。

4）主要设备的安装调试记录。

（5）电气设备安装及试验记录。

1）主电动机电气试验记录。

2）电力变压器安装及电气试验记录。

3）变配电设备安装及电气试验记录。

4）电气二次系统安装及电气试验记录。

5）其他电气设备安装及电气试验记录。

6）计算机监控及通信系统安装及调试记录。

（6）土建观测记录。

1）垂直位移观测记录。

2）扬压力观测记录。

3）裂缝观测记录。

（7）其他。

1）施工组织设计。

2）施工日志。

7. 试运行资料

（1）安装调试报告。

（2）机组启动试运行计划文件。

（3）机组启动试运行及操作规程。

（4）机组试运行工作报告。

（5）《泵站设备安装及验收规范》（SL 317—2015）第10.3.9条要求的泵站测试资料。

8. 验收资料

(1) 出厂验收资料。

(2) 开箱验收资料。

(3) 现场验收资料。

(4) 机组启动验收鉴定书。

9. 设备安装施工管理工作报告

技术资料是工程和设备的履历，泵站试运行验收签字前，安装单位应提供有关资料以备试运行验收委员会抽查及有关运行情况分析使用。

第9章 机 组 检 修

9.1 检修分类及周期

9.1.1 检修的概念

机组检修是指泵站主机组及其他机电设备技术状态劣化或发生故障后，为恢复其功能而进行的技术活动，包括各类计划修理和计划外的故障修理及事故修理，又称设备修理。设备维修的基本内容包括：设备维护保养、设备检查（定期检查和非定期检查）和设备修理（分小修理和大修理）。对水泵机组及其他机电设备进行检验与维修，是对机电设备进行故障排除的有效方法，分为计划性检修和临时性抢修。

泵站设备检修包含的范围较广，包括：为防止设备劣化，维持设备性能而进行的清扫、检查、润滑、紧固以及调整等日常维护保养工作；为测定设备劣化程度或性能降低程度而进行的必要检查；为修复劣化，恢复设备性能而进行的修理活动等。

泵站检修的基本内容包括：设备维护保养、设备检查和设备修理。

1. 设备维护保养

泵站设备维护保养的内容是保持设备清洁、整齐、润滑良好、安全运行，包括及时紧固松动的紧固件，调整活动部分的间隙等。简言之，即“清洁、润滑、紧固、调整、防腐”十字作业法。实践证明，设备的使用寿命在很大程度上取决于维护保养的好坏。维护保养按工作量大小和难易程度分为日常保养、等级保养等。

2. 设备检查

泵站设备检查，是指对设备的运行情况、工作精度、磨损或腐蚀程度进行测量和校验。通过检查全面掌握泵站机电设备的技术状况和磨损情况，及时查明和消除设备的隐患，有目的地做好修理前的准备工作，以提高修理质量，缩短修理时间。

3. 设备修理

泵站设备修理，是指修复由于日常的或不正常的原因而造成的设备损坏和精度劣化。通过修理更换磨损、老化、腐蚀的零部件，可以使设备性能得到恢复。设备的修理和维护保养是设备维修的不同方面，二者由于工作内容与作用的区别是不能相互替代的，应把二者同时做好，以便相互配合、相互补充。

泵站机组检修的结果要用相应的技术经济指标进行核算，反映设备维修工作效果的指标有两类：

（1）维修后技术状况指标。

（2）维修活动经济效果指标。

泵站机组检修工作的任务是：根据设备的规律，经常搞好设备维护保养，延长零件的正常使用阶段；对设备进行必要的检查，及时掌握设备情况，以便在零件引起设备故障前采取适当的方式进行修理。

泵站常出现的设备问题主要有：磨损、腐蚀、渗漏、冲击、冲刷、结垢、变形、振动、流量减小、效率降低、耗能增大等。检修方式主要有：润滑、补焊、机加工、更换配件、报废更新、误差调整、垢质清洗等。

9.1.2 机组大修周期

机组大修理一次使用年数即为大修周期。用式（9.1）表示

$$T=t_{总}/t_{平均} \tag{9.1}$$

式中 T——大修周期，a；

$t_{总}$——一个大修周期内累计运行小时数，h；

$t_{平均}$——年平均小时数，h/a。

根据上式可以看出，在当年平均运行小时确定后，总运行小时数是确定大修周期的关键指标。但是当年运行小时数主要根据各泵站的排灌作业不同，以及年度气候条件差异来确定。以抗旱、排涝为主的泵站，季节性强，各年度运行小时差异极大，而以抗旱、排涝、调相、发电、补充通航用水和工业生活用水的综合性泵站，年平均运行小时偏大。要根据泵站多年运行资料，确定一个合理的年平均运行小时数。这对泵站计划管理和技术管理有一定意义。年平均运行小时数可以由各站历年运行资料确定。

一个大修周期内总运行小时数 $t_{总}$ 是一个关键指标，它反映了各方面的因数和管理水平，但也与机组结构、容量大小、使用条件和制造质量等因素有关。不同机组，不同站，其 $t_{总}$ 也不一样。机组总运行时数，一般受水泵时数控制，水泵时数受水泵轴与轴颈磨损情况来确定。对于使用橡胶瓦轴承的机组，由于橡胶瓦轴承的磨损主要受润滑水水质的控制，其磨损程度较使用油轴承的大。因此，使用油轴承的比橡胶轴承总时数为大。根据电力排灌站实际情况，一般一个检修周期的总运行时数为5000～8000h为宜。一般电力排灌站大修理周期应确定为3～5年。

有了大修周期，就可以控制大型泵站的年修计划

$$N=N_{总}/T \tag{9.2}$$

式中 N——年修机组台数，台/a；

$N_{总}$——泵站总装机台数，台；

T——大修周期。

如某大型泵站装机8台28CJ-70型1600kW机组，采用橡胶轴承，根据轴承磨损情况确定一个检修周期总运行时数为1600h左右，根据历年统计资料，年平均利用时数为400h，则检修周期 $T=1600/400=4$ 年，年平均检修台数为 $8/4=2$(台/a)。

确定机组大修周期和台数，应根据情况选定大修机组，被选定机组一般符合以下两种情况。

1. 定期大修

机组经过一定时间的运行，某些易损件的磨损程度超出了允许值，机组虽没有丧失运行能力，但必须进行大修。这种根据机组累计运行小时数多少确定的大修理，称为定期

大修。

2. 不定期大修

机组总运行时数虽然没有达到一个大修理周期内的运行时期，但机组停用时间长，以及机组本身及建筑物不均匀沉陷的影响，使水泵的垂直度及某些安装数据发生了较大变化，或者由于设备发生事故被迫停止运转所进行的大修，如电机线圈损坏、水泵叶轮调节机构发生故障等，称为不定期大修。

大型泵站机组检修应以定期大修为依据，考虑不定期大修的特殊情况，编制一个确实可行的检修计划，这是泵站管理的一项重要工作。那种认为机组坏了才大修的观点是不全面的，它将使检修工作失去计划性，甚至对安全运转带来极大危害，从长远来看，也会对机组寿命产生不良影响。

9.1.3 定期检查、小修理、一般性大修理和扩大性大修理

1. 定期检查

(1) 水泵部分。

1) 检查叶片、动叶外壳的汽蚀情况，应绘制出汽蚀磨损的区域图，测量记载汽蚀破坏程度。

2) 检查叶片与动叶外壳的间隙，记录间隙变化情况。

3) 检查叶轮法兰、叶轮、主轴连接法兰的漏油情况。

4) 密封的磨损及漏水量的检查与测定。

5) 轴承间隙的测量和橡胶轴承、水导轴承磨损情况的检查。

6) 测温装置及示流仪器的检查。

7) 润滑水管、滤水器、回水管等淤塞情况的检查。

8) 受油器漏油量、调节器磨损情况及叶片角度对应情况检查。

9) 检查水泵各部位螺栓和销钉，应无松动和脱落等现象。

(2) 电机部分。

1) 上下油盆润滑油取样化验和油位检查。

2) 检查机架连接螺栓、基础螺栓有无松动。

3) 检查轴瓦间隙测量，轴瓦磨损及松动情况。

4) 检查油冷却器外壳有无渗漏油。

5) 检查滑环有无伤痕，检查油污及炭刷磨损情况。

6) 制动器有无漏油及制动块能否自动复位。

7) 油、水、气系统管道接头有无渗漏现象。

8) 轴承、受油器绝缘检查。

9) 定子线圈油污和松动检查和测量、测温装置检查。

10) 转子线圈油污和短路环连接螺栓检查。

2. 小修理

(1) 水泵部分。

1) 叶片漏油处理，更换“人”形密封圈，转轮更换润滑油。

2）水导密封的更换与处理。

3）水导轴承解体、更换和调整橡胶轴承。

4）主泵填料密封更换。

5）受油器轴承的更换和重新安装调整。

6）受油器上操作油管内、外油管处理。

7）制动器检查及活塞更换。

8）叶片、外壳局部汽蚀修补。

9）半调节水泵叶片角度调节。

10）液位仪器及测量件的检修。

（2）电机部分。

1）油冷却器的检修或更换铜管。

2）上、下油盆清理、换油。

3）滑环的加工处理。

3．一般性大修理

（1）叶片、叶轮外壳的汽蚀修补。

（2）泵轴、轴颈磨损的处理。

（3）轴承的检修和更换。

（4）密封的检修和更换。

（5）填料的检修与更换。

（6）受油器分解、清理、轴承和内、外油管磨损处理，绝缘垫损坏的检查和处理。

（7）镜板研磨抛光，电机上、下导轴瓦、推力瓦的研刮与修理。

（8）定子、转子线圈更换及绝缘处理。

（9）油冷却器的检查、试验、检修。

（10）上、中、下操作油管的试验、检查与处理。

（11）制动器的检查、解体处理。

（12）机组的垂直同心度、摆度、垂直度、中心以及各部的间隙、磁场中心的测量调整及油、水、气管压力试验等。

4．扩大性大修理

（1）包括一般性大修理的全部项目。

（2）叶轮解体、检查修理。

（3）叶轮的静平衡试验。

（4）叶轮的油压试验。

9.2　检修组织与计划

9.2.1　人员组织

根据机组大修性质，配备负责人、技术人员、技工以及安全员等，工作人员精神饱满，无妨碍工作病症，上岗证齐全，特殊作业人员证书齐全有效，个人安全用具齐全。人员配置情况见表9.1。

（1）成立检修领导小组，确定组长、副组长、安全员。

（2）成立检修班组，确定电机组、水泵组的人员配置，并确定专职的材料员。

（3）成立质量验收班组，确定组长以及验收人员。

（4）根据机组检修工作量计划，确定辅助人员使用计划。

表9.1　　人员配置

√	序号	作业项目	现场负责人	作业人员
	1	电机组		
	2	水泵组		
	3	质检组		
	4	起重组		
	5	安全组		
	6	技术组		
	7	其他		

9.2.2 设备材料准备

设备及材料均应符合国家或部颁的现行技术标准，符合设计要求。实行生产许可证和安全认证制度的产品，有许可证编号和安全认证标志，相关资料齐全。

1. 设备

需准备的设备及状态见表9.2。

表9.2　　设备及状态

√	序号	名称	规格/编号	设备状态	备注
	1	压力油泵		良好	
	2	切割机、车床		良好	
	3	冷却器试压泵		良好	
	4	空压机、滤油机		良好	
	5	烘箱、电焊机		良好	
	6	……		良好	

2. 主要工器具

（1）起重、安全器具及状态（表9.3）。

表9.3　　起重、安全器具及状态

√	序号	名称	规格/编号	设备状态	备注
	1	桥式起重机		良好	
	2	各种千斤顶		良好	

续表

√	序号	名　　称	规格/编号	设备状态	备　　注
	3	各种规格钢丝绳		良好	
	4	各种吊具、手拉葫芦		良好	
	5	其他安全防护用具		良好	
	6	……		良好	

（2）作业工具及状态（表9.4）。

表9.4　　作业工具及状态

√	序号	名　　称	规格/编号	状态	准备数量	实际收回数量	备　　注
	1	专用扳手					
	2	各种常用扳手					
	3	电工工具					
	4	测量工具					
	5	电动工具等					
	6	……					

3. 主要备品件及材料

（1）备品件（表9.5）。

表9.5　　备品件准备情况

√	序号	名　　称	规格	数量	实际使用数量	收回数量	备　　注
	1	电刷					
	2	推力瓦、导向瓦、镜板					
	3	各种密封件					
	4	轴承					
	5	各种螺栓等					
	6	……					

（2）材料（表9.6）。

表9.6　　材料准备情况

√	序号	名　　称	规格	数量	实际使用数量	收回数量	备　　注
	1	汽轮机油					
	2	柴油					
	3	无水乙醇					
	4	钙基润滑脂					
	5	其他材料					
	6	……					

9.2.3 作业条件

（1）工具材料准备齐全，防护设施完好。

（2）涉及机电设备运行的，应有相应的工作票，并做好安全措施。

（3）机组大修的场地布置关键在检修间和电机层，考虑各部件的吊放位置，除考虑部件的外部尺寸，还应根据部件的重量，考虑地面的承载能力及对检修工作面和交叉作业是否影响。

（4）对各种脚手架、工作台、起重工具、吊具、行车等均需严格检查，重要起吊设备均应检查试验，满足施工要求，并指派专人负责。

（5）对于泵井内设有脚手架，安全网等设施，并指派专人检查负责现场安全工作。

9.2.4 大修管理制度

1. 检修现场管理制度

（1）泵站检修现场应做到检修区域明确，设备摆放合理，措施落实到位，人员配置合理。

（2）设备检修应有检修计划和检修方案，检修现场应明确关键工序进度计划、质量要求及组织网络。

（3）检修现场根据需要设置各类安全警示标志，坑洞周围应设置硬质安全围栏且固定可靠；电气检修应严格执行工作票制度，落实好组织措施和技术措施。

（4）做好检修现场的防火工作，合理配置灭火器材，检修现场严禁抽烟；可燃易燃物堆放合理，严禁靠近火源、热源及电焊作业场所，严禁将汽油作为清洗剂使用。

（5）检修工具符合安全使用要求，专人管理，使用前进行检查，检修现场分类定点摆放整齐，随用随收，每日收工时认真清点，防止遗失。

（6）检修拆卸的零部件及螺栓、定位销等连接件应有专人管理，做好标记、编号，及时做好清理保养工作，做到无损伤、无遗漏、无错置。

（7）金属切割及焊接设备符合安全使用要求，在检修现场合理摆放，各类临时电线、气管应敷设整齐，固定可靠，禁止私拉乱接。

（8）检修脚手架使用合格的钢管、脚手板等，搭设符合安全要求，连接可靠，紧固到位，经专人验收合格后方可使用。

（9）夜间检修作业现场应增设照明器材，保证足够的亮度，施工现场应设置安全警示灯。

（10）金属设备内部的作业，照明灯具应用12V安全电压。

2. 设备检修制度

（1）召开泵站管理单位会议，讨论检修项目，确定检修负责人及检修人员，明确现场安全员，并对检修人员进行分工。

（2）检修负责人全面负责检修组织工作，提出检修全过程工艺要求，全面掌握质量，安排检修时间及进度，落实安全措施。

(3) 技术人员严格检查检修质量，主动配合检修负责人解决技术问题，提出改进意见，监督安全措施的落实。

(4) 泵站管理单位领导负责检修人员思想和劳动纪律的管理，协调各工种、各小组间的配合工作，加强检修设备的管理，科学安排设备检修进度，严格控制检修器材使用，坚持安全生产“五同时”(生产计划有安全生产目标和措施；布置工作有安全生产要求；检查工作有安全生产项目；评比方案有安全生产条款；总结报告有安全生产内容5个方面同时进行)。

(5) 安全领导小组落实检修安全措施，其成员有权在检修人员有违反操作行为时进行批评教育，对情节严重而又屡教不改者可责令其停工，停工期间按旷工处理。

(6) 检修项目其检修工艺质量由技术负责人会同检修人员把关验收，电气设备还需经试验室试验；各项测量和试验项目均在合格范围内，检修人员与技术负责人双方确认无误，签字并注明时间，检修工作方可结束，并及时终结工作票。

(7) 运行期间的小修项目由技术人员组织验收检修质量，进行试运转。

9.3 轴(混)流泵检修内容及方法

9.3.1 机组大修理流程图

大型立式轴流泵机组一般解体程序流程图如图9.1所示。

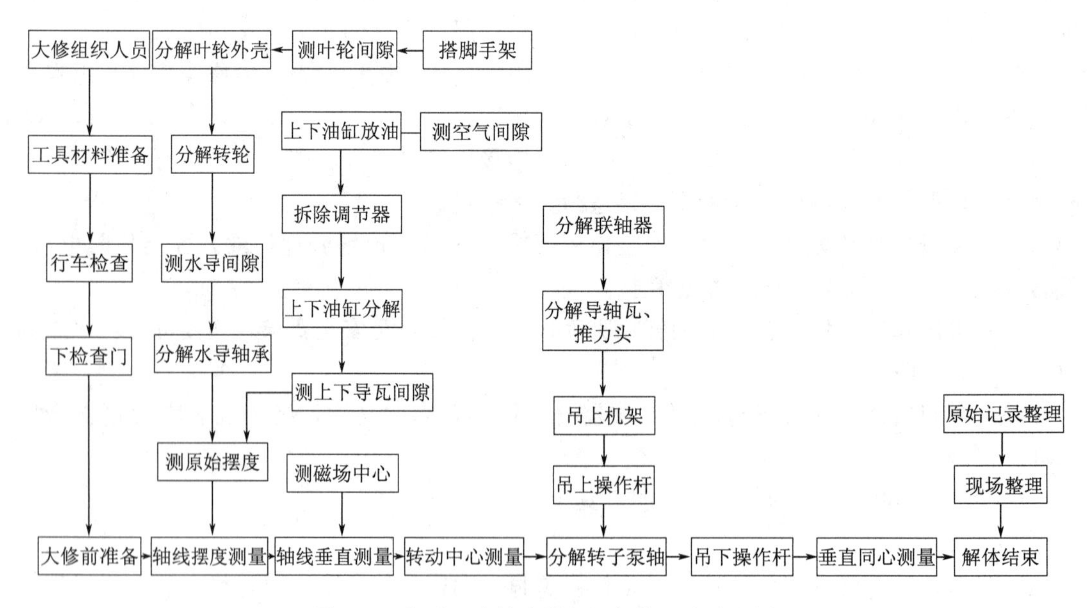

图9.1 大型立式轴流泵机组解体程序流程图

大型立式轴流泵机组一般安装程序流程图如图9.2所示。

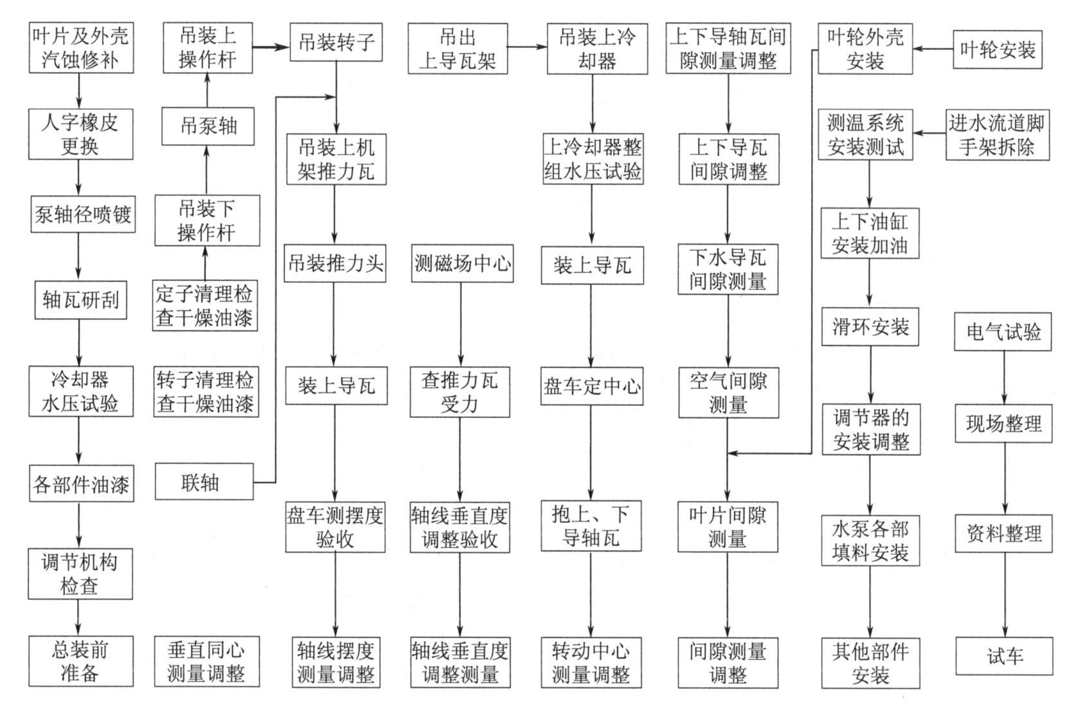

图 9.2 大型立式轴流泵机组安装程序流程图

9.3.2 机组解体

9.3.2.1 一般要求

（1）机组解体即机组的拆卸，是将机组的重要部件依次拆开、检查和清理。

（2）机组解体的顺序应按先外后内，先电机后水泵，先部件后零件的程序原则进行。机组解体应准备充分，有条不紊，次序井然，排列有序。

（3）各分部件的连接处拆卸前，应查对原位置记号或编号，如不清楚应用钢号码字依次打上新印记，确定相对方位，并在零件相对结合处划出一两条刻线，使复装后能保持原配合状态；拆卸要有记录，总装时按记录安装。

（4）零部件拆卸时，应先拆销钉，后拆螺栓。

（5）螺栓应按部位集中涂油或浸在油内存放，防止锈蚀。

（6）零件加工面不应敲打或碰伤，如有损坏应及时修复。清洗后的零部件应分类存放，各精密加工面，如镜板面等，应擦干并涂防锈油，表面覆盖毛毡；其他零部件要用干净木板或橡胶垫垫好，避免碰伤，上面用布或毛巾盖好，防止灰尘杂质侵入；大件存放应用木方或其他物件垫好，避免损坏零部件的加工面或地面。

（7）零部件清洗时，宜用专用清洗剂清洗，周边不应有零碎杂物或其他易燃易爆物品，严禁火种。

（8）螺栓拆卸时应配用套筒扳手、梅花扳手、呆扳手和专用扳手。精制螺栓拆卸时，不能用手锤直接敲打，应加垫铜棒或硬木。锈蚀严重的螺栓拆卸时，不应强行扳扭，可先用松锈剂、煤油或柴油浸润，然后用手锤从不同方位轻敲，使其受振松动后，再行拆卸。

(9) 各零部件除结合面和摩擦面外，应清理干净，涂防锈漆；油缸及充油容器内壁应涂耐油漆。

(10) 各管道或孔洞口，应用木塞或盖板封堵，压力管道应加封盖，防止异物进入或介质泄漏。

(11) 清洗剂、废油应妥善处理回收，避免造成污染和浪费。

(12) 部件起吊前，应对起吊器具进行详细检查，核算允许载荷，并试吊以确保安全。

(13) 机组解体过程中，应注意原始资料的收集，对原始数据必须认真测量、记录、检查和分析。机组解体中应收集的原始资料主要包括：

1) 间隙的测量记录，包括轴瓦间隙、叶片间隙、空气间隙等。

2) 叶片、叶轮室气蚀情况的测量记录，包括气蚀破坏的方位、区域、程度等，严重的应绘图和拍照存档。

3) 磨损件的测量记录，包括为轴瓦、轴颈、密封件的磨损方位、程度的详细记录。

4) 固定部件同轴度、垂直度（水平）和机组关键部件高程的测量记录。

5) 转动轴线的摆度、垂直度（水平）的测量记录。

6) 电动机磁场中心的测量记录。

7) 关键部位螺栓销钉等紧固情况的记录，如叶轮连接螺栓、主轴连接螺栓、基础螺栓及瓦架固定螺栓、支架螺栓等。

8) 各部位漏油甩油情况的记录。

9) 零部件的裂纹、损坏等异常情况记录，包括位置、程度、范围等，并应有综合分析结论。

10) 电机绝缘主要技术参数测量记录。

11) 其他重要数据的测量记录。

9.3.2.2 立式机组解体

(1) 关闭进水流道检修闸门，打开真空破坏阀的手动阀，然后打开检修闸阀，排净流道内积水。

(2) 排放电动机上、下油缸等容器的油。

(3) 关闭相应的连接管道闸阀，拆除机组水、气连接管道。

(4) 拆除电动机顶部水泵叶片角度调节装置。

(5) 松脱电刷，拆除电动机转子引入线。

(6) 拆除电动机端盖、上下油缸盖板及测温装置。

(7) 拆除水润滑水导轴承密封装置、填料函等。

(8) 用专用千斤顶顶紧电动机导向瓦，用塞尺测量电动机上、下导轴瓦间隙和水泵上、下导轴承间隙，并记录。

(9) 在电动机推力头锁片部位，装设盘车工具进行人工盘车。

(10) 按叶片数方位，盘车测量叶片间隙。选用塞尺或梯形竹条尺和外径千分尺配合。叶片分上、下部位测量，列表记录，并拆分叶轮室。

（11）检查测量叶片、叶轮室的汽蚀破坏方位、程度等情况。

（12）拆除电动机定子盖板，用塞尺或梯形竹条尺配外径千分尺，按磁极数在磁极上下端的圆弧中部测量电动机空气间隙，并列表记录。

（13）测量电动机磁场中心，采用深度尺和自制的专用测量工具配合，测量转子磁轭上平面至定子上平面距离，并列表记录。

（14）拆出电动机下导轴承、水泵轴承，适度抱紧电动机上导轴瓦。

（15）在电动机上、下导轴颈和水泵下水导轴颈处，按90°上、下同方位架设带磁座的百分表，分8个方位盘车测量各点的轴线摆度值，列表记录。

（16）在水泵水导轴颈与轴窝间架设百分表或用内径千分尺，按电动机上导瓦相互垂直的4个方位盘车测量轴线中心值，列表记录。

（17）采用千斤顶在电动机下机架位置顶起电动机转子3～5mm。

（18）拆除电动机上导瓦及瓦架、油冷却器、推力头、上机架（全调节机组应拆出电动机上部的调节部件）。

（19）拆除水泵导水帽、导水圈。松脱叶轮与泵轴连接螺母、螺栓。将叶轮置于架设的坚固平台上或前导叶上。

（20）将泵轴支撑或悬吊稳固，松脱泵轴与电动机轴连接螺栓。将水泵转动部件架设在专用平台或前导叶上并用手拉葫芦固定。

（21）在电动机轴卡环部位（轴顶部）装上吊转子专用吊具，并细心调整吊钩位于转子轴中心，套上吊转子的专用钢丝绳。

（22）在转子与定子间的间隙内，按不少于8个方位插入长形青壳纸条或其他厚纸条，并由专人负责纸条。

（23）起吊初期应点动，不断调整吊点中心直至起吊中心准确，再慢慢起吊，不断上下拉动纸条，纸条应无卡阻现象，起吊过程中在泵轴法兰通过下机架时应防止碰撞，直至将电动机转子吊出定子，置于转子坑或专用支架上。松脱上、下操作杆的连接螺栓，吊出上操作杆。

（24）用泵轴专用吊具吊出主泵大轴，拆吊出下操作杆。

（25）测量固定部件的同轴度。在电动机定子上部架设装有求心器、带磁座百分表的横梁。将求心器钢弦线上悬挂的重锤置于盛有一定黏度油的油桶中央，无碰及现象。初调求心器使钢弦线居于水泵水导轴窝中心，然后使用电气回路法，用内径千分尺测量钢弦线至轴窝4个方位的距离相等，即钢弦线居于轴窝中心，最后使用专用加长杆的内径千分尺测量定子铁芯上部、下部相同4个方位的距离，列表记录。

9.3.3　主机组组装

9.3.3.1　一般要求

（1）机组组装在解体、清理、保养、检修后进行，组装后机组固定部件的中心应与转动部件的中心重合，各部件的高程和相对间隙应符合规定的要求。固定部分的同轴度、高程，转动部分的轴线摆度、垂直度（水平）、水平度、中心、间隙等是影响安装质量的关键。

（2）机组组装应按照先水泵后电动机、先固定部分后转动部分、先零件后部件的原则进行。

（3）各分部件的相对结合处组装前，应查对记号或编号，使复装后能保持原配合状态，总装时按记录安装。

（4）总装时先套紧螺栓后装紧销钉，最后紧固螺栓；螺栓装配时应使用套筒扳手、梅花扳手、呆扳手和专用扳手；各部件的螺栓组装时，在螺纹处应涂上油脂，螺纹伸出一般为2～3牙为宜，以免锈蚀后难以拆卸。

（5）组装时各金属滑动面应涂油脂；设备组合面应光洁无毛刺。

（6）部件法兰面的垫片，如石棉板、纸板、橡皮板等，应拼接或胶接正确，以便安装时按原状配合。平垫片用燕尾槽，O形固定密封圈可胶接或用细尼龙丝、细铜丝绑扎，无扭曲或翘起。

（7）部件法兰连接的O形密封圈沟槽，一种是三角形沟槽，另一种是矩形沟槽，其O形密封圈的尺寸见表9.7和表9.8。

表9.7　　法兰三角形沟槽用O形密封圈尺寸　　单位：mm

O形密封圈直径	1.9	2.4	3.1	3.5	5.7	8.6	12
三角形沟槽底宽	2.5	3.2	4.2	4.7	7.5	11	16.5

表9.8　　法兰矩形沟槽用O形密封圈尺寸　　单位：mm

槽宽	2.5	3.2	4.4	7
槽深	1.5	1.9	2.5	5
O形密封圈直径	1.9	2.4	3.1	5.7

（8）水泵及电动机组合面的合缝检查应符合下列要求：

1）间隙一般可用0.05mm塞尺检查，塞尺不得通过。

2）有局部间隙时，可用不大于0.10mm塞尺检查，深度应不超过组合面宽度的1/3，总长度应不超过周长的20%。

3）合缝处的安装面高差不应超过0.10mm。

（9）各连接部件的销钉、螺栓、螺帽，均应按设计要求锁定或点焊牢固。有预应力要求的连接螺栓应测量紧度，并应符合设计要求。部件安装定位后，应按设计要求装好定位销。

（10）对重大的起重、运输应制定操作方案和安全技术措施；对起重机各项性能要预先检查、测试，并逐一核实。

（11）安装电动机时，应采用专用吊具，不应将钢丝绳直接绑扎在轴颈上吊转子，不许有杂物掉入定子内，并应清扫干净。

（12）严禁以管道，设备或脚手架、脚手平台等作为起吊重物的承力点，凡利用建筑结构起吊或运输大件、重件者应进行验算。

（13）油压、水压、渗漏试验。

1）强度耐压试验。试验压力应为1.5倍额定工作压力，保持压力10min，无渗漏和裂缝现象。

2）严密性耐压试验。试验压力应为1.25倍额定工作压力，保持压力30min，无渗漏现象。

3）煤油渗漏试验，应至少保持4h。

4）如果无明确要求，宜按表9.9标准进行。

表9.9　油压、水压、渗漏试验标准

序号	试验部件	试验步骤	试验项目	试验时间/h	试验压力/MPa	标准
1	油冷却器	安装前单组	水压	1	0.35	无渗漏
		安装后整组	水压	0.5	0.25	无渗漏
2	电动机上、下油缸	上油缸安装前	煤油试渗漏	≥4		无渗漏
		下油缸安装后				

（14）机组检修安装后，设备、部件表面应清理干净，并按规定的涂色进行油漆防护，涂漆应均匀、无起泡、无皱纹现象。设备涂色若与厂房装饰不协调时，除管道涂色外，可作适当变动。阀门手轮、手柄应涂红色，并应标明开关方向。铜及不锈钢阀门不涂色。阀门应编号。管道上应用白色箭头（气管用红色）表明介质流动方向。设备涂色应符合表9.10规定要求。

表9.10　设备涂色规定

序号	设备名称	颜色	序号	设备名称	颜色
1	泵壳内表面、叶毂、导叶等过水面	红	9	回油管、排油管、溢油管、污油管	黄
2	水泵外表面	蓝灰或果绿	10	技术供水进水管	天蓝
3	电动机轴和水泵轴	红	11	技术供水排水管	绿
4	水泵、电动机脚踏板、回油箱	黑	12	生活用水管	蓝
5	电动机定子外表面、上机架、下机架外表面	米黄或浅灰	13	污水管及一般下水道	黑
6	栏杆（不包括镀铬栏杆）	银白或米黄	14	低压压缩空气管	白
7	附属设备：压油罐、储气罐	蓝灰或浅灰	15	消防水管及消火栓	橙黄
8	压力油管、进油管、净油管	红	16	阀门及管道附件（不包括铜及不锈钢阀门及附件）	黑

9.3.3.2 组装质量标准

机组的组装质量标准应符合下列规定要求。

1. 水泵

（1）叶轮室圆度，按叶片进水边和出水边位置测量所测半径与平均半径之差，应不超过叶片与叶轮室设计间隙值的±10%。

（2）机组固定部件同轴度测量应以水泵轴承承插口止口为基准，中心线的基准误差应不大于0.05mm，水泵单止口承插口轴承平面水平偏差应不超过0.07mm/m。机组固定部件同轴度应符合设计要求，无规定时，水泵轴承承插口同轴度允许偏差应不大于0.08mm。

(3) 立式轴流泵叶片在最大安放角位置，在进水边、出水边和中心3处测量，叶片和叶轮室间隙与实际平均间隙之差，不宜超过实际平均间隙值的±20%。

(4) 叶轮中心与进出水流道中心应基本一致，允许偏差应不超过10mm。

(5) 导叶体的水平度允许误差0.03mm/m。

2. 电动机

(1) 上、下机架安装的中心偏差应不超过1mm；上、下机架轴承座或油缸的水平偏差应不超过0.10mm/m。高程偏差不超过±1.5mm。

(2) 定子安装要求：定子按水泵实际垂直中心找正时，各半径与平均半径之差，应不超过设计空气间隙值的±5%；在机组轴线调整后，应按磁场中心（即定子矽钢片中心）核对定子安装高程，并使定子铁芯平均中心线等于或高于转子磁极平均中心线，其高出值应不超过定子铁芯有效长度的0.5%；当转子位于机组中心时，应分别检查定子与转子间上端、下端空气间隙，各间隙与平均间隙之差应不超过平均间隙值的±10%。

(3) 推力头安装要求：推力头套入前检查轴孔与轴颈的配合尺寸应符合设计要求；卡环受力后，其局部轴向间隙应不大于0.05mm。间隙过大时，不应加垫，应另作处理。

(4) 调整水泵下轴颈中心位置，其偏差应在0.04mm以内。

(5) 机组轴线垂直度应不低于0.02mm/m。

(6) 机组各部最大摆度值不应大于表9.11所示的规定值。

表9.11　　机组轴线允许摆度值（双振幅）

轴的名称	测量部位	摆度的允许值				
		轴的转速/(r/min)				
		100	250	370	600	1000
电动机轴	上、下导轴承处的轴颈及联轴器	相对摆度/(mm/m)				
		0.03	0.03	0.02	0.02	0.02
水泵轴	轴承处的轴顶	相对摆度/(mm/m)				
		0.05	0.05	0.04	0.03	0.02

注　绝对摆度是指在该处测量的实际摆度值，相对摆度=绝对摆度(mm)/测量部位至镜板距离(m)。

(7) 在任何情况下，水泵导轴承处主轴的绝对摆度应不超过以下值：

1) 转速在250r/min以下的机组为0.30mm。

2) 转速在250～600r/min的机组为0.25mm。

3) 转速在600r/min以上的机组为0.20mm。

3. 轴承

(1) 合金导轴承应符合下列要求：

1) 筒式轴承的总间隙应符合设计要求，圆度及上、下端总间隙之差，均不应大于实测平均总间隙的10%。

2) 分块轴承应进行研刮，电动机导轴承瓦面接触点不小于1个/cm^2；水泵轴承瓦面要求与轴颈接触均匀，每块轴承的局部不接触面积，不应大于轴承面积的5%，其总和应不超过轴承总面积的15%。

（2）推力轴承应符合下列要求：

1）推力轴承应无脱壳、裂纹、硬点及密集气孔等缺陷。

2）镜板工作面应无伤痕和锈蚀，光洁度、粗糙度应符合设计要求。

（3）抗重螺栓与瓦架之间的配合应符合设计要求。瓦架与机架之间应接触严密，连接牢固。

（4）其他部分。

1）刷握和集电环之间的距离应保持2～3mm。刷架必须牢固，电刷在刷握内能移动自如，但不能有偏移。

2）电刷与集电环应接触良好，电刷压力宜为15～25kPa，电刷上的编织线不能与机壳及其他电刷相碰。

9.3.3.3　机组组装步骤

1. 测量与调整固定部件同轴度

根据测量记录分析，调整各部件的同轴度，使其同轴度在规定的范围内。

2. 测量与调整转动轴线摆度

（1）吊入下操作杆（机械调节）并进行连接。

（2）吊入泵轴并与转轮连接。

（3）吊入上操作杆（机械调节）并进行连接。

（4）检查转子和相关的起吊设备，做好转子吊入前的准备工作。

（5）将转子吊入定子内，在起吊时在现场试吊1～2次，起吊高度10～15mm，试验桥式起重机的运行状况是否良好，转子是否吊得水平，转子进入定子必须找正中心，徐徐落下，为避免转子与定子相碰，应将事前准备的8～12块厚纸板均匀分布在定转子间隙内，并上、下抽动无卡死现象，转子接近千斤顶前，将下油冷却器放入转轴内。与水泵轴联结时要调整水泵轴使其与电动轴平稳连接。

（6）将研刮的推力瓦装入上油缸推力瓦架上，并根据原始记录初步调整好推力瓦的高度。

（7）将清理好的上机架吊装就位，并与定子连接。

（8）用制造厂提供的装卸推力头专用工具，把推力头压入转子轴上，推力头要到位前在推力瓦上涂抹适量油脂。

（9）吊入上导瓦架使其与上机架连接，在互成90°位置上放入4块导向瓦，导向瓦放入前需涂抹油脂。

（10）在电动机推力头锁片位置，装设盘车工具进行人工盘车。

（11）松下千斤顶，用专用扳手调整导向瓦抗重螺栓适度抱紧电动机上导轴瓦，连接电动机轴与水泵轴。

（12）在电动机轴顶部位置，装设水平梁和水平仪，使用盘车设备进行盘车，通过调整推力瓦高度，初步调整转动轴线的垂直度，并检查磁场中心的高度是否在规定的范围内。

（13）在电动机上、下导轴颈，水泵水导轴颈按90°上下同方位架设带磁座的百分表，分8个方位，盘车测量电动机的上导、下导、水导处的轴线摆度值，列表记录。

(14) 根据记录分析，对绝缘垫和水泵轴法兰平面进行处理，使电机下导、水导摆度符合要求。

3. 调整轴线垂直度

(1) 垂直度的调整实质上就是调整推力瓦的水平，把所有推力瓦调整到一个水平面，在调整过程中推力瓦所处的高程应兼顾且满足转子、定子磁场中心的要求。

(2) 用专用测量工具测量定子和转子的磁场中心，根据测量数据确定抬高或降低推力瓦高度使磁场中心合格。

(3) 通过盘车测出8个方位的水平情况并分析各瓦的高低情况，并进行调整直至符合规范规定的要求。

(4) 检查各推力瓦受力情况，并用扳手或手锤复核，使所有推力瓦受力一致。

(5) 主轴垂直度检查验收后，装上锁片，锁定推力瓦抗重螺栓。

(6) 轴线垂直度调整合格后，用专用工具测量、验收磁场中心是否合格，如不合格则要重新升降推力瓦高程使其合格，但轴线垂直度需进行再调整。

4. 转动轴线定中心

(1) 定中心就是把转动轴线中心调整到固定部件中心，使两个中心重合在一条中心线上，方法一般均采用盘车法。

(2) 在水泵轴轴颈处，装上哈夫式的中心测量架，并在架上固定1只百分表，盘车测量4个方位数据，根据测量记录确定主轴在 X、Y 轴线上移动数值。

(3) 利用上导瓦进行轴线中心调整。在上导轴颈处，互成90°位置装设2只百分表监视主轴位置，根据盘车测量记录，确定移动调整数值，每调整一次，应进行一次盘车。使调整后的主轴处于自由状态，反复多次，直至合格。

(4) 轴线中心调整合格后，用专用千斤顶将主轴抱死，在抱轴的过程中，应用百分表监视主轴位置，不能有任何移动。

5. 测量与调整各部间隙

(1) 用专用塞尺配合外径千分尺测量定、转子之间的空气间隙，并根据记录进行计算。如不合格则要进行分析，再行处理。

(2) 根据规范要求和测量出的数据，计算出各块瓦的调整间隙，用专用扳手和塞尺调整测量上、下导轴瓦的间隙。

(3) 根据机组的结构型式，安装水导轴瓦，用塞尺法或推轴法，测量水导轴瓦间隙。

(4) 拆掉所有抱轴千斤顶，使主轴处于自由状态，合叶轮外壳。

(5) 利用盘车，测量叶轮间隙，并进行叶轮间隙资料分析。

6. 安装其他部件

(1) 安装上油缸瓦托、油冷却器、测温系统、盖板、滑环，有关数据应符合规范要求。

(2) 安装下油缸瓦托、测温系统、油冷却器、盖板，有关数据应符合规范要求。

(3) 安装主泵填料。

(4) 安装主泵水导密封、伸缩节、进人孔等其他部件。

（5）上、下油缸加油至导向瓦抗重螺栓中心位置。

7. 安装叶片调节机构

（1）检查调节机构底座水平与高程，如不符合规范要求，则需要进行处理与调整。

（2）对操作杆的垂直度和摆度进行检查与处理。

（3）进行动作试验，并查看叶片指示角度上、下是否一致。

8. 进水流道充水

（1）检查、清理流道。

（2）封闭进人孔，关闭进水流道放水闸阀，对流道内进行充水，直到流道内水位与下游水位持平。

（3）充水时，应派专人仔细检查各密封面和结合面，应无渗漏水现象。观察24h，确认无渗漏水现象后，方能提起下游进水闸门。

（4）如发现漏水，立即在漏水处做好记号，关闭流道充水阀，打开检修排水阀（启动检修排水泵），待流道排空，对漏水处进行处理完毕后，再次进行充水试验，直到完全消除漏水现象。

9.3.4　同步电动机检修

9.3.4.1　转子检修项目

1. 转子扩大性大修理时的主要检查项目（以悬型机组为例）

（1）电动机空气隙的测定。电动机经运行后，由于加工和安装质量的不同，空气间隙可能会有所变化。每次大修理时，在吊转子之前均应测出并记录电动机空气间隙，检查是否符合规定数值，并以此数据为依据，分析振动、摆度的起因。

（2）转子起吊的准备工作和吊出。

（3）磁极拆装。为了处理转子圆度和更换磁极线圈等工作，需吊出磁极，检修完后，吊入磁极就位。

（4）转子测圆。机组运行后，转子圆度也可能发生变化，大修理时应进行转子测圆工作，检查转子圆度是否符合要求。

（5）检查转子各部情况及打紧磁轭键。机组经频繁启动，使转子与主轴承受交变脉冲力的低频冲击，时间长了会造成螺栓松动、焊缝开裂、转子下沉、磁轭键松动等情况，大修理时应仔细检查各项并做好记录、处理。

以上转子检修项目的工艺，(3)～(5）项回厂进行。

2. 转子检修工艺

（1）吊出电动机转子。

吊出转子前的准备工作如下：

1）认真检查电动机空气间隙有无杂物，其余各处有无妨碍起吊之物。

2）对悬型机组，下导油槽已分解完毕，密封盖、下导轴瓦、下导支柱螺栓、挡油筒等均已拆除，上、下导轴颈表面涂以猪油并用毛毡包好。对伞形机组，应分解推力轴承的有关部件，将油槽的密封盖取出。

3）电动机与水泵联轴器分解，对于伞形机组使轮毂法兰分解。

4）检查起重设备和吊具，必要时要做起重试验。其起吊工具及工艺与安装时相同。

（2）磁极拆装工艺（回厂进行）。

1）磁极吊出。如果吊出磁极工作是在电动机基坑内进行，应事先将磁极上端的电动机盖板、上部挡风板、支持角钢、上部灭火水管等部件吊出，还要将有碍吊出磁极的部件（如下部挡风板等）拆去，再将磁极上、下端风扇及T尾槽盖板拆去，铲开磁极键头部的点焊，拆开阻尼环接头和线圈接头。

磁极吊出工艺如下：

a. 为了减小拔磁极键的阻力，可以在拔磁极键前20～30min，从磁极键（上部）倒入煤油，以浸润两键结合面的铅油。

b. 在磁极下端用千斤顶和木块将磁极顶住。

c. 将已挂在桥式起重机主钩中的拔键器卡住磁极键大头，找正主钩位置，慢慢地向上吊起。由于静摩擦力较大，起吊时容易发生突然拔脱，因此要用绳子拉住拔键器。当把大头键拔出一段后，用卡子把两键一起卡住吊出，并用布条包扎好并编号，妥善保管。

d. 把该磁极的两对磁极键拔出后，在磁极线圈上、下部罩上半圆柱形的防护罩，系上钢丝绳，将磁极稍许吊出一点。

e. 对于旧式机组，此时需用撬棍将磁极上端往外别，然后用两条薄钢皮衬垫条插入磁极线圈绝缘板背面挡住弹簧。有的机组已加以改进，将磁极背面与磁轭结合部位加一个垫铁，这样，在磁极吊装过程中不必插钢皮，可简化操作。找正吊钩位置，慢慢吊出磁极，并将它平放在方木上。

f. 取出磁极弹簧，查好数据加以保管。

2）对磁极凹入和凸出的处理（回厂进行）。

磁极吊出处理完后，进行磁极挂装，然后进行转子测圆。挂装和测圆工艺与安装时相同。

转子经测圆，如发现有个别磁极凸出或凹入，应查找原因。如需吊出磁极处理，处理的部分如图9.3中$A—A$剖视的ab与cd处。如果磁极凸出，则将磁轭在ab与cd处修磨去一层，并将铁屑清扫干净；若磁极凹入，可在磁极与磁轭接触面ab与cd处加垫，然后重新挂装，直至圆度合格为止。

（3）检查转子各部、打紧磁轭键（回厂进行）。

1）检查连接螺栓及各焊缝。对吊出的转子应仔细检查：转子各焊缝有否开焊（如轮毂焊缝、挡风板焊缝、螺母点焊缝、磁轭键及磁极键焊口等），连接螺栓有无松动，装有风扇的转子还需检查风扇有无裂纹、螺母的锁锭是否松动（或点焊处是否开焊）等现象。

对有开焊的焊缝（如轮毂焊缝），要用电弧刨吹去，开成V形坡口，用电热加温后进行堆焊。对于轮毂与支臂的连接螺栓，要用小锤敲击，检查是否松动，如有松动应用大锤打紧，重新立焊。

2）检查磁轭松动及下沉情况。由于原磁轭铁片压紧度不够或原磁轭键打紧量不够，致使运行中可能使磁轭发生下沉。磁轭键、磁极键焊口开焊，磁轭与支臂发生径向和切向

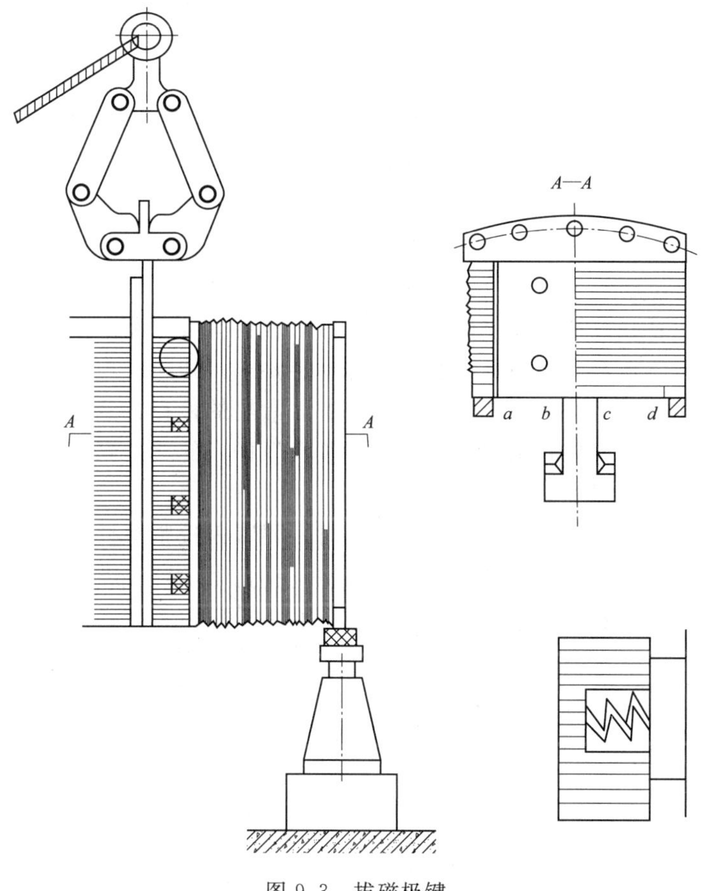

图 9.3 拔磁极键

移动等现象，就会引起磁轭与支臂间松动，使电动机空气间隙变化，影响机组动平衡，机组产生过大的摆度与振动，严重的还会发生支臂合缝板拉开，支臂挂钩因受冲击而断裂等严重质量事故。

磁轭下沉量可以法兰面为基准检查，若有下沉情况，就需要重新紧固压紧螺杆。压紧后的磁轭要符合安装时对铁片压紧的要求。如发现磁轭与支臂有径向或切向位移，则要打紧磁轭键，以克服磁轭松动。打紧磁轭键一般采用热打键，打键时还要兼顾转子圆度要求。

9.3.4.2 机架拆装及定子检修

1. 机架拆装

机架吊出前，必须将机架上部有碍起吊的部件吊出或分解移开；有碍起吊的管道、引线、电缆等物要断开或拆除。

为了校核检修过程中机架水平的变化情况，必须在检修前后测量机架的水平值。为保证检修前后水平测量位置重合，应在检修前用冲子在测量位置处打上记号，以免测量的数值不准。

对于装有上导轴承的悬型机组，上机架起吊时，应在上导轴承油槽内互有 90°的方向布置专人拿木条插在轴颈和油槽之间不断晃动，发现卡住时，应通知起吊人员，找正起吊中心位置后再吊起。

机架吊回机坑时，应特别检查机架支臂与机座组合面之间无任何杂物，并在吊入机座组合表面150mm左右，再次把组合面擦干净，然后下落装好。装好后，测量水平，校核安装前后水平变化情况，如出入很大，应检查与分析原因，并进行相应处理。

2. 定子铁芯松动处理及松紧螺杆应力检查（回厂）

定子检修时，首先应检查定位筋是否松动，定位筋与托板、托板与机座环结合处有无开焊现象。由于定位筋的尺寸和位置是保证定子铁芯圆度的首要条件，发现定位筋松动或位移时，应立即恢复原位补焊固定。其次检查铁芯段的工字形通风衬条和铁芯是否松动，定子拉紧螺杆应力值是否达到满足铁芯紧度的规定要求。如果发现铁芯松动或进行更换压指等项目时，必须重新对定子拉紧螺杆应力检查。常用的检查方法有两种：一种是利用应变片测螺杆应力；另一种是利用油压装置紧固拉紧螺杆，使其达到满足铁芯紧度规定要求的应力。用油压装置紧固拉紧螺杆的方法如下：

（1）在定子铁芯装压工作进行到最后压紧时，要紧固拉紧螺杆。可用油压装置使许多拉紧螺杆（如定子铁芯的1/6～1/4）达到规定的应力。该装置把高压油泵和许多油压千斤顶用管道连通起来组成一个整体，利用每一个油压千斤顶去拉一个压紧螺杆。

（2）工字梁一端支在垫块上，垫块放在机座环上，工字梁的中部通过双头连接螺母拧在拉紧螺杆上，工字梁的另一端放在千斤顶柱头上。油泵启动后，柱塞C上升，以A为支点，B点也上升，拉长拉紧螺杆，也压紧了定子铁芯叠片。假设拉紧螺杆应力按118MPa计算，则拉伸力P为

$$P=\frac{\pi}{4}d^2[\sigma]\times10^{-6} \tag{9.3}$$

式中 P——拉力，N；

d——螺纹内径，mm；

$[\sigma]$——许用拉应力，118MPa。

由于杠杆传动，换算到千斤顶柱塞上的P'为

$$P'=\frac{b}{a}P \tag{9.4}$$

换算到油泵压力表读数为

$$P_{表}=\frac{P'}{\frac{\pi}{4}D^2}=\frac{b}{a}\frac{d^2[\sigma]}{D^2} \tag{9.5}$$

式中 D——千斤顶活塞直径，mm。

油泵启动后，监视压力表达到式（9.5）的计算值时，表明螺杆拉应力已达许用值118MPa。

紧固拉紧螺杆后，如个别铁芯端部有松动，可在齿压板和铁芯之间加一定厚度的槽形铁垫，并点焊于压齿端点。

3. 冷态振动处理和定子调圆（回厂）

（1）冷态振动处理。有些机组因定子铁芯合缝不严或铁芯松动，当启动至空载，励磁

投入后，在交变磁场的作用下，可能产生振动。这种振动的轴向分量极小，而沿着径向和切向的分量却较大。

振幅随温度的变化而变化。如某机组在室温30℃时启动（冷态），切向振幅双向值为0.11mm，人站在电动机上或电动机附近地板上有发麻的感觉。随着带负荷引起线圈温度上升，铁芯温度也升高，至60℃时双向振幅骤降至0.01mm。这种现象与合缝间隙的变化规律一致，因此称为冷态振动。为消除冷态振动，须在铁芯合缝处加垫，消除间隙，增加刚度（如定子铁芯在工地叠装，则不用加垫）。处理方法如下：

1）加垫前，测出定子铁芯合缝及机座合缝的间隙。

2）一般采用两面涂有匀薄耐油绝缘漆的青壳纸作垫。考虑其压缩量，垫的厚度可比间隙大0.3～0.4mm。

3）先拔出定子基础销钉，在松开定子对缝的组合螺栓，后松开定子基础螺栓。

4）加垫时防止铁芯圆度变化，应先用铁模打开直径方向的两个合缝，再加垫，紧上组合螺母，打入基础销钉；再将另一直径方向的合缝打开、加垫、紧好。最后紧固基础螺栓，再一次紧固组合螺母。

5）测量定子组合缝间隙，除局部外，以0.05mm厚塞尺塞不进为合格。如有可能，挂钢琴线测定子圆度，检查是否超差，如有应重新处理。

（2）定子调圆。对定子铁芯的圆度，安装时虽然有严格的要求，但是泵站经多年运行后，由于运行中的电磁力、机械力、振动等原因，定子可能产生变形。检修时应对定子圆度进行重新测量。

目前，很多泵站的电动机定子的圆度均不理想，但运转起来，电流的波形、磁拉力、振动等方面情况尚好，故不一定要处理定子圆度。但当定子圆度很大，对安全运行造成影响时，则必须进行处理。处理的方法是重新叠装定子扇形冲片，也是扩大性大修的重点项目。当定子线圈、定子冲片全部拆出后（整平、登记、分组编号、妥善保存），利用钢琴线法或测圆架测出定位筋的圆度。如直径出入较大，应拆下定位筋、托板，重新找正并焊牢。如需处理的尺寸不大，可直接锉削、刮削定位筋，从而保证圆度。在此基础上重新叠片装压，使其符合铁芯圆度等公差要求。

9.3.4.3 同步电动机轴承的检修

同步电动机轴承包括推力轴承和导轴承的检修。同步电动机轴承的结构型式虽有多种，但以检修项目来看却无多大差异。如推力轴承的检修、推力头、镜板、推力瓦等的检修项目大多是相同的，只是在调整受力方法上有所不同。同步电动机轴承检修的主要内容有推力轴承至导轴承的拆装、镜板处理、推力瓦和导轴瓦的刮削、轴线测量调整、推力瓦受力调整、导轴承间隙调整等。

1. 推力轴承的拆装

大修中，要检查镜板的锈蚀情况并进行研磨，检查推力头并进行清扫。这就需要对整个推力轴承进行拆卸和安装，许多测试项目也都在推力头拆装这道工序下配合进行。

（1）轴承拆装前工作。轴承拆装前，先将油槽中油排净（排回油库），注意管道连接和阀门开闭位置，打开通气孔，严防跑油。拆下油位信号器、测温连线、温度计等。对拆下的温度计要进行试验，要求误差值不超过±4℃，否则应予更换。然后分解油槽、吊走冷却器并对它进行加压试验。当吊走冷却器时，在管道法兰口中应打入木塞，以防漏水。最后将油槽清扫干净。

为防止轴电流，需检查测量推力轴承绝缘电阻值，启动高压油泵，使制动器顶起转子，用1000V摇表测推力轴承座与机座间的绝缘电阻值，其对地绝缘电阻值应大于1MΩ。如果绝缘值不符合要求，应检查绝缘垫板是否受潮或其他原因。

检查各螺栓是否松动，各瓦温度计是否损坏，绝缘是否良好，推力瓦与镜板接触处有无磨损。

（2）推力头拆卸。推力头拆卸按下述工序进行：

1）调整主轴垂直。推力头内孔与主轴一般采用过渡配合，公差很小，为了在吊推力头时不别劲，主轴应尽可能垂直。调整主轴垂直的方法是将制动器顶面调至同一平面，使转子落在制动器上，尽可能取得水平。

先测量各制动器制动块（闸瓦）的高差。将制动器通入压缩空气，使各制动器顶面紧贴转子制动环。对于凸环锁锭的制动器，测出凸环顶面与每个制动块底面之间的距离 e 值后排气。由于各制动块顶面磨损程度不同，造成各制动块厚度不一（即各制动块 e 值不同）。为了使转子顶起同一高度，采用在制动块上加垫片处理的方法。每块所加垫片的厚度为

$$H=B-e \tag{9.6}$$

式中 H——所加垫片的厚度，mm；

B——转子预定上升高度，mm。

然后在制动块上加垫找平。启动油泵，顶起转子，几个人同时把凸环搬至锁锭位置，然后排油，使转子落在制动器上。此时电动机转子升至同一高度 B，推力头已悬空。

对于锁锭螺母型的制动器，只要在顶起转子后，将各锁紧螺母拧靠在制动器制动板（托板）上即可。

2）取下推力头的卡环。拆下卡环上的螺钉，在卡环合口处插入斜铁，可用悬挂在起重机吊钩上的吊锤把斜铁打入，将一个卡环打出凹槽吊走。剩下一个卡环，垫上铝垫后用吊锤直接打出吊走。

3）拔出推力头。由于推力头与主轴采用过渡配合，最初几次配合很紧，所以拔推力头时可采用下面方法：卸下推力头与镜板的连接螺栓；用钢丝绳将推力头挂在起重机主钩上并稍许拉紧；启动油泵顶起转子，在互成90°方向的推力头与镜板之间加上4个铝垫，然后排油；主轴随转子下降，而推力头却被垫住，因而被拔出一段距离。这样反复几次，每次加垫的厚度控制在6～10mm之内，渐渐拔出推力头，直至横用主吊钩吊出推力头为止。拔出几次后，推力头与主轴配合较松，就可以用起重机直接拔出推力头。泵站一般采用专用工具拆推力头。

2. 镜板处理和推力瓦的刮削

大修理中对镜板进行研磨，使镜板符合要求。如果发现镜板经运行后有严重损坏，如镜板磨偏或被磨出深沟，镜板表面发毛或有锈蚀现象等情况，应送到制造厂进行精车或研磨处理。

对推力瓦的检查，可在顶起转子后，将推力瓦抽出，检查它的表面磨损情况，如发现

有轴电流烧伤处，应将周围刮得稍低一些并找平。检查推力瓦背面与托盘的接触面是否磨损，尤其要检查支柱螺栓球面与托盘的接触面是否良好，并妥善保管。一般情况下，推力瓦只有局部磨平后，只要增补刮花就可。如果推力瓦磨损严重，应重新刮削，达到2～3点/cm^2。

3. 盘车测镜板水平位置

推力轴承水平值（即镜板的水平值）应在0.02mm/m以内；推力卡环受力后，同安装时要求一样，用0.03mm厚的塞尺检查，有间隙的长度不得超过圆周的20%，并且不得集中在一处。推力瓦受力应均匀。

对一般性大修理，支柱螺栓如未变动，可不测镜板水平，只在调整推力瓦受力时顺便调整水平即可。如果大修理中动了各支柱螺栓，就要调整镜板的水平。

4. 油槽的清洗

油槽排油前，应保证排油路上各阀门位置正确并打开通气孔。排油后，仍然在槽内会残存一定的油或沉积物资，这些杂质如不清出，会极大地影响整个油槽中润滑油的各项指标（如含水率、灰分、酸碱性等），造成油变质，损坏轴瓦和镜板。因此，清洗油槽是很必要的。

清洗前，应拆出油冷却器和挡油板。拆挡油板时，应检查标记，防止装入时发生返工现象。拆冷却器时，在排水管下方预先放一只桶接漏水，以防流入油槽而使绝缘垫潮湿。当吊冷却器时，要用木塞将排水口堵严。冷却器拆除后，用木塞将油槽内各油、水管口堵住，以防杂物进入。

清洗时，先用抹布将油蘸出，最后用白面团将各角落的油污与铁屑等一一粘出，然后把油槽盖好，防止灰尘入内。

9.3.5 水泵检修

9.3.5.1 水泵磨损与气蚀破坏的修理方法

水泵通流零部件遭受泥沙磨损与气蚀破坏后，需要在现场进行修理，恢复应有的工作能力。这两种机理造成的损坏尽管不同，但有着基本的共同点——工作零部件表面金属大量流失并有局部穿孔。两种情况的修复工作基本相同，并构成水泵的主要检修工作内容。

1. 大型泵站汽蚀修复工作原则

(1) 必须寻求经济实用的方法。理论和实践都表明，完全消除气蚀是不可能的，因此修复中要根据不同情况采用经济实用的方法进行。

(2) 在条件允许、保证质量的前提下，尽量避免拆除、分解机组，必须解体时，也应使拆除部分尽量减少。

(3) 综合治理的原则。除了部件修复外，还要针对运行中的情况，选择合理运行的工况，减少气蚀的扩大。

2. 常用的气蚀修补方法

运用抗磨电焊条对气蚀严重损坏部分进行堆焊，一般用于水泵叶片气蚀处理。

堆焊前，首先进行气蚀破坏情况的测试工作。侵蚀面积可用涂色翻印法测量，在侵蚀区周边涂刷墨汁等着色材料，待涂料干燥前用纸印下，再将纸放在10mm×10mm方格玻璃板下，用数格方法求出面积。将每块叠加起来，得到每一叶片和整个转轮的侵蚀面积。其深度可用探针或大头针插入破坏区，再用钢板尺测量。为了求得金属失重，可用胶泥按叶片的曲面形状涂抹在侵蚀区，然后称其重量，再换算出金属重量。以上测量结果要作为评定破坏强度的原始数据和抢修工作的必备资料加以保存。

在焊补前，首先对侵蚀区进行处理，一般要大一些，因为周围的金属组织实际上遭受到了轻度的疲劳破坏。清理采用铲削方法，铲削过深，堆焊工作量大；过浅，影响堆焊质量；铲削不平，增加堆焊量和打磨困难。用砂轮将高点和毛刺铲掉，对于深度不超过2mm的地方，可直接用砂磨打磨，对于个别小而深的孔则不必铲除；对于较大深坑，为避免铲穿成孔，可留下3mm左右不予铲除，作为堆焊的衬托。对于穿孔严重的叶片出水边，可事先做出样板，成块割下，按样板用中碳钢板进行复制，然后再拼焊在叶片上。在实际工作中，补焊难以进行热处理回火工艺，在堆焊中变形大，容易产生裂纹，所以最好将转轮进行热处理。但因转轮体积大，难以实现这一点。因此，一般使周围温度升高20～30℃，避免在室温15℃以下焊接。具体施工过程中可采用分块跳步焊、对称焊等方法，使转轮受热均匀，克服变形问题。对穿孔部分，孔中应事先加填板，填板周围分几次焊接，最后在填板表面和焊接缝上堆焊一层抗磨损、抗汽蚀的表面层。目前，较好的焊条是沈阳金属研究所等单位研制的抗磨焊条，焊后硬度HRC50，耐磨系数2.51，为低碳钢抗气蚀性能的15倍以上。还有采用高铬锰耐气蚀堆焊电焊条（堆277、堆276），它高于18～8系列不锈钢电焊条的抗气蚀性能。堆277是低氢型药皮的堆焊电焊条，采用直流电源，焊条接正极，焊缝金属能加工硬化，富有韧性，具有良好的抗裂性能，堆焊硬度*HRC*大于20。堆焊金属主要成分为碳不大于0.3%，锰10%～14%，铬12%～15%；堆276焊条可以交、直流两用，性能同堆277焊条。

（1）堆焊时应注意的事项。

1）采用小电流短弧堆焊。电流太大，金属熔化较深，扩大热影响区。母材料中的碳也可能渗入焊缝，形成碳化铬，从而降低堆层的含铬量和抗气蚀性能。堆焊中运动速度要一致，电弧要稳定，尽量采用短弧。

2）避免发生气孔。焊条保持在干燥通风地方，用前烘干，母材料面要去污，清扫干净。

3）防止处理过大的残余变形。可采用千分尺、千分表监视，或增设辅助防变形焊点，补焊后再拆除。

（2）补焊后的处理。

1）叶片各部位不得有裂纹。

2）叶片曲面光滑，不得有凹凸不平处。

3）补焊层打磨后，不得有深度超过0.5mm、长度大于50mm的沟槽和夹纹。

4）抗气蚀层不得小于3mm，如焊两层不得小于5mm。

5）叶片经修型处理，其与样板间隙应在2～3mm以内，且间隙同间隙长度之比要小于2%。

6）转轮的光洁度至少达到6.3～12.5。

7）应做静平衡试验，消除不平衡重量。

8）当叶片外缘被损坏时，其与转轮的间隙补焊完成后应保证原有的设计间隙值。

（3）用改型环氧（复合）涂料修复水泵外壳。由于泵壳系铸铁件，汽蚀分布面大，呈蜂窝状，不能焊补，考虑用复合环氧涂料较易修复，基本配方见表9.12（重复比）。

表9.12　　复合环氧涂料配方

材料涂层	配比			材料涂层	配比		
	底	中	面		底	中	面
环氧树脂E-44（6101）	100	100	100	金刚砂60～100混合		450～550	
丁腈4-0	12	12	12	铁红	30		
二乙烯三胺 $C_4H_{12}N_3$	9	9	9	二硫化钼 MoS_2			25
氧化铝粉 Al_2O_3	15			氧化铈 CeO_2	0.5	0.5	

配方选用双酚A型通用环氧树脂E-44，其环氧值为0.41～0.47。固化剂选用常温下固化的二乙烯三胺。固化剂过多，影响机械强度，固化剂少于理论量，则固化不安全，但耐水性较好。

为了增加环氧树脂的韧性和弹性，提高其抗汽蚀性能，特用液体丁腈改性。

并用氧化铈 CeO_2 作催化剂与树脂同步固化，有效地改善了涂料性能，为了消除内应力和便于施工，应适当提高环境温度，配方中不宜加稀释剂。

为了改善涂料抗腐蚀性能，将涂层分底、中、面3层。底层加铁红，氧化铝粉，提高黏结强度；中层加金刚砂提高机械强度和便于修复过流部件形状；面层加入适量二硫化钼 MoS_2，提高表面光洁度。有关资料指出，底层与母材黏结强度达40～45MPa，中层抗拉强度达15MPa，抗压强度达60MPa，填料金刚砂硬度为石英砂的2倍。

涂敷工艺过程如下：

1）将待修工件清洗预热40℃，保温。

2）将工件做喷砂处理，除锈、除油。这对涂层黏结强度影响较大。另配一只盛砂桶和两根橡胶管。一根接0.4～0.7MPa的压缩空气管，另一根作吸砂用。砂粒用建筑黄砂（粒径2～3mm）筛除细粒及粉尘。经处理，表面呈现母体本色。油污严重的，可在喷砂后各用丙酮擦洗一遍，除锈后应尽快涂敷。

3）配制涂料。按比例配制，一次用完，称量要准确，搅拌要均匀，其顺序如下：

环氧＋丁腈＋氧化铈 $\xrightarrow{\text{拌匀预热50℃左右}}$ 加入二乙烯三胺 $\xrightarrow{\text{充分搅拌}}$ 加入填料（先预热40℃）→拌匀备用。

4）涂敷。底涂层刷均匀而不漏，薄而不积；紧接着涂中间层。严格保持工件原来形状，用刮板热抹压实修复成形，保温40℃左右2～3h。初步固化后再涂面层，两层务必涂刷光滑平顺。

5）修饰。面层涂后可升温至60～80℃保持8h，自然降至常温后用软轴砂轮仔细修饰形状即可。

（4）用复合聚氨酯抗汽蚀弹性护面材料。这种方法适用于叶轮抗汽蚀护面，也分底、中、面3层，配方见表9.13，施工方法如下：

1）将工件预热至50～60℃。

2）用熔剂和喷砂清洗工件表面锈蚀、油污。

3）按每层配方分涂层刷。底层3～5层；中层1层；面层10～15层。每涂一遍间隔2～3h，以使涂层在60℃左右环境中固化。涂层厚度1～1.5mm。

4）全部涂抹工件后，在60℃中保温固化24～36h，也可逐渐升温60℃1h、80℃1h、100℃16h（120℃4h），然后自然冷却。提高温度有利于涂料充分交联，消除内压力，使附着力、机械强度、耐化学腐蚀性均有提高。

5）涂好后不要在回装过程中划破、碰伤涂层。

表9.13　复合聚氨酯抗气蚀涂料配方

涂层	材料名称	用量/g	涂层数
底层	环氧TD1、预聚体	100	3～5层
	MoCA	54	
	二氧化钛粉	20	
	滑石粉	20	
	乙酸乙酯	适量	
面层	聚四氢呋喃预聚物	100	15～20层
	MoCA	20	
	乙酸乙酯	适量	
中层	底层＋面层	按重量	1层

此法与环氧涂料修复方法比较，有良好弹性和伸长率，能有效地吸收和传递汽化空泡在其表面溃灭时所释放的高频率冲击力量，从而显示较优异的抗气蚀性能。且胶液黏度小，流动性好，可低温或中温固化，施工方便。有关资料指出：底层黏结强度已达到40MPa，断裂强度39MPa，0.5mm厚度涂膜弹性伸长率为450%～500%。目前TD1预聚物和氨聚酯预聚物均需专门定制。

（5）氧化焰合金粉末喷焊。氧化焰合金粉末喷焊是把自熔性合金粉末喷射至基材表面，经重熔形成敷层，焊后合金层平整光滑，熔层浅，与基材结合强度高达300～400MPa，又具有耐腐蚀、抗氧化等特性。

喷焊设备中有压乙炔发生器（如Q3－1型）、氧化瓶和喷焊枪（大面积喷焊时选用SPH4/h型氧压0.4～0.7MPa）、温度计、烘箱等。

一步法（边喷边熔化法）用粉末粒度300～400目/时，可占50%，80目/时以上；二步法（先喷后熔）用粉末粒度150～240目/时为宜。目前，已生产出Ni基、Co基、Fe基、CeO基及复合5种粉末，编号二位数为“0”者适合氧炔喷焊用。其工艺过程如下：

1）工件预热，一般250～300℃，预热不够则喷粉不黏附，过预热使基材氧化影响质量。

2）粉末应在120℃烘干1h备用。

3）预喷保护层。表面喷一层0.1mm厚的保护性粉末可防止基材氧化，提高粉末沉积率。

4）喷焊。

一步法：先用火焰加热工件，随即以软中性焰保持喷嘴与工件20～30mm距离，夹角60°，至工件暗红色（550～660℃）后，喷粉即可迅速形成熔融态的焊层，喷枪前移至完工。

二步法：首先为送粉操作，喷枪以轻碳化焰来回预热至250～300℃，使喷嘴离工件100～150mm距离，与工件呈90°送粉。然后保持喷嘴与涂层表面20～30mm，使软中性焰与工件成60～75℃重熔涂层。完全熔化的涂层呈镜面反光，迅速扩散与被加热至半熔化状态的工件表面焊为一体，重熔火焰不宜太大和接近表面层，越快越好。

5）缓慢冷却。若磨研则以碳化硬粗软砂轮为宜。

将堆焊、喷焊、喷涂三种方法列表9.14进行比较。

表9.14　电焊堆焊、氧炔焰喷焊、喷涂比较表

举例	结合形式	基材	覆盖层（焊接材料）	结合机理	结合强度/MPa
堆焊	焊	熔化	熔化	冶金结合晶内	700
喷焊	焊	不熔化	熔化	冶金结合晶间	300～400
喷涂	涂	不熔化	不熔化	机械结合（或显微冶金结合）	40～50

水泵气蚀修补的方法也适用于水泵其他部件。应当指出，频繁修复工作给泵站管理人员带来极大的困难。除了设计、制造人员对减轻气蚀采取有效措施外，泵站管理人员也因地制宜采取其他有力措施，不少单位积累了丰富的经验。

3. 轴流式水泵叶轮外壳的修复

钢制的叶轮外壳受到磨损或汽蚀破坏后，用补焊的方法修复并不困难。补焊后应进行打磨，使补焊区域同未磨损的区域连成整体的光滑表面。为了保证转轮叶片在运行过程中调节自如，又不使泄漏损失增大，打磨工作应按样板进行。

叶轮外壳损失严重时，可装置不锈钢板护面，由小块不锈钢板拼焊成一带状的护面，对于气蚀和抗泥沙磨损均有一定作用。

铸铁制的外壳遭到严重磨损后，用钢制的叶轮外壳更换是合理的；还有采用过流面为不锈钢，其背面为碳钢的“复合钢板”更为理想。这将给以后的检修工作带来不少方便。

4. 主轴轴颈磨损的处理

水泵轴的轴承段在较长时间运行后，要发生磨损，特别是水润滑的橡胶导轴承其不锈钢段磨损严重。除了被磨成扁圆外，还会出现许多深沟。为了恢复大轴的圆度，应在大修时对轴颈进行检查与处理。严重的主轴轴颈机械损坏和主轴轴颈不锈钢套的脱焊等，应当运回制造厂进行修复。这里主要介绍在泵站现场进行磨损修复的方法。

（1）主轴偏磨的镗削处理。轴颈磨损的主要表现是单边磨损，在单边磨损不太严重时，可调整导轴承。轴颈严重失圆时，导轴承再无法调整，即使能够调整，也难于安装时，应将主轴拆下运到制造厂对轴颈进行磨削以保证轴颈为整圆。

（2）不锈钢衬磨损处理。若发现不锈钢衬有横向深沟，可用堆227焊条补焊，然后磨光或者用喷镀不锈钢，其效果也不错。若有几道小沟可不必处理。如果现场解决不了，可将主轴拆下运到制造厂车削。

(3) 金属喷镀修复主轴轴颈。水力机械检修常用的金属喷镀修复工艺，对于轴颈偏磨和磨损及其他部件的修复都是极有效的办法。金属喷镀是利用喷镀枪将金属丝熔化，然后借压缩空气的气流将熔化了的金属吹成极细小的雾状金属颗粒，喷在经过处理的粗糙工件表面上，堆积和舒展成金属镀层，冷却后，所喷镀的金属即可牢固地附在工件表面上，形成一层固结的金属层。进行金属喷镀的主要工具是金属喷镀枪。一种是乙炔焰的自动调节式金属喷枪，它是利用气流推动叶轮为动力，输送单股钢丝，以乙炔焰来熔化金属丝；另一种是固定电弧金属喷镀枪，它利用电动枪为动力，输送接在不同电极的两根金属丝，在喷枪电弧内接触产生电弧，将金属丝熔化。两者均用压缩空气将熔化后的金属喷镀在工件表面。两者相比，电弧金属喷镀枪在调节控制方面比较方便，易于掌握。

喷镀质量的好坏是看镀层和工件表面结合的牢固程度，它在很大程度上取决于工件表面处理。表面处理方法很多。采用镍板进行火花拉毛比较能保证喷镀的质量。在工厂和有条件的泵站，一般先将主轴卡在车床上，将磨损处车圆（即车毛螺纹方法），露出金属表面，毛螺纹车削的具体要求见表9.15。

表9.15　毛螺纹车削要求

泵轴直径/mm	车刀低于泵轴中心位置/mm	螺距/mm	牙数/h	圆周线速度/(r/min)
25～50	2～4	1.00	24	12
50～100	4～5	1.20	20	12
100～200	5～6	1.25	18	12
200～300	6～7	1.25	18	12
>300	7	1.25	18	12

注　1. 毛螺纹要求一刀车出。
2. 碰掉高出毛纹尖端毛刺。

然后用一台电压为6～8V、电流为200～400A的单相变压器，一相接在工件上，另一相接在电焊把上，使镍条断续接触磨损且已车削的主轴表面，此时有点微小火花发生。金属屑就会轻微地熔于将被喷镀的主轴轴颈表面，形成一层粗糙凸起的小点，直至使喷镀的整个圆表面用肉眼看不到原有的金属表面为合格。

拉毛时若火花较大，应适当减小电流；如麻点小，圆滑，应适当加大电流。为防止镍条过热，可在电焊把处绑一根小钢管，通以0.1～0.2MPa压缩空气冷却镍条，减少焦灼物。拉毛后再用钢丝刷刷去结合不牢固的凸起及黑色焦灼物。拉毛工作以连续成片的方式进行，一面拉毛后再转一面继续拉毛，直至整个圆表面拉毛为止。从车圆刀到拉毛时间要尽量短，一般不宜超过半小时，以免金属表面被氧化而影响质量。

拉毛后的轴颈应立即进行喷镀，喷镀主要参数见表9.16。

表9.16　喷镀主要参数

项　目	金属丝直径/mm	压缩空气压力/MPa	电弧电压/V	电流/A	火花角度
数值	1.6～1.8	0.4～0.9	30～50	100～170	<10°

固定式电镀枪包括喷镀枪本体及控制箱、电源电缆附件，其余自备。在喷镀时采用300A直流弧焊机容量为0.9m^3/min，压力为0.7MPa的空气机各一台。

喷镀时电压为30V，电流为135～150A，用ϕ1.6～1.8mm不锈钢丝（最好选用420SuSn不锈钢）。主轴旋转与车刀架将喷镀枪左右来回缓慢移动，速度关系见表9.17。镀层渐渐加厚，直径比加工尺寸高出1.5～2.0mm为止。镀层厚度一般不得小于0.7mm。喷镀时不宜再在一地停留太久，以免温度过高，导致整圆崩裂。被喷工件温度一般不超过80℃，温度超过时应停机。喷枪与工件距离应以150～200mm为宜。近则喷点细密，温度高；远则喷点较稀，附着强度也差。喷镀开始时，应将喷镀枪调至15°角，对两端边角处先喷镀成一定厚度的圆角，使该处先镀一层涂料，然后再往左右移动，喷镀枪头应与工件中心线垂直偏差不大于10°。喷镀时产生的粗颗粒要铲除。

拉毛、车圆过程中，不得用手触摸工件表面，所用金属丝应去锈蚀和油污。金属丝不应过细，防止两极不能准确地交叉在指点焦点上，而且还会发生短路→熔断→电弧的过程，使金属丝易产生断裂。压缩空气要滤去空气中的油和水分，分离器高为500mm，直径为300mm的圆筒内装3层橡皮、木炭、木屑。压力不低于0.4MPa，否则不易将熔化的金属吹成极细小的雾状颗粒。过大的颗粒结合力差，容易脱落。

镀完后的工件，让其慢慢冷却到40℃左右，浸入油内数小时（大件可不断涂刷润滑油），使润滑油进入涂层，以利车削和发挥轴颈多孔熔油性，再按尺寸要求车圆。开始要刀刃锋利，切削量小，最后用钝刀，提高光洁度，有加工条件的单位，若对表面光洁度要求高，还可进一步研磨。工件的切削条件见表9.17。

表9.17　工件的切削条件

喷漆材料	高速钢车刀		硬质合金车刀	
	切削速度/(r/min)	进刀量/(mm/转)	切削速度/(r/min)	进刀量/(mm/转)
不锈钢	15～20	0.08～0.13	9～13	0.0～0.1

喷涂后的轴颈也可采用磨削工艺，使轴颈尺寸和光洁度符合要求，磨削的砂轮技术参数见表9.18。

表9.18　磨削的砂轮技术参数

砂轮牌号	TL±46ZR$_2$±A中等硬度绿色碳化硅	砂轮牌号	TL±46ZR$_2$±A中等硬度绿色碳化硅
砂轮移动速度	30～35m/s	砂轮移动速度	2～10mm/转
工件旋转线速度	25～30m/min	冷却剂	皂化液

（4）轴颈镶套。对轴颈磨损也可以采用不锈钢镶套在主轴上的方法修复（有的轴颈的本身就是不锈钢套的）。目前，国外采用分瓣的不锈钢镶套工艺，其结构如图9.4所示。

将不锈钢套加工成分瓣件，在接缝处加工成倒角，与大轴接合处装有两只铜销，用电焊焊接接缝处。铜销传热快，冷却后使不锈钢套牢固地抱紧在主轴上。其加工尺寸和铜销选用的尺寸是关键，有待于在实践中研究和探讨。电焊堆焊修复轴颈工艺，因易使大轴变形，一般不采用。

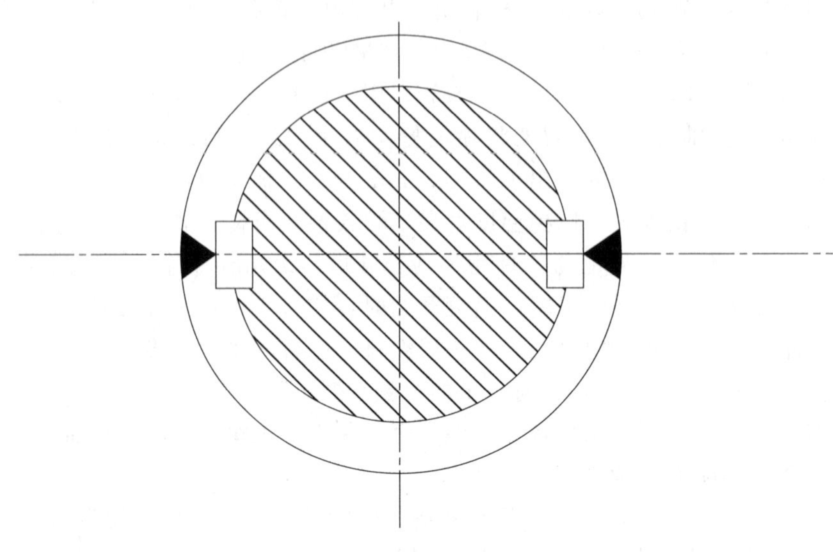

图 9.4 不锈钢镶套

电机轴颈采用稀油润滑轴承，其磨损较小，一般不需要处理。只是由于事故等原因造成轴颈局部拉毛等缺陷，一般采用刮削、手工研磨方法修复。

5. 叶片整形

通过相邻叶片的开口值中。若看出某一叶片出水边型线已发生变化，为了消除变形，一般用气焊火焰把叶片背面烤红，然后再正面放上该叶型线样板与千斤顶矫正，直到合格为止。用修形样板做最后检查，与样板允许误差控制在 0.5mm 以内。

9.3.5.2 水导轴承的检修

泵轴要承受由于叶轮静不平衡所产生的径向离心力，以及主轴产生摆度的径向力，根据水导冷却介质和轴承结构的不同，在所抽水体水质清且含沙量小的泵站上，大都采用橡胶水润滑轴承。在所抽水体含沙量较大的泵站上，可使用筒式油润滑导轴承。

1. 橡胶水润滑水导轴承的检修（图 9.5）

（1）轴承体拆卸。

1）轴承体拆卸时，要监视主轴位置。在联轴器处装设互成 90°的 2 块百分表，在机组转动部分上无人工作，将百分表装好并调零。

2）拔出轴承体的定位销，松开其法兰固定螺栓。用 4 只导链在对称方向同步起升，将轴承体吊起。在起吊过程中，向轴承间隙中倒入清水，以减少摩擦。

3）将轴承体吊起，在顶盖上方放入木方，使轴承体落在木方上，然后按 2 瓣或 4 瓣进行分解。在分解过程中，注意组合面处有无垫片。若有垫片，要测量垫片的厚度并记录位置。

4）在拆吊过程中，随时观察百分表的读数，尽量不要推动主轴。轴承体吊出后，记下两只百分表读数，它反映轴承分解后主轴所发生的位移。

（2）轴承的检修。

1）轴承的测量。将分瓣的轴承体清扫干净后组合成圆，用内径千分尺测量轴承的内

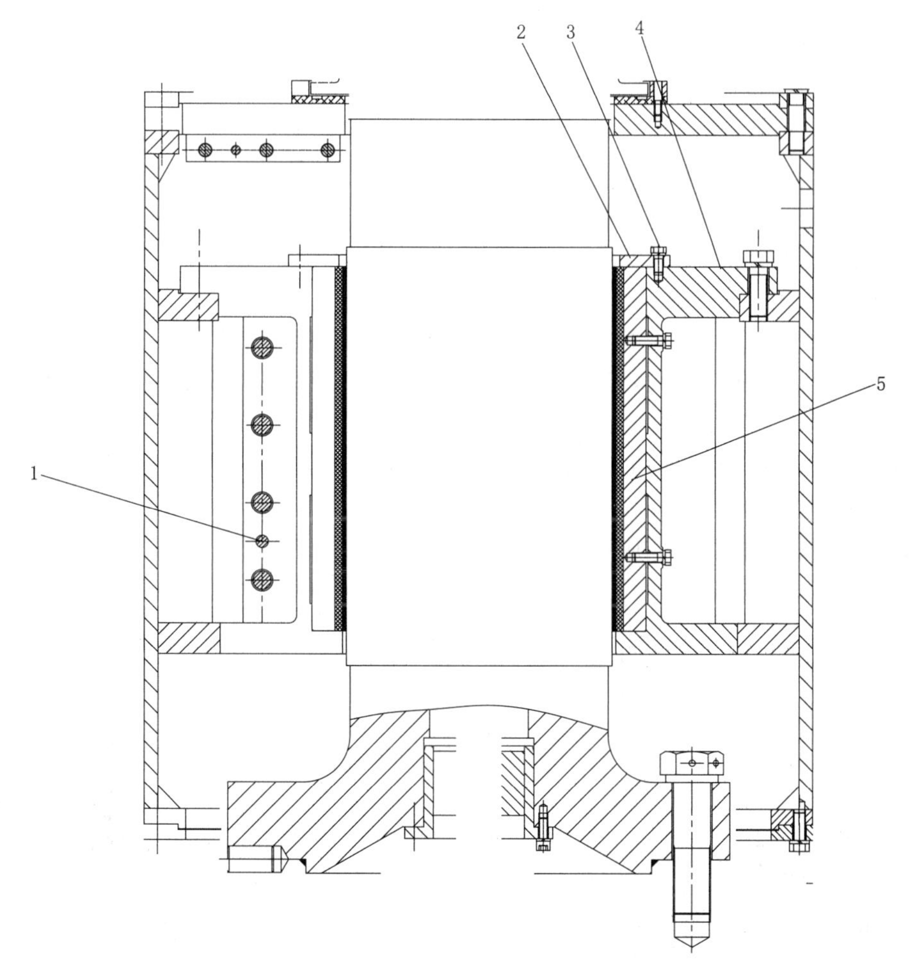

图 9.5 橡胶水润滑水导轴承

1—圆锥销；2—压板；3—六角螺栓；4—导轴承壳；5—轴瓦

径。测量点的布置是：在每块瓦的水平方向布置 2～3 点，垂直方向布置 3～4 排。用外径千分尺测量轴颈外径尺寸。以上两项测量值均做好记录。

2）加垫厚度的计算。橡胶水导轴承经过一定时间运行后，因橡胶瓦面磨损，轴承间隙总会增大。检修时在轴瓦的背面加垫，使轴承间隙减小。根据测量尺寸，单侧加垫厚度 b_i 可按式（9.7）计算

$$b_i=\frac{1}{2}(D_i-d-c) \tag{9.7}$$

式中 D_i——实测轴瓦内径，mm；

d——实测轴颈外径，mm；

c——加垫后轴承允许的两面间隙，mm（决定 c 时要考虑温度的影响）。

3）清扫检查。将轴瓦编号并做好记录后，拆去轴瓦与轴承壳体的螺钉，用吊环吊起轴瓦，放在检修场地进行清扫。若瓦背原来已加有紫铜垫片的，应重新编号，并做好位置

及厚度的记录。对轴承壳体内、外面进行清扫、去锈，涂上防锈底漆。在清扫过程中，严禁矿物油接触瓦面，以防橡胶老化。

4）瓦背加垫。按计算的数值 b 在瓦背上加垫。要在相对的方向一对瓦一对瓦地加轴瓦螺钉拧紧后，立即测量内径尺寸，若不合格，可适当调整垫片的厚度，直至合格为止。在加最后一块瓦垫时，若轴瓦放不进去，将轴瓦的两侧磨去少许，使轴瓦能顺利放入。

瓦垫的材料一般用紫铜片，垫的层数不宜过多，每层紫铜片厚度不超过1mm。轴瓦加完垫后，最后测量轴承内径并做记录。

2. 稀油润滑筒式水导轴承的检修

筒式油导轴承是分半式结构，下面设有进油盆，随轴旋转时，盆内油面呈旋转抛物面，越靠近外边油的压力越大，油进入进油盆的油口，通过开在轴瓦上的环沟，再沿着旋转方向与水平成60°角的油沟上升，并被带至整个瓦面，建立油膜润滑。上升润滑后的油，通过回油管将热油经挡油圈外边的轴瓦背面，沿着空腔回至转动油盆内，冷却水管通水至瓦背，使油进行自循环冷却。

圆筒式油导轴承如图9.6所示。

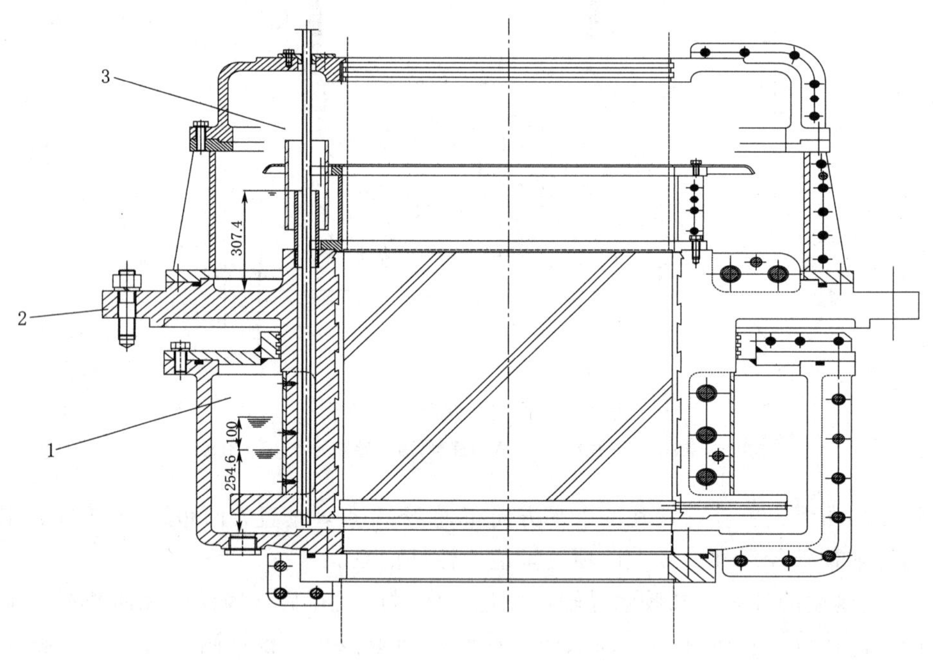

图9.6 圆筒式油导轴承

1—下油箱；2—轴承体；3—上油箱

（1）轴承间隙测定。

圆筒式油导轴承的允许双边间隙按式（9.8）计算

$$\delta=0.15+\frac{0.2D}{1000} \tag{9.8}$$

式中 δ——轴承双边间隙，mm；

D——泵轴直径，mm。

检修时，将下油箱内的油排除干净。把油箱盖、上油箱、温度计、油位计、管道及附件等全部拆除。

主轴处于自由状态下，机组转动部分上无人工作时，用长塞尺按4个或8个方向测量轴承的间隙（要注意避开油沟）。将测出的间隙与设计及原安装中的间隙进行比较，看是否有增大。要求实测轴承的双边间隙小于允许的双边间隙，否则应进行调整。

轴承分解后，在检修场地重新组合，用内径千分尺分上、中、下3层测出各方位的内径，同时用外径千分尺测出对应点轴颈的外径，可以求出轴承的间隙值。

（2）轴承的拆卸。先拆卸轴承体的定位销钉及固定螺栓，用4只导链在对称的方向将轴承体均匀吊起，吊离约300mm后暂停；做好防止吊件下落的安全措施后，拆除下油箱上的盖板定位销钉及固定螺栓；继续吊起轴承体，当其下方超过轴承座位置时，放入木方，使轴承体落在木方上。将下油箱盖板分解、吊出；拆除轴承体的组合销钉及螺栓，将轴承体分瓣吊出。

（3）轴承的检查与处理。

将轴承清扫干净，检查瓦面的磨损、裂纹、硬点、脱壳等现象。

先检查泵轴轴颈，如有磨损现象，可用细油石顺着旋转方向打磨，再用外径千分尺测上、中、下3处直径。再将轴承体组合，使结合面无缝隙，用内径千分尺测轴承上、中、下3处的内径，每处测8点，各处椭圆度不得超出$\pm(0.01\%\sim0.02\%)D$的要求值。利用实测轴颈及轴承内径，计算出轴承间隙值。

轴承间隙测定后，要求其间隙应符合设计要求；椭圆度及上下间隙之差均不大于实际总间隙的10%。若轴承间隙大于允许值，必须进行处理。若轴承结合面有垫，可将垫撤去或减薄。若没有垫，将结合面刮去或铣去某一厚度，然后重新组合、测量。重新组合后，若椭圆度超出要求，可重新镗孔，然后进行研刮。重新镗孔后，一般应留0.1mm的刮削余量。

（4）轴承的安装调整。

安装程序与拆卸相反，先将转动油盆清洗后装上，组合面上要涂白铅油或密封胶，并用0.02mm的塞尺检查，应无间隙。用煤油进行渗漏试验，保持4h无渗漏，再装轴承体。

1）安装前，机组轴线及中心调整已经合格，机组转动部分处于自由垂直状态。

2）在水导轴颈按90°方向装2块百分表，将百分表按要求装好并调零。

3）在轴承座上垫好木方，将轴承体吊放在木方上；在轴承体的组合面上涂以酒精漆片溶液，然后将其组合，打入定位销，拧紧组合螺栓；将下油箱盖板组合在轴承体上，组合面也应涂酒精漆片溶液；接着让轴承体徐徐下落，当下油槽盖板与下油槽面相接触后，将下油槽盖板与下油槽组装，打入销钉，拧紧螺栓并锁住；最后将轴承体落下。

4）根据机组的轴线位置，考虑水导处的摆度值，确定轴承各向的间隙。各向的间隙可先用塞尺测量，再平移轴承体进行调整。要求轴瓦面保证垂直，不垂直时在轴承体安装面上加金属垫片，垫片最多不超过3层，最后将轴承体固定螺钉拧紧。

5）以千斤顶顶轴的方法，用百分表检查轴承间隙，两侧间隙之和应符合图样规定，轴瓦间隙允许的偏差应在分配间隙值的±20%以内。

6）经检查轴承间隙等符合要求后，将轴承体定位。若原销钉孔有错位，则应扩大孔或重新钻铣销钉孔，配制销钉。

7）将上油槽、温度计、油位计、管道等附件复装，封闭油槽盖板，充油到规定的高度。

9.3.5.3 调节装置的检修

调节装置的检修请参考如图9.7所示基本体结构。

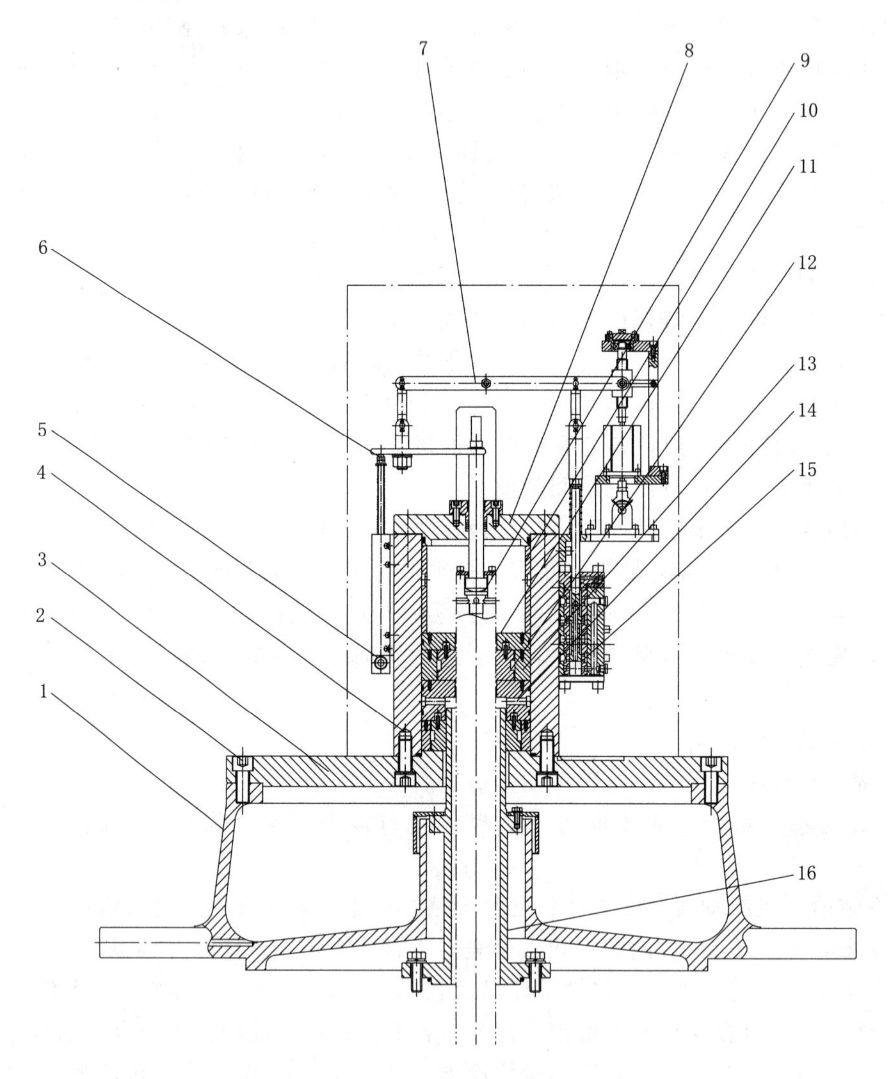

图9.7 调节装置本体结构

1—漏油箱；2—螺钉；3、8—法兰；4—缸体；5—电位器装配；6—拨叉；7—步进电机杠杆装配；9—轴承；10、14—压套；11—压盖；12—浮动环；13—浮动套；15—分配阀装配；16—密封套

1. 调节装置的解体及有关测量

(1) 外管道分解。分解调节装置的压力油管及回油管的法兰，将法兰间的绝缘垫、油

封垫以及连接螺栓的绝缘套管、绝缘垫片作好位置记号后拆下并检查其损坏情况。用专用盖板将各管口封住，以防脏物、异物掉入。

（2）控制测量显示部分分解。拆除外罩壳，步进电机、杠杆、电位器以及相关接线等。注意线路拆除时做好标号，以便于回装。

（3）轴套间隙测量。用塞尺测量受油器浮动环和轴承间的径向间隙。间隙应按十字方向或均布的8点进行测量记录。

（4）受油器体拆卸。拆除受油器法兰，依次取出浮动环、浮动套，注意先后顺序，回装时需要按照原组合顺序回装。

（5）缸体拆出。做好缸体的方位记号，拆卸其与漏油箱的组合螺钉，吊出缸体，取出组合面上的耐油密封垫，检查密封垫的损坏情况。

（6）操作油管吊出。做好操作油管的方位记号，拆卸组合螺钉，将位于受油器体内的操作油管吊出。组合面上的紫铜片应做好记号后拆出。操作油管的轴头面应用专用盖板封住，防止赃物、异物掉入。

（7）底座绝缘测量。用500V摇表测量受油器底座的绝缘电阻。在吸水管无水时测量，应不小于0.5MΩ。若绝缘合格，可不拆卸受油器底座，否则应将受油器底座拆出。

（8）底座水平测量。受油器座拆卸前，用精度为0.02mm/m的框形水平仪测量其法兰面十字方向上4点的水平值并记录。框形水平仪放置的位置应用划针划出边界记号，以便回装时按原位置复测水平。受油器底座的水平度不应大于0.05mm/m。

（9）底座拆卸。拔出定位销钉、卸去法兰组合螺栓，取出绝缘套管，按位置作好记号并编号，最后吊出受油器底座。对于分块的绝缘垫板应进行编号并作好位置记号及正反面标记。通过检查、清扫并干燥后，在测量各绝缘电阻，若不合格，应更换。

2. 受油器的检修工艺

（1）操作油管轴承配合的检查与处理。测量上、中、下3个轴套的内孔尺寸，检查各轴瓦的磨损情况。测量内、外油管与轴套配合部分的外径尺寸。经比较，求出各轴承的配合间隙，应符合图样要求。若因轴套磨损，使配合间隙大于允许间隙时，通常是更换轴套。

（2）操作油管的圆度和同心度的检查与处理。将操作油管组合在一起，在车床上检查内、外油管的同心度与椭圆度，应符合图样要求。一般外油管的变形较大，当操作油管的圆度超出允许范围时，应进行喷镀或车圆处理；如无法处理，或者管壁厚度已不合格，应更换新管。新换上的油管要严格清洗，并用1.25倍的工作压力进行严密性耐压试验，保持30min，应无渗漏。

（3）轴套的研刮。将受油器体倒置，放在支墩上并找平。把同心度、椭圆度已处理合格的操作油管吊入受油器体内，与上、中、下3轴套配合。用人工的方法使操作油管的工作面与轴套进行上、下及旋转研磨，然后加以修刮，直到轴承配合间隙与接触面符合图样要求为止。

3. 受油器下部操作油管的检修

受油器下部的操作油管通常分为3段，分别在受油器、同步电动机和水泵机轴内，即为上操作油管、中操作油管、下操作油管。随着机组各部分的拆卸，这3段操作油管可以分段拆除。其检修的主要内容有如下：

（1）检查各引导瓦及导向块的磨损情况；测量两个引导瓦的内径、圆度及各导向块的外径和圆度，看其配合间隙是否符合图样要求。

（2）检查各段组合面应无毛刺、垫片应完好。各段组合后，组合面用0.02mm塞尺检查应通不过；用0.03mm的塞尺检查，通过范围应小于组合面的1/3。

（3）在操作油管的外腔用1.25倍的工作油压进行耐压试验，0.5h内应无渗漏。

4. 受油器的安装调整

受油器的回装基本上可按与拆卸相反的程序进行，安装调整主要有以下内容。

（1）底座安装调整。将受油器按原来的方位回装，绝缘垫板按原来的位置就位，打入销钉，绝缘垫板按原号原位装入，螺钉按十字方向对称拧紧。注意绝缘套管与绝缘垫片不应有损坏。用框形水平仪在原来的测量水平位置复测底座的水平，应与拆卸时测量的水平值相符。若底座的水平超出图样规定，则应查找原因。通常可以进行加垫处理。底座安装调整以后，用500V的摇表测量底座的绝缘，应小于0.5MΩ。

（2）操作油管的盘车找正。将操作油管按原来位置回装，紫铜垫片退火后放回。机组盘车时，在内、外油管的适当部位装上百分表，根据测得的摆度值，求出上、中、下轴套处最大摆度值及其方位，看是否在轴套间隙的允许范围之内。一般最大的摆度值不大于0.3mm。否则，通过在操作油管法兰组合面加垫或修刮的方法进行处理，使其达到要求。

（3）受油器的预装。将受油器吊入，打入定位销，对称地拧紧部分螺钉。用机械盘车的方法研磨各轴套。一般转动3圈后，将受油器体吊出，检查各轴承的接触情况，要注意中轴套有否卡阻。如有卡阻，应反复盘车研刮，直至合格。

（4）其他要求。受油器体上各轴承的同心度不应大于0.05mm；旋转油盆与受油器底座上挡油环的间隙要均匀。

9.3.5.4 冷却器与制动器的检修工序

1. 冷却器检修

同步电动机有油冷却器和空气冷却器两类，它们的检修一般都按以下工序进行。

（1）清洗。对于油冷却器只需擦干净铜管外表。

空气冷却器钢管的外表面上绕有螺旋铜丝圈，沾满了灰尘和油污，检修时需将它放在碱水中清洗。碱水溶液的配方见表9.19。

表9.19　碱水溶液配方

成　分	含　量/%	成　分	含　量/%
无水碳酸钠（面碱）	1.5	水玻璃	0.5
氢氧化钠（火碱）	2.0	水	95.0
正磷酸钙	1.0		

先将空气冷却器放入80℃左右的碱水中浸泡并晃动10～15min，吊出后再放在热水槽中晃动30min，然后吊出。用清水反复冲洗，直至干净时在铜管外不出现白碱痕迹时为合格。这种方法的优点是清洗较干净；缺点是碱水会损坏冷却器上的橡胶盘根。

（2）水压试验。一般按工作压力的 1.5 倍水压做试验，在 30min 内不渗漏为合格。水压试验方法与前述安装工艺相同。

（3）铜管更换（胀管工艺）。经水压试验后，如发现个别管有轻微渗漏，可在管内壁涂环氧树脂或重新胀一下管头。对渗漏严重的应更换。先剖开胀口，将坏管取下，然后放入新管进行胀管工艺。胀管工艺过程如下：

1）冷却器的铜管（紫铜管或黄铜管）下料长度应符合要求，并注意检查切口平面与管子中心的垂直度，应符合图 9.8 所示要求。

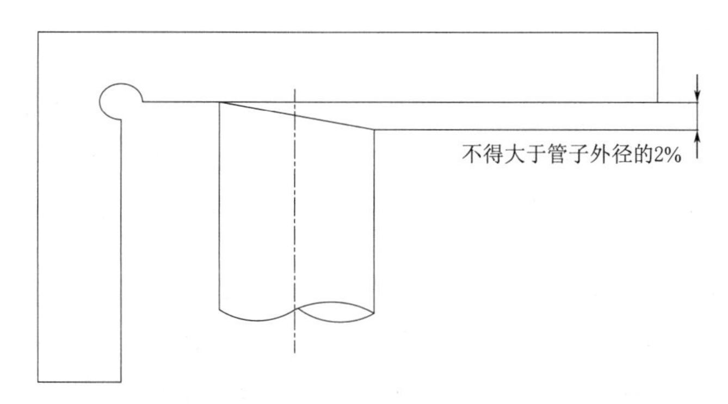

图 9.8　用角尺检查切口平面与管子中心的垂直度

2）清除管口毛刺，擦光管子外圈。

3）选择适合于管子通径的胀管器，并检查胀管器是否合格。

4）对于黄铜管，为防止胀裂，可事先进行退火处理，或是在锡锅搪锡处理；对于紫铜管可以冷胀，用符合铜管通径尺寸的胀管器，把铜管的管头牢靠地胀在冷却器的端板内孔上。黄铜管易生锈、腐蚀，引起漏水，应更换紫铜管。

空冷却器的铜管，国产机组大部分难以将管子取出，往往将此管两头堵上，使它断开。但如果损坏铜管太多，应更换整个空气冷却器。

（4）再次水压试验。胀管以后，还要进行一次水压试验，以检查胀管质量。如果不合格可重新胀管。

2. 制动器故障及检修

（1）制动器常见故障。制动器因其构造、零件质量、安装、运行工况等原因，常有以下问题发生：

1）密封圈寿命短，有时未到大修理期，就要拆下检修。

2）制动器因无防尘装置，使尘埃可能进入缸内造成缸壁拉痕损伤。

3）制动块耐磨性差，一方面使制动块寿命短，另一方面粉尘多，污染了整个电机定、转子线圈，堵塞风道，比规定的大修理期提前进行修理。

4）制动器在制动时，制动块常会受到一些不均匀载荷的作用，如制动块内外圆圆周速度差产生旋转力、转子制动环面不平或热变形使制动块出现不均匀受力等，这些都会引起制动块顶面上的磨损量不等，造成制动环顶面倾斜。这不但缩短制动块使用寿命，而且还会使活塞受卡动作不灵。

5）对采用油、气合一的单缸结构的制动器，用高压油顶起转子后，将油排出，但不易排净，即使采用压缩空气往外吹油，也会有剩油。这样，机组制动时，有时会吹出油雾来，造成污染，降低了线圈的绝缘。

（2）制动器检修内容和方法。

1）测定制动块磨损厚度，必要时给予更换。

2）检查制动块是否松动、裂纹、检查转子制动环的不平度及磨损量，制动环安装螺栓有无异常。

3）手动给制动器通入压缩空气，检查活塞起落是否灵活；总气压与制动器所能保持的气压之差不应大于98kPa。

4）分解制动器：检查制动块与制动板（托板）的连接螺钉（或锁钉）、活塞挡板上的螺钉是否被剪断损坏；检查橡皮碗或O形密封圈是否变质或损坏；清理活塞和缸体。安装时，所有沟槽按要求填涂润滑剂，活塞与缸壁应涂以润滑油，注意不要把橡皮密封碗挤得过紧，O形密封圈不得扭曲。

5）对制动器及管道进行耐压试验，试验方法同前面所述。

6）对某些结构上不合适的制动器进行改进。如对橡皮碗密封的制动器，有的泵站已将它改为O形密封结构；对经常用空气制动很少用油压顶起的泵站，为了保证启动时密封圈的润滑，减少磨损，可在制动器进气管上增加油雾喷射装置，让空气中混有一定的油雾。对润滑缸壁与密封圈，还可以在制动器活塞上增设有润滑油浸透的毡圈式加油装置。

9.3.5.5 运行摆度增大的分析处理

机组在运行中，经常碰到摆度增大的问题，处理时首先要排除轴线曲折的影响，再排除部件缺陷对起摆度的影响。

1. 轴线曲折变大

（1）轴孔同轴度破坏。机组运行时，由于个别部件发生松动，引起局部位移，造成轴孔同轴度破坏，迫使主轴线呈S形旋转，从而磨损导轴承及轴颈。导轴瓦间隙过大后，主轴将失去控制，从而引起摇摆，使轴线摆度不断增大。

（2）填料密封及橡胶轴承磨损。填料函内的填料如果压得过紧，有时使冷却水流不通，容易引起填料磨损甚至烧损事故。在下橡胶轴承处，如顶上水封失灵，轴瓦内无有压清水供给，则水中砂粒将积聚在上部，有的嵌入橡胶轴瓦体内，从而引起轴颈磨损加剧，使轴瓦间隙过大，引起轴线摆度增大。

（3）冷却水管不通。安装时如对冷却水管清理不善，运行中管内将发生严重锈蚀，或锈渣等杂物涌入填料处，使填料与轴颈磨损加剧。有些靠近湖泊的大泵站，由于冷却水管内生长一种俗称“死不掉”的蚌类，堵塞供水管道，使机组运行无冷却水供应，从而引起轴承磨损，使轴线摆度增大。

2. 推力轴承松动

（1）推力头松动。有的推力头在检修中由于拆装次数过多，引起孔径变化；也有的在安装过程中控制质量不严，未达到紧配合要求。需加工后方可使用。

（2）抗重螺丝松动。由于抗重螺丝制造工艺差，检查不严格，经运行受力后便发生松动。处理时可实测螺孔尺寸，重制抗重螺丝。

（3）推力瓦架下沉。推力瓦架下沉时，推力瓦便随之下沉，使推力头发生倾斜，主轴摆度增大。其原因是制造质量不合格，如推力瓦架与支架间留有0.05～0.10mm的间隙。如此在加工时，能把瓦架外圈的焊接部位大部或全部车去，造成瓦架受力后发生下沉。

由于瓦架下面的间隙过小，处理时不易用填片塞实，可在瓦架调整合格后进行补焊。为使支架受力合格，焊缝高不得小于10mm。

3. 导轴承松动

（1）上、下导轴瓦松动。由于抗重螺丝圆头发生微小变形、瓦背出现凹坑、轴瓦与瓦背间的绝缘垫因受压缩而变形、导轴瓦架发生位移等原因，使轴瓦间隙变大，主轴摆度增大。处理时，要调整轴瓦间隙，更换抗重螺丝及连接螺栓与锁定片。

（2）水导橡胶轴承松动。当主轴发生倾斜后，橡胶轴承磨损严重。处理时，先消除主轴摆度，重新调整轴承间隙，对磨损过大而无法调整的橡胶轴承，应及时更换掉。

4. 联轴器与主轴接触不良

联轴器与主轴轴颈用锥度连接时，按规定应有75%以上的接触面。但有些泵轴，尤其是自制的接长短轴，由于加工质量差，使轴孔与轴颈不成面接触，而成线接触甚至局部接触，故在带负荷运行后便发生松动，使主轴摆度增大或变化无常，这种摆度将无法进行调整。

处理时先将泵轴卧放，两端用方木搁置，在联轴器法兰上装拆卸工具，在工具与联轴器之间用100～150kN的千斤顶向外顶，将联轴器拉出。先在轴颈上涂满红丹粉，将联轴器套入后拨出，检查轴颈的接触面情况，然后将高出部位逐步铲刮至符合规定。组装时将联轴器放在有电阻丝的铁盒内通电加温。达热套温度后取出套入轴颈，并装上轴头紧固双螺母。

5. 水力不平衡对摆度的影响

机组在水力不平衡条件下运行时，摆度将明显增大。可通过调相或减负荷运行进行判断。

用上述方法检查后，摆度已恢复正常或明显减小，说明摆度是由水力不平衡所引起的。处理方法如下。

（1）做叶轮静平衡试验。一般机组出厂时，叶轮静平衡试验应符合要求。在机组运行过程中，常进行一些加工处理，如叶轮经气蚀补焊，焊后再经铲磨等加工工艺。如不做静平衡试验，势必增加叶轮不平衡重量对机组摆度的影响。

（2）调整叶片安装角度。叶片在设计位置为零度时，要求各张叶片的安装误差不大于15′。测量时可利用叶片型线点的高程，判别安装运行后各叶片型线点的误差。对全调节式叶轮进行调整时，可松开叶片连杆机构，利用行车拉叶片或用千斤顶顶连杆，使叶片转到所需的调整位置。

6. 磁拉力不平衡对摆度的影响

分析磁拉力不平衡对轴线摆度的影响，应检查磁极交直流阻抗及定子线棒有无短路现象，定子与转子的空气间隙是否均匀。泵房底板发生不均匀沉陷会造成空气间隙不等，一般大型泵站从电机层到底板高达10m以上，无论东西向或南北向，若底板不均匀沉陷1mm，轴孔同轴度破坏将达0.3mm，同时主轴线随之倾斜，引起上、下空气间隙不等。

9.3.5.6 气蚀补焊及泥沙磨损处理

1. 气蚀补焊处理

水泵的气蚀，通常发生在叶片外缘进水边的背面，以及叶轮外壳中心偏下的部位。

气蚀破坏的过程大致分4个阶段，即叶片表面发毛、出现针状小孔、小孔发展成蜂窝状凹坑、穿孔或掉边。当破坏深度超过3～4mm时，必须进行处理。

(1) 气蚀记录。大修前必须做好气蚀记录，方法是用纸蒙在气蚀区上，印出痕迹，然后用方格纸或求积仪计算面积，深度用测针测定，并取其平均值。

(2) 清理气蚀区。清理气蚀补焊的地方，先将气蚀层剥掉，一般用手提砂轮机打磨，再用风铲铲除，如风铲铲不动时，可用电弧刨刨除，再用砂轮机将氧化渗碳层磨去，露出新鲜表面，以便于施焊。

(3) 补焊工艺。根据经验选用含铬12%以上的不锈钢焊条，抗气蚀性能较好。使用的焊条应保持干燥、无掉皮，在烘箱中用300℃温度烘1h后才能使用。施焊前，应使四周符合防火要求，并通风良好。施焊时电焊把为正极，叶轮为负极，对气蚀破坏深度大于5～8mm的部位先行堆焊，即先用化学成分接近部件材料的焊条打底，最后两层焊不锈钢焊条，其焊点要高出原来表面2mm以上，以便焊后用砂轮磨光，使之符合原来型线。

在多层堆焊时，为避免产生焊接内应力，应使焊道方向彼此错开，焊接后应盖上石棉板保温，使之缓慢冷却。施焊后应无气泡、夹渣，表面处理光滑，符合叶片型线要求。

2. 泥沙磨损处理

多泥沙河流中的泵站，泥沙磨损破坏是相当严重的。通常泥沙磨损与气蚀破坏相互促进，先是泥沙磨损使过流部位有不同程度的破坏，如金属表面补磨成光滑的鱼鳞孔后，破坏了水流的连续性，出现了汽穴，从而加剧了叶轮的汽蚀破坏。

处理方法有喷涂金属涂层和非金属涂层两种。通常采用环氧砂浆涂层和聚脂胶橡胶涂层，此外还可用复合尼龙喷涂等。处理时工作表面要采用喷砂清理或丙酯溶剂清洗，去掉油及铁锈，并擦拭干净，保持干燥，然后按配方及工艺要求涂抹底层、中层及面层，最后保持在40～50℃下进行固化，加温固化后再缓慢降温，以防急剧降温后使黏结表面破坏。

9.3.5.7 叶轮密封漏油处理

1. 叶片密封漏油处理

全调节式叶轮的叶片密封装置主要靠“入”形密封橡胶圈作衬垫，外面用压环压住，里面用垫环顶紧，使“入”形密封橡胶圈的尖角撑开，紧贴在叶轮轮壳及叶片根部法兰上。从而阻止轮壳内的油外漏，并防止河水进入叶轮。

这种密封装置，一般可用3～5年，但对潮水河泵站，因需经常调节叶片，泥沙可嵌入叶片根部法兰与密封橡胶圈边之间，使磨损加剧，寿命缩短。为此，需经常更换“入”形橡胶密封圈。处理方法如下。

（1）拆卸叶轮。将叶轮吊至检修间，并翻身倒置放在平台上，在活塞杆顶部用方木顶住，拆卸下盖，卸去固定操作架的分卡环及耳环螺母，将操作架吊出；再拆去连杆，取出耳环螺母及卡环定位销，松开转臂螺栓，将转臂用顶紧螺栓顶开，下部用楔形垫铁垫好。然后松开叶片压环螺栓，将叶片撬开，用行车吊住叶片，将叶片密封橡胶圈移至叶片根部法兰上。松开顶紧环螺栓，取出顶紧环。吊起叶轮壳体，使活塞及活塞杆留在平台上。

叶轮漏油不在大修期间更换“人”形橡胶密封圈时，可利用专用工具不拆叶轮更换。方法是先将叶轮内的油放尽，拆下底盖，装上叶片拆装专用小车，使搁支在地面轨道上，把叶片用千斤顶及夹具固定在小车上，拆去转臂上的卡环和定位销以及压环螺钉，推出叶片，换上新的“人”形橡胶密封圈后，重新装上叶片。

（2）检查缺陷。用内径千分尺及外径千分尺检查轴与轴套的配合间隙，了解止推轴套的磨损情况，修刮压环平面；检查“人”形密封橡胶圈表面有无伤痕、裂纹、毛边凹凸不平等缺陷，橡胶是否老化，根据具体情况予以更换。检查压环与弹簧配合情况，各部轴套、活塞环等磨损情况，确定是否要做叶轮静平衡试验。

（3）组装叶轮。在组装活塞与活塞杆时，先将叶轮放正，将组装好的活塞与活塞杆吊入活塞缸内进行安装，然后检查活塞周围的间隙，使活塞偏心不大于0.05mm，在活塞杆及活塞缸上安装试验盖。

将叶轮翻身倒置放在平台上，安装叶片密封的弹簧及顶紧环，按技术要求顶紧环应有一定的压缩量，将转臂吊入轮壳内，找正位置。然后起吊叶片，在叶片根部套上压环和“人”形密封橡胶圈，将叶片装入叶轮。装“人”形密封橡胶圈时，要防止出现翻折卷边现象。

装上转臂、定位销、卡环，然后用螺杆式千斤顶顶住叶片，使转臂与卡环压紧后，再装转臂的紧固螺栓。再依次装上连杆耳环螺栓、操作架及叶轮下盖。

试验时，可直接利用站内的压力油装置提供压力油。

油压密封试验要求油质用同系统油，最大试验压力一般为0.5MPa，并保持16h，油温不低于5℃。试验时，应操作叶片全行程动作1～2次，各组合键不应有渗漏现象，每个叶片密封装置的漏油量不应超过表9.20的规定。

表9.20　　每个叶片密封装置的允许漏油量

叶轮直径/m	<3.0	3.0～4.5	>4.5
每小时每个叶片的漏油量/mL	5	7	10

叶轮密封试验也可用0.6～0.8MPa的压缩空气进行，试验时将压缩空气通入轮壳腔内，在轮壳周围的接缝部位涂上肥皂水，然后观察有无气泡产生；再转动叶片从最大正角度转到最大负角度，看叶片根部密封橡胶圈四周接缝部位有没有漏气。如有漏气用石笔做好记号，然后解体检查，分析原因。用气压代替油压做叶轮密封试验，可加快安装进度，保证装配质量、而且现场清洁、省工省料，这是其优点。

2. 叶轮底盖加工面漏油处理

叶轮底盖一般为铸铁件，为防止铸铁加工后造成气孔串通漏油，应使用定型产品，泵站无备件时，才采用现场拼接，连接缝内的止漏橡胶绳要用斜接，并用尼龙丝扎紧。底盖的加工部位尽量减少，加工后应用较薄的环氧基液涂刷1～2遍，使环氧基液渗入气孔，堵塞通道，阻止油的渗漏。

9.3.5.8 轴颈磨损喷镀处理

轴颈的磨损部位有3处，填料函内盘根处、上橡胶轴承处及下橡胶轴承处。磨损原因主要是机组轴孔同轴度偏差过大，使主轴呈S形旋转：冷却水管供水不善，使盘根和轴承内进入河水，泥沙便积聚在轴颈部位，磨损轴颈。如此运行几年后，镀铬段轴颈一般磨损0.5mm以上，个别深槽可达1～1.5mm。从而引起摆度增大、大量湿水，轴颈的修理，目前常用金属喷镀的方法。

金属喷镀是将熔化了的金属雾化，并以很高的速度向预先准备好的毛糙、干净的轴颈表面上喷射，形成金属覆盖涂层。

1. 金属喷镀原理

金属喷镀有气喷和电喷两种，气喷是用氧气与乙炔燃烧的气体为热源，使不锈钢丝熔化成液体。电喷是在喷枪电弧区内接触产生电弧，使金属丝熔化。然后都采用压缩空气将熔化后的金属喷镀至工作表面。一般电喷较气喷好，它调节控制方便，且容易掌握。

2. 表面处理

喷镀前先将泵轴卡在车床上，将磨损处车圆，露出新的金属表面。然后用一台电压为6～9V、电流为100～340A的单相变压器，一相接泵轴，另一相接电焊把。用电焊把夹住一块厚2mm、宽20～30mm的镍板条作电极，手握焊把，使镍条断续地接触被车削的泵轴表面，此时将产生小火花，金属镍将轻微地熔解在待喷镀的轴颈表面上，形成一层粗糙的凸起小点，直至布满整个轴颈圆周。拉毛后用钢丝刷清除结合不牢的凸起点，便可喷镀。

从车圆至开始拉毛，时间不宜超过0.5h，以免金属表面氧化而影响质量。

3. 喷镀方法

轴颈经电拉毛后，应立即进行喷镀。喷镀时的电压为30V、电流为136～150A，并采用ϕ1.6的不锈钢丝。

因熔解的金属被压缩空气喷射到轴颈表面时，金属微粒还具有一定的温度，如集中一点，喷射时会增加温度，冷却后容易碎裂，故喷枪要有一定的移动速度，轴颈也需有一定的线速度，如线速度太快，喷镀点切线处将成滑射，对喷镀附着力有影响。如喷枪移动得太快，镀层产生螺旋线，最终使深层产生螺纹式夹灰层，并使镀层厚薄不均，操作时轴颈线速度与喷枪移动量见表9.21。

表9.21　喷镀时轴颈线速度与喷枪移动量

泵轴直径/mm	轴颈线速度/(m/min)	喷枪移动量/(mm/r)
100～200	12～15	10～12
200～300	15～20	12～15
300～450	20～30	15～18
450～600	30～40	18～20

喷头至轴颈间的距离应控制在180～200mm，距离越近、温度越高，附着强度越强、收缩力越大，故需控制轴颈温度不超过70～80℃。

喷镀开始时，应将喷枪调至15°角，对两端边角处先喷镀成一定厚度的圆角，使该处先堆积一层涂料，然后再向左右移动，此时喷枪头应与泵轴中心线垂直，偏差不大于10°。在喷镀过程中，如有较粗的颗粒附在表面上，则应暂时停喷，用扁铲轻轻铲除。

轴颈喷镀完毕，冷却至40℃左右后，刷涂润滑油，让油质渗入涂层，以便于切削加工。喷镀后的轴颈经磨削加工后，其尺寸和粗糙度要符合要求。如没有磨削条件，也可采用切削加工，切削完毕后，用机油研磨膏对表面进行研磨，以增加粗糙度。一般喷镀层厚1.5～2mm，经加工后，轴颈直径在150mm以下的，镀层厚不小于0.8mm；轴颈直径在150mm以上的，应不小于1mm。

9.3.5.9　机组振动

水泵机组在旋转中产生的旋转力，不可能是绝对平衡的，这种不平衡力的存在，就会引起扰动，按一定的节奏在原来静止位置的两侧作周期性往复运动，这种运动称为振动。

振动超过一定限度时，将对机组本身、基础及厂房带来危害，威胁着机组能否正常运转，影响机组的使用寿命。为此，根据机组转速的大小，结构部位和环保的要求，规定了一些振动标准，见表9.22。如超过允许值，应找寻原因，消除振源，使振动降低到允许范围内。

表9.22　水泵机组各部位振动允许值

额定转速 n/(r/min)	$n \leqslant 100$	$100 < n \leqslant 250$	$250 < n \leqslant 375$	$375 < n \leqslant 750$
立式机组带推力轴承支架的垂直振动	0.08	0.07	0.05	0.04
立式机组带导轴承支架的水平振动	0.11	0.09	0.07	0.05
立式机组定子铁芯部位水平振动	0.04	0.03	0.02	0.02
卧式机组各部轴承振动	0.11	0.09	0.07	0.05
灯泡贯流式机组推力支架的轴向振动	0.10	0.08		
灯泡贯流式机组各导轴承的径向振动	0.12	0.10		
灯泡贯流式灯泡头的径向振动	0.12	0.10		

注　振动值指机组在额定转速、正常工况下的测量值。

由于转动部件不平衡力的扰动，使电动机导轴承及机架发生振动，机架内端的位移值称为振幅；单位时间振动的次数称为振动频率；而往复振动的间隔时间，称振动周期。这些特性，均可用电测振动仪量出。

通常振动较大的机组，其摆度也一定较大。振动摆度的大小，是综合鉴定一台机组安装质量好坏的重要技术指标，故在一定的安装条件下，应使机组振动及摆度尽量减小到允许范围内。

根据干扰力的不同，水泵机组产生的振动可分以下3种情况。

1. 机械振动

当转子不平衡时，由于离心力的作用，使转子不通过推力轴承中心旋转。因导轴承有一定间隙，转轴就在这范围内振摆，由于轴向力不通过堆力轴承中心，就会产生偏心矩，使推力轴承各抗重螺丝受力不均。随着转子的旋转，偏心矩也同样旋转，使各抗重螺丝承受脉动力，其脉动频率与转速频率相同，从而使推力轴承各个抗重螺丝产生轴向振动，转子也就随之振动。当主轴中心不正确，轴线有弯曲，水泵在偏离设计工况时产生脉动水推力，转子振摆更严重。当其须率与轴向支承的自振频率相同时，转子振摆更剧烈，承重支架容易被破坏。

其他如机组轴线曲折而产生倾料、导轴承间隙过大且润滑条件不良，橡胶轴承的橡胶瓦弹性变形过大、机组部件有碰擦现象等，都能引起振动。

为了分辨哪个根源是主要的，应进行转速试验，即在不同转速下，测量各导轴承支撑机架内端的振幅和频率，绘制转速与振幅关系曲线，公式为

$$A=f(n^2) \tag{9.9}$$

式中 A——双振幅，mm；

n——转速，r/min。

另外还需绘制转速与振动须率关系曲线，公式为

$$f=f(n^2) \tag{9.10}$$

式中 f——振动频率，周/s。

如果振幅随机组转速增高而加大，且与转速平方成正比，而振动频率与转速频率又一致，则振动原因是由转动部件静（动）不平衡引起的，应作静（动）平衡试验，并根据试验结果加配重块处理。

如果机组在$(0.6\sim1)n$转速范围内运行，振幅一直很大，改变转速对振幅的影响不大，而振动频率与转速频率基本一致。其振动原因可能是轴线曲折、盘车摆度未调好、导轴承不同轴，主轴与固定部件有偏磨现象等，应重新盘车调摆度与调中心。

2. 电磁振动

电磁振动主要是由转子绕组短路、空气间隙不匀、磁极次序错误等造成的，它们的直接后果是使磁路不对称，因而造成磁拉力不平衡。

当一个磁极的磁动势因短路而减小时，跟它相对的那个磁极的磁动势没有变，因而出现一个跟转子一起旋转的辐向不平衡磁拉力，引起转子振动。

检查时应作励磁试验，即在额定转速下给转子磁极加励磁电流，测量并绘制振幅与励磁电流的关系曲线，其公式为

$$A=f(i) \tag{9.11}$$

如振幅随励磁电流的加大而增大，去掉励磁电流振动便消失，则磁拉力不平衡是引起机组振动的主要原因。应注意，磁极线圈短路引起振动的力是以大小相等、方向相反作用于转子和定子的，故当定子装得不牢固时，除转子振动外，定子也出现振动。

当电动机转子不圆或有摆度时，将造成空气间隙不均匀，从而产生单边的磁拉力不平衡。随着转子的旋转，将引起空气间隙作周期性变化，使单边磁拉力不平衡，并沿着圆周作周期性移动，从而引起机组振动。这种振动随励磁电流的加大而增大。另外，磁极背部与磁轭间出现第二气隙等，也能引起振动，故应作好相应的处理。

3. 水力不平衡振动

当振幅随负荷增减而增减时，且水导轴承处的振幅变化比值，比上导轴承处的振幅变化来得敏感，而在调相运行中振幅大幅度下降，则水力不平衡是引起机组振动的主要原因。应检查水泵过流部分有无局部堵塞现象，叶轮叶片间隙是否一致。如果水流失去轴对称，就会产生一个不平衡的横向力作用在叶轮上，故应作相应的处理。

如果振动仅在某一负荷区运行中较大，避开这一负荷区域运行时，振动明显降低，则气蚀是产生振动的主要原因。

如果振动的频率为

$$f=\frac{zn}{60} \tag{9.12}$$

式中　z——叶轮的叶片数；

n——机组转速，r/min。

就会产生间隙气蚀，使叶轮外壳内壁和叶片外缘部位产生气蚀破坏。

9.4　卧式水泵机组的检修

9.4.1　双吸离心泵的拆装程序

9.4.1.1　解体步骤

解体步骤以SH型离心泵为例，如图9.9所示。

1. 分离泵壳

(1) 拆除联轴器销子，将水泵与电机脱离。

(2) 拆下泵结合面螺栓及销子，使泵盖与下部的泵体分离，然后把填料压盖卸下。

(3) 拆开与系统有连接的管道（如空气管、密封水管等），并用布包好管接头，以防止落入杂物。

2. 吊出泵盖

检查上述工作已完成后，即可吊下泵盖。起吊时应平稳，并注意不要与其他部件碰磨。

3. 吊转子

(1) 将两侧轴承体压盖松下并脱开。

(2) 用钢丝绳拴在转子两端的填料压盖处起吊，要保持平稳、安全。转子吊出后应放在专用的支架上，并放置牢靠。

4. 拆卸转子

(1) 将泵侧联轴器拆下，妥善保管好连接键。

(2) 松开两侧轴承体端盖并把轴承体取下，然后依次拆下轴承紧固螺母、轴承、轴承端盖及挡水圈。

(3) 将密封环、填料压盖、水封环、填料套等取下，并检查其磨损或腐蚀的情况。

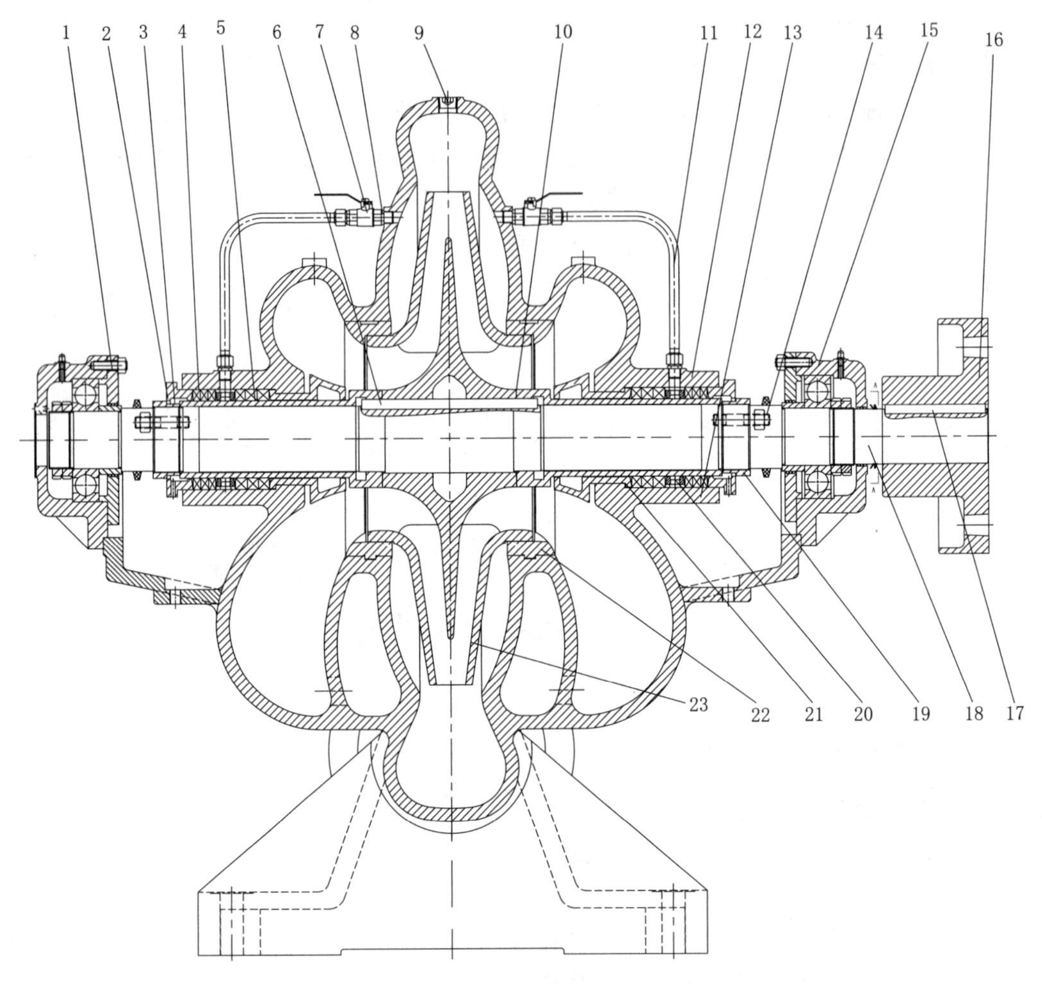

图 9.9 SH 型离心泵

1—轴承体乙部件；2—填料压盖；3—叶轮；4—填料压盖；5—轴套；6—键；7—铜球阀；8—内接头；9—内六角丝堵；10—纸垫；11—不锈钢软管；12—泵盖；13—泵体；14—螺柱；15—轴承体甲部件；16—泵联轴器；17—键；18—轴；19—轴套螺母；20—填料环；21—填料套；22—双吸密封环；23—叶轮

(4) 松开两侧的轴套螺母，取下轴套并检查其磨损情况，必要时予以更换。

(5) 检查叶轮磨损和气蚀的情况，若能继续使用，则不必将其拆下。

9.4.1.2 装配顺序

1. 转子组装

(1) 叶轮应装在轴的正确位置上，不能偏向一侧，否则会造成与泵壳的轴向间隙不均而产生摩擦。

(2) 装上轴套并拧紧轴套螺母，为防止水顺轴漏出，在轴套与螺母间要用密封胶圈填塞、组装后应保证胶圈被轴套螺母压紧且螺母与轴套已靠紧。

(3) 将密封环、填料套、水封环、填料压盖及挡水圈装在轴上。

(4) 装上轴承端盖和轴承、拧紧轴承螺母，然后装上轴承体并将轴承体和轴承端盖紧固。

（5）装上联轴器。

2. 吊入转子

（1）将前述装好的转子组件平稳地吊入泵体内。

（2）将密封环就位后，盘动转子，观察密封环有无摩擦，应调整密封环直到盘动转子轻快为止。

3. 扣泵盖

将泵盖扣上后，紧固泵结合面螺栓及两侧的轴承体压盖。然后，盘动转子看是否与以前有所不同，若没有明显异常，即可将空气管、密封水管等连接上，把填料加好，接着，就可以进行对联轴器找正了。

9.4.2　水泵检修

9.4.2.1　联轴器的拆装要点

（1）拆下联轴器时，不可直接用锤子敲击而应垫以铜棒，且应打联轴器轮毂处而不能打联轴器外缘，因为此处极易被打坏。最理想的办法是用掳子拆卸联轴器。对于中小型水泵来说，因其配合过盈量很小，故联轴器很容易拿下来。对较大型的水泵，联轴器与轴配合有较大的过盈，所以拆卸时必须对联轴器进行加热。

（2）装配联轴器时，要注意键的序号（对具有两个以上键的联轴器来说）。若用铜棒敲击时，必须注意击打的部位。例如，敲打轴孔处端面时，容易引起轴孔缩小，以致轴穿不过去；敲打对轮外缘处，则易破坏端面的平直度，在以后用塞尺找正时将影响测量的准确度。对过盈量较大的联轴器，则应加热后再装。

（3）联轴器销子、螺帽、垫圈及胶垫等必须保证其各自的规格、大小一致，以免影响联轴器的动平衡。联轴器螺栓及对应的联轴器销孔上应做好相应的标记，以防错装。

（4）联轴器与轴的配合一般均采用过渡配合，既可能出现少量过盈，也可能出现少量间隙，对轮毂较长的联轴器，可采用较松的过渡配合，因其轴孔较长，由于表面加工粗糙不平，在组装后自然会产生部分过盈。如果发现联轴器与轴的配合过松，影响孔、轴的同心度时，则应进行补焊。在轴上打麻点或垫钢皮乃是权宜之计，不能作为常用的方法。

9.4.2.2　拆卸水泵时的主要注意事项

（1）要准备好放置水泵零件的工作台，如受条件限制，也可摆放在木板上，切忌乱扔、乱放。

（2）在拆卸叶轮、键等零件时，要做好记号，装配时按记号回装。

（3）零件拆下清扫干净后，在安装面上涂以防锈油，用破布裹好。拆装与吊运时不要碰伤安装面。

（4）拆卸螺帽、螺钉时，应用扳手或螺丝刀，尽量少用开口扳手。如果拆卸螺帽或螺钉有困难，可渗入煤油或进行加热卸下。

（5）必须保持结合面、摩擦面和光加工面的清洁，绝不能碰伤和损坏。

（6）合理使用专用工具。

9.4.2.3　水泵拆卸后的清洗和检查

水泵在检修时，对拆卸下的零部件应进行清洗和检查，包括如下内容：

（1）清洗水泵和法兰盘各结合处的油垢、沉积物及铁锈，用柴油清洗拆下的螺栓、螺母。

（2）刮去叶轮内外表面和口环等处的水垢、沉积物及铁锈，要特别注意叶轮流道内的水垢。

（3）清洗泵壳内表面，清洗水封管、水封环、检查其是否堵塞。

（4）用汽油清洗滚动轴承，刮去滑动轴承上的油垢，用煤油清洗擦干。

（5）橡胶轴承应刮擦干净，然后涂上滑石粉，橡胶轴承不能用油类清洗。

（6）在清洗过程中，对水泵各零部件应作详细的检查，以便确定是否需要修理或更换。

9.4.2.4 泵体部分的检查与修理

1. 轴承的检查修理

对于滑动轴承，应检查轴承座、轴承盖是否有裂纹或破损；检查油杯是否松脱或损坏；检查轴瓦的磨损、烧伤及脱壳情况；决定是否更换或烧铸巴氏合金。

对于单列向心滚珠轴承，要检查滚珠是否有破损或偏磨，滚道表面不能有斑、孔、凹痕、剥落、脱皮等现象；检查轴承的内、外环有无裂纹，检查轴承的磨损情况及滚珠与环的配合情况，要求轴承转动灵活、平稳、无振动。

2. 壳体的检查修理

检查泵体、泵盖是否有裂纹，若有裂纹可进行修补或更换；检查清扫泵盖与泵体间的结合面，检查石棉垫是否完好，若已损坏，应进行更换。检查泵壳内部有无磨损或因汽蚀破坏造成的沟槽、孔洞，若有则用高分子材料代替焊补，若不能修理，应进行更换。

3. 水道的检查修理

检查冷却水路、密封水道是否堵塞，有无泄漏，应保持其畅通。

9.4.2.5 转动部分的检查与修理

1. 叶轮的检查与修理

水泵的叶轮由于受泥沙、水流的冲刷、磨损，常形成沟槽或条痕，有时因汽蚀破坏，叶片常出现蜂窝状的孔洞，尤其是叶轮入口的外径处。如果出现沟痕，可在机床上用纱布打磨，如果沟痕严重且偏磨较多，在厚度许可下，在车床上找正车光。如果叶轮表面裂纹严重，有较多的砂眼或孔洞，因冲刷而使叶轮壁变薄，影响到叶轮的机械强度与叶轮的性能；叶片被固体杂物击毁或叶轮入口处有严重的偏磨时，应更换新的叶轮。如果对水泵性能和强度影响不大，可以用焊补的方法进行修理。焊补后要用手砂轮打平，并作平衡试验，对于个别地方气蚀较严重的地方，仍可使用的叶轮用环氧塑料进行贴补。

2. 泵轴的检查与修理

（1）检查泵轴在轴承处的磨损情况。检查轴套的磨损程度，一般在大修时要更换。

（2）泵轴弯曲的修理。由于荷载的冲击，皮带拉得过紧或安装不正确等原因，都会使泵轴弯曲变形，安装运输及堆放不当，更易弯曲变形。

泵轴弯曲后，机组运行时的振动加剧，将使轴颈处磨损加大，甚至造成叶轮和泵壳的摩擦，影响机组的正常运行。

（3）检查泵轴对弯曲情况。可以在平台或车床上用百分表测量，要求弯曲量小于0.05mm/m，否则应予校直。泵轴校直的方法有捻打直轴法，机械加压法，局部加热，局部加热加压法等。

（4）轴颈拉沟及磨损后的修理。采用滑动轴承的泵轴轴颈，因润滑不良或润滑油进铁屑、砂粒等而使轴颈擦伤或磨出沟痕，橡胶轴承处的轴颈磨损等，一般采用镀铬、镀铜、镀不锈钢来进行修复，然后用车或磨的方法加工成标准直径。

(5) 泵轴螺纹的修理。泵轴端部螺纹有损伤的可用什锦锉刀把损伤螺纹修一下，继续使用。如果损坏较重，必须将原有螺纹车去，再重车一个标准螺纹；或先把泵轴端车小，再压上一个衬套，在衬套上车削与原来相同的螺纹，也可用电、气焊在泵轴端螺纹堆焊一层金属，再车削与原来相同的螺纹。

(6) 键槽修理。如果键槽表面粗糙损坏不大，可用锉刀修光即可。如果损坏较严重，可把旧槽焊补上，在别处另开新槽，但对传动功率较大的泵轴必须更换泵轴。

3. 联轴器的检查与修理

(1) 检查连接销钉胶皮圈直径及磨损情况，通常销钉紧固后，胶皮圈与联轴器孔的间隙应为 0.5～1.2mm。

(2) 检查联轴器的孔径、轴径、平键及键槽的尺寸，其配合应符合图样要求。

9.4.2.6 滚动轴承的拆装方法及注意事项

1. 拆装方法

(1) 铜棒手锤法。用手锤垫以铜棒进行敲击，使滚动轴承受力不均，铜棒易滑脱使轴承受伤，铜屑容易落入轴承中。

(2) 套管手锤法。用一端封闭的套管套在轴上，套管的另一端与轴承的固定圈均匀接触，用手锤敲击套管的封闭端，使敲击力均匀地分布在滚动轴承的端面上。套管的内径要稍大于轴径。外径要小于轴承的内圈滚珠直径。

(3) 加热法。将轴承放在油中加热，然后迅速套入轴内，并用铜棒敲击到位。加热时，油温度不允许超过 120℃；轴承应悬在油中，使其受热均匀。

(4) 扒钩螺杆法。将边上的螺栓改为扒钩，扒钩在轴承圈上，通过转动顶在轴上的螺栓将轴承拔出。

2. 注意事项

(1) 拆装时施力的部位要正确，其原则是：与轴配合时打内圈，与外壳配合时打外圈，要避免滚动体与滚连受力变形或压伤。

(2) 施力要对称，不要打偏，避免引起轴承歪斜或啃伤轴颈。

(3) 拆装前轴与轴承要清洗干净，不能有锈垢等污物。

9.4.2.7 轴承的修理

轴承在水泵运行中承受比较大的荷载，是水泵中比较容易损坏的零件之一。

滚动轴承使用时间较长或因维护安装不良，造成磨损过限、支架损坏、座圈破裂、滚珠破碎及滚珠和内外圈之间的间隙过大，一般均需更换新轴承。

滑动轴承的轴瓦是用铜锡合金铸造的，是最容易磨损或烧毁的零件。一般轴瓦合金表面的磨损、擦伤、剥落和熔化等大于轴瓦接触面积的 25%时，应重新浇铸轴承巴氏合金。当低于 25%时可以补焊，补焊所用的巴氏合金必须和轴瓦上的巴氏合金牌号完全相同。另外，如果轴瓦出现裂纹或破裂等，都必须重新浇铸轴承合金。

9.4.2.8 水泵密封的检修

1. 泄漏点位置

泵用机械密封泄漏点主要有 5 处：

(1) 轴套与轴间的密封。

(2) 动环与轴套间的密封。

（3）动、静环间密封。

（4）对静环与静环座间的密封。

（5）密封端盖与泵体间的密封。

一般来说，轴套外伸的轴间、密封端盖与泵体间的泄漏比较容易发现和解决，但需细致观察，特别是当工作介质为液化气体或高压、有毒有害气体时，相对困难些。其余的泄漏直观上很难辨别和判断，须在长期管理、维修实践的基础上，对泄漏症状进行观察、分析、研判，才能得出正确结论。

2. 泄漏原因分析及判断

（1）安装静试时泄漏。机械密封安装调试好后，一般要进行静试，观察泄漏量。如泄漏量较小，多为动环或静环密封圈存在问题；泄漏量较大时，则表明动、静环摩擦副间存在问题。在初步观察泄漏量、判断泄漏部位的基础上，再手动盘车观察，若泄漏量无明显变化则静、动环密封圈有问题；如盘车时泄漏量有明显变化则可断定是动、静环摩擦副存在问题；如泄漏介质沿轴向喷射，则动环密封圈存在问题居多，泄漏介质向四周喷射或从水冷却孔中漏出，则多为静环密封圈失效。此外，泄漏通道也可同时存在，但一般有主次区别，只要观察细致，熟悉结构，一定能正确判断。

（2）试运转时出现的泄漏。泵用机械密封经过静试后，运转时高速旋转产生的离心力，会抑制介质的泄漏。因此，试运转时机械密封泄漏在排除轴间及端盖密封失效后，基本上都是由于动、静环摩擦副受破坏所致。引起摩擦副密封失效的因素如下：

1）操作中，因抽空、气蚀、憋压等异常现象，引起较大的轴向力，使动、静环接触面分离。

2）对安装机械密封时压缩量过大，导致摩擦副端面严重磨损、擦伤。

3）动环密封圈过紧，弹簧无法调整动环的轴向浮动量。

4）静环密封圈过松，当动环轴向浮动时，静环脱离静环座。

5）工作介质中有颗粒状物质，运转中进入摩擦副，探伤动、静环密封端面。

6）设计选型有误，密封端面比压偏低或密封材质冷缩性较大等。上述现象在试运转中经常出现，有时可以通过适当调整静环座等予以消除，但多数需要重新拆装，更换密封。

（3）正常运转中突然泄漏。离心泵在运转中突然泄漏少数是因正常磨损或已达到使用寿命，而大多数是由于工况变化较大或操作、维护不当引起的。

1）抽空、气蚀或较长时间憋压，导致密封破坏。

2）对泵实际输出量偏小，大量介质泵内循环，热量积聚，引起介质气化，导致密封失效。

3）回流量偏大，导致吸入管侧容器（塔、釜、罐、池）底部沉渣泛起，损坏密封。

4）对较长时间停运，重新启动时没有手动盘车，摩擦副因粘连而扯坏密封面。

5）介质中腐蚀性、聚合性、结胶性物质增多。

6）环境温度急剧变化。

7）工况频繁变化或调整。

8）突然停电或故障停机等。离心泵在正常运转中突然泄漏，如不能及时发现，往往会酿成较大事故或损失，须予以重视并采取有效措施。

3. 泵用机械密封检修中的几个误区

（1）弹簧压缩量越大密封效果越好。其实不然，弹簧压缩量过大，可导致摩擦副急剧磨损，瞬间烧损；过度的压缩使弹簧失去调节动环端面的能力，导致密封失效。

（2）动环密封圈越紧越好。其实动环密封圈过紧有害无益。一是加剧密封圈与轴套间的磨损，过早泄漏；二是增大了动环轴向调整、移动的阻力，在工况变化频繁时无法适时进行调整；三是弹簧过度疲劳易损坏；四是使动环密封圈变形，影响密封效果。

（3）静环密封圈越紧越好。静环密封圈基本处于静止状态，相对较紧密封效果会好些，但过紧也是有害的。一是引起静环密封因过度变形，影响密封效果；二是静环材质以石墨居多，一般较脆，过度受力极易引起碎裂；三是安装、拆卸困难，极易损坏静环。

（4）叶轮锁母越紧越好。机械密封泄漏中，轴套与轴之间的泄漏（轴间泄漏）是比较常见的。一般认为，轴间泄漏就是叶轮锁母没锁紧，其实导致轴间泄漏的因素较多，如轴间垫失效，偏移，轴间内有杂质，轴与轴套配合处有较大的形位误差，接触面破坏，轴上各部件间有间隙，轴头螺纹过长等都会导致轴间泄漏。锁母锁紧过度会导致轴间垫过早失效，相反适度锁紧锁母，使轴间垫始终保持一定的压缩弹性，在运转中锁母会自动适时锁紧，使轴间始终处于良好的密封状态。

（5）新的比旧的好。相对而言，使用新机械密封的效果好于旧的，但新机械密封的质量或材质选择不当时，配合尺寸误差较大会影响密封效果；在聚合性和渗透性介质中，静环如无过度磨损，还是不更换为好。因为静环在静环座中长时间处于静止状态，使聚合物和杂质沉积为一体，起到了较好的密封作用。

（6）拆修总比不拆好，一旦出现机械密封泄漏便急于拆修，其实，有时密封并没有损坏，只需调整工况或适当调整密封就可消除泄漏。这样既避免浪费又可以验证自己的故障判断能力，积累维修经验提高检修质量。

4. 轴封装置的修理

（1）轴套修理。填料装置的轴套（无轴套则为泵轴），磨损较大或出现裂痕时应更换新套。若无轴套，可将轴领加工镶套。

（2）填料的修理。填料用久会失去弹性，因此检查时必须更新。填料大多采用断面为方形浸油石棉绳，安装之前应预先切割好，每圈两端用对接口或斜接口。填料与泵轴之间应有很好的配合，并留有一定的间隙，与轴的配合间隙应符合图样要求。安装前在机油内浸透逐圈装入，接口再错开（不得小于120mm）。填料压盖、挡环、水封环磨损过大或出现沟痕时，均应更换新件。

5. 密封环的修理

检查密封环的磨损、变形及裂纹情况，处理方法是将密封环的内径车上一刀，口圆为止。然后根据实测尺寸及间隙要求，加工一保护轴套镶在叶轮上。

如果密封环已破裂或与叶轮径向间隙过大时，应更换新件。

新件内径按叶轮入口内径来确定，叶轮与密封环之间的间隙为0.1～0.5mm。

9.4.2.9 环氧塑料的配制工艺

水泵的叶轮受到汽蚀破坏，造成金属表面脱落甚至穿孔，检修时要更换叶轮或对其进行修补。广泛采用环氧塑料来粘补叶轮，环氧塑料黏附力强、耐磨、强度好，具有较高的抗汽蚀能力。

1. 环氧塑料配制典型工艺之一

（1）配方。重量比为环形树脂100，乙二胺8，二丁酯20，填料200～300。

(2) 工艺过程。将环氧树脂加热至40～50℃，加入二丁酯并搅拌均匀，再倒入乙二胺均匀混合，最后加入填料搅拌混合均匀。

(3) 固化过程。在常温下经过8～12h即可固化。

2. 环氧塑料配料典型工艺之二

(1) 配方。重量比为环氧树脂100，间苯二胺15，二丁酯20，填料200～300。

(2) 工艺过程。将环氧树脂加热至80～90℃，加入二丁酯搅拌均匀，把间苯二胺加温至60～65℃后加入拌和，最后加入填料拌和均匀。

(3) 固化过程。在80℃的温度下，经过6～8h便可固化。

3. 粘补工艺

(1) 表面处理。黏附时要求表面除尽铁锈、污物和油脂，并具备适当的粗糙度。一般先用喷砂或其他机械方法除去铁锈；然后用丙酮、四氯化碳、甲苯、酒精等擦洗，或在10%的盐酸溶液中，在60℃的温度下处理10min，然后用水冲洗后烤干。

(2) 调配工艺。根据配方用天平称出个组配料，按先后顺序加入，增塑剂加入后，最后略加热并搅拌均匀，以除去气泡。对于固化过程是放热反应的固化剂如乙二胺，在混合时应注意同时冷却，以免反应太快；对于固体的固化剂和间苯二胺，应将其研成粉末，逐渐搅拌到树脂中，然后加热搅拌至粉末消失并没有气泡为止。调配好的环氧塑料必须冷却，以延长其寿命。为了使黏结剂有一定的流动性，通常要分若干次调配，调好了就要用。

(3) 粘补工艺。在粘补前，最好先将粘补处加热到50～60℃，然后用牛角刮刀将调配好的环氧塑料用力压涂在粘补面上，并按要求的形状抹平。对于要加热固化的环氧塑料，粘好后应先在低温下烘一段时间，再按阶梯式分级升温。因为温升过快，容易产生气孔。

9.4.2.10 离心泵各零部件测量及计算

1. 轴弯曲度的测量

泵轴弯曲之后，会引起转子的不平衡和动静部分的磨损，所以在大修时都应对泵轴的弯曲度进行测量。

(1) 把轴的两端架在V形铁上，V形铁应放置平稳、牢固。

(2) 再把千分表支好，使测量杆指向轴心。然后，缓慢地盘动泵轴，在轴有弯曲的情况下，每转一周则千分表有一个最大读数和最小读数，两读数的差值即表明了轴的弯曲程度。这个测量过程实际上是测量轴的径向跳动，亦即晃度。

(3) 晃度的一半即为轴的弯曲度。通常，对泵轴径向跳动的要求是：中间不超过0.05mm，两端不超过0.02mm。

2. 转子晃度的测量

测量转子晃度的方法与测量轴弯曲的方法类同。通常，要求叶轮密封环的径向跳动不得超过0.08mm，轴套处晃度不得超过0.04mm，两端轴颈处晃度不得超过0.02mm。

9.4.2.11 装配工艺

1. 转动部分的装配

叶轮、泵轴、轴套等转动部分的零件检查处理合格后，便可组装。组装时注意下列问题：

(1) 叶轮要安装在泵轴的正确位置上，即叶轮中心与蜗壳的中心要对准。螺帽要上紧到与轴套相碰为止。

(2) 将填料套、填料环、填料压盖、挡油圈，油环等套在泵轴上的零件按顺序预先装载泵轴上，注意不要忘装或装反等。

（3）在轴瓦面上浇上润滑油后，盘动叶轮，测量叶轮保护环的晃度应小于0.20mm，轴套晃度小于0.10mm。

2. 密封环间隙的调整

叶轮、密封环就位后，用手盘动水泵的转动部分，观察是否有摩擦现象；用塞尺测量叶轮与密封环的间隙，应符合要求。要求叶轮与密封环间的最小间隙不小于设计间隙的40%，检查叶轮与密封环的轴向间隙，要求四周均匀，最小的轴向间隙大于叶轮的轴向窜动量，但最小需大于或等于0.5mm。

3. 泵壳结合面垫厚度

叶轮密封环在大修后没有变动，那么泵壳结合面的垫就取原来的厚度即可；如果密封环向上有抬高，泵结合面垫的厚度就要用压铅丝的方法来测量了。通常，泵盖对叶轮密封环的紧力为0～0.03mm。新垫做好后，两面均应涂上黑铅粉后再铺在泵结合面上。注意所涂铅粉必须纯净，不能有渣块。在填料涵处，一定要使垫与填料涵处的边缘平齐。垫如果不合适，就会使填料密封不住而大量漏水，造成返工。

4. 轴承的组装

泵盖装上以后，用人力盘水泵，要求转动轻快。接着装上管道及填料函部分。然后组装滑动轴承。用压铅法测定轴承的间隙及紧力。当轴承间隙偏小，在轴瓦的结合面上加垫或刮修上瓦，使间隙达到合格。若间隙过大，可以撤减轴瓦结合面上的垫或修刮轴瓦结合面，使间隙达到合格。轴承装好后，用塞尺检查轴瓦是否刮偏或装斜；若有偏斜，应予以纠正。轴承盖与轴瓦间有紧力，其紧力可用压铅法测定，紧力一般为0.01～0.05mm；若紧力不合格，可调整轴承盖和座之间的垫来解决。单列向心滚珠轴承的紧力调好，然后注上油。

5. 联轴器找中心

联轴器找中心又称对轮找正。电动机轴与水泵轴之间用联轴器连接，安装后要求这两根轴的轴线要基本重合，这样水泵运转才能平稳，不产生振动。联轴器找中心的具体操作方法如下：

（1）水泵就位后，把联轴器的两对轮按原来的位置连上（带一个销钉）。然后装上找正工具。

（2）设找正工具在正上方时为0°位置。用塞尺量得联轴器上、下端面的间隙分别为m_1与m_2，外圆的间隙为n。将转动部分旋转180°，再测得联轴器上、下端面的间隙m_1'，m_2'外圆数值为n'。则联轴器上端面的平均间隙为$(m_1+m_1')/2$，下端面的平均间隙为$(m_1+m_2')/2$，电动机中心与水泵中心的高程差为$(n-n')/2$。

若实测中$m_1=0.40$mm，$m_2=0.30$mm，$m_1'=0.50$mm，$m_2'=0.30$mm；$n=1.5$mm，$n'=0.9$mm，则联轴器上端面的平均间隙为0.45mm；下端面平均值间隙为0.30mm。两对轮端面出现上张口0.15mm。外圆上部比下部大0.60mm，电动机轴向的中心比水泵轴中心低0.30mm。

（3）联轴器中心的调整以调整电动机的方法来实现。根据上述测量的数值，为清除联轴器的高程差，电动机前后支座都应加垫0.30mm，反之，若电动机的高程偏高，则应减去其前后支座上的垫；若无垫可减，也可在水泵底座上加垫，使其位置升高。

（4）设联轴器的直径为200mm，电动机前后支座到联轴器的距离分别为400mm和800mm。为消除0.15mm的上张口，则电动机的前支架应加厚为400×0.15/200＝0.30

(mm)；电动机后支座应加垫厚度为800×0.15/200=0.60(mm)。这样电动机前支座总共应加垫的厚度为0.30+0.30=0.60(mm)；后支座总共加垫的厚度为0.30+0.60=0.90(mm)。

(5) 加好垫后，通过移动电动机的位置，将联轴器的左、右张口及左、右外圆偏差调好，然后上紧电动机的地脚螺栓和对轮连接销钉。

水泵联轴器的中心偏差及联轴器端面的距离可由表9.23和表9.24确定。

表9.23　水泵联轴器中心允许偏差　单位：mm

转　数/个	刚　性　连　接	弹　性　连　接
≥3000	≤0.02	≤0.04
<3000	≤0.04	≤0.06
<1500	≤0.06	≤0.08
<750	≤0.08	≤0.10
<500	≤0.10	≤0.15

表9.24　水泵联轴器端面距离　单位：mm

水　泵　大　小	端　面　距　离
大型	8～12
中型	6～8
小型	3～6

9.4.2.12　离心水泵的启动试验

离心式水泵装配好以后，应进行一次全面的检查。主要检查的内容有：水泵转动是否轻快；轴承是否注好油；管道法兰盘是否连接好；填料函是否装好。经检查确认无误后，启动水泵，观察水泵的振动、漏水及其他异常现象。水泵带负荷运行1～2h后，应检查下列项目：

(1) 用压力表和真空表读数相加的方法，求出水泵总扬程的近似值，应不低于额定扬程。

(2) 在额定电压、额定排水量、额定总扬程下，要求其电流不应超过额定电流。

(3) 水泵试运行8h后，要求各轴承的温度不能比周围环境温度高出40℃，但最高不能超过70℃。

(4) 用转速表直接在泵轴上面测量水泵的实际转速。

(5) 水泵出口压力稳定，无水击现象。

(6) 水泵外壳的振动不得大于0.1～0.12mm。

(7) 填料函压板应无发热现象，并有微量的滴水。

(8) 水泵与管道无渗漏。

9.5　灯泡贯流式水泵机组检修

9.5.1　流程图

1. 灯泡贯流式水泵机组检修准备工作参考流程

灯泡贯流式水泵机组检修准备工作参考流程如图9.10所示。

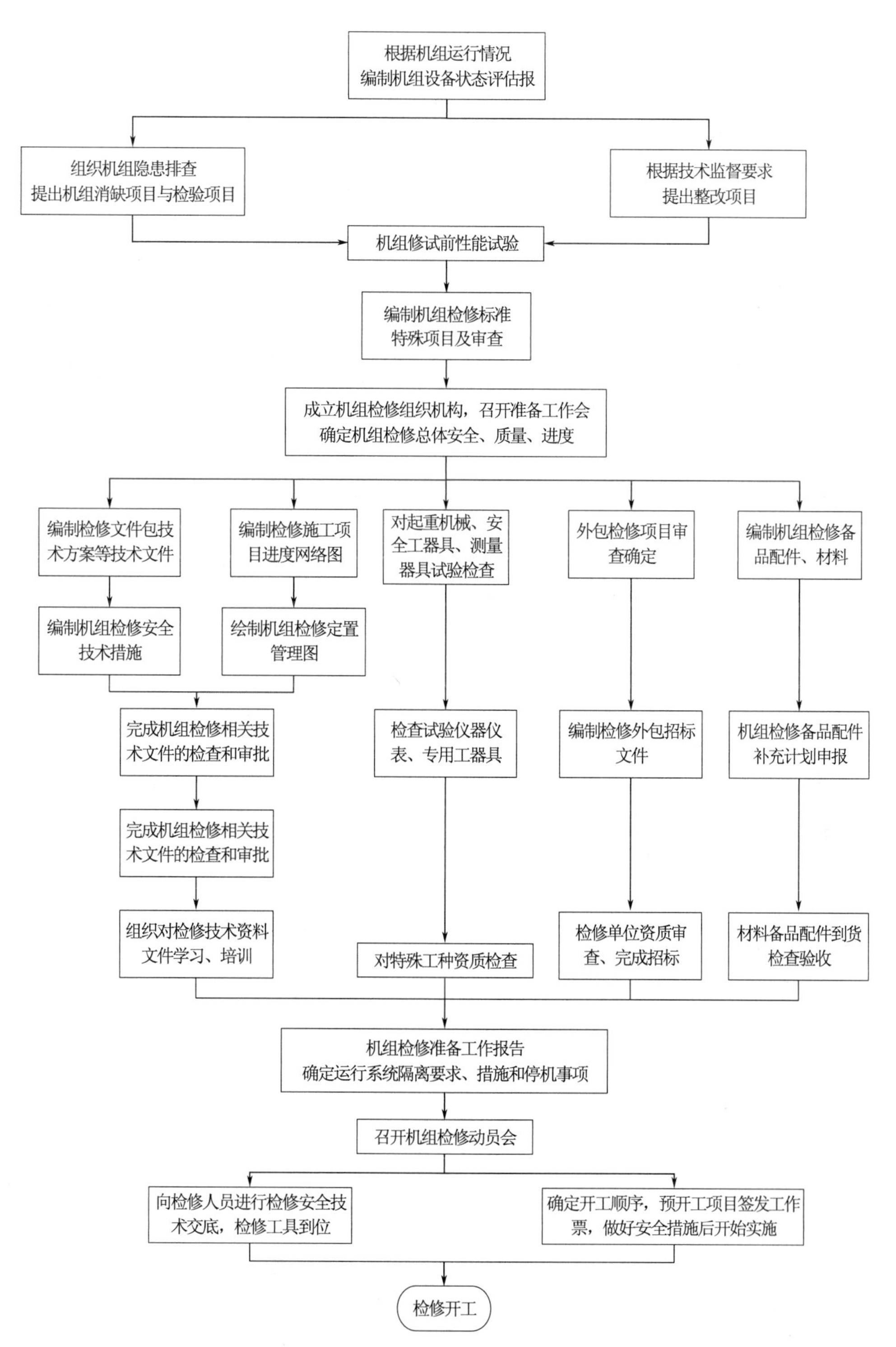

图 9.10 灯泡贯流式水泵机组检修准备工作参考流程

2. 灯泡贯流式水泵机组一般拆卸工艺参考流程

灯泡贯流式水泵机组一般拆卸工艺参考流程如图9.11所示。

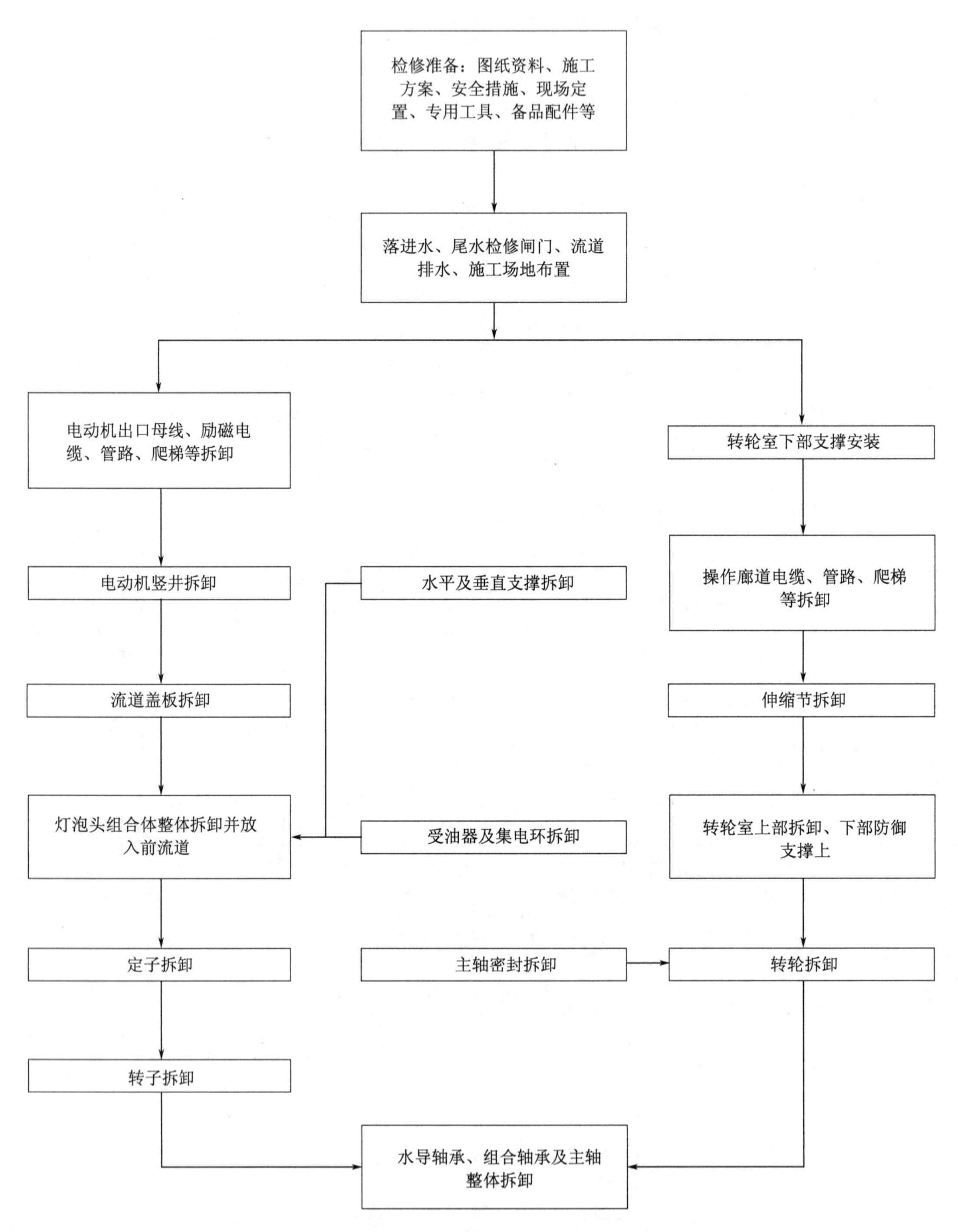

图9.11 灯泡贯流式水泵机组一般拆卸工艺参考流程

3. 灯泡贯流式水泵机组一般安装工艺参考流程

灯泡贯流式水泵机组一般安装工艺参考流程如图 9.12 所示。

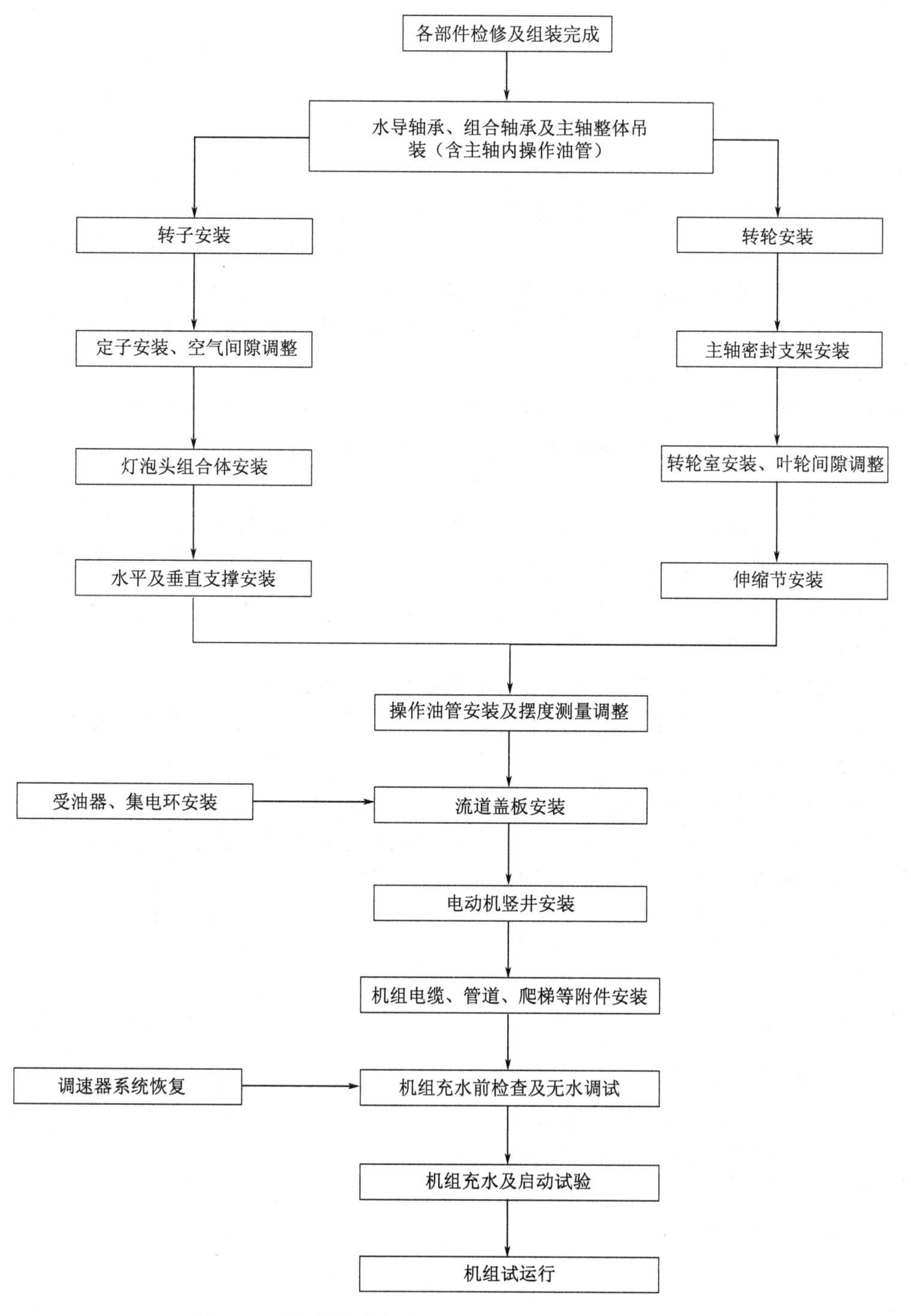

图 9.12 灯泡贯流式水泵机组一般安装工艺参考流程

9.5.2 检修工艺要求

(1) 设备容器进行煤油渗漏试验时，至少保持4h，应无渗漏现象，容器渗漏试验合格后不宜再拆卸。

(2) 设备组合面用刀形样板平尺检查，应无毛刺、高点，合缝间隙应符合规范要求。

(3) 对设备各部密封槽应按图纸尺寸校核；密封条对接错口不应大于0.1mm，对口黏接强度可采取拉伸和扭转方法检查。

(4) 设备及其连接件进行严密性耐压试验时，试验压力为1.25倍实际工作压力，保持30min，无渗漏现象；进行渗漏试验时，试验压力为实际工作压力，保持8h，无渗漏现象。

(5) 部件拆卸前，应对各零部件的相对位置和方向做好标记和编号；对固定部件的编号，应从$+Y$开始，顺时针编号；对转动部件，应从转子1号磁极的位置开始，除轴上盘车测点为逆时针编号外，其余均为顺时针编号。

(6) 设备拆卸时应先拔销钉，后拆螺栓，安装时应先定位，后紧螺栓；拆卸零部件过程中，发现异常和缺陷时应做好记录，必要时拍照。对加垫的组合法兰面，垫片厚度和方位应详细记录。

(7) 拆卸部件应清扫干净及数据测量、检查，做好防锈、防碰撞措施。

(8) 拆下的螺栓、螺母、销钉等要分类保管，零部件的配合面、轴瓦等应用白布、羊毛毡或橡皮等覆盖，精密组合面要做好防锈、防碰的措施；对各管道、法兰接头或基础拆下后留下的孔洞、螺栓孔应封堵严密。

(9) 联接螺栓孔在设备安装前应进行修理，联接螺栓应进行清扫、研磨、试配，安装时应涂润滑脂；对于有预紧力要求的螺栓，应严格按设计要求执行；螺栓、螺母、销钉均应按设计要求进行锁定牢固。

(10) 定位销的端面一般应略高出零件表面，带螺尾的锥销装入相关零件后，其大端应沉入孔内；重要的圆锥销装配时应与孔进行涂色检查，其接触长度不应小于工作长度的60%，并应分布在接合面的两侧，否则进行铰孔处理。

(11) 开口销装入零件后，其尾部打开角度原则上是60°，开口销在打开时，分开的部分应平直、对称。

9.5.3 水泵检修

9.5.3.1 转轮及主轴检修

1. 转轮拆卸应具备的条件

(1) 检修前准备工作及相关检测已完成。

(2) 已关闭进水口、尾水闸门，流道已排空。

(3) 油系统已泄压及排油。

(4) 主轴窜动量、上抬量、轮叶窜动量、轮叶与转轮室间隙已测量。

(5) 水泵检修平台已拆卸。

(6) 上半部伸缩节、转轮室已吊出，下半部伸缩节、转轮室已下放至支墩上。

(7) 导流锥、主轴密封及密封支架已拆除。

2. 转轮拆卸

(1) 清除泄水锥连接螺栓封堵填料,安装吊具,拆卸泄水锥。

(2) 轮叶与枢轴分体结构的轮叶拆卸。

1) 盘车使待拆卸轮叶处于正上方。

2) 拆卸轮叶压环及密封。

3) 拆卸轮叶与枢轴连接螺栓封堵盖板。

4) 安装轮叶专用吊具。

5) 拆卸轮叶与枢轴连接螺栓,记录螺栓扭矩(伸长)值。

6) 吊轮叶放于指定地点。

7) 其他轮叶拆卸方法及流程与上述相同。

(3) 转轮拆卸及翻身。

1) 拆卸主轴与转轮定位销钉。

2) 对称拆卸主轴与转轮连接螺栓,记录螺栓扭矩(伸长)值,转轮与主轴止口脱离后将转轮吊出机坑。

3) 将转轮翻身90°,法兰面向下搁置在支墩上,调整转轮水平度不大于0.5mm/m。

(4) 转轮解体。

1) 拆卸操作油管并固定可靠。

2) 拆卸轮叶接力器前端盖。

3) 测量轮叶接力器活塞密封环间隙。

4) 拆卸轮叶接力器活塞。

5) 拆卸轮叶接力器缸,记录螺栓扭矩(伸长)值。

6) 拆卸联板。

7) 测量卡环与拐臂、轴套的间隙值。

8) 拆卸卡环及轮叶枢轴。

9) 吊出拐臂。

10) 拆卸轮叶轴套,轮叶接力器缸体、缸盖及拐臂轴套。

3. 转轮检修

(1) 轮叶接力器检修。

1) 检查接力器活塞环及缸壁表面局部划痕、毛刺及磨损部位应进行修磨处理,接力器缸体表面应平滑。

2) 活塞密封环应有足够弹性,且滑动灵活无卡滞。

3) 活塞环套入接力器缸后,均分6~8个点测量活塞环与缸体的配合间隙应符合设计要求,套入时接力器缸内壁应涂合格的涡轮机油。

4) 测量活塞内孔与活塞杆配合间隙,应符合设计要求。

5) 检查接力器缸体、缸盖与活塞杆的配合间隙应符合设计要求。

(2) 枢轴、轮叶检修。

1) 检查轮叶轴套、轮叶拐臂轴套、联板轴套与轴及销的配合间隙及磨损情况,过度磨损或配合间隙超过设计值的轴套应更换。

2）检查枢轴表面应光滑，局部划痕、毛刺及磨损部位应进行修磨、抛光。

3）测量枢轴直径，其圆度偏差应不大于±10%的设计间隙，否则进行修复。

4）修磨轮叶与枢轴连接法兰面的毛刺及高点，法兰面应平整、光滑。

5）对轮叶上存在的凹坑、刮痕、卷边及空蚀等缺陷进行记录。

6）对深度大于2.0mm以上的凹坑、空蚀区域再打磨露出金属光泽，然后对该区域预热、补焊、清根、打磨及无损检测，处理后轮叶表面线形应与原线形保持一致。

7）如轮叶存在裂纹，则采用气刨或砂轮打磨的方法将裂纹清除干净，使其表面露出金属光泽，然后对该区域预热、补焊、清根、打磨及无损检测，处理后轮叶表面线型应与原线型保持一致。

（3）转轮空蚀处理。

1）测量并记录转轮空蚀的部位、面积及深度，必要时拍照。

2）采用气刨或打磨的方法将空蚀部位清除至露出金属光泽。

3）对空蚀区预热、补焊、清根、打磨、无损检测，使其表面线型应与原线型保持一致。

（4）转轮部件无损检测：转轮焊缝应按规定进行无损检测，连接螺栓应符合规定。

（5）主轴检修。

1）检查主轴法兰应平整、光滑，无毛刺及高点，法兰面应涂润滑油防护。

2）检查轴领表面应光滑、无毛刺及高点，对局部锈蚀、高点及毛刺部位应修磨处理，轴领应涂润滑油并防护好。

3）主轴应按规范要求进行无损检测。

4. 转轮组装

（1）更换轮叶接力器活塞杆与转轮体法兰密封圈，按设计要求拧紧组合螺栓至设计扭矩值。

（2）轮叶轴套安装。

1）常温下测量轴套内、外径及轮毂轴孔内径，轴套与孔的过盈量及与轴颈的间隙应符合设计要求。

2）轴套一般采取冷缩安装工艺，将其放于装有干冰或液氮的容器中冷却，在轴套冷缩达到安装间隙要求后，安装于轴孔。

3）将冷装的轴套可靠固定。

4）轴套恢复至常温后测量并记录轴套的内径、与轴颈的配合间隙应满足设计要求。

5）配钻、攻丝及安装轴套骑缝螺钉，螺钉不得高出轴套表面，并按图纸要求锁定。

6）对于自润滑方式的双金属复合轴套应按设备技术要求进行安装。

（3）轮叶密封安装。

1）清洗密封槽，槽内应干净无高点、毛刺。

2）切割适当长度的轮叶密封条，密封条接头应打磨平整，长度宜预留5～10mm余量；安装轮叶密封时，密封接头间应相互错位90°～180°。

3）轮叶密封内侧边应涂抹润滑脂，防止枢轴插入过程中损伤密封。

(4) 拐臂吊入轮毂内并临时固定，键槽处于水平位置，调整拐臂与轴套同心。

(5) 安装枢轴，调整其定位键拐臂键槽对正后插入，到位后安装卡环，并拧紧卡环联接螺栓至设计扭矩值。

(6) 轮叶接力器安装。

1) 更换轮叶接力器缸体密封，安装接力器缸，在缸套入接力器活塞杆时，接力器缸、活塞杆滑动面涂合格涡轮机油。

2) 安装接力器导向滑块。

3) 更换接力器活塞密封环，密封环接头应错位 90°～180°；活塞安装时缸体内壁涂合格涡轮机油。

4) 更换接力器缸盖密封，对称拧紧缸盖组合螺栓至设计扭矩值。

(7) 安装轮叶接力器与拐臂联板的联接螺栓。

(8) 安装轮叶密封压板，拧紧轮叶密封压板固定螺栓。

(9) 更换轮叶操作油管密封圈，安装操作油管。

(10) 预装泄水锥及附件，进行转轮严密性耐压试验和动作试验。

5. 转轮安装

(1) 泄水锥吊入流道并固定。

(2) 转轮体翻身使其联轴法兰呈垂直状态吊入机坑。

(3) 清扫转轮体，主轴法兰面及止口，检查无高点和毛刺。

(4) 安装主轴法兰密封圈。

(5) 转轮体与主轴法兰对正，对称将转轮体与主轴法兰拉拢贴紧后安装定位销钉及联轴螺栓，对称均匀紧固联接螺栓，其扭矩值应符合设计要求。

(6) 转轮与主轴法兰连接后，用 0.03mm 塞尺检查，应不能塞入。

6. 轮叶安装

(1) 按编号吊起轮叶使其法兰处于水平位置，清扫法兰，检查应无高点、毛刺。

(2) 对正轮叶与转轮的定位销后下降轮叶，使其完全落于转轮体上，对称拧紧轮叶联接螺栓至设计扭矩值。

(3) 盘车将待安装的轮叶法兰于正上方，采用上述相同的方法安装其他轮叶。

(4) 焊接轮叶螺栓止动块及不锈钢堵板，堵板应与轮叶表面平滑过渡，焊缝应磨平且经 PT 无损检测合格。

(5) 更换操作油管密封圈，安装操作油管，油管连接件应可靠锁定。

(6) 安装泄水锥，检查合缝间隙应符合规定，轮毂充油检查轮叶密封及泄水锥各连接法兰应无渗漏，焊接泄水锥联接螺栓锁定块，转轮外表面所有螺栓孔、螺塞孔应用环氧树脂胶或机械修补胶填平，并与外表面平滑过渡。

(7) 对于枢轴与轮叶分体结构，而转轮整体吊装的，轮叶分解及安装在安装场进行。轮叶拆卸及安装时其与枢轴连接法兰面处于垂直位置，其他部件的安装及试验工艺与上述相同。

(8) 对于枢轴与轮叶为整体结构的转轮，一般进行轮叶及转轮体整体拆卸，在安装场进行转轮翻身，转轮法兰面朝下水平放置于支墩上，转轮解体检修流程、工艺与分体结构基本相同，轮叶与枢轴整体拆卸及安装，转轮组装后轮叶及转轮体整体吊装。

9.5.3.2 导水机构检修

1. 导水机构整体检修

在灯泡贯流式水泵检修中，一般不需要进行导水机构整体拆卸检修，其检修工作在机坑内完成。

2. 重锤检修

紧固重锤联接螺栓，重锤与导叶控制环连接销、耳孔、推力杆及焊缝，应按规范要求进行无损检测。

3. 导叶轴承检修

(1) 搭设检修工作平台。

(2) 将待检修轴承的导叶可靠固定。

(3) 拆卸导叶连杆、拐臂、导叶轴承衬套和轴承。

(4) 检测轴承衬套、轴承及导叶外轴颈的配合尺寸应符合设计要求，更换轴承密封；按与拆卸相反的流程进行导叶外轴承安装，安装时导叶轴颈表面应涂抹润滑脂。

(5) 在内管型座搭设工作平台。

(6) 依次拆卸导叶内轴、内密封环及内轴承。

(7) 清扫、检查轴颈、导叶内轴承、内密封环的配合尺寸应符合设计要求，更换轴承密封。

(8) 按与拆卸相反的流程进行内轴承安装，安装时导叶轴承内表面应涂抹润滑脂。

4. 控制环检修

(1) 按导叶编号上、下游对称测量并记录控制环与外导水环的间隙。

(2) 控制环焊缝及联接螺栓应按规范要求进行无损检测。

(3) 控制环轴承及滚珠槽检修。

1) 整体吊起控制环，分瓣拆卸压环并可靠固定，拆卸滚珠，将控制环清扫干净，注油孔应通畅。

2) 检查滚珠或滑块磨损情况，测量滚珠直径或滑块厚度，对存在过度磨损、点蚀、锈蚀及变形的滚珠（或过度磨损的滑块）应更换。

3) 检查并修复控制环轨道应无凹坑、高点及毛刺。

4) 安装控制环压环、滚珠，检查压环分瓣接头应平滑，滚珠槽不得错位，调整滚珠间隙及控制环与外导水环的间隙应符合设计要求，拧紧压环组合螺栓及推力螺钉至设计扭力值。

5) 加注控制环轴承润滑脂，对有自润滑功能的控制环轴承可不加润滑脂。

5. 导叶检修

(1) 按规范要求对导叶进行无损检测。

(2) 检查导叶表面应无撞击凹坑，外表防腐涂层应无剥落。

(3) 导叶端面及立面密封面应完好，磨损未超设计值。

(4) 测量并记录导叶空蚀的部位、面积及深度，必要时拍照；采用气刨或打磨的方法将空蚀部位清除至露出金属光泽；对空蚀区预热、补焊，打磨，使导叶表面恢复至原形状。

(5) 导叶裂纹处理，采用气刨或打磨的方法将裂纹清除干净，打磨使其表面露出金属光泽，然后对该区域预热、补焊，打磨，采用模板检测验收合格。

6. 内、外配水环检修

(1) 检查内、外配水环与导叶端面的密封面应无过度磨损，否则应进行修补。

(2) 检查内、外配水环各合缝间隙应符合规定。

(3) 内、外配水环各焊缝及螺栓均应按规范要求进行无损检测。

(4) 检查内、外配水环各组合法兰面应无渗漏。

7. 导叶接力器检修

(1) 拆卸接力器。

(2) 解体接力器并清扫干净，检查接力器油缸内表面、活塞杆表面应光滑，对存在划痕、毛刺及高点的部位进行修磨及抛光。

(3) 紧固及锁定活塞环固定螺母，更换密封圈，组装接力器，按设计扭矩值拧紧连接螺栓，检查各配合间隙应符合设计要求，各组合法兰面间隙应符合规定。

(4) 接力器应按规定进行严密性耐压试验；摇摆式接力器在试验时，分油器套应来回转动 3～5 次。

(5) 接力器动作试验时，活塞移动应平稳灵活，活塞行程应符合设计要求；直缸接力器两活塞行程偏差不应大于 1.0mm。

(6) 安装导叶接力器，调整接力器压紧行程应符合设计要求。

8. 导叶间隙测量调整

(1) 导叶端面间隙应在无操作油压作用下导叶全关闭位置测量调整，通过紧固导叶外轴顶部螺杆及增减外轴承与外配水环间的补偿垫片来调整，导叶端面间隙值应符合设计要求。

(2) 导叶立面间隙应在重锤作用下测量调整，通过调整连杆长度（旋套或偏心销）来调整导叶立面间隙，立面间隙值应符合设计要求。

(3) 操作调速器，使导叶从全关到全开位置，测量导叶最大开度偏差应符合设计要求。

(4) 按要求锁定导叶间隙调整螺栓。

9.5.3.3 伸缩节及转轮室检修

1. 伸缩节检修

(1) 拆卸前对伸缩节分瓣件编号。

(2) 拆卸伸缩节密封压板，检查伸缩节密封盘根压缩量，拆卸的橡胶密封不宜再次使用。

(3) 拆卸伸缩节并清扫干净。

(4) 基础环法兰螺栓孔应进行清理，法兰表面应清扫干净，无高点和毛刺。

(5) 伸缩节焊缝应按规定进行无损检测。

（6）伸缩节安装时，先吊入伸缩节下半部，并将其临时固定在基础环上，然后吊入伸缩节上半部与下半部组合，组合缝应符合规定。

（7）安装伸缩节与基础环组合法兰密封条，对称均匀拧紧组合螺栓至设计扭矩值；检查密封槽尺寸应均匀，安装伸缩节密封，安装压板并均匀拧紧压板螺栓至设计扭矩值。

2. 转轮室检修

（1）转轮室拆卸前应盘车测量轮叶与转轮室的间隙。

（2）拆卸上半部转轮室，将下半部转轮室下降放于专用支撑上，下降高度以能满足转轮安全起吊距离为准。

（3）转轮室焊缝及联接螺栓应按规定进行无损检测。

（4）转轮室空蚀堆焊处理工艺，采用镶嵌处理工艺时需制定详细处理方案。

（5）清扫、检查转轮室组合法兰面及螺栓孔。

（6）转轮室安装。

1）清扫、检查外导水环法兰面及螺孔，将密封条粘于密封槽中。

2）转轮安装后，吊起转轮室下半部，将其提升至安装位置稍紧固于外导水环上，并在其下部上、下游支撑架上用千斤顶将转轮室支撑牢固。

3）将转轮室上半部吊入机坑，转轮室上、下部组合面安装密封条并涂密封胶，密封条的端面切口要平齐且凸出法兰面 0.5～1.0mm，对称均匀拧紧组合螺栓至设计扭矩值，组合缝应符合设计要求。

4）调整轮叶与转轮室间隙值应符合设计要求，组合螺栓拧紧至设计扭矩值后，复测其间隙应符合设计要求。

5）盘车检查轮叶与转轮间隙应符合设计要求。

9.5.3.4 流道检修

（1）金属流道整体外观检查，应无裂纹和明显凹坑。

（2）金属流道除锈防腐，应符合规定。

（3）金属流道进水扩管焊缝应按规定进行无损检测。

（4）检查金属流道与混凝土间的脱空情况，单块脱空面积达 0.5～1.0m^2 时应进行灌浆处理。

9.5.3.5 受油器及操作油管检修

1. 受油器拆卸、检修及安装

（1）调速器系统泄压后进行受油器排油，排油过程漏油泵保持启用状态。

（2）受油器拆卸。

1）在进水扩管无水时测量受油器对地绝缘电阻，应不小于 0.5MΩ。

2）拆卸受油器供排油管、底座、受油器轴瓦及操作油管，操作油管拆卸前应盘车测量摆度值。

（3）受油器检修。

1）检查受油器轴瓦、操作油管法兰及配合面应无毛刺、高点，配合间隙应符合设计要求。

2）轮叶反馈机构应完好。

3）检查受油器各绝缘垫、绝缘套管及绝缘销应无变形和破损，存在缺陷的应更换。

（4）受油器安装。

1）操作油管摆度调整合格、受油器轴瓦与操作油管轴颈的配合间隙符合设计要求。

2）安装受油器端盖、油封和挡油环，挡油环组合螺栓按设计要求锁定。

3）安装受油器底座、浮动轴瓦；套装时，应防止密封圈出槽；找正并旋转浮动轴瓦，将其平移到位。

4）调整受油器浮动轴瓦与底座内腔的间隙，按左右间隙相等、上部间隙大于下部间隙、上下部间隙差值约为电动机侧导轴承间隙的要求，并结合操作油管实际摆度值进行调整。

5）紧固带绝缘垫圈、绝缘套的连接螺栓，复测浮动轴瓦和底座内腔的间隙应符合规定，安装绝缘销钉。

6）检查受油器绝缘应符合设计要求。

（5）固定瓦结构的受油器安装与浮动瓦结构的受油器安装步骤基本相同，轴瓦与受油器底座组装后，通过调整底座的位置来进行轴瓦与操作油管配合间隙调整，同进检查受油器轴瓦配合间隙及操作油管与底座法兰垂直度应符合设计要求。

2. 操作油管拆卸、检修及安装

（1）操作油管拆卸及安装。

1）操作油管拆卸应在受油器、泄水锥（或转轮）拆卸后进行。

2）在进水扩管内搭设检修平台。

3）先拆卸内操作油管，再拆卸中间操作油管，安装时顺序相反。

4）拆卸内、外操作油管时应进行编号，管口应封堵可靠且隔离放置。

5）对采用管螺纹连接操作油管，拆卸时应做好防止操作油管变形和螺纹损伤的措施。

6）操作油管回装时应先调平后再装入。

7）操作油管应严格清洗，连接紧固，不漏油；且保证内操作油管在外操作油管内滑动灵活；螺纹连接的操作油管，应锁紧可靠。

8）受油器操作油管应参加盘车检查，其摆度值不大于0.1mm；受油器瓦座与操作油管同轴度，对固定瓦不大于0.15mm，对浮动瓦不大于0.2mm。

（2）操作油管检修。

1）油管内外表面、法兰面、螺孔清扫。

2）油管焊缝应按规范要求进行无损检测，对存在裂纹的油管焊缝应处理，处理后的操作油管两法兰面平行度应满足设计要求，处理后的操作油管按规定进行强度耐压试验。

3）油管密封槽检查应完好。

9.5.3.6 管型座及导流板检修

（1）管型座及导流板螺栓、焊缝应按规定要求进行无损检测。

（2）管型座分瓣法兰合缝外观检查应封焊完好。

(3) 管型座及导流板除锈防腐，应符合规定。

9.5.3.7 水泵导轴承检修

1. 在管型座内解体检修水泵导轴承

(1) 检修前准备。

1) 投入转子机械锁锭。

2) 拆卸竖井内附件及水泵导轴承附件。

3) 安装顶轴专用工具。

4) 安装主轴径向位移监测装置。

(2) 拆卸水泵导轴承。

1) 拆卸水泵导轴承上、下游侧油箱盖及挡油环。

2) 测至水导瓦上、下游侧轴瓦间隙。

3) 顶起主轴 0.15～0.20mm，监视主轴水平位移应不超过 0.15mm。

4) 拆卸扇形板。

5) 分解水泵导轴承，分别将轴瓦吊出。

(3) 水导轴瓦检查及研刮。

1) 钨金瓦应无密集气孔、裂纹、硬点及脱壳、变色等缺陷，瓦面粗糙度应不大于 0.8μm。

2) 水导瓦下半部与轴颈接触角应符合设计要求，但不超过 60°，沿轴瓦长度应均匀接触，在接触角范围内每平方厘米应有 1～3 个接触点。

3) 水导瓦油沟尺寸应符合设计要求，合缝处纵向油沟两端的封头长度不应小于 15mm。

(4) 水泵导轴承支撑检查。

1) 水泵导轴承体应完整、无裂纹，两分瓣组合法兰面平整。

2) 水泵导轴承各部焊缝应按规范要求进行无损检测。

3) 检查扇形板应完整、无变形，板面、圆弧面、螺孔应完好，圆弧面无凹痕。

2. 水泵导轴承安装

(1) 清扫、检查水泵导轴承，进油孔及排油孔应通畅。

(2) 先吊水泵导轴承下半部于轴颈处，并轻顶靠于轴颈，再吊水泵导轴承上半部与下半部组合，拧紧组合螺栓至设计扭矩值。吊装前清扫干净的轴颈上应涂合格透平油。

(3) 检查轴承分瓣组合面间隙应符合规定；检查轴瓦与轴颈的间隙应符合设计要求，上下游侧间隙之差、同一方位间隙之差，均不应大于实测平均总间隙的 10%。

(4) 安装水泵导轴承支撑扇形板，使其与内配水环及轴承连接牢固，检查各接触面应符合设计要求。

(5) 将主轴完全落在水导瓦上，复测水泵导轴承总间隙应符合要求。

(6) 安装油箱盖、油管等其他附属部件，水泵导轴承充油检查各法兰、接头应无渗漏，主轴上抬量符合设计要求。

9.5.3.8 主轴密封检修

(1) 测量并记录主轴密封修前漏水量。

（2）拆卸主轴密封供水管、排水管、水箱、工作密封、检修密封座，并清扫干净。

（3）按规范要求对主轴密封金属部件进行无损检测。

（4）检查密封衬套（抗磨环）表面应光滑、无裂纹及过度磨损，对磨损深度超过3.0mm以上的衬套（抗磨环）应进行修补处理或更换。

（5）对于主轴密封漏水量未超设计值，工作年限超3年宜更换工作密封；主轴密封漏水量超标的应更换工作密封。

（6）检查检修密封应无老化、破损和超标磨损，并对空气围带通0.05MPa的压缩空气，在水中检查应无渗漏；回装后应进行充气及排气和保压试验，一般在1.5倍工作压力下保压1h，压降不宜超过额定工作压力的10%。

（7）主轴密封安装过程与拆卸过程相反，分瓣密封座组合后调整密封座与主轴间隙应符合设计要求。

（8）检修密封安装应符合设计要求。

（9）工作密封安装应符合设计要求。

（10）安装主轴密封挡水环、排水箱、供水管、排水管、检修密封供气管等附件，充水后检查主轴密封供、排水管道应通畅无渗漏，主轴密封漏水量应符合设计要求。

9.5.3.9 机组中心检查处理

（1）检查内管型座、内配水环、进水扩管基础环、轴承支架同心度应符合规定，否则进行调整或处理。

（2）测量内、外配水环法兰面至管型座法兰面的轴向距离应符合设计要求，否则进行调整或处理。

9.5.4 电动机检修

9.5.4.1 定子检修

1. 定子机械部分检修

（1）定子拆卸前应具备的条件。

1）定子绝缘电阻、泄漏电流及耐压试验等相关试验已完成，空气间隙等数据已测量。

2）已拆除测温、流量、压力、振动、水位传感器等设备及接线。

3）已拆除电动机引出线、中性点、励磁电源线等设备及接线。

4）受油器、操作油管、集电环已拆除。

5）流道盖板、竖井、导流板已拆除。

6）灯泡头组合体已拆除并移至上游流道，不影响定子的吊装。

7）定子吊点已进行检查。

8）工作平台已搭设。

9）定子翻身工具、支墩已就位，标高已调整。

（2）定子拆卸。

1）安装定子专用吊具及调整工具，升吊钩使桥机适当承重。

2）拆卸定子与管形座法兰定位销钉及连接螺栓。

3）在定子圆周方向分别由适当数量的人员持软木条插入定子空气间隙内，通过木条受力即时校正定子位置。

4）移动吊钩将定子往上游侧平移，定子与转子完全脱离后吊出机坑。

5）按设计要求安装翻身工具，将定子翻身至法兰处于水平位置。

6）将定子吊起平放于支墩上。

（3）定子机座和铁芯检修。

1）分瓣定子机座组合缝用0.05mm塞尺检查，在定子铁芯对应段以及组合螺栓和定位销周围不应通过。

2）检查定子铁芯通风槽无异常，定子上下端部、定子铁芯通风沟及铁芯背部机座环板上无任何杂质和异物堵塞。

3）检查定子铁芯槽楔、定位筋及托板应无松动、开焊，齿压板压指与定子铁芯间应紧固无间隙、无错位，接触紧密，无松动、裂纹，螺母点焊处无开裂，铁芯外表面无污渍；定子铁芯上、下最外端铁芯片与相邻片之间相对无错动、内移。

4）测量定子圆度，各实测半径与平均半径之差不应大于设计空气间隙值的±4%。一般沿铁芯高度方向每隔1m距离选择一个测量断面，每个断面不少于12个测点，每瓣每个断面不少于3点，合缝处应有测点；整体定子的铁芯圆度也应符合上述要求。

5）复测定子铁芯高度。在铁芯背部及其对应齿部位置测量铁芯高度，圆周测点不少于16个点，各点测量值与设计值的偏差不超过表9.25的规定，一般取正偏差。

表9.25　　定子铁芯高度测量偏差值范围表　　单位：mm

铁心高度 h/mm	$h<1000$	$1000 \leqslant h<1500$	$1500 \leqslant h<2000$	$2000 \leqslant h<2500$	$h \geqslant 2500$
偏差值/mm	−2～+4	−2～+5	−2～+6	−2～+7	−2～+8

复测铁芯波浪度，铁芯上端槽口齿尖的波浪度应满足表9.26的规定。

表9.26　　铁芯上端槽口齿尖的波浪度　　单位：mm

铁芯长度 l/mm	$l<1000$	$1000 \leqslant l<1500$	$1500 \leqslant l<2000$	$2000 \leqslant h<2500$	$l \geqslant 2500$
波浪度/mm	6	7	9	10	11

6）铁芯压紧螺栓检查。铁芯压紧螺栓预紧力在设计范围内、齿压板无移位、压紧螺栓无损伤，蝶形弹簧垫圈完好，螺帽点焊处无开裂，穿心螺杆结构的铁芯应进行绝缘检查。

7）对定子机座所有焊缝进行外观检查，应无裂纹，并按规范要求对机座焊缝、定子连接螺栓及定位销进行无损检测。

8）定子铁芯局部损坏处理需制定专项方案。

2. 定子电气部分检修

（1）定子绕组检修。

1）定子修前试验已完成。

2）定子绕组端部及端箍绝缘应清洁、包扎密实，无过热及损伤，表面漆层应无裂纹、脱落及流挂现象。

3）定子绕组接头绝缘盒及填充物应饱满，无流蚀、裂纹、变软、松脱现象。

4）定子绕组端部各处绑绳及绝缘垫块应紧固，无松动与断裂。

5）定子绕组弯曲部分的端箍无电晕放电痕迹。

6）上、下槽口处定子绕组绝缘无被冲片割破、磨损现象。

7）定子绕组无电腐蚀，通风沟处定子绕组绝缘无电晕痕迹。

（2）定子铁芯齿槽检修。

1）铁芯齿槽无烧伤、过热、锈蚀、松动。

2）合缝处冲片无错位。

3）与定子绕组接触部分冲片无松动，轻微松动可加绝缘垫楔紧，由于松动而产生的锈粉应清除，并涂刷绝缘漆。

（3）定子槽楔检修。

1）槽楔应完整、紧固，无松动、过热、断裂、脱落现象，并测量槽楔压紧力。

2）槽楔斜口应与通风沟对齐，楔下垫实，防止上窜及下窜，下部槽楔绑绳应无松动或断股现象。

（4）定子引出线检修。

1）引出线绝缘应完整，无损伤、过热及电晕痕迹。

2）引出线应固定牢靠无松动，固定支架应稳定可靠，支架绝缘垫块应完好无破损开裂。

3）检查螺栓连接的各接头应牢固，接触应良好。

4）检查引出线焊接连接部位，焊接处应表面光滑，无裂纹、气孔和夹渣；测员焊接连接部位的直流电阻值及包扎绝缘的表面电位均应符合要求。

（5）定子线圈更换处理。

1）有下列情况之一者，定子线圈应予更换。

a. 非接头或断口部位绝缘损伤导致耐压试验不合格者。

b. 主绝缘损伤严重无法修复者。

c. 接头股线损伤其导体截面减少达15%以上者。

d. 严重变形、主绝缘可能损伤者。

e. 防晕层严重损坏者。

2）定子线圈的嵌装，应符合下列要求。

a. 线圈嵌装前，单个线圈应按规定进行相关试验。

b. 线圈与铁芯及端箍应靠实，定子线圈上下端部与已装绕组标高应一致，斜边间隙应符合设计规定，线圈应固定牢靠。

c. 上下层线圈接头相互错位不应大于5mm，前后距离偏差应在连接套长度范围内。

d. 对采用半导体垫条固紧结构的线圈直线部分嵌入线槽后，与齿槽单侧间隙超过0.3mm、长度大于100mm时，可用半导体垫条塞紧，塞入深度应尽量与绕组嵌入深度相等；半导体槽衬结构定子线圈及其他新型线圈的嵌装工艺应符合制造厂家的技术要求。

e. 上、下层定子线圈嵌装后，应按规定进行试验。

3）定子线圈击穿点及主绝缘严重损伤处在槽口外距离槽外100mm及以上者，在条件允许的情况下，可以不更换线圈进行局部处理，将击穿部位绝缘削成坡口后进行绝缘包扎。

（6）定子槽楔打紧处理。

1）有下列情况之一者，应重新更换并打紧槽楔。

a. 槽楔有破损、断裂。

b. 槽楔端部绑线断裂。

c. 槽楔松动或有空蚀现象。

d. 采用波纹垫条弹性不够。

2）槽楔紧度检查。

a. 检查槽楔外观有无损坏，用测力计或小锤检查槽楔紧度，当槽楔有外移或松动时则需处理。

b. 采用波纹垫条的用深度游标卡尺分别测量并记录不同直径孔（分别对应波纹垫条的波谷和波峰）的高度；当波峰－波谷不大于0.7时，槽楔紧度合格；当波峰－波谷大于0.7时，槽楔紧度不够。

3）在铁芯槽全长范围内槽楔的打入顺序。

a. 从上往铁芯中心打入一根槽楔。

b. 从下往铁芯中心打入一根槽楔。

c. 重复1）、2）在上下两个方向分别交错打入槽楔，直至全部打入完成；在打的过程中要不断地按槽楔的打入顺序移动槽楔形撑块，当槽楔上的孔没有对准波峰或波谷时则要打出槽楔，并调整好位置重新打入，直至满足要求。

4）当槽楔的通风道与铁心的通风沟位置上、下错位时，应打出槽楔并调整好位置。

5）打槽楔时，应注意下列各项。

a. 打槽楔时，应注意通风沟的方向。

b. 槽楔下垫条伸出槽口的长度不得超越槽楔。

c. 槽楔间的空隙长度不应超过槽楔长度的1/3。

d. 槽楔上的通风沟与铁芯通风沟的中心应对齐，偏差应不大于2mm。

e. 槽楔表面不得高出铁芯内圈表面。

f. 有测温电阻线圈的槽，在打完该槽楔后，应测量线圈的电阻值。

6）当槽楔打完后，安装槽楔挡块。

a. 将槽楔挡块的下楔嵌入槽中，并使其两凸块嵌入铁芯通风道中。

b. 打入上楔，上楔打入时，应注意槽楔挡块与其相邻槽楔间留有2mm间隙，若打入后没有间隙，则将上楔取出，并去除头部一截（截取长度视槽楔挡块紧度定），再将上楔打入，并检查与槽楔间的间隙。

c. 按槽楔挡块的下楔凹槽画上线，并取出上楔，去除尾部余量，重新打入。

d. 槽楔挡块打紧后，在上楔尾部与下楔的凹槽处填适形材料，并用玻璃纤维管将槽楔挡块与线圈绑扎牢固。

7）定子槽楔打紧处理后，应符合下列要求。

a. 槽楔应与线圈及铁芯齿槽配合紧密。

b. 槽楔打入完成后，铁芯上下端的槽楔应无空隙，其余每块槽楔空隙长度不应超过槽楔长度的1/3，否则应加垫条塞实。

c. 槽楔凸出铁芯表面应不大于0.5mm，槽楔的通风口应与铁芯通风沟的中心对齐，槽楔伸出铁芯槽口的长度及固定方式应符合设计要求。

(7) 定子线圈接头钎焊。

1) 有下列情况之一者，应对定子线圈接头进行重新钎焊。

a. 试验确定的不良接头。

b. 更换线圈而断开的接头。

c. 接头检查有过热者或流胶者。

2) 定子线圈接头钎焊，应符合下列要求。

a. 钎焊前，接头部位应清理干净，露出金属光泽。

b. 使用锡钎焊料采用并头套结构的钎焊接头，接头铜线、并头套及铜楔等应搪锡；并头套、铜楔和铜线导电部分应结合紧密；铜线与并头套之间的间隙，应不大于0.3mm，局部间隙允许0.5mm。

c. 使用磷铜钎料采用股线搭接结构的钎焊接头，股线搭接长度不应小于股线厚度的5倍。

d. 使用磷银铜钎料采用搭板结构的钎焊接头，接头装配后的填料间隙应小于0.25mm。

e. 接头钎焊时，应按制造厂规定的加热方法和工艺进行。

f. 钎焊后检查钎焊部位，焊料应饱满，表面应光滑无棱角、无气孔和空洞。

g. 钎焊完成后，在接头接触部位前后选择两点，测量其间的接触电阻，以不大于同截面导线长度电阻值为合格，且各接头电阻最大最小比值不超过1.2倍。

(8) 定子线圈接头绝缘处理。

1) 采用云母带包扎的绝缘，处理时应符合以下要求。

a. 包扎前应将原绝缘削成斜坡，且平滑过渡。

b. 搭接长度一般应符合要求。

c. 绝缘包扎层间应刷胶、包扎应密实，包扎层数应符合设计要求。

2) 采用环氧树脂浇注的绝缘，处理时应符合以下要求。

a. 环氧树脂的配比混合应符合设计要求。

b. 接头四周与绝缘盒间隙应均匀。

c. 定子端头绝缘与绝缘盒的搭接长度应符合设计要求。

d. 绝缘盒正式浇注树脂前应按技术要求试浇注一次，24h后解剖检查树脂固化程度及内部形态是否正常。

e. 环氧树脂浇灌应饱满，无贯穿性气孔和裂纹。

(9) 定子清扫、喷漆。

1) 定子清扫，应符合下列要求。

a. 清扫应使用清洁、干燥的压缩空气或清洗液。

b. 清扫喷嘴应使用软塑料或橡胶制品。

c. 清扫气体压力应保持在0.2～0.3MPa。

2）定子是否喷漆应根据检修实际情况确定。

3）定子喷漆，应符合下列要求。

a. 喷漆前相应部位应进行彻底清扫，绝缘表面不应有灰尘和油污等。

b. 各部位喷漆应符合厂家要求。

c. 喷漆前应对各部位编号和标记进行登记，并在喷漆完成且干燥后恢复编号和标记。

d. 喷漆要求漆膜均匀，外表光亮，不可出现滴漏、厚边、流挂等现象。

（10）定子干燥处理，应注意以下事项。

1）定子绕组干燥时，温度应平稳上升，每小时不超过5～8K。

2）绕组最高温度，以酒精温度计测量时，不应超过70℃；以埋入式电阻温度计测量时，不应超过80℃。

3）进行干燥的定子，其绝缘电阻稳定时间一般为4～8h。

（11）定子的预防性试验应按照设计要求进行。

3. 定子安装

（1）定子安装前准备。

1）转子已安装，工作平台已搭设。

2）定子及管型座法兰面已清扫干净，无高点、毛刺。

3）已按图纸要求安放密封条。

4）定子已按设计要求进行电气试验且合格。

5）定子起吊及翻身工具已安装，螺栓已紧固。

（2）定子安装过程。

1）定子翻身后吊离地面，调整定子法兰垂直度偏差不大于4.0mm。

2）定子吊入机坑套入转子时，应在定子、转子圆周间隙内放置一定数量的软木条。

3）安装定子与管型座连接法兰定位销钉，并对称均匀拧紧联接螺栓，测量转子与定子之间的空气间隙，使得各气隙与平均气隙之差不超过平均气隙±8%。

4）检查定子、转子轴向磁力中心应符合规定。

5）检查组合缝间隙应按规定执行，复测空气间隙应符合要求。

6）按设计要求进行组合面密封严密性试验。

7）电动机水平、垂直支撑安装完后复测空气间隙应满足要求。

9.5.4.2 转子检修

1. 转子机械部分检修

（1）转子拆卸前应具备的条件。

1）工作平台已搭设。

2）转子翻身工具、支墩已就位，支墩标高已调整。

3）定子已拆卸。

4）转子专用吊装工具已安装。

5）影响转子拆卸及起吊的其他附件已拆卸。

（2）转子拆卸。

1）吊起转子后，对称拆卸转子与主轴法兰的连接销钉及螺栓，移动吊钩使转子脱离止口。

2）转子吊出机坑。

3）安装转子翻身工具，将转子翻身至水平位置并放置于支墩上。

（3）转子检修。

1）转子检修应达到以下技术要求：

a. 检查转子各部位结构焊缝，应无变形、裂纹、开焊现象。

b. 转子联轴螺栓、定位销钉及磁极连接螺栓拆卸后应进行全面检查，并进行超声波检测。

c. 检查制动环磨损正常、无裂纹、无松动，固定制动环的螺栓应凹进摩擦面 2mm 以上，制动环接缝处应有 2mm 以上的间隙，错牙应不大于 1mm，且按机组旋转方向检查闸板接缝，后一块不应凸出前一块，制动环径向水平偏差应在 0.5mm 以内，沿整个圆周的波浪度不应大于 2mm。

d. 检查整体式制动环应磨损正常、无裂纹及龟裂现象，焊缝无开裂和开焊现象。

e. 转子支架、制动环等部件及其结构焊缝应按规定进行无损检测。

2）磁极拆卸及安装。

a. 拆卸磁极与磁轭的连接螺栓或磁极键。

b. 磁极吊装时应做好防护且捆扎牢固。

c. 将拆卸的磁极按编号摆放。

d. 拆卸及挂装时应按编号对称进行。

e. 紧固磁极螺栓时应达到设计扭矩值或磁极键的紧度符合设计要求。

f. 在风洞内拆装磁极，通过磁极检修孔吊出及吊入；拆卸时，先在底部拧松磁极固定螺栓或磁极键，然后盘车将该磁极对正检修孔后吊出，进行磁极检修处理，安装顺序相反。

3）转子圆度及中心测量调整。

a. 调整转子中心体水平，在上法兰面上测量水平度应不大于 0.03mm/m。

b. 安装转子圆度测量工具。

c. 调整一个基准磁极，利用测圆工具在基准磁极上定出基准点。

d. 圆度测量前应检查转子测圆架的灵敏度，测圆架旋转一周回到起点时百分表的读数偏差不超过 0.03mm。

e. 用测圆架分上、下两个部位测量转子圆度，各半径与设计半径之差不应大于设计空气间隙值的±4%。

f. 对圆度不合格的磁极，通过在磁极与磁轭间增、减垫片的方法将磁极圆度调整在合格范围内。

g. 测量磁极中心偏差。铁芯长度小于或等于1.5m的磁极，不应大于±1.0mm；铁芯长度大于1.5m小于2.0m的磁极，不应大于±1.5mm；铁芯长度大于2.0m的磁极，不应大于±2.0mm。

2. 转子电气部分检修

(1) 转子磁极及其接头检修。

1) 检查磁极应固定可靠无松动。

2) 检查磁极表面绝缘层应无开裂、脱落、变色、机械损坏现象。

3) 检查钎焊连接的磁极接头，应连接可靠，无松动、断裂和开焊现象。

4) 检查螺栓连接的磁极接头，固定螺栓应紧固无松动并锁定牢靠。

5) 检查磁极接头部位绝缘包扎应完好，无破损、无过热变色现象。

6) 清扫磁极，应无灰尘及脏污。

(2) 转子阻尼条、阻尼环及其接头检修。

1) 检查转子阻尼环及接头应无松动、变形、裂纹、变色现象。

2) 检查转子阻尼条应无松动、断裂、磨损、变色现象。

3) 检查阻尼条与阻尼环应连接良好，无断裂、开焊、变色现象。

4) 检查各电气连接螺栓应紧固无松动且锁定牢靠。

5) 清扫磁极，应无灰尘及脏污。

(3) 转子引线检修。

1) 检查转子引线绝缘应完好无破损，引线接头处应无过热变色现象。

2) 检查转子引线固定夹板绝缘应完好无破损，固定牢靠无松动。

3) 检查转子引线应固定牢靠无松动。

4) 清扫转子引线，应无灰尘、脏污。

(4) 转子集电环、刷架检修。

1) 清扫集电环及刷架，应无灰尘、无碳粉、无异物。

2) 检查集电环表面应光洁，无麻点和凹痕，当凹痕深度大于0.5mm时，应对其表面进行修复处理，包括机加工修理或更换。

3) 检查刷架、刷握及绝缘支柱、绝缘垫应完好无破损，刷握应垂直对正集电环。

4) 检查和调整刷握边缘与集电环表面之间的间隙，应保证间隙为2～3mm。

5) 检查弹簧压力应均匀且符合设计要求，电刷在刷握里应滑动灵活无卡阻，电刷和刷握之间的间隙应为0.1～0.2mm。

6) 检查集电环及刷架上各电气连接螺栓应紧固无松动。

7) 检查转子引线、励磁电缆及其接头和固定夹板应完好无破损。

8）测量集电环、刷架、转子引线及励磁电缆绝缘电阻，应满足规定。

（5）电刷检查更换。

1）检查电刷，出现下列情况之一者应当更换：

a. 检查所有电刷应为同一型号，且均应完整无缺损，对不同型号及损坏电刷应进行更换。

b. 检查各个电刷和刷辫的连接应可靠无松脱，对连接松脱电刷应进行更换。

c. 检查各个电刷刷辫，对刷辫过热变色或有 1/4 刷辫断股的电刷应进行更换。

d. 检查各个电刷磨损情况，对磨损长度大于原长度的 1/3 的电刷应进行更换。

2）电刷更换，应符合下列要求：

a. 每次更换新电刷的数量，不应超过每个集电环电刷总数的 1/3。

b. 对于待更换新电刷数量较多时，应待新电刷磨合后，再更换其他电刷。

c. 同一集电环应统一使用同一品牌型号电刷。

d. 新电刷安装后检查其与集电环的接触面应不小于端部截面的 75%。

（6）磁极解体检修处理。

1）磁极检修，发现有下列缺陷之一时应分解检修处理或更换：

a. 磁极主绝缘不良。

b. 磁极线圈匝间短路。

c. 磁极线圈松动。

d. 磁极阻尼环、阻尼条松动或阻尼条断裂。

2）单个磁极处理完成后应按照规定对其线圈进行试验，合格后方可安装。

（7）磁极接头更换处理。

1）磁极接头检修，发现下列缺陷之一者应进行更换处理：

a. 软接头铜片断裂。

b. 软接头损伤使导电截面减少 15%以上及焊缝有裂纹。

c. 铜片失去弹性。

d. 软接头与磁极线圈焊接不良。

e. 软接头接触电阻不合格。

2）磁极接头处理，应符合以下要求：

a. 接头错位不应超过接头宽度的 10%，接触面电流密度应符合设计要求。

b. 焊接接头焊接应饱满，外观应光洁、无气孔、夹渣，并具有一定弹性。

c. 螺栓连接接头，接触应严密，接触面应平整，接触面平直度不应超过 0.03mm 或使用塞尺检查间隙不大于 0.05mm，螺栓应紧固无松动但锁定牢靠，接头部位应搪锡或镀银，镀层应平整。

d. 接头绝缘包扎应符合设计要求，接头与接地导体之间应有不小于 8mm 的安全距离，绝缘卡板长紧后，两块卡板端头应有 1～2mm 间隙。

（8）转子清扫、喷漆。

1）转子清扫，应符合下列要求：

a. 清扫应使用清洁、干燥的压缩空气或清洗液。

b. 清扫喷嘴应使用软塑料或橡胶制品。

c. 清扫气体压力应保持在0.2～0.3MPa。

2）转子是否喷漆应根据检修实际情况确定。

3）转子喷漆，应符合下列要求：

a. 局部或全部喷漆。

b. 喷漆前转子应清扫干净，绝缘表面不应有灰尘和油污。

c. 应使用符合厂家要求的漆品。

d. 喷漆前应对各部位编号和标记进行登记，并在喷漆完成后恢复。

e. 喷漆要求漆膜均匀，外表光亮，不可出现滴漏、厚边、流挂等现象。

（9）转子干燥处理。

1）因转子受潮而使转子绝缘电阻降低时，应对转子进行干燥处理。

2）转子就地干燥时，应注意以下事项：

a. 如果干燥现场温度较低，应将转子整体封闭，必要时还可用热风或无明火的电器装置提高空气温度。

b. 干燥时所用的导线绝缘应良好，应避免高温损坏导线绝缘。

c. 干燥时，应严格监视和控制干燥温度，不应超过限值。

d. 干燥过程中，应定时记录绝缘电阻及干燥温度。

3. 转子安装

（1）转子安装的条件。

1）组合轴承及主轴、转轮已安装。

2）转子已按设备技术要求进行试验且合格。

3）转子支架与主轴连接法兰面已清扫干净，并做好防护措施。

4）起吊及翻身专用工具已安装。

5）主轴旋转工具已准备。

（2）转子安装过程。

1）将转子翻转至垂直位置，调小转子法兰垂直度，拆除翻身工具。

2）转子吊至机坑，向主轴法兰缓慢靠近，随时检查转子支架与主轴法兰面的距离。

3）对称用联轴螺栓将转子拉入止口，直至两法兰面贴紧；装入定位销钉及联轴螺栓，对称均匀拧紧联轴螺栓至设计扭矩值；组合面用0.03mm塞尺检查，不得通过。

4）拆除转子专用吊具，安装磁极；并按要求进行相关试验。

5）主轴与转子连接后，盘车检查各部位摆度，应符合下列要求：

a. 各轴颈处的摆度应小于0.03mm。

b. 联轴法兰的摆度不应大于0.10mm。

c. 集电环处的摆度不应大于0.20mm。

（3）转子的预防性试验应按照规定执行。

9.5.4.3　组合轴承检修

1. 组合轴承和主轴整体拆卸具备的条件

（1）组合轴承及主轴的支撑架已就位，标高已调整。

（2）主轴水平度已测量。

（3）组合轴承内的油已排尽。

（4）定子、转子、转轮及主轴密封已拆除。

（5）各测温元件、保护引出线、油位计、油管等附件已拆除。

（6）管型座内组合轴承吊装专用轨道、轴承专用吊具已安装。

2. 组合轴承及主轴拆卸

（1）将主轴顶起适当高度使主轴与水导轴瓦脱离。

（2）拆卸水泵导轴承扇形板，下降主轴将水泵侧主轴完全落于吊装工具上。

（3）将电动机侧主轴吊起，拆卸组合轴承支架与管型座法兰的定位销钉、连接螺栓。

（4）将主轴向上游侧平移至适当位置，在水导侧吊具上挂装起吊钢丝绳，调整吊绳长度使主轴悬空并处于水平状态，将组合轴承及主轴移至上游流道并水平旋转45°，使主轴与流道吊物孔呈对角状态，将主轴及轴承吊出机坑。

（5）将主轴落于专用支架上，调整主轴水平度应不大于0.5mm/m。

3. 组合轴承检修工艺要求

（1）检查推力轴瓦应无裂纹、夹渣及密集气孔等缺陷，轴瓦的瓦面材料与金属底坯的局部脱壳面积总和不超过瓦面的5%，必要时可用超声波或其他方式检查。

（2）推力瓦研刮后应符合规定，对设备技术要求明确指出不需进行推力瓦研刮的，可不研刮推力瓦。

（3）检查镜板工作面应无伤痕和锈蚀，镜板研磨后其粗糙度应符合厂家设计要求，必要时按图纸检查两平面的平行度和工作面的平面度。

（4）检查调整正向推力瓦与镜板的间隙应在平均间隙的±0.03mm以内。

（5）检查调整各反向推力瓦与镜板的间隙应在平均间隙的±0.05mm以内。

（6）正、反向推力瓦与主轴装配后，正、反向推力瓦与镜板的总间隙一般为0.3～0.6mm，如设备技术要求有规定应按技术要求调整，其总间隙偏差不超过0.1mm。

（7）电动机导轴承检修应符合下列要求：

1）轴瓦应无密集气孔、裂纹、硬点及脱壳等缺陷，瓦面粗糙度应小于0.8μm。

2）轴瓦与轴装配后总间隙应符合设计要求，上下游侧间隙之差、同一方位间隙之差，均不应大于实测平均总间隙的10%。

3）轴瓦与轴的接触应均匀，每平方厘米面积上至少有一个接触点；每块瓦的局部不接触面积，每处不应大于5%，其总和不应超过轴瓦总面积的15%。

4）导轴瓦研刮，应按规范要求进行。

5）检查轴瓦与轴颈间隙应符合设计要求。

6）球面支撑的导轴承，球面与轴承壳、轴承壳球面与球面座之间的间隙应符合设计要求。

7）组合轴承端面密封间隙按设计要求进行调整。

（8）镜板、轴瓦、推力头等部件应按规范要求进行无损检测。

（9）对组合轴承各连接螺栓、销钉应进行外观检查及无损检测，并符合规范要求。

（10）组合轴承各高压油管应检查焊缝有无裂纹，接头有无漏油，高压软管应检查有无老化、龟裂。

（11）镜板的研磨工艺应符合下列要求：

1）镜板镜面的研磨在专门的研磨棚内进行，以防止落下异物划伤镜面。

2）镜板放在研磨机上应调整好镜板的水平和中心，其水平偏差不大于0.05mm/m，其中心与研磨中心差不大于10mm。

3）研磨平板不应有毛刺和高点，并包上厚度不大于3mm的细毛毡。

4）镜板的抛光材料采用粒度为M5～M10的氧化铬研磨膏1∶2的重量比用煤油稀释，用细绸过滤后备用。在研磨最后阶段，可在研磨膏液内加30%的猪油，以提高镜面的光洁度。

5）研磨前，应除去镜板上的划痕和高点，且只能沿圆周方向研磨，严禁径向研磨；更换研磨液或清扫镜板面时，只能用白布和白绸缎，工作人员禁止戴手套。

6）镜板研磨合格后，镜面的最后清扫应用无水酒精作清洗液，镜面用细绸布擦净，待酒精挥发后，涂上猪油、中性凡士林或涡轮机油进行保护。

4. 组合轴承组装

（1）将组合好的正向推力轴承座水平放置于支墩上，按拆卸标记分别将推力瓦安装就位，将镜板水平放置于推力瓦面上，利用推力瓦支柱螺钉（或增减垫片）调整镜板水平不大于0.02mm/m，镜板面至推力轴承座法兰面的距离应符合设计要求，检测镜板与推力瓦的间隙应为0，且推力瓦受力均匀，瓦面与镜板之间的接触面积应符合规定，然后锁紧推力瓦支柱螺钉（反推力瓦调整方法同上）。

（2）将推力镜板及与主轴配合部位清扫干净，检查平键正常，水平吊起推力镜板下半部至主轴下方组装位置，在配合止口处涂抹润滑脂，当进入止口后，在两端用螺旋千斤顶轻顶靠于主轴。

（3）吊起推力镜板上半部，合拢上下组合面，装入销钉，组合螺栓应均匀拧紧至设计扭矩值。

（4）分瓣推力镜板装配到主轴上后，检查和测量镜板或推力环与主轴止口两侧及镜板或推力环组合而应无间隙，用0.05mm塞尺检查不得通过；分瓣镜板工作面在合缝处的错牙应小于0.02mm，沿旋转方向后一块不得凸出前一块。

（5）检查正、反推力镜板面平行度应满足设计要求。

（6）将发导瓦清扫干净，先吊电动机导轴承径向瓦下半部于轴颈下，并轻顶靠紧轴颈，再吊轴瓦上半部与下半部组合，对称均匀拧紧组合螺栓至设计扭矩值，检查轴瓦总间隙应符合设计要求；吊装前应在清扫干净的轴颈上涂抹润滑脂。

（7）将电动机导轴承径向瓦向电动机法兰方向移动20～30mm，以防止反推力轴承安装时反推力瓦与推力镜板相碰。吊导轴承支撑架下半部顶靠于径向轴瓦下，吊导轴承支撑架上半部与下半部组合，组合面安装密封条并涂耐油平面密封胶，打入定位销钉，检查加工面应无错牙，由内向外对称均匀拧紧组合螺栓至设计扭矩值。

(8) 将反推力轴承下半部清扫干净，吊起放于主轴下方安装位置，用螺旋千斤顶顶紧靠于主轴，吊起反推力轴承上半部与下半部组合，组合面安装密封条并涂耐油平面密封胶，对称均匀拧紧组合螺栓至设计扭矩值。

(9) 吊起推力油槽下半部与反推力轴承临时固定，再吊起推力油槽上半部与下半部组合，组合面安装密封条并涂耐油平面密封胶，对称均匀拧紧组合螺栓至设计扭矩值。

(10) 将推力轴承支柱螺钉拧松0.5～1.0mm，吊起推力轴承下半部与油槽临时固定，再吊起推力轴承上半部与下半部组合，组合面安装密封条并涂耐油平面密封胶，对称均匀拧紧组合螺栓至设计扭矩值。

(11) 将组合轴承支架清扫干净，在密封槽内装上密封条，吊起轴承支架并调整垂直度，检查主轴的水平度小于0.5mm/m，吊起组合轴承支架移到电动机导轴承支撑环上，装上止推环并锁紧，对称拧紧轴承支架与反推力轴承连接螺栓至设计扭矩值。

5. 组合轴承及主轴安装

(1) 组合轴承组装完成后，将水泵导轴承组装于主轴上并固定可靠，安装组合轴承及主轴吊装工具，将组合轴承及主轴吊入电动机流道，旋转主轴呈安装方位，移动吊钩将水泵侧主轴插入内管型座内，下降吊钩使吊具滚轮到达轨道上，继续向下游移动吊钩，直至到达安装位置。

(2) 安装水泵导轴承扇形板及轴承支架与内管型座法兰定位销钉，对称均匀拧紧连接螺栓到设计扭矩值，检查机组中心应符合规定。

6. 电动机导轴承中置式（电动机导轴承位于正向、反向推力轴承之间）组合轴承拆卸及安装

(1) 电动机导轴承中置式组合轴承拆卸具备的条件。

1) 组合轴承内的油已排尽。

2) 定子、转子已经拆除吊至安装场。

3) 各测温元件、保护引出线已经拆除。

4) 电动机流道盖板及竖井已经拆除。

5) 灯泡头组合体已拆除并临时放置在流道内。

(2) 反向推力轴承拆卸。

1) 拆卸外围设备，并测量各正、反推力瓦的间隙值。

2) 盘车使反推镜板组合缝处于水平位置便于拆卸。

3) 拆卸反推镜板的组合法兰面销钉及螺栓，使下半部缓慢下放至适当位置。

4) 用专用工具将反推力镜板吊至主安装场指定位置。

5) 通过专用工具卡牢反推力瓦，拆除反推瓦外支撑架定位销及连接螺栓，拆卸反推力瓦。

(3) 正向推力轴承拆卸。

1) 拆卸正推轴承上端盖。

2) 盘车使正推镜板的组合面处于水平位置。

3）拆卸正推力瓦的下端盖。

4）开启高压顶轴油泵，将转子向上游侧平移1～2mm，使各瓦与正向推力镜板之间有间隙。

5）采用专用工具卡牢固正向推力瓦，拆除正向推瓦外支撑架定位销及连接螺栓，拆卸推力瓦。

（4）电动机导轴承拆卸。

1）拆卸电动机导轴承挡油环。

2）测量电动机导轴承总间隙与两侧间隙。

3）在电动机导轴承上游侧主轴底部安装专用工具，并装百分表监测，将主轴顶起0.1～0.15mm。

4）拆除电动机导轴承与支撑环连接法兰的定位销钉及螺栓，将电动机导轴承体向下游侧平移，拆卸电动机导轴承组合面的定位销钉及螺栓。

5）将电动机导轴承吊出机坑。

（5）正向推力镜板拆卸。

1）拆卸正向推力镜板与主轴法兰的联接螺栓，将正向推力镜板移至下游侧适当位置。

2）拆除定子和转子后，再拆卸正向推力镜板组合法兰的定位销钉和螺栓，将推力镜板从电动机吊装孔吊出。

（6）中置式组合轴承检修经过验收合格方能进行安装。

（7）电动机导轴承安装。

1）将电动机导轴瓦下半部吊至内管型座，置于轴颈下方，再将电动机导轴瓦上半部至内管型座，清扫后放于轴颈上，吊起电动机导轴承下半部与上半部组合，组合时先装销钉，后紧固螺栓，从内向外均匀分次拧紧组合螺栓至设计力矩值；组合面应间隙应符合规定，导轴承与主轴总间隙应符合设计要求。

2）将发导与支撑环连接，安装销钉和螺栓，螺栓应对称均匀拧紧至设计力矩值。

（8）正向推力轴承的安装。

1）组合正推力镜板，组合面应无间隙，用0.05mm塞尺检查不得通过；镜板工作面在合缝处的错牙应小于0.02mm，沿旋转方向后一块不得凸出前一块。

2）将正向推力镜板把合在转子连接法兰的背面，镜板的平面度和垂直度应符合设计要求。

3）安装正向推瓦。

（9）反向推力轴承的安装。

1）将反向推力镜板的下半部吊入内管型座并置于轴颈下方，再将上半部分入置于轴颈上，反向推力镜板上半部、下半部清扫后组合，组合面间隙及错牙应符合要求，检查反推力镜板与主轴止口应无间隙，局部间隙不得超过0.02mm。

2）检查镜面与每一块轴瓦托盘之间的距离，调整反向推力瓦加垫厚度，安装反向推力瓦。

（10）安装各轴承的高压软管、环管等附件。

（11）启动高压顶轴油泵，检查各反推力瓦应紧靠在推力镜板上，否则应调整反推力瓦各调整垫。

（12）通过调整正推力瓦垫片厚度调整组合轴承轴向总间隙。检查镜面与每一块抗重托盘之间的距离，按照设备技术要求调整正推瓦加垫厚度。

（13）安装轴承端盖及密封、安装其余附属设备。

7. 镜板与主轴整体结构组合轴承拆卸、检修及安装（电动机导轴瓦为分块瓦）

（1）电动机组合轴承拆卸具备的条件。

1）组合轴承内润滑油已排尽。

2）连接组合轴承的各油管道及自动化元件已拆除。

3）大轴保护罩已拆除。

4）管形座内爬梯及踏板等附属部件已拆除。

（2）推力轴承拆卸及检修。

1）拆卸组合轴承上半部分端盖等附属设备，测量各正向推力瓦、反向推力瓦的间隙。

2）用专用工具分别拆除轴承座固定螺栓，并记录螺栓伸长值。

3）将正向、反向推力瓦与轴承座整体吊出机坑。

4）测量并记录正向、反向推力镜板的垂直度。

5）正向、反向推力瓦与轴承座等部件分解检修。

（3）电动机导轴承拆卸及检修。

1）拆卸电动机导轴承挡油环。

2）测量并记录电动机导轴承各导轴瓦的间隙。

3）拆除上部两块导轴瓦与轴承支座间的定位销钉及螺栓，将导轴瓦向下游侧平移后吊出，导轴瓦应做好标记及防护。

4）在电动机导轴承下游侧主轴底部安装专用工具，并装百分表监测，将主轴顶起0.40～0.50mm。

5）拆除下部四块径向瓦与轴承支座间的定位销钉及螺栓，将径向瓦向下游侧平移后吊出，导轴瓦应做好标记及防护。

（4）镜板及轴领检修。

1）用工业酒精清洗主轴镜板及轴领并使用白布擦拭干净后检查。

2）镜板工作面应无锈斑、伤痕、毛刺，表面粗糙度应符合设计要求，局部缺陷可用天然油石研磨。

3）镜板的镜面和轴颈应涂抹润滑脂防止锈蚀。

（5）组合轴承各部件清扫、检查、缺陷处理完成后，经过验收合格方能进行安装。

（6）电动机导轴承安装。

1）用专用工具安装下部4块导轴瓦、导轴瓦与轴承座的定位销钉，拧紧固定螺栓至设计扭矩值。

2）拆除顶轴千斤顶，将主轴下落至下部4块导轴瓦上。

3）检查导轴瓦支撑与轴承支架筋板有无间隙，用0.05mm塞尺检查，塞尺应不得通过。

4）检查主轴轴线水平度是否小于0.02mm/m。

5）检查下部导轴瓦与主轴间隙应符合设计要求，如不符合要求可加工径向轴承支撑高度进行调整。

6）安装顶部两块导轴瓦、导轴瓦与轴承支座的定位销钉，拧紧固定螺栓至设计扭矩值。

7）检查上部导轴瓦与主轴间隙应符合设计要求，如不符合要求可加工径向轴承支撑高度进行调整。

（7）推力轴承的安装。

1）按标记组装正向、反向推力瓦、轴承座。

2）将组装好的每组推力轴承装配分别吊入机坑，用专用工具将其按原位装复。

3）按设计要求拧紧正向、反向推力轴承固定螺栓至设计扭矩值。

4）复测正向、反向推力瓦与镜板的间隙应符合设计要求。

5）安装测温元件、油管及保护罩等附属设备。

9.5.4.4 灯泡头组合体检修

1. 灯泡头组合体拆卸

（1）拆卸竖井爬梯、流道盖板上附属设备。

（2）拆卸流道盖板与竖井间密封压板。

（3）拆卸流道盖板与导流板的联接螺栓。

（4）拆卸竖井与灯泡头组合体连接螺栓，将竖井吊出。

（5）拆卸流道盖板与基础法兰的定位销钉、连接螺栓，检查无影响其起吊的因素，将流道盖板吊至指定地点。

（6）拆卸水平支撑和垂直支撑。

（7）安装灯泡头组合体专用吊装工具。

（8）拆卸灯泡头组合体与定子上游法兰面定位销钉及连接螺栓。

（9）将灯泡头组合体吊入上游流道并临时固定，其位置不得影响定子及转子检修。

2. 灯泡头组合体检查

（1）流道盖板、竖井、灯泡头组合体水平及垂直支撑等金属构件及焊缝隙无损检测应符合规范要求。

（2）流道盖板、竖井、灯泡头组合体水平及垂直支撑等进行全面除锈防腐。

（3）水平垂直支撑螺栓、流道盖板螺栓、灯泡头组合法兰固定螺栓、销钉均应进行外观检查且无损坏，否则进行更换，并按规范要求进行无损检测。

（4）对灯泡头组合体封水焊缝进行检查是否存在脱焊、开裂等情况，必要时补焊。

（5）灯泡头组合体内侧清扫后喷刷防结露漆。

3. 灯泡头组合体安装

（1）灯泡头组合体安装前应将法兰面及密封槽应清扫干净、安装密封条；将灯泡头组合体移至独立起吊位置，吊起组合体至安装位置，先安装定位销钉后对称均匀拧紧组合螺栓至设计扭矩值，检查组合缝间隙应符合规定，并严格按设计要求进行组合法兰面密封严密性试验。

(2) 垂直支撑安装。

1) 按图纸要求安装垂直支撑。

2) 垂直支撑安装时应用百分表检测定子上游侧的下沉量。

3) 拉力螺杆的伸长值应符合设计要求，其偏差不大于0.05mm。

4) 拉力螺杆伸长合格后，测量定子上游侧上升变化的读数与下沉值相等，偏差应不大于0.05mm。

(3) 水平支撑安装。

1) 按设计要求安装水平支撑。

2) 水平支撑的连接螺栓应对称均匀拧紧至设计扭矩值，支撑压缩或伸长值应符合设计规定；液压结构的水平支撑压力值应符合设计值。

(4) 清扫干净流道盖板、基础法兰及螺栓孔，黏结好密封条后安装流道盖板，先装定位销钉，再对称均匀拧紧连接螺栓至设计扭矩值。

(5) 安装竖井与灯泡头组合体连接法兰密封条，安装竖井，先装定位销钉，对称均匀拧紧竖井与灯泡头组合体法兰所有连接螺栓至设计扭矩值；检查组合缝间隙应符合规定，并按设计要求进行组合法兰面严密性试验。

(6) 安装竖井与流道盖板密封及压板。

9.5.4.5 制动装置检修

1. 制动器检修

(1) 检修前应进行制动器动作试验，检查漏点和制动器运行状态。

(2) 制动器及管道拆卸前应编号。

(3) 检查制动块磨损量，如制动块磨损达10mm以上或未达10mm以上时但周围有大块剥落，应予以更换。

(4) 检查密封圈，必要时更换，更换过程中应防止损伤密封。

(5) 单个制动器回装后应做动作试验，检查制动器的灵活性和行程符合设计要求。

(6) 单个制动器按设计要求进行严密性耐压试验，持续30min，压力下降不超过3%。弹簧复位结构的制动器，在卸压后活塞应能自动复位。

(7) 检查制动器行程开关动作应灵活、可靠，必要时更换。

(8) 制动器系统管道应按设计要求进行严密性耐压试验。

(9) 制动器回装后应进行整体动作试验，检查所有制动器的灵活性和行程应符合设计要求。

2. 制动柜检修

(1) 清扫过滤网，如有破损应更换。

(2) 电磁阀分解清扫，检查密封应完好，孔道畅通，装复后，阀口应封闭严密，动作应灵活可靠。

(3) 阀门应动作灵活，密封严密。

9.5.4.6 电动机通风冷却系统检修

(1) 空气冷却器检修。

1) 解体检修空气冷却器，应清扫干净、清洁；空气冷却器外部油污用清洗剂进行清洗，并用清水冲洗干净。

2) 单个空气冷却器应进行严密性耐压试验，试验压力为1.25倍工作压力，保持30min无渗漏现象。

3) 如发现空气冷却器的铜管和承管板胀合不好，可以复胀；如铜管本身漏泄，可两头用楔塞堵死；但堵塞铜管的根数不得超过总根数的10%，否则应更换新的空气冷却器。

(2) 膨胀水箱检修。

1) 排空膨胀水箱内冷却水。

2) 用测压表检查膨胀水箱气囊压力是否在正常范围内，否则补充氮气。

3) 如检查膨胀水箱气囊存在损坏漏气，需进行气囊更换处理并重新充气至正常压力值。

(3) 采用表面冷却器与河水进行二次热交换的冷却系统，需对表面冷却器进行全面清扫，对表冷器焊缝、弯头部分等进行无损检测，表面冷却器清扫后应进行严密性耐压试验，试验压力为1.25倍工作压力，保持30min无渗漏现象。

(4) 冷却系统各部件连接后，用清洁水对冷却水系统冲洗2～3次，每次冲洗时间不少于1h。

(5) 冷却水系统中应按设计要求加入规定剂量的防腐剂。

(6) 循环冷却系统加水到正常水位后，应排空管道内空气，对冷却水系统进行整体严密性耐压试验，试验压力为1.25倍工作压力，持续30min应无渗漏。

9.5.4.7 电动机中性点设备检修

1. 中性点母线检修

(1) 检查中性点母线外观，应无发热变色或因电动力导致变形的痕迹。

(2) 检查中性点母线支撑绝缘子外观，应无受潮、开裂或破损痕迹，固定应牢固，支撑母线应无松动。

(3) 检查电动机中性点母线各电气连接螺栓应紧固无松动。

(4) 清扫电动机中性点母线，应无灰尘、无油污、无异物。

(5) 中性点母线的预防性试验应按照规定进行。

2. 中性点刀闸操作机构检查

(1) 检查各导电部位应无过热变色及烧弧现象。

(2) 检查刀闸分、合闸动作应灵活可靠，无卡阻拒动现象。

(3) 检查各电气连接螺栓和接线端子应紧固无松动。

3. 中性点接地装置检修

(1) 消弧线圈检修。

1) 检查消弧线圈外观，应无发热变色痕迹、无破损。

2）检查消弧线圈各电气连接螺栓及接线端子紧固无松动。

3）清扫消弧线圈，应无灰尘、无异物。

4）消弧线圈的预防性试验应按照规定进行。

（2）接地变压器检修。

1）检查接地变压器外观，应无开裂、变色、变形、放电痕迹。

2）检查接地变压器铁芯外表应平整，无片间短路或变色、放电烧伤痕迹，绝缘漆膜应无脱落，下铁轭底部应无杂物。

3）检查接地变压器各支撑绝缘子应无开裂、变色、变形、放电痕迹，且固定牢靠无松动。

4）检查接地变压器接地线及电缆屏蔽接地应连接牢靠，接地标示应完好。

5）清扫接地变压器，应无灰尘、无异物。

6）接地变压器的预防性试验应按照规定进行。

4. 检查中性点屏柜

屏柜各部位应无变形、锈蚀，防火封堵措施应完善。

9.5.5 轴承油系统检修

9.5.5.1 轴承油箱检修

（1）轴承油系统内润滑油排至运行油罐。

（2）油箱清扫前应通风换气。

（3）油箱内应清扫干净，检查油箱壁有无变形、裂纹及砂眼，必要时进行修复及补焊。

（4）检查油箱内壁油漆是否完整，必要时涂刷耐油漆。

（5）油箱过滤网或滤芯应清洗干净并用低压气进行吹扫，如有破损应更换。

（6）检查油箱油位计应完好，动作试验正常，否则应予更换。

（7）轴承油系统管道与阀门检修。

（8）管道拆卸时应做好标记。

（9）管道的清洗前先将管道内的油排净，清洗管道内的油污宜采用专用的清洗剂进行，如采用汽油清洗，应做好防火措施。

（10）阀门应动作灵活可靠，密封严密。

（11）安全阀、溢流阀及有关表计应校验合格。

（12）压力开关校验合格，动作正常。

（13）管道接头无松动、漏点和锈蚀。

9.5.5.2 轴承油冷却器检修

（1）直管形油冷却器，宜用试管刷进行清洗。

（2）弯管形冷却器，宜用压力约为 0.5MPa 的水流冲洗。

（3）内循环的板式油冷却器，宜进行反向冲洗，冲洗水的流量应大于冷却器实际工作最大冷却水流量。

(4) 冷却器安装后应进行严密性耐压试验。

9.5.6 机组检修验收与试验

9.5.6.1 检修验收

机组检修质量检验应实行检修人员自检与验收人员检验相结合，严格执行分级验收制度，由检修单位提出验收申请，运行管理单位组织验收，并填写质检卡、质检点（H点、W点）见证等质量记录。

9.5.6.2 启动试验项目

机组检修后启动试验前，应根据检修项目和检修情况，编制检修后调试方案、明确试验检查项目、安全技术措施和应急预案，启动前全面检查合格后，方可进行启动试验。

9.5.6.3 检修后整体试验和要求

(1) 首次手动开机试验应具备的条件。

1) 流道已充水，进水口及尾水闸门已提起，充水过程中发现的问题已处理合格。

2) 风洞已检查无人员及物品遗留并封闭，转子机械锁锭已退出。

3) 导叶接力器机械锁锭已退出。

4) 所有试验用的短接线或接地线已拆除。

5) 机组辅助系统已完成检修并能正常运行。

6) 上下游水位、机组各部件原始温度等已记录。

7) 漏油装置处于自动运行方式。

8) 主轴检修密封已退出。

9) 油压装置处于自动运行方式；调速器处于机械“手动”或电气“手动”方式。

10) 机组保护和安全自动装置已投入。

(2) 首次手动开机过程中应检查下列各项内容。

1) 机组各辅助系统运行正常。

2) 点动开机，电动机转动后立即关闭导叶，各部位观测人员检查、确认电动机转动和静止部件之间无摩擦和碰撞情况。

3) 确认各部位无异常后启动机组，当转速接近50%额定转速（或规定值）时，监视机组各部运行无异常后，继续增加导叶开度，将转速升至额定转速。

4) 确认主轴密封漏水量符合设计要求。

5) 机组升速过程中应对水泵导轴承、组合轴承温度、油位及油流星进行监视，各轴承温度不应有急剧升高及下降现象；连续运行4h直至瓦温稳定，其稳定温度不应超过设计规定值。

6) 测量机组运行摆度双幅值及各部位振动值，其值应符合制造厂设计规定值。

7) 测量电动机二次电压及相序应正确。

8) 检查机组齿盘和残压测速应正常，电气转速继电器对应的触点动作应正常。

9) 检查集电环的运转情况。

(3) 首次手动停机过程中应检查下列各项内容:

1) 机组转速降至规定转速时,高压油顶起装置的投入情况。

2) 监视各部位轴承温度变化情况。

3) 检查转速测量装置的动作情况。

4) 检查水导、组合轴承油位及油流的变化情况。

5) 机组全停后,高压油顶起装置应切除。

9.6 潜水泵机组的检修

9.6.1 潜水泵检修流程

9.6.1.1 泵的解体

(1) 先拆除电机与底座的连接螺丝。

(2) 移走电机,拆除泵体的联轴器及连接键。

(3) 用松开后盖螺丝,并小心地将后盖取下放置在预先备好的枕木上。注意:取下过程中不要敲击轴承,以免轴承损伤。

(4) 拆除轴承座和机械密封,拆除轴承套。将轴联同叶轮一起取下,并放置妥当。

(5) 拆除挡水环。

(6) 撬开叶轮螺母的制动垫圈,用专用扳手拧下叶轮螺母。

(7) 拆除叶轮及连接键。用塑料布包裹好轴,清理现场,整理好拆下的零件。

9.6.1.2 检查与修理

(1) 将泵体、泵盖等外表面油污清理干净,再将内壁的水垢刮削干净,然后检查并用手锤轻敲听其声响,以鉴定有无裂纹和磨损程度。

(2) 清洗叶轮水通道表面至无污垢和铁锈,再检查其有无裂纹。

(3) 叶轮如磨损、腐蚀严重就应更换。

(4) 用内径千分尺和游标卡尺测出叶轮的轴向及径向间隙,密封环和叶轮配合处的每侧径向间隙应符合规定,一般为叶轮密封环直径的(1/1000~1.5/1000),但最小不得小于轴瓦顶部间隙,且四周均匀。密封环处的轴向间隙应大于泵的轴向窜动量,并不得小于0.5~1.0mm(小值用于小泵)。

(5) 检查测量叶轮与轴的配合情况,两者配合不应松动;叶轮对轴的偏斜程度,可用千分表检查不应超过0.20mm;叶轮入口外圆的晃度不应超出规定。如超过标准,则应调整轴和叶轮孔的装配间隙和采取车镟叶轮的办法。

(6) 检查轴套的晃动度,轴套的晃动度不应超过0.05mm。如超标就可利用车床找好中心,并对晃动度不合格的部位进行车削。

(7) 叶轮及轴的键槽如有轻微磨损,可用锉刀修平。如磨损严重,则可在叶轮转过60°的位置另开键槽,且将旧键槽堵塞。

(8) 密封环应清理干净,用卡尺测量几何尺寸和椭圆度,磨损严重者要换新的。

(9) 石棉填料盘根检修时必须更换新的。若轴套表面偶有轻微磨损,则车削后可继续使用；磨损达到2mm时，应更换新的。

（10）清理挡水环、填料压盖，磨损过大时应更换。

9.6.1.3 泵的回装

（1）安装叶轮连接键及叶轮。

（2）拧紧叶轮螺母，扣上叶轮螺母制动垫圈。

（3）安装挡水环，在挡水环内圈上与轴肩接触的部位均匀地抹上一圈密封胶。

（4）将叶轮和轴一起放入泵体，小心不要碰伤泵体内的口环。

（5）安装轴承套。

（6）安装机械密封。

（7）安装轴承座。

（8）在后盖的内圈上均匀地抹上一层润滑脂，小心地将后盖套入轴承。

（9）拧紧后盖螺丝，安装连接键及泵体联轴器。

（10）安装电机与泵的联轴器，并找正合格。拧紧电机的地脚螺丝。联轴器找正，径向偏差不大于0.05mm，端面偏差不大于0.04mm；水泵运转时的振动值符合标准要求：转速为3000r/min的水泵振动幅值不超过0.05mm；1500r/min的不超过0.08mm。

（11）场地清理。

（12）所有工具、仪表和器具清理完毕。

（13）产生的废物已收集并放到指定地点。

（14）工作区域打扫干净。

9.6.2 运行故障及排除方法

9.6.2.1 潜水泵运转有异常振动、不稳定

（1）水泵运转有异常振动、不稳定的主要原因如下：

1）水泵底座地脚螺栓未拧紧或松动。

2）出水管道没有加独立支撑，管道振动影响水泵。

3）叶轮质量不平衡甚至损坏或安装松动。

4）水泵上下轴承损坏。

（2）排除措施。

1）均匀拧紧所有地脚螺栓。

2）对水泵的出水管道设独立稳固的支撑，不让水泵的出水管法兰承重。

3）修理或更换叶轮。

4）更换水泵的上下轴承。

9.6.2.2 潜水泵不出水或流量不足

（1）潜水泵在运行过程中常出现流量不足或不出水，其主要原因如下：

1）水泵安装高度过高，使得叶轮浸没深度不够，导致水泵出水量下降。

2）水泵转向相反。

3）出水阀门不能打开。

4）出水管道不畅通或叶轮被堵塞。

5）水泵下端耐磨圈磨损严重或被杂物堵塞。

6）抽送液体密度过大或黏度过高。

7）叶轮脱落或损坏。

8）多台水泵共用管道输出时，没有安装单向阀门或单向阀门密封不严。

（2）排除措施。

1）控制水泵安装标高的允许偏差，不可随意扩大。

2）水泵试运转前先空转电动机，核对转向使之与水泵一致。使用过程中出现水泵不出水的情况应检查电源相序是否改变。

3）检查阀门，并经常对阀门进行维护。

4）清理管道及叶轮的堵塞物，经常打捞蓄水池内杂物。

5）清理杂物或更换耐磨圈。

6）寻找水质变化的原因并加以治理。

7）加固或更换叶轮。

8）检查原因后加装或更换单向阀门。

9.6.2.3 电流过大电机过载或超温保护动作

（1）造成电流过大电机过载或超温保护动作的主要原因。

1）工作电压中过低或过高。

2）水泵内部有动静部件擦碰或叶轮与密封圈摩擦。

3）扬程低、流量大造成电动机功率与水泵特性不符。

4）抽送的密度较大或黏度较高。

5）轴承损坏。

（2）排除措施。

1）检查电源电压，调整输电压。

2）判断摩擦部件位置，消除故障。

3）调整阀门降低流量，使电动机功率与水泵相匹配。

4）检查水质变化原因，改变水泵的工作条件。

5）更换电机两端的轴承。

9.6.2.4 绝缘电阻偏低

1. 绝缘电阻偏低的主要原因

（1）电源线安装时端头浸没在水中或电源线、信号线破损引起进水。

（2）机械密封磨损或没安装到位。

（3）O形密封圈老化，失去作用。

2. 排除措施

（1）更换电缆线或信号线，烘干电机。

（2）更换上下机械密封，烘干电机。

（3）更换所有密封圈，烘干电机。

9.6.2.5 水泵管配件渗漏

（1）水泵管道中，管道或法兰连接处经常有明显的渗漏水现象。其主要原因如下：

1）管道本身有缺陷，未经过压力试验。

2）法兰连接处的垫片接头未处理好。

3）法兰螺栓未用合理的方式拧紧。

（2）排除措施。有缺陷的管子应予以修复甚至更换，对接管子的中心偏离过大的应拆掉重排，对准后连接螺栓应在基本自由的状态下插入拧紧，管道全部安装完后，应进行系统的耐压强度和渗漏试验。

9.6.2.6 水泵停机时倒转

（1）水泵电动机断电后水泵会发生倒转，主要原因是因为出水管道中的止回阀或拍门失灵。

（2）排除措施安装前应进行检查，止回阀的安装方向要正确，拍门中心是否对准，启闭应灵活自如。运行时经常检查止回阀或拍门，对损坏的部分修理或者更换保证质量的止回阀或拍门。

9.6.2.7 水泵内部泄漏

（1）潜水泵发生漏水时，导致绝缘破坏、轴承浸水、报警系统报警，迫使机组停止运行。其主要原因为：潜水泵的动密封（机械密封）或静密封（电缆进口专用密封、O形密封圈）损坏造成渗水，动力电缆或信号电缆破损造成渗水。各种报警信号如浸水、泄漏、湿度等报警停机。

（2）排除措施。安装前，应检查各密封部件的质量；安装时必须保证各密封部件端面接触良好；在运行前检查电动机的相间和接地绝缘电阻以及各报警系统的传感元器件是否完好。运行过程中发生上述故障时，更换所有损坏的密封件和电缆并且烘干电机。对拆卸的密封件和电缆不得再使用。

9.7 辅助设备与金属结构维修

9.7.1 一般规定

（1）辅助设备与金属结构的机电设备和安全装置应定期检查、维护，安全装置应定期校验，发现缺陷应及时修理或更换。

（2）油、气、水管道接头应密封良好，发现漏油、漏气、漏水现象应及时处理，并定期涂漆防锈。

（3）起重机械每2年检测1次，其安装、维修、检测工作须由安全技术监督部门指定的单位进行，具体管理办法按行业规定执行。

（4）压力容器每6年检测1次，安全阀每年检测1次。其安装、维修、检测工作须由安全技术监督部门指定的单位进行，具体管理办法按行业规定执行。

9.7.2 叶片机械调节机构

（1）叶片机械调节机构安装在电机顶部，它由传动电机、摆线针车减速器、传动螺纹副（含调节螺母）轴承箱、调节轴、限位机构、显示装置等组成。其工作原理如下：

1）需要调节水泵叶片角度时，启动调节电机正转（或反转）经摆线针轮减速器减速后带动螺纹副丝杆转动。由于丝杆轴向固定，所以调节螺母轴向运动，带动轴承箱、调节轴起向上（向下）移动，带动水泵叶轮内的叶片调角机构动作，从而达到调节叶片角度的目的。当调节杆上移时，叶片向正角度方向调节；当调节杆下移时，叶片向负角度方向调节。泵正常运转不调节时，调节电机停机，这时由于螺纹副的丝杆不旋转，调节螺母自锁，调节机的调节轴随泵一起旋转，但没有轴向运动，因此叶片角度保持稳定。

2）轴承箱内装有推力轴承，承受调节力和维持叶片角度不变产生向下的力，确保水泵叶片在某一角度工况正常运行，推力轴承采用稀油润滑，轴承箱配有循环水冷却装置，通过外接水管输入清水对轴承进行冷却。调节机的轴承箱侧面装有油标，可直接观察轴承箱内润滑油油位情况。

3）叶片角度显示装置包括机械显示表和数字显示表。可经位移传感器输出模拟信号或数字信号供自动控制之用。调节装置中还安装有推力轴承测温传感器等自动化元件，可实现现场叶片角度数码显示、温度中控室显示。运行人员既可通过调节机面板上的控制装置，手动操作调节水聚叶片角度，也可通过调节机配的计算机接口与无人值守的自动控制系统相连接，实现远程自动控制。调节机具有温度保护和叶片角度限位功能。设有上、下限位开关，在叶片角度调节超出额定范用时，调节机自动停止调节工作并发出信号通知控制台；当推力轴承温度超出范围时，调节机发出警报或自动停机。

（2）调节机检修周期应与机组大修周期同步，也可根据具体运行情况提前或推后。

（3）调节机运行中发生以下情况应立即进行大修：

1）发生轴承、摆线针轮减速器、传动螺纹副损坏或有异常现象。

2）调节电机损坏。

3）其他需要通过大修才能排除的故障。

（4）检修项目。

1）小修。

a. 更换润滑油、润滑脂。

b. 测量、控制系统维修。

c. 冷却系统检修。

d. 传动电机检修。

2）大修。

a. 传动电机的检修和处理。

b. 摆线针轮减速器的检修和处理。

c. 传动螺纹副的检修和处理。

d. 轴承箱、冷却、润滑系统的检修和处理。

e. 调节轴检查和处理。

f. 测量、控制系统的检查和处理。

9.7.3 气系统

螺杆式空气压缩机的检修周期及检修内容如下。

1. 运转 500h

(1) 新设备使用后第一次换油过滤器。

(2) 更换冷却液。

2. 运转 1000h

(1) 检查进气阀动作及活动部位，并加注油脂。

(2) 清洁空气过滤器。

(3) 检查管接头固定螺栓及紧固电线端子螺丝。

3. 运转 2000h 或 6 个月

(1) 检查各部分管道。

(2) 更换空气滤清器滤芯和油过滤器。

4. 运转 3000h 或一年

(1) 清洁进气体阀，更换 O 形密封环，加注润滑油脂。

(2) 检查泄放阀。

(3) 更换油气（油细）分离器，更换螺杆油。

(4) 检查压力维持阀。

(5) 清洗冷却器，更换 O 形密封环。

(6) 更换空气滤清器滤芯、油过滤器。

(7) 电动机加注润滑油脂。

(8) 检查启动器的动作应正常。

(9) 检查各保护压差开关动作正常。

5. 运转 20000h 或 4 年

(1) 更换机体轴承，油封，调整间隙。

(2) 测量电动机绝缘，应在 1MΩ 以上。

9.7.4 供排水系统

9.7.4.1 检修周期

1. 大修周期

(1) 离心泵每运行 4000～5000h，系统大修 1 次。

(2) 根据系统运行中各设备运行情况和零部件的磨损、腐蚀、老化程度，以及运行维护条件，综合分析认为确有必要时进行，如运行良好可考虑推迟。

2. 小修周期

每年进行 1 次供、排水系统小修。

3. 临时性检修

根据水泵实际运行状况所发生的故障或缺陷而随时进行。

9.7.4.2 检修项目

1. 离心泵小修项目

（1）检查油封，更换填料，或修理机械密封，进行渗漏处理。

（2）检查各部分螺栓紧固情况。

（3）局部防腐补漆。

（4）检查底阀无漏水、淤塞。

（5）检查过滤器、吸入管无堵塞。

（6）轴承加注符合规定的润滑油。

（7）更换磨损零件。

（8）机组无噪声及振动。

2. 离心泵大修项目

（1）包括小修项目。

（2）解体检查各部件的磨损情况。

（3）检查或更换轴承、轴承端盖。

（4）检查或更换叶轮、挡水圈、填料函、键。

（5）检查或维修泵体。

（6）更换密封。

（7）逆止阀的检修。

（8）管道及其他附件的检修。

9.7.4.3 水泵、闸阀和逆止阀解体检修流程

1. 水泵解体检修流程

（1）拆卸进水管法兰螺栓，水泵地脚螺栓。

（2）拆卸叶轮室泵盖。

（3）拆卸叶轮旋紧螺母、取下叶轮、键。

（4）拆卸轴承压盖、填料压盖、填料。

（5）取出挡水圈、泵轴。

（6）取出密封环。

2. 闸阀的解体检修流程

（1）拆卸法兰上固定螺母，取出旋盘。

（2）拆卸压紧螺母，取出填料。

（3）在阀盖与阀体上打印标记，并拆卸阀盖。

（4）取出阀盖、阀芯、阀杆。

3. 逆止阀的解体检修流程

（1）拆卸逆止阀盖板。

（2）旋开阀体侧转动芯杆定位螺丝。

（3）松开阀门与转动芯杆固定螺栓。

（4）取出转动杆。

（5）取出阀门。

(6) 取出铜套。

9.7.4.4 立式单级离心泵检修及组装

1. 离心泵检修

(1) 卸下泵联体螺母，抽出全部转动部件。

(2) 清理检查叶轮、叶轮室、密封环。

(3) 更换经检查后不能使用的零部件及填料。

2. 闸阀组装

(1) 清理、检查闸阀各零部件。

(2) 更换经检查后不合格的零部件及填料。

(3) 依拆卸逆顺序进行组装。

3. 逆止阀组装

(1) 检查阀芯体各零部件并进行处理。

(2) 更换经检查后不合格的零部件。

(3) 依拆卸逆顺序进行组装。

4. 离心泵组装

(1) 安装前检查设备零部件，应已清理或修复。

(2) 盘车应灵活，无阻滞、卡住现象，无异常声音。

(3) 管道内部和管端应清洗干净，密封面和螺纹不应损坏，相互连接的法兰端面或螺纹轴心线应平行、对中，不应强行连接。

(4) 管道与泵连接后，不应再在其上进行焊接和气割，防止焊渣进入泵内损坏泵的零件。

(5) 外观喷涂油漆。

5. 离心泵调试

(1) 在电气二次控制设备确保可靠正确的前提下，进行水泵的单机试运转。

(2) 将泵出水管上阀件关闭，随泵启动运转再逐渐打开，并检查有无异常，电动机温升、水泵运转、压力表数值、接口严密程度等是否符合要求。

9.7.5 拦污栅

9.7.5.1 检修周期

(1) 小修周期。

(2) 每年进行1次拦污栅的检修。

(3) 临时性检修。

(4) 根据泵站运行中所发生的故障或缺陷而随时进行。

9.7.5.2 检修项目

吊出拦污栅检查变形、损坏情况，清理杂物，检查拦污栅小门铰链应焊接牢固，拦污栅、小门、小门铰链如有损坏应及时维修，锈蚀应做防腐处理。

9.7.5.3 检修流程

栅条焊接施工工艺流程：除锈→清理表面→焊接→清理→检查。

油漆防腐施工工艺流程：除锈→清理表面→刷防锈漆→刷底漆→刷面漆。

9.7.5.4 拦污栅的焊接与防腐

（1）检查焊接设备应正常，焊机外壳应可靠接地或接零，操作场所无易燃易爆物品。

（2）焊前要清除焊件表面铁锈、油污、水分等杂物，焊条必须干燥。

（3）焊缝的宽度一般为焊条直径的1.5～2倍。

（4）焊接过程中，宜采用锤击焊缝金属的方法以减少焊件残余应力。

（5）焊接后焊件要注意缓慢冷却，并根据需要及时进行清除应力的处理。

（6）焊接完毕后，用钢丝刷清除焊渣及杂质，并将焊接好的工件平放整齐，防止变形。

（7）拦污栅焊缝、焊疤应进行除锈。

（8）金属表面宜打磨出金属光泽，然后刷一遍防腐底漆，应涂刷均匀且不漏刷。

（9）刷两道面漆，涂刷应均匀，不得漏刷、透底，不脱皮起泡返锈，表面光滑平整、黏结牢固。

9.7.5.5 检修闸门

（1）钢闸门应保持整洁，梁格内无积水，闸门横梁、门槽及结构夹缝处等部位的杂物应清理干净，附着的水生物、泥沙和漂浮物等应定期清除。

（2）钢闸门出现锈蚀时，应尽快采取防腐措施加以保护，其主要方法有涂装涂料和喷涂金属等。实施前，应对闸门表面进行预处理。表面预处理后金属表面清洁度和粗糙度应符合规定。

（3）钢闸门采用涂料作为防腐蚀涂层时，应符合下列要求：

1）涂料品种应根据钢闸门所处水域的水质条件及周围空气状况、设计保护周期等情况选用。

2）面、底层应配套，性能良好。

3）涂层干膜厚度应符合相关规定。

（4）钢闸门采用喷涂金属作防腐涂层时，应符合下列要求：

1）钢闸门宜用金属锌作为喷涂材料，也可选用经过试验论证的其他材料。

2）喷涂层厚度应根据钢闸门所处水域的水质条件及周围空气状况、设计保护周期等情况确定，钢闸门喷锌层最小厚度应符合规定。

3）金属涂层表面应涂装适宜涂料进行封闭。钢闸门封闭涂层的干膜厚度应符合设计要求。

（5）喷涂金属和涂料的材质及加工工艺要求，应符合相关要求。涂装涂料和金属喷涂的施工工艺、质量检查和竣工验收的要求，均应按照有关规定执行。

（6）钢闸门使用过程中，应对表面涂膜（包括金属涂层表面封闭涂层）进行定期检查，发现局部锈斑、针状锈迹时，应及时补涂涂料。当涂层普遍出现剥落、鼓泡、龟裂、明显粉化等老化现象时，应喷砂重做新的防腐涂层或封闭涂层。

（7）闸门止水的养护修理应符合下列要求：

1）闸门止水装置应密封可靠，闭门状态时无翻滚、冒流现象；止水橡皮每米长度的漏水量应不大于0.2L/s。

2）当止水橡皮出现磨损、变形或止水橡皮自然老化、失去弹性且漏水量超过规定时，应予更换；更换后的止水装置应达到原设计的止水要求。

3）止水压板锈蚀严重时，应予更换，压板螺栓、螺母应齐全。

(8) 钢闸门门叶及其梁系结构等发生局部变形、扭曲、下垂时，应核算其强度和稳定性，并及时矫形、补强或更换。

(9) 钢闸门门体的局部构件锈损严重的，应按锈损程度，在其相应部位加固或更换。

(10) 闸门的连接紧固件如有松动、损坏、缺失时，应分别予以紧固、更换、补全；焊缝脱落、开裂锈损，应及时补焊。

(11) 吊座与门体应连接牢固，销轴的活动部位应定期清洗加油。吊耳、吊座出现变形、裂纹或锈损严重时应更换。

参　考　文　献

［1］中华人民共和国水利部．SL 317—2015 泵站设备安装及验收规范［S］．北京：中国水利水电出版社，2015.

［2］中华人民共和国水利部．SL 316—2015 泵站安全鉴定规程［S］．北京：中国水利水电出版社，2015.

［3］中华人民共和国住房和城乡建设部，中华人民共和国国家质量监督检验检疫总局．GB/T 51033—2014 水利泵站施工及验收规范［S］．北京：中国计划出版社，2015.

［4］中华人民共和国国家质量监督检验检疫总局，中国国家标准化管理委员会．GB/T 30948—2014 泵站技术管理规程［S］．北京：中国计划出版社，2014.

［5］中华人民共和国水利部．SL 656—2014 泵站拍门技术导则［S］．北京：中国水利水电出版社，2014.

［6］中华人民共和国水利部．SL 548—2012 泵站现场测试与安全检测规程［S］．北京：中国水利水电出版社，2013.

［7］中华人民共和国水利部．SL 584—2012 潜水泵站技术规范［S］．北京：中国水利水电出版社，2012.

［8］中华人民共和国住房和城乡建设部，中华人民共和国国家质量监督检验检疫总局．GB 50265—2010 泵站设计规范［S］．北京：中国计划出版社，2011.

［9］中华人民共和国住房和城乡建设部，中华人民共和国国家质量监督检验检疫总局．GB 50510—2009 泵站更新改造技术规范［S］．北京：中国计划出版社，2010.

［10］单文培．泵站机电设备的安装与运行检修［M］．北京：中国水利水电出版社，2008.

［11］沈日迈．江都排灌站［M］．3 版．北京：水利电力出版社，1986.

［12］单文培．水电站机电设备安装、运行与检修［M］．北京：中国水利水电出版社，2005.